遥感技术在工程建设中的实践与认识

卓宝熙　编著

中 国 铁 道 出 版 社

２００５年·北 京

内 容 简 介

本书系作者半个世纪以来在工程地质遥感技术实践与认识的总结,全书约 60 万字,内容包括综述,工程地质遥感技术在工程建设中的应用,遥感技术实践的基本观点、认识和评审意见,工程地质遥感技术的研究、探讨与设想,遥感技术应用的建议,其他(包括特邀报告、报刊报导、科普文章、汇报材料等等)。

本书可供从事遥感技术应用、教学和科研部门人员参考使用,特别是对从事铁道、水利、公路、油气管道、电力、港口、城市等工程建设部门的工程地质人员,更具有使用价值。

图书在版编目(CIP)数据

遥感技术在工程建设中的实践与认识/卓宝熙编著.
北京:中国铁道出版社,2005.2
ISBN 7-113-06321-7

Ⅰ.遥… Ⅱ.卓… Ⅲ.遥感技术-应用-工程地
质 Ⅳ.P642

中国版本图书馆 CIP 数据核字(2004)第 137574 号

书　　名:遥感技术在工程建设中的实践与认识
著作责任者:卓宝熙
出版·发行:中国铁道出版社(100054,北京市宣武区右安门西街 8 号)
责 任 编 辑:许士杰　编辑部电话:路(021)73142,市(010)51873142
印　　刷:北京兴顺印刷厂
开　　本:787 mm×1092 mm　1/16　印张:22.25　插页:1　字数:554 千字
版　　本:2005 年 2 月第 1 版　2005 年 2 月第 1 次印刷
印　　数:1～1 000 册
书　　号:ISBN 7-113-06321-7/TU·801
定　　价:56.00 元

序

 遥感技术是20世纪60年代蓬勃发展起来的集物理、化学、电子、空间技术、信息技术、计算机技术于一体的探测技术。它的出现为人类观察和认识自然界提供了一种新的有效手段。

 由于遥感技术具有获取信息迅速、不受交通和空间的限制，遥感图像信息丰富、影像逼真、视野广阔，可进行计算机处理增强图像信息内容以及可全天候在室内对遥感图像进行反复研究和分析等优点，因而，它成为地学调查和研究的最佳手段。在我国的地质、地貌、地理、农业、林业、生物、矿产资源、海洋、大气、测绘、环境、考古、工程勘测、军事等领域均广泛应用了遥感技术。

 我国铁路勘测选线中于20世纪50年代就已开始应用航空像片进行地质调查，70年代后期开始引用陆地卫星图像和彩色红外片等遥感技术。铁路勘测中应用遥感技术可提高勘测选线的质量和效率，增强外业调查的预见性，改善劳动条件、节约基建投资等优点。据估计铁路新线勘测的前期工作中采用遥感技术后可提高工作效率1～3倍。

 半个世纪来，铁路工程地质遥感工作不但取得了较好的效果，为铁路勘测设计作出了应有的贡献，而且还积累了丰富的工程地质遥感技术判释经验和应用经验。

 中国工程勘察大师卓宝熙是我国最早从事航空地质的几位专家之一，我国工程地质遥感技术应用领域的带头人和开拓者，铁路工程地质遥感技术的创始人之一。他从事铁路工程地质遥感工作达半个世纪，积累了大量的工程地质遥感图像典型图谱，具有丰富的实践经验和较高的理论水平，提出了多项有创新意义的见解，系统地总结了我国工程地质遥感判释技术和应用经验。在他的多部著作和大量文章中都包含着工程地质遥感判释技术和应用经验的内容。本书系作者长期以来在工程地质遥感技术实践与认识方面的总结，也是广大从事工程地质遥感技术人员的劳动成果。书中的文章主要是从作者1963年至2004年之间的近百篇文章及科技报告中遴选出的，内容以应用性和实用性文章为主，共60万字，包括81篇文章。其中综述部分13篇；遥感技术在工程建设中的应用部分14篇；遥感技术实践的基本观点、认识和评论部分12篇；工程地质遥感技术的研究、探讨与设想部分 7 篇；遥感技术应用的建议部分 14 篇；特邀报告、报刊报导、科普文章、汇报材料等部分有 21 篇，内容十分丰富。从书中的内容可以看出作者思路开阔、具有创新精神，善于总结、治学严谨，特别是对遥感事业的执着以及对发展遥感事业的关心，锲而不舍，令人佩服。

　　本书的问世，可以让从事工程地质遥感工作的科技人员了解 20 世纪下半叶我国工程地质遥感技术应用的一个侧面，也较全面地反映了该时期我国铁路工程地质遥感技术应用的概况。相信，该著作对促进我国遥感技术在工程地质中的应用，特别是在铁路工程中的应用，将会起到积极的推动作用。

中国工程院院士

2004 年 10 月

前　言

　　我国工程建设于 20 世纪 50 年代中期开始,在选线、选址勘测中,开展了航空遥感地质调查,随后,于 70 年代后期开始引用陆地卫星、彩色红外像片等遥感片种,从 80 年代初到 20 世纪末,工程地质遥感技术得到蓬勃发展,如今,在国家重大工程的选线、选址勘测中均应用了遥感技术,施工阶段和运营阶段也都应用了遥感技术。

　　作者有幸经历了铁路遥感技术应用的初始阶段和蓬勃发展的阶段,并参与了主要项目的工程地质遥感技术应用。从 1955 年兰新线哈密至乌鲁木齐段的航空地质调查开始,在长达半个世纪的过程中,主持参加了几十项铁路长大干线及国家重点工程的工程地质遥感工作以及技术管理工作,有机会接触自然界各种千奇百怪的地质现象和搜集大量珍贵的工程地质遥感图像典型图谱,有机会参与制定全路航测遥感科技规划和主持、参加全路性的部控科研项目工作;有机会代部组织全路性的情报信息交流工作,包括组织国外专家到我部讲课,组织全路航测遥感学术交流会,代部参加国内外重要学术会议等等;有机会主持、参加国内一些重大工程项目和科研项目的立项论证、项目成果评审等工作。在长期的实践中,作者积累了大量的素材和实践经验,先后写了 5 本著作,10 余篇科技报告和近百篇文章。文章内容包括综合性评论、工程实践经验的总结、科研探讨、遥感应用的基本观点和认识、对推广应用航测遥感技术的建议、科普文章……这些著作和文章成为本书的基本内容。

　　本书系作者半个世纪以来,在工程地质遥感技术实践与认识方面的总结,也是半个世纪来,广大从事工程建设的工程地质遥感技术人员劳动成果的结晶。全书共六部分,第一部分综述;第二部分工程地质遥感技术在工程建设中的应用;第三部分遥感技术实践的基本观点,认识和评论;第四部分工程地质遥感技术的研究,探讨和设想;第五部分遥感技术应用的建议;第六部分其他(包括特邀报告、报刊报导、科普文章、汇报材料等等)等共 60 万字,81 篇文章,其中有 13 篇为综合性文章,系作者对铁路遥感技术发展的一些看法;14 篇为结合工程应用而写,包括青藏铁路、京九铁路、南昆铁路、川渝东通道、西康线秦岭隧道以及锦屏水电站中的应用等;12 篇为遥感实践的基本观点、认识与评审意见,除谈对遥感工作的基本观点和认识外,大部分文章属于评审意见;7 篇属于研究与探讨性的文章,既有具体研究的成果也有前瞻性的设想;14 篇属于遥感技术应用的建议,包括灾害调查中遥感技术的应用,建立铁路地理信息系统、进藏铁路应用遥感技术等的建议;还有 21 篇包括特邀报告、报刊报导、科普文章,汇报材料等。

　　书中内容系由不同年代的文章结集而成,主要是应用性和实用性的文章,侧重于实践经验的认识和总结,并无高深的理论,也无太多创新之内容。之所以结集成书,是为了能集中地反映 20 世纪下半叶以来我国工程地质遥感技术应用概况,便于有关人员了解该时期我国工程地质遥感技术应用概貌。它也是作者半个世纪以来在工程地质遥感技术实践方面的真实写照。虽然只是雪泥鸿爪,但对了解 20 世纪下半叶我国工程地质遥感技术应用和发展的片段,也许有所帮助。特别是在一定程度上反映了该时期我国铁路工程地质遥感技术应用的一个侧面。

　　本书出版的几点说明:

　　1. 书中的文章主要是从作者的近百篇文章及 10 余篇科技报告中遴选的,除少数未公开发表外,绝大部分均在报刊上发表过,文章发表的时间跨度从 1963 年至 2004 年。

2.文章内容除个别文字作了修改外,原则上保持原文的内容,鉴于篇幅所限,个别文章的段落、附图和参考文献作了删减。

3.文章以工程地质遥感技术为主,也包括一些航测的内容,因为航测实际也是遥感技术应用内容之一。

4.书中的文章除按内容归类外,每类中的文章均按由老至新的顺序排列。

5.文章内容以铁路工程建设中的应用为主,其他工程的较少,有些是各种工程共性的文章。

6.各篇文章虽然均系独立成文,但免不了有重复,或同一观点、同一内容在多篇文章中出现过,这是因为文章内容的需要。

7.由于文章发表于不同时期,有些认识和观点受当时实践水平和科技发展水平的限制,特别是作者水平的限制,今天看来可能有失偏颇,甚至是错误的。

本书的大量资料是得益于大量的工程地质遥感实践,是遥感技术在铁路建设中大量应用的结果,也是广大工程地质遥感科技人员辛勤劳动成果的提炼。铁道部领导,部发展计划司、建设管理司、科技司以及工程设计鉴定中心等部门的历届领导以及主管工程师,对航测遥感工作十分重视,安排了大量航测遥感任务,我们不会忘记他们的功绩,其中作者接触较多的有顾明司长、黄民司长、顾聪副司长、林仲洪副院长、蔡申夫主任等,他们都很重视航测遥感工作。中铁工程总公司的领导一贯重视航测遥感技术工作,采取了很多措施加强航测遥感工作,作者接触较多的有秦家铭总经理和孙德永副总经理等,在此真诚地向上述领导表示感谢!还有更多的领导、同仁支持关心航测遥感工作,在此就不一一提及,只能深表歉意。

本书的出版得到中铁工程总公司刘辉总工程师、原铁道专业设计院李寿兵院长、刘春彦总工程师等人的支持,还得到中国铁道出版社,原铁道专业设计院技术处、航遥分院、文整服务中心等单位的支持,在此一并表示衷心的感谢!

由于作者的水平所限,书中一些内容难免有矛盾或错误之处,望读者批评指正,以臻完善。

著　者

目　　录

一、综　述

二、工程地质遥感技术在工程建设中的应用

三、遥感技术实践的基本观点、认识和评审意见

四、工程地质遥感技术的研究、探讨与设想

五、遥感技术应用的建议

六、其他(特邀报告、报刊报导、科普文章、汇报材料等)

铁路勘测中航空地质方法应用的我见

一、前　言

航空方法系一门先进的科学技术,其最大优点在于减少了空间障碍,扩大了观察视野。同时,还可运用航空摄影技术,获取地球表面各种自然现象的影像,进行各种综合研究和专业研究。由于它的优越性,因而在国民经济各部门、国防活动及宇宙空间探索方面,均广泛采用航空技术这一方法,而航空地质方法,乃指航空方法应用于地质调查研究而言。

概括的说,航空地质方法内容可归纳为如下三个方面:(1)航空摄影方法;(2)航空目测;(3)航空地球物理勘探。本文限于篇幅及生产实践基础关系,仅探讨航空摄影方法这一问题。航空摄影这个术语出现于 20 世纪初期,至 20 世纪 20 年代,利用航空像片解决自然资源问题的发展突飞猛进,从其整个发展过程中,证实其具有无比优越性及巨大的潜力。

我国航空摄影方法虽创始于 1930 年,但严格说来,到 20 世纪 50 年代才真正应用于国民经济各部门,晚于先进国家约 20～30 年。

我国铁路勘测中航空地质方法的应用始于 1955 年,多年来取得一些经验,但也存在一些不足之处。本文之意在于通过对几年来铁路勘测中航空地质方法的应用进行分析,并结合国内外新的科学技术成就,对今后航空地质工作谈些见解。

二、国内外概况

(一)国内概况

我国航空摄影创始于 1930 年,业务范围包括铁路、水利、城市测量和地籍整理等,但由于旧中国对科学技术不重视,这些成果并未真正在国民经济建设中发挥作用。实际上在国民经济各部门的利用,是在新中国成立后的 20 世纪 50 年代,随着国民经济的蓬勃发展,才日益广泛应用起来。1950 年水利部成立了航测队,于 1950～1951 年间完成了淮河流域的 1:1 万像片图,为治淮工程提供了重要资料;1954 年,林业部门正式开始在大、小兴安岭利用航空航片作林业调查,随后在秦岭、金沙江等地均进行了同样工作。初期,林业部门航空像片的应用,侧重于区划小斑,求算面积和成图工作上,到 1962 年,才开始进行大比例尺航空像片测树的试验研究工作;1955 年开始应用于铁路勘测中,较大规模的应用还是在 1956 年铁道部航空勘察事务所成立之后;1956 年应用于水电部门,一般侧重于利用航空像片进行流域及库区的测图;1956 年区域地质测量及石油普查开始应用航空方法,柴达木盆地、秦岭、大兴安岭及南岭等地区 1:20 万区域地质测量均有效地利用了航空像片填图;1957 年应用于农垦部门,迄 1960 年止,前后在佳木斯以东的乌苏里江一带、塔里木河流域及海南岛等地区进行了摄影制图,加速了农垦部门土地开发的进展。

除此而外,在城市建设、土壤制图、国防活动以及其他科学技术方面,也广泛应用航空摄影方法解决各自问题,在此不一一列述。

(二)国外概况

苏联,在 1922 年开始应用航空方法,1922 年开始用于森林勘查,1929 年应用于土壤调查,

本文发表于铁路专业设计院编辑出版的内部刊物《铁路航察通讯》1963 年第 2 期,1963.8

1930 年应用于农业土地规划,1931 年用于石油构造的勘查,1932 年用于水文地理研究,1930～1935 年间,在苏联各有关部门都组成了航测单位,为了研究航空方法在国民经济各部门利用的可能性,于 1931 年在 А·Е·费尔斯曼院士的创议及其直接参加下,于列宁格勒科学院建立了一个专门研究部,吸收了地质、地貌、植物及土壤等专业人员参加。苏联将航空方法用于地质及地理调查的首创者是 А·Е·费尔斯曼,早在 1927 年他在报刊上就发表过关于飞机在地理调查中的重大意义,而在生产上广泛采用航空地质方法是在 1938 年西伯利亚东部山岳大森林地区勘测巴依卡罗—阿穆尔铁路干线开始的。目前,苏联地质矿产部内设有全苏航空地质公司。

最近 15 年来,在苏联出版了一些航空地质方法的论著,如 1946 年出版的 В·П·米罗斯尼钦柯著的《航空地质调绘》,1951 年出版了 Н·Г·凯尔里和 Л·Н·凯尔里著的《关于利用航摄资料的地貌及几何特性编制地质图的指示》,该书中阐明了在地质判释的实际工作中采用精确的摄影测量量测的问题。1954 年出版了 М·Н·彼得罗谢维奇著的《应用航空方法进行地质测量及找矿》,同一作者于 1961 年又出版了《航空方法的地质调绘》一书。航空方法在铁路勘测中的应用著作有 М·А·李索夫斯基著的《铁路勘测中航摄资料的工程地质调绘》。苏联各地区利用航空方法 作地质调查的许多宝贵资料在《苏联科学院航空方法实验室著作集》及《苏联地质》杂志中均有刊载。

在美国,1919 年应用于森林勘查,1920 年应用于编制土壤图。利用航空方法进行地质调查始于 1933 年,当时系在阿拉斯加、墨西哥等难于到达地区以及非洲一些地区应用。在 1940～1943 年间,美国对地质工作中利用航空像片方面的成就进行了初步总结。并出版了两本较有影响的著作,A·I·安德里(Eandley 1942)著的《航空像片及其应用和判读》及 H·T·U·斯密施(Smith 1943)著的《航空像片及其应用》。

此外,加拿大、芬兰、瑞典、日本、英国等国家,在利用航空像片进行地质、地貌研究的成就方面,也是值得我们注意的。

自 1953～1954 年开始,在国外利用航空像片作详细的大比例尺地质测绘问题引起注意,有关岩层产状要素量测的文章不少,不过直至目前为止,较简便而准确的方法还是少见。

综上观之,航空摄影在我国服务于国民经济还是近 10 余年来开始的,但从应用效果看,已经显示了一定的优越性,而且应用范围包括国民经济各部门,国防活动及科学技术各个领域。唯在国民经济各部门航空像片的应用,多侧重于测图范畴,而结合不同专业,对像片进行综合分析方面,还不够广泛和深入。鉴于上述情况,国内各有关部门除利用航空像片制图外,也开始重视航空像片的综合分析。至于彩色空中摄影,光谱带摄影,以及新的判读仪器的采用等至今仍未实现,相信随着科学技术的发展将会逐步得到实现。

三、铁路航空地质工作简介

1955 年底在兰新线哈密—乌鲁木齐段勘测中,首先采用航空像片进行了工程地质调绘,当时铁道部第一勘测设计院曾在该线的乌鲁木齐附近、白杨河、色必口 3 个地区进行了 1 000 余平方千米的航空像片地质调查,这次调绘中对沼泽的调绘效果是令人满意的。铁路勘测设计中航空地质方法的进一步应用,是在 1956 年铁道部航空勘察事务所成立后开始的,当时在兰州—青海线,西安—武威线,西安—汉口线,成都—昆明线等铁路新线勘测中,均利用航空像片进行地面地质调绘,并编制了工程地质图,青海—西藏线利用航空像片进行了室内判释,编制了工程地质示意图,由于当时大部分地质人员未曾利用过航空像片,因此,这一阶段实际上是学习阶段。

1958 年开始,随着我国国民经济的飞跃发展,铁路勘测任务剧增,此时,航空方法的应用范围之广,规模之大,达到空前,从 1958 年至 1962 年止,以如下几种方式提供了一些资料:(1)航空目测方式提供的资料:例如 1958 年 7 月～1959 年间的南疆及内蒙地区进行的一些线的航空目测;(2)利用小比例尺航片判释方式提供的资料:1958 年底开始利用小比例像片(1:5 万左右)进行室内判释,提供资料,主要是在西南地区;(3)利用大比例尺像片提供的资料:例如 1958～1961 年间在不同地区利用大比例尺像片进行野外地质调绘。

据初步统计,从 1956 年到现在,利用航空方法进行地质工作者达 83 项,其中目测 23 项,小比例尺像片选线 23 项,控测地质调绘 37 项,就各年完成情况而言,以 59 年最多,达 35 项。

为了进一步推广铁路航空地质工作,于 1960 年 5～6 月间,航察处曾举办了铁路航空地质培训班,各设计院及路外单位共有 25 人参加,为铁路航空地质工作的推广应用培养了人才。

为了进一步积累判释经验,几年来曾在我国部份地区搜集到一些不同类型的典型地质样片,其中尤以西北、西南地区的不良地质现像样片居多,样片的积累虽然取得一定成绩,但尚未引起足够注意。

在科研与生产结合并为生产服务的前提下,于 1959～1962 年间,铁路专业设计院航察处曾与铁道部第二设计院合作分别在四川富宁地区及北京西山地区进行了航摄资料的填图研究;航察处还对全能法成图地质界线的转绘及像片上岩层产状要素的量测进行了初步的探讨。此外,各设计院也进行了一些科研工作,例如铁道部第三设计院在张白线张多段曾对地面立体摄影编制地质断面图作了尝试。

在业务建设方面虽然翻译了一些外文书籍,编写了一些技术总结,制定了铁路航察地质工作作业细则,但总的说来还是做的不够,尤其是对国外航空地质方法发展近况及新技术的采用方面,均未引起应有注意。

从上述概略回顾,不难看出航空地质方法在铁路勘测中已得到大量应用,通过几年来的生产实践,已显示出不少优越性,也积累了一些经验,但也仍存在不少问题。例如,利用航空像片编制铁路工程地质图的合理工作方法,不同地区航空地质方法应用经验的积累,以及如何利用先进技术改善判释条件等,均有待于今后进一步探讨和实践。对于国外航空技术发展情况的了解也还不够,应广泛吸取国外先进技术,提高专业人员的技术水平。

四、对当前航空地质工作的认识和见解

1. 对航空地质方法的评价

航空地质方法的优越性是无可置疑的,也是众所公认的,其主要优点如下:(1)由于航空像片的应用,从而使野外的许多工作移到室内进行,可以减少野外工作时间,改善劳动条件;(2)根据像片所编制的地质图和所得出的地质结论较精确和客观;(3)通过空中目测可以在很短的时间内对地质体进行观察,由于居高临下,扩大了观察视野,因而可以对各种地质现像相互间的内在联系进行研究。

诚然,在提到航空方法优越性的同时也应看到其局限性及不足之处。例如,由于航空像片的利用而带来了航空像片保管、应用过程的烦琐工作等。至于工程地质中的钻探、化验工作,亦非航空方法所能替代。

我们认为航空地质方法如何在生产中充份发挥其作用,是值得重视的一个问题,但可以断言,只有当对航空方法的特点有正确认识时,才能合理的利用。具体的说,就是应用航空地质方法时,应考虑该方法本身能解决哪些问题,以及人们要求达到解决哪些问题。

无疑的,随着近代科学技术的发展,将赋于航空方法以更多优越性,随着人们对自然界秘密的不断揭露,航空地质方法的应用效果愈加明显。

2. 不同地区应用效果问题

　　根据几年来应用航空地质工作来看，其效果相差较大，一般说来航空地质方法应用的效果取决于地区自然条件，像片比例尺，判释条件，参考资料，工作者的经验，航空地质的工作方法，天气等诸因素。由于上述因素的影响，航空地质方法的应用效果相差颇为悬殊。例如西北地区由于物理风化为主，岩石裸露情况较佳，航空目测及像片室内判释效果良好；闽浙一带，由于化学风化为主，植被发育，致使航空目测及像片室内判释效果欠佳，因而，在确定应用何种方法时应事先综合考虑各种因素。应该指出，影响航空地质方法应用效果的因素是复杂的，本文不拟进行详细探讨。

　　笔者认为航空地质方法的应用需结合不同地区而采取不同方法，只有当充份认识到该地区的自然条件后才能选择理想的工作方法，即便如此，尚应估计该方法的局限性，这样既可避免某些人认为航空地质方法可以完全代替野外工作，又可避免某些人认为根本解决不了问题的两种极端见解。

　　在这里应该指出，航空地质方法与地面调查方法互相补充，往往可以得到较好效果。

　　3. 影响航空像片判释效果的一些因素

　　影响航空像片判释效果的因素可归纳为下列四方面：(1)像片光化学以及物理光学的构像原理；(2)摄影的自然对象；(3)判释人员的视力生理条件与分析方法；(4)判释者的经验及对该地区的了解程度。像片的判释过程是上述四方面因素的矛盾统一过程，生产实践和科学试验都在不懈地探讨如何提高航空像片可判释性这一问题。实际上影响航空像片判释效果的因素相当复杂，要想详尽无遗的列举所有影响因素是困难的，兹就以上所提的四方面分述如下：

　　(1)像片光化学以及物理光学的构像原理。像片在某种程度上可以说是当时当地客观自然对象的真实写照，它的基础就在于像片光化学以及物理光学的构像原理，而这些原理的应用则需通过一系列摄影仪器及摄影材料的光化学处理来实现。就目前情况而言，像片判释一般系利用黑白像片，它虽然能在一定程度上反映自然对象的真实情况，但也仍然存在一定的局限性；另一方面，在进行航空摄影影像恢复时，光在感光层的散射，光学系统的像差，位移的影响，航空摄影机的振动以及其他许多因素都破坏了轮廓的清晰度。总之，要指望自然对象的航空摄影影像恢复能进一步改善，唯有在光化学以及物理光学原理的新成就基础上实现。

　　(2)摄影的自然对象。地质判释效果的差异，很大程度上取决于地区自然景观。因为，自然界各因素之间存在密切联系，而且互相制约。现列举主要的一些因素叙述如下：

　　① 地貌发育状况：地区的可判释程度往往视地貌特点及其割切情况而定，地形割切愈历害，水文网愈发育，则判释效果愈佳。

　　一般说来，以剥蚀因素占优势者判释比较困难；以构造因素占优势的地区就比较容易判释；同样理由，青年期地貌由于其本身特点已充份显露，则较易判释，而老年期地貌因其本身特点已不明显而判释较难。例如，××线所见到的花岗岩与前震旦系所构成之地貌来说，当在山区两者之差异就相当明显，花岗岩所特有之裂隙网使其与前震旦系地貌截然不同，而在丘陵地区则剥蚀因素已占优势，且地貌发展已久，两者已无明显区别。又如京承线密云—兴隆一带之太古代片麻岩及震旦系地层均构成独特的地貌特征，在航空像片上，太古代片麻岩呈低缓的丘陵地段，水文网系宽短而无一定方向，而震旦系雾迷山灰岩往往构成高中山地貌，山脊峭峻，支沟呈现白色的羽毛状。

　　地貌特征也决定于该地区的各种岩石特性和各种岩石间互相的关系，如果在组成研究区域的各种岩石在颗粒成分上，坚硬性上，颜色上以及裂隙程度和产状要素方面差别很大，那么与这些有关的中型和小型地貌就表现的愈清晰。

　　② 植被及覆盖物状况：这个概念系指各种不同岩石从土壤和植被中露出的程度，由于植

被掩盖了地表的真实面貌,大大减低了判释的效果,一般说来,土壤覆盖层越厚越广,植被愈发育,则在航空像片上判释岩石露头和产状就愈加困难。

(3)判释人员的视力生理条件与分析方法

① 视力生理条件的限制。人眼的识别能力是有限的,人眼的生理分解力为 $\varphi = 45''$(在 1 mm 宽度内所能辨认的线条数),因而对像片上影像识别程度受到限制。

② 分析方法。凭藉人眼视力对自然对像的分析乃是目前判释中的一种主要方法,但人眼视力必竟有限,当在视力无法辨认的情况下则应籍助于仪器分析,一般均籍助于具有放大镜的立体镜,以便提高直观分析效果,另一种则完全籍助于仪器的分析,例如测微光度计就是属于这一方法。

(4)判释者的经验及对该地区的了解程度

判释者经验丰富,对工作区的判释标志较熟悉,则判释效果较好,反之,则较差。

4. 关于判释效果问题

所谓像片判释效果即人们通过像片的观察对所研究的对象的揭露程度,判释并非机械的对模型影像的辨认,而是应该通过对个别现象的辨认,然后通过逻辑与推理方法从而揭露自然对象的内在联系及其相互制约的规律性。

值得注意的是我们以往判释时,还不善于对各种自然现象通过思维与推理进而揭露其潜在联系。当然,影响判释效果的因素是多种多样的,然而最主要的应该是通过各种现象的辨认而揭露自然现象的潜在联系,这样才有可能从像片上得到更多信息。在目前情况下提高判释效果主要应该是从判释者本身提高判释能力着手,而有关判释条件的改善可在提高判释能力的前提下逐步加以解决。

5. 关于地质样片的积累

如前所述,几年来我们曾在全国大部分地区搜集到一些不同类型的典型地质样片,取得了一定成绩。但总的说来,对于样片的积累仍然注意不够,对样片的搜集,整理、保管等尚缺乏一套完整办法。不同地区不同类型样片的搜集也还不够,诚然,不能期望在短时间内完成此项长期、细致而复杂的工作,更主要的是全体从事航空地质工作的专业人员共同关心。

样片积累的目的可概括如下两点:(1)作为今后在相类似地区工作判释时参考,从而使室内判释的作用更大些;(2)为科学研究积累基本资料。当样片积累具有一定数量时,则可按不同的自然地理特征,建立不同地区的判释特征单元。

6. 摸索合理的工作方法

航空地质方法由于具有本身的一系列特点,因而在工作程序,应交资料方面与一般地面方法不尽相同,例如由于航空像片的利用必须进行初步室内判释、野外调查、最终室内判释三个步骤,我们认为合理的工作方法只有密切结合生产实践才能逐渐完善。为此,应该从严格执行规章制度着手,通过生产实践,将合理部分保留下来,不合理部分舍弃。

前面提及,航空方法具有无比优越性,然而如何在生产实践中体现出其优越性呢?毫无疑问,合理的工作方法将是重要的因素之一。

7. 吸取国外先进经验

以往我们偏重于生产方面,对于国外先进经验注意较少,从近来某些国外发表的文章来看,某些经验是值得我们效法的。国外的一些航空地质工作动向,新技术成就的采用等均可作为我们今后努力方向,只有在我们生产实践基础上多吸收些国外先进技术经验,了解航空地质方法的发展趋向,才能开扩眼界,某些问题他人已经研究过或正在研究的,我们不一定重蹈旧辙。例如国外目前对于岩层产状要素量测的研究,详细的大比例尺地质测绘问题,判释手册的编制,型谱判释,彩色摄影,光谱带摄影,新判释仪器的采用等等,均值得我们注意。

当然,吸取国外先进经验应该结合我国目前具体情况,分批分期地进行,有的是目前即可开始,而且是长期性的,有的则是将来才能实现的,有的是地质人员本身可以解决的,有的则取决于其他有关部门,有的则是共同配合才能解决的等等,均应充份认识到。

8. 提高技术水平,加强科研工作

显而易见,以上一些问题如要得到合理解决与工作人员的水平提高有密切关系,通过几年来工作实践,我们的技术水平有所提高。

关于科研方面,目前我们已经开始重视。正在制定研究规划,使我们的科研工作建立在稳妥可靠的基础上,在具体进行时,应以结合生产为主,在条件许可时可与有关部门配合进行。

五、今后展望

结合我国目前航空地质工作情况,对今后发展趋向概括如下几点意见:

1. 逐渐建立不同判释特征单元

在样片积累达到一定程度后,则可逐渐建立不同判释特征单元,以便最大限度的通过室内判释来减轻外业工作。此项工作应有重点进行,首先应进行分区的研究,在此基础上逐渐充实各判释特征单元的样片,该工作具有重大意义,也非一年半载所能完成,而需持久的进行下去。

2. 判释手册的编制

在航空像片应用方面取得一定经验及必要的成果资料后,应考虑编制判释手册,手册内容可包括:航空摄影,摄影测量,判释仪器,一般地貌、地质判释知识等内容。

3. 新技术的采用

随着近代科学技术新成就的出现给航空方法赋与了特有的生命力,航空方法所能解决的问题及范围也随之扩大,在国外对于科学技术新成就应用于航空方法中已引起极大兴趣。我们也应积极采用新技术,改善判释方法,提高航空方法的应用效果。

(1)采用彩色摄影和红外摄影

① 彩色摄影。彩色空中摄影特点在于能反映出接近自然景物的真实色调,尤其在林业方面更有其特殊效果,在地质判释中加强了地质表现力,划分出在黑白像片上所难以区别的地层界线,极易发现铁帽,孔雀石等找矿标志,对于发现岩墙,区别俘虏体,已经肯定有卓越的作用。

但彩色摄影在处理过程方面极为复杂,航高方面也受到限制,摄影时,光照条件要求较高,胶卷的有效期间较短。根据国外资料一般彩色摄影较黑白摄影昂贵 30% 左右。

② 红外摄影。红外线系不可见光谱的一种,利用近红外线摄影对地面植物及水的表达能力有特殊的效果,对于蒙雾具有强烈穿透能力,红外线可作为特殊摄影,如林业、水体、充水断层、军事侦察等方面应用。

(2)提高航空摄影质量

① 航空摄影系统的改善。航空摄影系统的改善对于提高航空像片影像的真实感有一定影响,其中包括航空摄影机的光学系统,摄影机的快门,软片的压平,以及防止航空摄影镜箱的振动等的改善,对提高像片质量都很重要。

② 提高像片乳胶分解力

(3)判释方法的改善

① 立体镜的改善。立体镜系航空像片判释的最轻便而常用的一种判释工具,立体镜的种类繁多,不胜枚举,目前国内所利用的立体镜构造均较简单,最近国立莫斯科大学航空方法实验室工程师 Г. И. 瓦列斯柯和 И. Н. 茵奇钦柯设计并制造了 ДО-ПАФИ 判释用反光立体镜,它具有放大倍率为2～4倍的可更换双目镜。并具有相互垂直方向上移动的像片盘,这种反光立体镜可以拆散,将其零件装在箱子里,该箱子同时又是安装后的反光立体镜的底座。

在立体镜判释时尚可配合立体测高计量测左右视差较，精度可达 0.05mm，在附加于立体测高计上的特殊分划尺上可以立即读出高差值。

在苏联还设计了双像反光立体镜，用它可以同时由两个人来观测和判释立体模型。

② 测微光度计。测微光度计的原理系光电原理，即光源射在像片影像上（或负片上）由于影像亮度不同而产生不同亮度的反射光，这些反射光对光敏电阻的感应在示波器上显示出来，根据读数可绘出曲线，而曲线的起伏情况与影像亮度情况是相应的。

与其他方法比较，目前对航空像片测微光度计判释方法的探讨还是不多的，但是它具有巨大的潜力，从而引起我们对它的注意，在现阶段仅仅在若干实验的基础上阐述测微光度计某些基本原理。根据目前国外实验认为测微光度计对森林密度，水深，土壤，微地貌，岩石等的判释效果较佳。

③ 承影幕上的判释。在美国和法国利用双投影仪来判释，用它可使重叠的像片放大 5～6 倍，影射到映射屏上，然后，用互补色眼镜或偏光镜观察，这一方法可以使几个技术人员同时进行立体模型判释，对地区进行综合研究是有益的。

六、结 束 语

航空地质方法的应用牵涉的问题相当广泛，本文限于篇幅及笔者水平所限，加以时间仓促，未能罗列所有问题进行论述，文中所谈，仅涉及航空摄影方法的应用，虽然如此，仍然未能进行深入探讨，希读者对本文提出宝贵意见，以便达到抛砖引玉之效。

铁路遥感技术经验交流会开幕式讲稿

　　本讲稿系本人所写,其中关于会议的筹备经过的内容由杨成志同志补充,杨成志同志还对稿件作了部分修改,该讲稿是由时任铁道部第三勘测设计院的肖瑾总工程师在大会开幕式上的讲稿,肖瑾是当时铁道工程委员会副主任。

各位来宾、各位代表们:

　　铁路遥感技术经验交流会今天正式开始了。首先让我代表中国铁道学会工程委员会和铁道部基建情报网向到会的路内外代表表示热烈欢迎!

　　这里我向同志们简单介绍一下这次会议的筹备经过:这个会本来是 1978 年铁道部基建情报网在九江开年会安排 1979 年活动计划时委托铁道部第二、三勘测设计院召开的,1979 年 3 月铁三院以三设科技字 10 号文通知各单位准备资料,并初步确定经验交流会于 1979 年 7 月中旬召开。与此同时,中国铁道学会 1979 年学术活动补充计划中列有滇藏线勘测选线学术交流会,内容中也包括遥感技术在铁路勘测设计中应用,并初步定会议在 1979 年二、三季度召开。为了减少会议,经有关方面商量,决定将铁道学会所列滇藏线勘测选线中遥感技术的应用分离出来,与基建情报网确定的遥感经验交流会合并召开,地点定在北京。原来定在 9 月初开会,因会场及住宿等问题一再延期,到今天(11 月 27 日)才得以召开。

　　今天会议约有路内外 20 余个单位的 70 余名代表参加了会议,被邀请的路外单位有中国科学院遥感应用研究所、地质部航空物探大队、中科院地震局地质研究所、国家测绘总局测绘研究所、北京大学地理系、天津市地质处等单位的代表,到会的还有特邀代表周卡老师,我们还邀请中国科学院遥感应用研究所等单位的同志给我们做学术报告,这次会得到路内外有关单位的大力协助,在此表示谢意!

　　遥感技术是从 60 年代初期发展起来的一门新的科学技术,它具有速度快、精度高、成本低等特点,目前我国遥感技术虽然还处于试验研究和应用探索阶段,但国外在应用遥感技术于资源勘察、气象观测、生产应用、环境监测、自动化管理、科学研究等方面,都取得了较好的成效。

　　大家知道,现代科学技术,以原子能的利用、电子计算机技术和空间科学技术的发展为主要标志,正在经历着一场伟大的革命,引起一系列新兴工业的诞生,广泛推动生产技术的飞跃发展,由此可见空间技术的重要性。我国对于空间技术的发展也很重视,方毅同志在全国科学大会上的报告中谈到八个影响全局的科学技术就有空间科学技术,并列入了科学技术八年发展规划纲要(草案)中。党中央曾多次批示,国家科委也责成专门机构,负责遥感技术的应用和研究。1978 年,国务院和中央军委批准组成《780》工程、在云南腾冲地区进行中法航空遥感联合试验,1979 年 5 月科学院又成立了“空间技术中心”和“空间技术委员会”,最近党中央又批示:从美国引进资源卫星地面接收站,及发射我国自己设计的天文卫星和资源卫星。

　　遥感技术的应用是多方面的,我国遥感技术的应用也逐渐开始普及,并从一般性了解进入试验研究阶段。我们铁路部门应用遥感技术是从 1978 年开始的,部属各设计院、高等院校陆续派人参加北京大学、中国科学院等单位举办的遥感学习班,1978 年铁道部从第一、二、三、四

　　本开幕式讲稿写就于 1979 年 11 月 25 日,未公开发表过。

设计院,专业设计院、北方交大、西南交大等五院二校,抽调 14 人组成铁道部遥感组,参加《780》工程,即在云南腾冲地区进行的中法航空遥感联合试验的预试验,与此同时又结合滇藏线点苍山隧道(洱源地区)进行试验,都取得了初步成果。在铁路勘测选线中,各设计院及高等院校已开始应用卫星像片进行地质判释、水文勘测和寻找水源,特别是进行大面积的地质构造判释,评价线路通过地区的工程地质条件方面做了不少尝试。如铁一院在宣阳线、青新线,铁二院在滇藏线,铁三院在京山改线、兖连线的桥位选择,铁四院在京九线、龙穗线、大瑶山隧道等勘测中都利用了卫星像片或航空遥感进行了地质和水文的判释工作。经过初步试验摸索,认为遥感技术在铁路勘测选线方面可以发挥作用,而且其前景是广阔的。

目前,路内许多设计院和高等院校均成立了遥感组,四个设计院所属地区均有了美国 1、2 号地球资源卫星像片底片的复制品,为卫星像片的广泛应用提供了有利条件。

上面简单的回顾一下铁路勘测选线中遥感技术的应用情况,我们这次召开遥感技术应用交流会的目的是互相交流经验,取长补短,总结前一段遥感技术工作开展情况,并对今后如何开展遥感技术工作统一看法,明确今后努力方向。会议还将议论一下铁路遥感的发展规划,以便向有关部门提出建议。

下面我想谈以下几个问题,供同志们在讨论中及今后开展遥感工作中参考。

一、坚持百家争鸣

"百花齐放、百家争鸣"是繁荣我国社会主义科学文化事业的基本方针,在科学上应该鼓励和提倡不同学派的自由争论。真理是在辩论中发展的,对于学术问题,有批评的自由,也有反批评的自由,一家独鸣不利于科学事业的发展,我们这次开遥感技术经验交流会,就是提供百家争鸣的好机会,大家要各舒己见,辟如对卫星像片作用的评价问题,铁路勘测选线中遥感技术究竟能起哪些作用,如何制定今后遥感发展规划等等,均可进行探讨。

二、发扬敢想敢干和科学的态度以及刻苦钻研的精神

这个问题在理论上大家都很清楚,我不想多谈了,问题是在具体工作中要做到这一点往往不是太容易,我们在坐的同志大都是 40 岁以上了,可能岁数大些,经验多些,但敢想敢干的劲头往往就差些,经验多了,想的问题也多,顾虑就多些。许多事情经过努力是可以做到的,但由于缺乏敢想敢干精神就无法实现。当然,只有敢想敢干还解决不了问题,还要有科学的态度,要脚踏实地,踏踏实实地干,科学的东西,不能有半点虚假,科学是没有捷径可走,古今中外有成就的科学家,一般都具有敢想敢干精神、科学的态度和刻苦钻研精神。对待遥感技术,同样也应该具有敢想敢干的精神,科学的态度和刻苦钻研的精神。

三、要明确发展方向,选准科研项目和内容,制定好发展规划,分工合作,大力协同

遥感技术既然是一门新技术,在铁路勘测选线中能发挥较大作用,那么就要明确发展方向,坚定信心。当然,也不能操之过急,要进行充分调查研究,掌握遥感技术的特点和铁路勘测选线的特点,选准科研项目和内容,要制定切实可行的规划,全路应制定一个发展规划,上次预备会议上已拟就了一个初步方案,这次会上大家可讨论一下初步方案。在总规划中,根据各院承担的项目,制定各院的实施方案,要做到既有分工,又要密切协作。力量不要太分散,应集中力量突破关键技术,不要各搞一套,大家都是重点,结果谁也上不去。是否高等院校着重于理论方面的研究,生产部门侧重于应用方面,在此前提下,分工协作,这样容易出好成果。

四、要针对铁路勘测的特点研究遥感技术的应用

遥感技术在气象预报、环境监测、农作物的估产、森林病害和火灾的监测、地质矿产普查、

海洋调查等方面，都取得了较好的成效。但在铁路勘测中能发挥哪些作用，则应结合铁路勘测的特点加以应用，铁路选线勘测是从面到线到点，遥感在不同过程中，又都能发挥哪些作用，要进行研究。既要突出遥感技术又要突出铁路勘测，如果不突出遥感，用传统的地面方法也可进行铁路勘测选线工作，那就没有发挥遥感作用；如果不突出铁路两个字，则遥感和铁路勘测挂不上钩，也不会被广大铁路勘测人员所接受，成为纯科学研究。因此，应强调科研与生产相结合，遥感技术的研究应用要结合铁路勘测选线，否则是无生命力的。

五、加强人员培养，加强情报交流

建立健全遥感科研组织，是很有必要的，如果组织上不落实，没有专门的组织和人员抓遥感工作，想推广应用遥感技术和提高是做不到的。人才是很重要的，只有仪器、设备，没有专门人才去掌握操作，是创造不出财富的，也研究不出科研成果的。因此，要加强人员的培养，派员参加各种遥感学习班，提高科技人员的技术水平，组织经验交流和情报交流，不要互相保密，要互通有无。我们可建议部科技委组织出国考察或学习，也可请国外专家学者到国内讲课，今后也可考虑铁道部自己组织遥感学习班，可请部外有关单位协助。

六、关于引进仪器设备问题

科学技术是人类共同财富，各个国家和民族都有自己的长处和特点，彼此之间的交流是很有必要的，充分利用国际上最新科学技术成就，吸取其有益的部分，这是高速发展科学技术的重要途径。

根据我国四个现代化建设的需要，有重点地引进一些关键的能起带动作用的先进技术和仪器设备是必要的。但是目前国家资金有限，这两三年想大量进口仪器设备看来不现实，当然能进口一些是很理想的，但在未能进口仪器之前能否先从国内购买一些已经成批生产，性能又较稳定的遥感仪器呢？我想可以，这样现实些，否则老等待进口仪器设备也不是办法，当然也可以借用兄弟单位的遥感仪器。总之，要现实些，利用现有的仪器设备充分发挥遥感技术的应用。

我的话就讲到这里，以上几点意见不一定正确，仅供大家参考，也欢迎大家批评指正！

1985 年铁道航测与遥感经验交流会综述

铁道航测与遥感情报网和中国铁道学会铁道工程委员会勘测技术学组共同筹办的"铁路航测与遥感经验交流会"于 1985 年 12 月 6 日～10 日在成都铁道部第二勘测设计院召开。参加这次会议的有路内各设计院以及高等院校、路局、工程局、科研等单位的代表共 46 名,交流文件 29 篇。

这次会议开得有特色,也很有成效。发表的论文和经验总结数量比较多,内容也较广泛,基本上反映了铁路航测与遥感技术的现状和水平,也达到了交流经验的目的。在大会上交流的内容,航测方面有:航测初测的体会、控测、加密、制图、数模、近景摄影测量、既有线测图、以及微机应用和平差方法的探讨等;遥感方面有:地质、水文、施预等专业的判释应用、数字图像处理等。以下就这次会议交流文章的主要内容作简要的综述。

一、关于勘测方法方面

以往利用航测方法进行初测时,除现场成图外,一般均进行两次外业。这次交流会上关于"控测与初测同时进行完成初步设计"的经验介绍,说明了铁路勘测设计中航测方法的应用有了新的进展,如铁道部第三勘测设计院和第二勘测设计院分别对大秦线东段和南川支线介绍了这方面的经验,且各有特色。

控测与初测同时进行,在某些特殊情况下是可以缩短勘测周期的,但这种方法也还存在一些具体问题,如在地形地质复杂地段如何稳定方案,各专业如何配合,如何合理安排工序等,尚待进一步改进和完善。

二、既有线测图的应用

随着铁路建设重点的转移,近一年多来,既有线测图任务逐步增加,利用航测方法进行既有线测图引起了许多铁路局的重视。这次大会上,北京铁路局的同志对既有线用航测方法测图的优越性和必要性谈了很多体会。目前,我国 5 万多公里的铁路线,很大部分无地形图,既有线测图的任务相当艰巨,用常规的方法是难以办到的,而利用航测方法测图则比地面方法先进得多,不但可减少外业劳动强度,而且提供的图纸精度高,内容齐全,图面整洁,还可根据需要提供地质资料,很受铁路局欢迎。

既有线测图中如何减少外业复测工作量,是个亟待解决的问题。这次大会上,郑州铁路局同志对这个问题提出了不少具体建议,例如用航测方法取代线路里程丈量,取代中平测量,还提出正线高程精度不一定按 $30\sqrt{L}$ 的要求等。这些建议是很有现实意义的,值得有关单位重视和研究。

三、近景摄影测量的应用

地面立体摄影测量在铁路部门早已应用,但非地形测量的近景摄影测量刚开始应用,这次交流会中有几篇文章介绍了这方面的内容,如西南交通大学介绍了"利用多倍仪进行超近景摄影测量的探讨"，扩大了多倍仪的使用范围，为近景摄影测量增添了新的内容，还介绍了非地形摄影测量用于测绘隧道洞门立面图、测桥梁变形等内容，都是很有实际意义的。另外，铁道部专业设计院结合测绘北京北海公园漪兰堂长廊立面图的任务，介绍了近景摄影测量方法测制弧形建筑立面图的经验，认为用近景摄影测量方法测绘古建筑物的立面图，精度较高、速度较快，而且大量减少外业工作量。可以说，近景摄影测量在古建筑物的测绘工作中很有实用价值。

四、数字地形模型的应用研究

关于数模的文章有两篇，一篇是专业设计院的"'数模'技术及其在铁路勘测设计中的应用"，文章介绍了数模的作业过程及对精度的探讨，并指出了数模优化选线可以取得较好效果；另一篇文章是"关于数字地形模型内插精度的探讨"，内插精度决定了数模在工程设计自动化方面应用的程度，因此，它一直是数模研究者所关心的问题，从应用的角度来看，内插精度问题是数字地形模型的核心问题。

我国铁路系统从 20 世纪 70 年代后期开始了数模的研究，它的研究和应用对铁路选线优化将具有十分重要的作用，目前虽然仍处于研究阶段，但用于生产的前景是指日可望的。

五、遥感图像判释应用

交流文章中有关遥感技术应用的较多，如铁道部第一勘测设计院结合阳西线利用陆地卫星 MSS 图像和航空像片，以地质力学观点和地应力理论，对宏观地质构造进行分析，从而提出工程地质条件评价和方案比选意见，说明利用遥感图像，用地质力学观点分析宏观地质构造，效果是好的。

西南交大、铁二院文章介绍了利用遥感手段进行成昆线北段泥石流普查的经验，他们的经验说明利用遥感手段对泥石流的成因、分布范围、分布规律、危害程度和发展趋势等的判释都是很有效的。特别是在成昆线泥石流普查中，对普子村滑坡的调查不仅考虑铁路的安全，而且还将滑坡险情向四川省有关部门报告，并建议将普子村搬迁到滑坡体以外。该建议得到全国人大六届三次会议的采纳，由四川省组织了专门的综合考察组。根据考察报告，四川省政府作出决定，拨出专款作为普子村的搬迁费，使 47 户 220 多人免遭滑坡的灾难。这个事实充分说明了遥感技术不但有较大的经济效益，而且有较大的社会效益。

此外，铁二院还介绍了长隧道勘测中利用陆地卫星 MSS 磁带进行数字图像处理的成果进行工程地质判释，认为效果是明显的。

遥感图像不仅在地质判释应用方面取得好效果，在水文和施预调查方面同样有较好的效果，如铁二院关于施工组织调查中利用航空像片的情况介绍、专业设计院关于"遥感在铁路新线水文勘测中的应用"，以及"利用遥感技术预测沈山线桥渡水害"的文章等，都说明了遥感技术在水文和施预调查中有很大的潜力。

六、遥感图像处理的应用研究

这次交流会中关于遥感图像处理的文章也占重要一席，如北方交通大学的"遥感数字图像处理方法及应用效果的研究"等。数字图像处理是近 20 年来随着空间遥感技术及电子计算机技术的发展而迅猛发展起来的一门学科，是遥感技术一个先进的领域。它把遥感获得的庞大繁杂的电磁波信息进行快速严密的数字处理，能够使被干扰和歪曲了的图像得到恢复。通过各种增强处理，使模糊的图像变得清晰，使色调单一的黑白图像变为鲜艳夺目的彩色图像。数字图像处理作为提高遥感判释效果的一种手段，从长远看，具有较大潜力和发展前景，应特别值得我们进一步探索和研究。

七、理论方面的探讨

交流文件中有关理论探讨方面的文章引起了同行的兴趣。铁道部第四勘测设计院的"确定边角网平差测边权的一种方法"和"利用航摄像对自动形成等高线的一种方法",以及应用卫星图像判释对'中国岩块大地构造特征的探讨"等都是属于理论性探讨方面的文章。虽然对某些设想和论点还有不同的看法,但作为理论性探讨还是有意义的。

除上面提到的 7 个方面内容外,还有一些文章也很有意义,就不一一叙述了。

这次会议有两个特点值得一提:

(1)参加会议的代表中有不少年青人,特别是在大会上发言的 17 名代表中,年青人占了将近 1/3,这在一般学术会议上是少见的,这个事实说明铁路航测遥感事业后继有人,也说明各单位开始重视年青人的培养,敢于让他们挑重担,使他们有机会在学术讲坛上发言和得到锻炼,这是可喜的现象,希望今后能有更多的新秀参加会议。

(2)这次会议的第二个特点是打破了以往仅仅介绍路内航测遥感方面的经验,出现了介绍面向社会的经验。如铁二院的"参加新都县土地利用现状调查的体会"以及专业设计院的"近景摄影测量方法测制弧形建筑立面图"的经验,都是属于路外任务的经验总结。

随着我国经济体制改革的不断深入,以及适应社会市场的需求,在完成路内任务后,抽出一些力量,承担路外某些急需的航测遥感任务也是必要的,这样既为开拓铁路航测遥感的新领域,又可为国家建设作出贡献。

这次会议除交流经验外,代表们还提出了许多宝贵意见和建议。如对加强航测与遥感情报网以及勘测学组的工作、建议召开铁路航测工作会议、重视航测遥感人才的培养、举办遥感图像处理培训班等,都提出了积极建议。代表们对部基建总局决定成立铁路航测和遥感科技情报中心感到高兴,希望情报中心在加强铁路航测和遥感科技情报工作方面作出积极贡献。

综上所述,可见这次经验交流会是颇有成效的。如果说 1984 年在武汉召开的"铁路航测与遥感经验交流会"的收获之一是促进了铁路局系统技术领导干部航测遥感短训班举办的话,那么,是否可以认为,这次在成都召开的铁路航测与遥感经验交流会将为铁路航测工作会议的召开起到催化作用呢？这也许是学术会议的一个重要作用吧！

国内外航测遥感现状和
对铁路航测遥感发展的设想

随着现代科学技术的发展,航测和遥感的关系更加密切,并互相渗透,以致于在某些方面很难把两者技术分开。例如遥感平台和传感器,实际也包括了传统的航空摄影平台和航摄机,遥感数据处理也包括了传统的摄影处理工艺在内,特别是摄影测量进入全数字化时代后,摄影测量仪器与遥感仪器可能合二为一,等等。

本文在叙述航测遥感技术时,在某些方面也未进行严格区分,采取有分有合的方式进行介绍。

一、当前国内外航测遥感技术简况

(一)遥感数据的获取和处理

1. 遥感平台

遥感平台已形成以卫星为主体的多级遥感平台工作系统。新一代卫星原则上将考虑到系统的兼容性、技术的互补性及数据的连续性。目前,正向航空/航天遥感融汇贯通的方向努力,多层次、多波段、多时相的数据获取更明显。

美国陆地卫星系列从 1972 年起至今已发射 5 颗,分辨率从第一颗 MSS 图像的 80m,提高到第四颗专题成像仪(TM)图像的 30m。美国政府将资助私人公司,准备在 1988 年和 1991 年分别发射陆地卫星 6 号和 7 号,传感器设计将有所改进,陆地卫星 7 号将携带 TM 和多光谱线阵,分辨率可达 10m,并有航向重迭。预计陆地卫星 8 号和 9 号仍将携带多光谱线阵,波长将延至热红外。

1986 年 2 月 22 日发射的法国 SPOT-1 号地球观察卫星是遥感界值得祝贺的大事,它将为遥感应用开创新局面。高分辨率和立体观察是该卫星图像的两个新特点,其分辨率可达 10～20m。SPOT 卫星图像可用于测制 1∶10 万和 1∶20 万比例尺地形图,还可用于更新 1∶5万和 1∶10 万地图。产品形式有胶片、CCT 磁带两种。胶片规格为 241mm,比例尺1∶40 万;为了保证大约 11 年内供应数据的连续性,法国将在今后几年发射另外几颗 SPOT 卫星。

除 SPOT 卫星外,欧空局、日本、加拿大、苏联、印度、巴西、保加利亚和荷兰等国在 1990 年前也将发射多种用途、高度和传感器的卫星。

20 世纪 80 年代初出现的航天飞机,到目前为止已飞行了 10 多次,它为航天遥感提供了一种灵活、经济和有效的工作平台。由于它具有重复使用和能返回地面等优点,在各种遥感试验中(如传感器的试验等)将取代轨道卫星的作用。但是对于长时间、频繁、大范围的地球资源和环境遥感任务而言,航天飞机只是长寿命轨道卫星的一种补充手段,不是取代。

航空遥感方面,超高空摄影和高空摄影受到重视。以美国为例,近年来系统地执行高空摄影计划,1978 年后,开始研究超高空摄影。

我国航天遥感平台发展也很快,1972 年以来,我国先后发射成功 19 颗人造卫星,其中 9

本文系在"第一届铁路航测遥感科技动态报告会"上的主题报告,文章收入会议论文集,1986.12.27

颗科学试验和技术卫星与遥感有关。最近发射并回收成功的科学试验和技术卫星是以国土资源调查为主要目的，它携带光学相机和 CCD 相机，提供黑白及彩色红外像片，比例尺适中，很受用户重视。这些卫星正在发展具有周期性实时传输性能的遥感卫星，为继续发展资源卫星系统作技术准备。

在航空遥感方面，我国已引进航高在 1 万 m 以上的遥感飞机 10 余架，包括 Lir Jet Super King Air、Cesna Citation 等型号飞机，这些飞机装有高分辨率的航空摄影机、多光谱扫描仪、侧视雷达等仪器。此外，还有几十架中低空遥感飞机。除中国民航专业航空公司外，中国航空遥感服务公司以及某些部门的小型飞机等也已开展航空遥感的营业服务。

我国已完成了第一代小比例尺航空摄影（指测制 1∶5 万地形图的国家图幅航片），目前正在以东部地区为重点，开展 1∶2 万～1∶4 万比例尺的第二代航空摄影（指测制 1∶1 万地形图的国家图幅航片）。

2. 传感器和数据传输获取

长期以来，航空摄影机一直是最主要的传感器，但随 20 世纪 50 年代初航空红外扫描仪和真实孔径雷达的出现，60 年代初合成孔径雷达的研制成功以及多波段摄影机和扫描仪的发展，使整个传感器覆盖的波谱区域迅速地由可见光区扩展到紫外、红外和微波范围。

当前，传感器发展很快。在摄影机方面，西德 OPTON 厂的 RMK 航摄机安装了像移补偿装置，该摄影机已在美国"哥伦比亚"号航天飞机上使用，效果很好，每一张像片覆盖面积 190 km×190 km，比例尺为 1∶82 万；Metric 相机是在 RMKA30/23 基础上改进的，它具有高精度和高分辨率的特点；民主德国的 LMK 航摄机是一种新型的航空摄影照像系统，该系统的最大特点是有非常高的摄影分辨率，采用了新的像移补偿方法和新的自动曝光控制，它的最大镜头畸变只有 2 μm，中心分辨率 100 线对/mm 以上，平均面积加权分辨率达 70 线对/mm。该航摄仪可以用感光度较低的高分辨率胶片进行摄影；大像幅相机（LFC）属于高精度测绘用画幅式像机，像幅为 23 cm×46 cm，焦距 305 mm，镜头最大畸变 20 μm，镜头分辨率 80 线对/mm，是未来航天飞机完成测绘任务的主要传感器。

随着科学技术的发展和应用的需要，传感器的波谱越来越宽，通道也愈来愈多，已有多达 24 通道的扫描仪。目前正致力于发展第三代多波段扫描仪。

第一代扫描仪主要包括一些常用的机载多波段扫描仪、Landsat 上的 MSS 和 SkylabS 192 上的 12 波段扫描仪等；第二代是 Landsat-4 上使用的专题成像仪（TM）；第三代以推帚式电荷耦合器件（CCD）多波段扫描仪为代表，其分辨率可达 10～20m。法国 SPOT 卫星上的传感器就是用这种扫描仪。模块式光电多光谱扫描仪（MOMS）是一种以 CCD 阵列作为光电变换器件的星载双谱波扫描成像传感器，在 300 km 轨道上，对地面成像空间分辨率为 20m，是 1983～1984 年航天图像的最高水平。

CCD 线元阵列发展很快，已从 20 世纪 80 年代初的 1 024 像元发展到今天的 4 096 像元阵列，很快可扩大为 8 192×8 192 像元，预计到 80 年代后期将达到 16 384×16 384 像元。

为了迅速发展第三代多波段扫描仪，NASA 正推进一项名为多线阵摄像机（MLA）计划。而谱像合一的航天飞机成像光谱仪（SIS）及一些智能化的传感器，也将受到重视和发展。

微波遥感也有较大进展，70 年代合成孔径雷达（SAR）由机载向星载过渡，对于 SAR 技术和微波遥感应用来说，都是一个重大的突破，目前正致力于研制新型的航天飞机成像雷达和星载多参数成像雷达。长波段窄脉冲探地雷达也正在研制，它可以穿透覆盖层，取得地表下的信息。

从传感器本身看，TV、RBV 看来是属于淘汰的传感器，AVHRR、MSS、TM 是比较成熟的传感器。但今后将以 CCD 多波段扫描仪及微波成像技术作为实用基础。

此外,远红外传感器也受到重视。NASA 设计的一种 6 波段远红外扫描(从 8.2~12.2 μm),经机载试验认为是一种有效的地质遥感工具,可以探测矿物,特别是硅酸盐岩石的信息。近年来主动式的红外传感器得到了发展。对它们的动向是值得注意的。

遥感数据获取方面也取得较大进展,目前在世界范围内已建立了 16 个陆地卫星地面接收站,可直接接收美国陆地卫星 MSS 和 TM 图像,有的还可接收 SPOT 卫星图像。

美国通过跟踪和数据中继卫星系统(TDRSS)可以接收全球 2/3 的卫星遥感数据。当 TDRSS 系统完全建成运行之后,所有非极区的数据都可以从美国南达科他州的地球资源观察系统(EROS)数据中心获得。

到 80 年代末,全世界将有 20 个跟踪接收站,可以接收陆地卫星和 SPOT 卫星的信息。多种接收来的数据有可能通过通讯卫星或其他现代通讯、计算机技术形成高速和全球性或区域性的数据网,使数据的获取、分发和分析、应用形成一种有机的联系,从而使遥感资源的国际、国内共享达到实用的目的。

我国从 70 年代后期以来,航空遥感传感器的研制取得较大进展,包括多光谱相机、单通道(双通道及六通道)红外扫描仪、9 波段多光谱扫描仪、CCD 相机、微波辐射计、真实孔径雷达和合成孔径雷达、成像光谱仪等均已进行了各种试验应用,并将发展成为实用系统。

我国研制的 18 MSP 大像幅多光谱航空摄影机,改变了以往 6 MSP 系统所摄的像片不能用于测图的不足,而且具有较好经济效益。

目前正在研制的还有 11 波段多光谱扫描仪实用样机。该机采用组装式结构,波段可变,视场可选择,采用碲、镉汞和锑化铟探测器。

我国正在研制的 CCD 扫描仪(1 024 线阵)系采用多镜头结构,分 5 个波段,具有模拟或数字磁带两种记录方式。

我国自己研制的机载合成孔径雷达试验样机,分辨率为 15 m,测绘带宽度为 10 km,飞行高度达 6.5 km,其工作效率为 4 000~5 000 km²/h。系统的运动补偿性能良好,影像灰度层次较多。1983 年试飞所提供的长江三峡、黄河等地区的影像资料,水陆界线清楚,可判释多种地物、地貌要素。

在航天遥感数据方面,国产气像卫星地面接收系统已经运转使用,从美国引进的陆地卫星地面站,去年已正式使用,可以接收美国陆地卫星的 MSS 和 TM 图像,并将进一步接收法国的 SPOT 卫星数据。目前世界上 16 个陆地卫星接收站中只有 6 个接收站能接收和处理 TM 数据,我国地面站也是其中之一。

3. 遥感数据处理

遥感数据处理和判释是遥感系统的重要环节。遥感数据处理方法有光学方法、光电方法和计算机方法几大类,近 20 年来,计算机遥感图像是遥感系统中最活跃的方面。在遥感图像的光—机结合处理方面也有了新的进展。

目前,国际上普遍的问题是图像数据处理的设备和能力远远适应不了卫星传感器的发展速度。近 10 年来,图像处理用的计算机向高速度、高效能、模块式方面发展,同时也十分注意遥感图像在通用计算机上的处理应用。70 年代以来,图像处理都采用人机对话方式,1983 年开始,大量采用多个微处理机的分布式结构,从而极大地提高了图像处理速度。今后图像处理要向自动分类和识别发展,这种技术目前还只处于试验阶段,但美国已取得某些进展。遥感数据实时处理也是一个重要课题,开始受到重视。此外,国外正在研究数据压缩和特征抽取技术,以减少数据量。

我国图像处理技术方面已涉及光学、光电、光化学处理及计算机数字图像处理等领域,特别是数字图像处理技术发展的较快。

光学图像处理设备方面,我国引进了不少。但我国需要数量较大的彩色合成仪、密度分割仪等,国内均有了批量生产。其中北京工业学院研制的 DPH-81 型多光谱彩色合成仪,从实际使用要求出发进行构思和设计,完全摆脱了仿国外产品的路子,是一种有特色的仪器。

计算机数字图像处理方面,我国目前主要使用进口的图像处理系统,这些系统都是当代最先进的图像处理系统。如美国 I^2S 的 101.575 和 600 系统,LOGE/181 公司的 VIE-WS 系统、OPTRONIC 公司的 OASIS 系统,加拿大 DIPIX 公司的 ARIES Ⅰ 和 Ⅱ 系统。此外,还有 MAGICAN、KIMOTO、PERICOLOR、COMTAL 等系统。

我国在引进计算机图像数字处理的同时,也正在发展自己的数字图像处理系统,包括:建立在通用计算机上的遥感图像处理系统;以国产 186 型计算机为主机的图像处理系统;IRSA-2 遥感图像处理系统;SPIS-1 型图像处理系统,TJ-82 图像计算机、PIPS 图像系统。目前已开始进行开发以微机为基础的数字图像处理系统,这种系统采用多元线、多中央处理机、采用软硬件结合、分区处理及高级语言技术、处理效率很高。一种以 BCM-3 微处理机为主机的气象卫星图像处理系统已经投产。

当前,尽管各种光学、电子光学辅助判释方法和计算机处理分析方法得到了迅速的发展和广泛的应用,它们不同程度地提高了人们对遥感数据应用的效果和效率。但这些方法本身尚有许多局限性,因此,目视判释在相当长时间里仍然是一种不可取代的方法,同时它也是进一步发展各种先进的影像数据分析方法的基础和出发点。

(二)控制测量技术

国外在航测外控点的布点方案方面除全野外布点和网段布点外,由于电子计算机及计算技术的发展,近几年来又在研究和试验平面周边控制。

为了提高大比例尺测图精度,国外普遍采用在航摄前对航测外控点预设人工标志,根据具体的情况不同,这种标志的材料可以采用细棉布、塑料布、涂漆纸板、涂漆胶合板。也可直接将油漆涂在地面或岩石上等等。

外控点的测量方式,一般采用交会法或导线法。所用的仪器为测距仪、经纬仪和水准仪。

目前,国外红外测距仪的发展具有两大特点。第一个特点是红外测距仪已经采用了内装微处理机,使红外测距仪的功能不断扩大,同时还具有无线遥控、自动记录、单向通讯、监测显示等特殊功能;第二个特点是一些厂家把电子经纬仪、红外测距仪、自动记录装置、微型计算机和自动绘图机联为一体,发展成组合化的自动测量系统。下面以 WILD 厂、Zeiss 厂和 Kern 厂为例说明这种组合化的测量系统。

WILD 厂的 DI4、DI4L、DI5、DI1000、DI3000 等红外测距仪和 T1000、T2000 等电子经纬仪的野外测量数据,可以自动记录在配套的 GRE3 型数据终端机内。存在 GRE3 中的数据还可以通过 RS_{232} 型接口送进微机进行自动数据处理,并送到 Geomap 地面自动测图系统。

Zeiss 厂的 Recota 全站式电子速测仪的观测数据可存入配套的 MIC_{445} 型电子记录装置内,并可送入计算机进行数据处理,然后通过绘图机自动绘图。

Kern 厂的 DM503 红外测距仪和 E_1E_2 电子经纬仪所测得的数据,既可记录在配套的 R_{48} 电子记录装置内,并送进微机进行自动数据处理,也可通过 DIF_{41} 数据接口送到 HP-41C 袖珍计算器中按规定的程序进行运算。

国外最新的红外测距仪除具有上述两个突出特点外,还有小型轻便(SOKKISHA 的 RED_{mini} 红外测距仪只有 900g 重)、测程扩大(瑞典 AGA 公司的短程红外测距仪 Geodme-ter14A 测程扩大到了 15km)、测距精度提高(MILD 的 DI5 和 Kern 的 DM503,其标称精度已提高到 3 mm＋2PPM·D)等特点。

目前,世界上随着大地测量技术和仪器的不断进展,也促进了控制测量技术的发展,其中多普勒定位技术发展很快，值得一提。

多普勒定位技术是空间技术用于大地测量最早且现阶段得到最普遍应用的一种先进技术。其中，子午卫星导航系统定位精度用广播星历精度优于 5m，用精密星历优于 1m。

为了把子午卫星导航系统向更高级阶段推进，就在其得到广泛应用的 70 年代的中期，美国国防部又开始发展新的更完善的系统——全球定位系统（GPS）。

国外利用全球定位系统（GPS），通过专用的高精度的接收机的观测，可以进行精密的大地点定位，各种全球定位系统的接收机相继制成并投入实验观测，这些产品均系美国的，主要有以下几种：

（1）Macrometer。系美国 Macrometrics 公司制成，1983 年 1 月正式检验，为便携式接收机，相对精度为厘米级。

（2）MASA/JPL SERIES。这是美国航天局喷气推进实验室研制的系统，为车载流动式，两站的相对精度 2cm。

1985 年 9 月，美国马里兰州的 GEO/HYDRO 公司宣布，已使用第二代的 GPS 接收机达两年，即 GPS1990 型携便式接收机，该仪器无需 GPS 的专门编码知识，两点之间的三维座标差为 ±10cm。

惯性测量技术也是大地测量技术发展中值得一提的技术。能够用于精密测量工作的惯性测量系统是加拿大 Litton 公司于 1975 年提供的 IPS-1。目前国际市场上又出现了两种新的系统，一是 Honeywell 公司的 GEO/SPIN，也称 IPS-2；另一种是 Ferranti 公司的 FILS 系统。

国外利用直升飞机机载快速惯性测量系统（RGSS）在两个已知点间往返飞行用以加密中间控制点时，中间控制点点位的测定精度，平面位置已在 0.5m 以内，高程精度约 0.2 m。美国采用 IPS-1 型在 900 平方英里内作了 7 800 个站点，定位精度为 ±30~50 cm，以后的精度可望再提高。目前主要的问题是这套惯性测量系统价格太高，而且还较笨重。

国内布点方式多采用网段布点，但测图面积不大的也有采用全野外布点的。关于预设标志，一般没有做。测量方式有交会法和导线法。测量仪器为测距仪，经纬仪和水准仪。

我国所使用的红外测距仪大部分是进口的。近年来国内一些光学仪器厂和电子仪器厂分别从瑞士、瑞典和日本等国引进了几种类型的红外测距仪组装线组装测距仪，同时，我国的有关工厂和院校近年来也研制出一些产品。特别是微处理机在国产测距仪上的应用，使得国产测距仪的性能和质量都较过去有了很大的提高。其中常州第二电子仪器厂研制的 DCH_2 型多功能红外测距仪就是一个很好的例证。该产品经国家测绘局测绘科学研究所光电测距仪检测中心全面质量鉴定后认为：该仪器外形美观、体积小、重量轻、操作方便、精度高和性能稳定。该产品并通过了国家鉴定，目前已开始小批量生产。

我国在研究和发展空间技术用于大地测量方面，直到 70 年代末才着手研究和引进多普勒定位技术。据粗略统计，几年来我国共引进各种类型的多普勒接收机总数约达 200 台。在大地测量方面，我们早在 1976 年开始就利用子午卫星导航系统进行了大地定位的测试和研究，并于 1982 年在全国布测了 37 个测站的卫星多普勒网，进行了我国南部海域西沙群岛等岛屿的大地测量联测。

但是，我国在开展多普勒接收仪表和数据处理的基本理论探索与研究方面尚落后于先进国家较长一段距离。

（三）空中三角测量

随着电子计算机和计算技术的发展，现在已普遍采用解析空中三角测量。

解析空中三角测量按平差的方式有航带和区域网的多项式平差等种，一般认为光束法平差的理论最严密，能给出最高的相对精度和绝对精度。

　　空中三角测量的几种误差中以系统误差占优势，而系统误差来源于摄影机镜头畸变、软片、转点工具和量测仪器。但主要的影响因素是摄影质量，即摄影机镜头畸变和软片变形。

　　系统误差是区域网平差的重点问题之一，这几年系统误差研究方面取得巨大成就，主要指用附加参数解决系统误差问题。在这方面的研究已达到生产水平，不需要再组织大规模的实验，但还需要经常性的实践方面的经验。

　　当前区域网平差中误差分析的重点转到粗差的检测与剔除上，也就是解决其可靠性问题。在实际平差中，实际的问题是如何把隐藏在观测值中的各种粗差找出来，这就是粗差的检测和定位问题。即在平差过程中，自动地发现粗差的存在并正确地指出其位置，从而剔除粗差，保证结果的正确性。长期来，人们习惯于用观测值残差与中误差比，大于中误差2～3倍时便认为观测值含有粗差。这种方法有明显的局限性，应当从数理统计检验出发来进行粗差检测。

　　实践证明，将粗差的自动检测和定位方法引入到现行的程序中去是一项很有价值的工作，应当值得测量界的重视。

　　摄影测量区域网平差的可靠性，现在可与大地测量的大地网的可靠性相比拟。特别是在区域网中间部分，其可靠性是很大的。利用解析空中三角测量区域网平差技术，已经达到可以加密国家三等大地点的精度。

　　我国自60年代开始研究航带的解析空中三角电算加密，到了70年代转到区域网平差。航带法从理论上讲不太严密，但由于采用了非线性改正方法，人为地加入了对系统误差的一部分改正，因此航带法的成果并不象在理论上说的那么差，且航带法计算工作量较独立模型法小。所以，目前生产中航带法区域网加密还不失为一种好方法，为我国所广泛采用。另外国内也有不少单位在研究独立模型法和光线束法。

　　(四)航空摄影测量仪器

　　首先介绍一下转刺点仪器和坐标量测仪器。目前国际上已作为商品供应的各种转刺点仪器较多。刺点方式可分为铣孔、热烫孔和激光打孔三种，其中激光打孔精度最高，可达0.5 μm。国际上刺点仪的新产品有PUG-5，采用超声波热烫孔。国内现在也已研制出JC-3型激光刺点仪。

　　坐标量测仪器精度已可达1～2μm，如联邦德国PSK，而且新型的均带有与坐标自动记录装置联接的接口，坐标自动记录装置也做到了通用化。

　　国内中等精度坐标仪方面已能满足需要，但高精度坐标仪还是空白。国内研制的HCZ-ZJ坐标自动记录装置有一定特点，如输出多种数据格式，穿孔机可脱机使用等，均优于国外同类产品。

　　下面介绍一下模拟测图仪器和解析测图仪器。

　　从当前摄影测量仪器发展趋势来看，模拟仪器在结构上的发展接近极限，无大的改善，从1984年第15届国际摄影测量与遥感学术会议的展览与第十四届会议时比较可以看出，模拟仪器制造的进展不大，展出的品种很少，只有民主德国的Topocart-D型、意大利的StereosimplexG7型和联邦德国的PlanicartE₃等老的仪器。民主德国蔡司厂的立体测图仪Steroplot是唯一的一台新仪器，其结构基本与该厂的StereometrographF型仪器相同，但轻便、价格较便宜。模拟仪器的发展多体现在和电子计算机联接以及外围设备的扩充和软件的增强方面。

　　从发展趋势看，目前主要的立体测图仪是解析测图仪，但从展览会上看，解析测图仪在结构方面变化也不大。在第13届国际摄影测量会议上展出的西德OPTON厂的PlanicompC-100、法国MATRA厂的Traster77，意大利GALILEO厂的D、S型、OMI公司的AP/C-4等解析测图仪以及第14届国际摄影测量会议上展出的瑞士KERN厂的DSR-1、WILD厂的AC1

和 BCI 等解析测图仪,到第 15 届时分别发展为 PlanicompC-120、C-130 型、TrasterT$_2$ 型、DigikarT 型、AP/5 型、DSR-11 和 BC1 型。最近 WILD 厂又推出了 BC2 型,和 BC1 型比较变化不大,主要是计算机有所不同。

从解析测图仪前后产品特点对比,可看出其共同特点是趋向于结构简单、精度降低、价格便宜。此外,解析测图仪的发展特点还有以下两方面:第一是当前解析测图仪的软件系统增强了,例如 WILD 厂的 AC1 和 BC1 型解析测图仪,当初配有用于正射投影装置 OR-1 型的程序,现在还配有 ATM 程序、VSIP 程序、CIP 程序等。KERN 厂的 DSR-11 型解析测图仪配有 BI-UH 区域网平差程序、CRIS 近景摄影测量程序以 CONTUR 绘等高线程序等。第二特点是微型计算机的使用逐渐增多,例如,OPTON 厂 PlanicompC-100 型内用的是小型计算机,而 C-120 和 C-130 都改用了微型计算机,KERN 厂的 DSR-1 型、DSR-11 型和意大利 OMI 厂新出的 AP5 型解析测图仪等都是使用微型计算机。

解析测图仪的基本优点是:高精度、高效率、多功能、多用途、灵活方便、稳定可靠。其缺点是计算机的使用效率不能充分发挥,且计算机一旦出现故障,整机就无法运转。目前,价格也还比较昂贵。

近几年,我国陆续进口了不少解析测图仪,如西德 OPTON 厂的 PlanicompC-100、C-120、WILD 厂的 AC1、BC1、BC2 等型号仪器。

我国自己也正在加紧解析测图仪的研制,如新天精密光学仪器公司等单位联合研制的 HT 解析测图仪已通过机械工业部鉴定并用于科研、生产;上海测绘处自行设计和研制的 IBMPC 微机—立体坐标量测仪—自动绘图仪三机联机的测图系统是简易的解析测图仪系统,为城市大比例尺航测成图开创了一条新的途径;1986 年 10 月由国家测绘总局组织鉴定的 DPG-1 数字测图仪,认为是有一定特点的测图仪器,该仪器是由电子计算机和由它控制的数据采集伺服驱动系统和绘图仪连成一体的新型解析测图仪。其他还有国测研究所研制的 JX-1 解析测图仪、1001 工厂研制的解析测图仪等等。目前存在的主要问题是光机部分和电子器件质量,另外软件还不丰富。

为了适应我国测绘事业发展的需要,国家已决定从瑞士 KERN 厂引进 DSR-11 仪器制造技术,并与该厂签定了合同,使系统逐步实现国产化。

解析测图仪是摄景测量仪器发展的一个重要标志,它为摄影测量的应用开拓了广阔的领域。目前已有 20 多种型号的解析测图仪问世,它除了作为测图和加密仪器使用,具有重大的现实意义外,还为摄影测量自动化提拱了优良的手段。随着电子计算机的发展和软件系统的进一步增多,解析测图仪的功能仍在进一步完善,扩展。为了避免造价过高,计算机利用率不高等问题,将从充分利用微型计算机,软件进一步模块化,制造专用解析测图仪作为一种发展途径。

(五)计算机辅助制图

计算机辅助测图是指摄影测量仪器(立体测图仪、解析测图仪)加上机助制图设备,在立体测图仪或解析测图仪上获取信息,用数字的形式表示地图的要素或特征(包括地貌、地物),然后利用计算机处理这些数据,它的最后产品是数字地图。当然,通过数控绘图机可以输出一幅图解地图。

计算机辅助测图在 1969 年开始发展。70 年代以后,陆续出现了众多机助测图系统。它的发展经历了三个阶段,最初是由立体测图仪、数字记录装置、计算机和绘图仪组成一个系统,后来又引人人机对话系统,目前又引入解析测图仪和数据库系统,并正朝着软件智能化的方向发展。

当前,机助测图在发达国家已成为常规生产手段。在测图工作中,机助测图占 50% 以上,人们之所以对采用计算机辅助测图方法感兴趣,是因为它具有许多优点,例如成图效率高、减轻劳动强度、提高成图质量、便于编制不同用途的图件以及有利于数据库的建立等等。据有人统计,在模拟仪器上测图,用在绘图桌上的工作要占测图时间的 60% 左右,如用联机数字化测图,并用数控绘图机绘图,绘图时间较一般模拟仪器上绘图可节省 30%~60%。

当前各大航测仪器制造厂商都在强调自己的机助制图系列,这种趋势在 1984 年第十五届国际摄影测量与遥感会议上反映很明显。比如 OPTON 厂的解析测图仪 PlanicompC-100、C-120、C-130 加上 Planimap(即机助制图设备的型号),构成 OPTON 自己创造的机助制图 PLanimap 系列;KERN 厂的相应系列称为 CAM 机助制图系统,与其解析测图仪 DSR-11 型联用;WILD 厂的机助制图系列叫 RAP-10 系统,与其解析测图仪 AC1 或 AC2 型联用;美国 Intergraph 公司发展了一种编辑系统 Intergraph。Planicomp 加 Intergraph 系统也成一个系列。Intergraph 系统还可以与 WILD、KERN 等厂家的立体测图仪器配合形成系列。

有些国家的科研或教学单位在研究如何充分利用现有设备,改装成为摄影测量的机助制图系统。如日本东京大学报导了他们利用蔡司厂的立体测图仪 Topcart D 型与绘图桌 DZT,加上日本自制的微型计算机构成为日本的 CASP 机助制图系统。日本亚细亚公司也建立了自己的机助制图系统,包括 VAX11/780(11/750)计算机、U-DAM 图形处理机、DSR-11 解析测图仪以及 GT5000 自动绘图机等组成。

我国计算机辅助制图,各部门除从国外进口航测制图仪器时,配备些数字化器、数控绘图桌和编辑显示装置外,国内一些单位,如国测、总参系统也都开展了研究。全自动化测图也正在进行研究。

(六)数字地形模型(DTM)和线路选线机助设计

将地形信息从图形显示发展为数字形式,是一种重大发展。数字地形模型的数据来源有三种,即地面测量、利用既有地形图以及航空摄影测量方法三种。这三种来源中,一般多采用航测方法。

大比例尺数模可用于各种工程勘测设计,如铁路、公路、水坝、机场、厂房、矿山等等;小比例尺数模还可用应于国土整治规划、农业区划、土地利用总体规划、工业布局规划、能源建设规划、交通建设规划、林业规划、旅游规划等等。

目前,许多国家都在工程施工前利用数模技术进行工程仿真设计,以便对工程设计进行评价、修改。英国和法国在公路勘测设计中,瑞典在工业选址、大型建筑、机场勘测设计中都应用过数模技术。

DTM 对于地理信息系统的建立起到重要的作用。就铁路勘测设计而言,利用 DTM,通过计算机和优化技术,可以进行纵断面优化设计,若与自动绘图桌相联结,还可以编制各种设计用图等等。

国内也已开展了数模的研究和应用。武汉测绘科技大学、国家测绘局、军事测绘学院、西北电力设计院等都进行了这方面的研究。国家测绘局测绘研究所和空间测绘资料中心,在1985 年 2 月已研制并生产了全国数字地形模型。他们还将结合有关经济部门的要求,生产大比例尺的数字地形模型。

从有关资料看,国外选线机助设计主要是以公路设计为对象来研制开发的。其较为典型的有美国 Louis Berge 国际公司开发出来的 ESPADD 软件包、西德亚琛的郝一博工程师咨询所研制的 EPOS 程序系统、英国 MOSS 公司研制开发的 MOSS 软件包等等。

在国内铁路、交通、水电等部门都在开展机助选线设计,交通部已有设计程序,但缺少数模,以致不能成为一个完整的系统。

国外平面优化方面仍处于研究阶段,未见有实际应用的报导。

（七）摄影测量自动化和正射投影技术

1. 摄影测量自动化

自动测图从 20 世纪 60 年代开始，相继研制了 UNAMACE、AS-11-C、AS-11B-X、Tompomet、GPM 等自动测图系统。

摄影测量自动化基本上是沿着三条路子发展的：立体测图仪的自动化、解析测图仪的自动化和实现全数字化。由于解析测图仪在仪器性能上优于全能仪器，特别是计算机功能，因此，就发展趋势看，自动化的解析测图仪是近 10 年摄影测量自动化的主要途径。

目前自动测图系统的相关方式，大部分采用电子相关，少数为数字相关。光学相关的仪器尚未研制成功。在目前已有的自动测图系统中被认为最成功的是 1976 年美国本迪克公司研制的 AS-11B-X。它是激光扫描全数字化系统，处理一个相对时间只需 15 min 左右。在作为商品出售的仪器中，加拿大 Gestalt 国际有限公司研制的 GPM 系列也是较成功的，目前已有 GPM-4 型，它可从航空像片生产正射像片、自动输出等高线、输出数字地形模型（DTM）以及正射像片配对片等。目前，在自动化摄影仪器中，自动扫描式固体扫描器（主要为 CCD 扫描器）和激光扫描器正在逐步取代飞点扫描器。这方面联邦德国汉诺威大学研制的 RASTAR 数字影像相关器是一个代表，它可相关突变性不连续的地面。

目前自动化测图还有不少问题没有解决，如等高线精度一般低于立体测图直接测绘的精度，由断面高程变换为等高线费用较高；雪、水面和影像灰度变化平淡地区，会失去相关，需人工干预；高程精度只能达到航高的 1/2 000，无法满足高精度摄影测量的要求。

摄影测量自动化的另一种形式是全数字化。美国国防制图局正在重点研制综合的全数字系统，这是摄影测量自动化的远景，目前并未见重大突破。研制出能实现地形和地物数据提取全数字化系统并用于生产，普遍认为要 20 年后才会实现。

一般的自动化测图系统，设备昂贵，据介绍，即使像美国这样的经济条件，在 10 年内也不会普及应用。

2. 正射投影技术

1916 年 HORN 最初提出正射像片的思想，1964 年 OPTON 厂在里斯本国际摄影测量学会上介绍了 GZ-1，同时生产出了基本符合正射原理的影像地图。

正射影像地图的出现，为地形图增加了新品种引起了各方面的重视，是当代世界各国新兴的地形图之一，它除了具备线划图的用途外，还保持了大自然的真实影像，辨释直观，使用方便，对于土地利用、林业开发、城市规划等均有较大使用价值。国际上认为通过影像制图，与线划图比，能缩短制图周期 3/4，成本减少 60%。

目前，已有许多国家将正射影像地图列为国家基本图系列，如美国、加拿大、日本、澳大利亚、以及欧洲部分国家，已成批生产，广泛应用。芬兰计划在 20 年内完成全国 50% 左右 1∶5 万地籍正射影像图；南非从 1968 年就开始制作 1∶1 万正射影像图，他们 1 台 OR_1，可配置 9 台精密立体测图仪进行脱机作业。

20 多年来，正射投影仪的产品总在不断更新。如 WILD 厂的 AvioplanOR1，OPTON 厂的 Orthocomp、Z-2 以及加拿大 Gestalt 公司的 GPM 等，都属于比较新的仪器。目前评价正射投影装置，都按缝隙范围内是否具有坡度改正功能来分级。在缝隙内未经坡度改正的称为零级装置，如 Kelsh K_{320}、Ortho SFOM9300、Ortho-3 等；在缝隙内按线性改正的称为一级装置，如 WILD Avioplan OR1 OPTON GZ-1、Orthocomp Z-2 等；在缝隙内按二次曲面改正的称为二级装置，如加拿大的 GPM 等。最近又提出了一种新的逐点纠正的方法，称之为数字微分纠正。它的发展是正射投影技术的一个新领域。

OR1 和 Z-2 为当代 1 级精度的制作正射影像图的仪器系列，能处理纠正陆地卫星 MSS 图像为正射影像图。Z-2 的性能方面优于 OR1,它的生产效率较高,据联邦德国北莱茵—威斯特伐利亚洲测量局的经验,每个工天可完成 1:5 000 正射影像图 10 幅。但从实用的观点看,OR1 正射投影仪,采用线性纠正,得到了普遍的欢迎。

从 GZ-1 出现以来,为脱机生产正射影像图开辟了一条道路。脱机方法的优点是具有精度高、灵活性好、便于自动控制等优点。

随着一些正射投影仪产品不断改善,正射影像图的生产品种也越来越多。目前已从黑白正射影像图发展到彩色正射影像图;从航空正射影像图发展到航天飞机像片、陆地卫星 MSS 图像均可制成正射影像图。此外,还可配制立体正射影像图,加上等高线后就是正射影像地图。就目前情况看,立体影像地图发展并不太快,主要是加拿大和奥地利两个国家在发展。

正射投影技术的发展方向受摄影测量自动化本身发展的制约。若摄影测量自动化走解析测图仪自动化的道路,则以加拿大的自动立体测图仪 GPM 为代表所组成的生产正射影像图的办法就是一个很好的办法;若沿着全数字化的道路发展,则必然要采用数字微分纠正的办法,今后地图的基本资料都是采取“地图数据库”形式表达,所以,走全数字化自动测图的道路是更有利的。因此,数字微分纠正是正射投影技术发展的途径。

我国在 60 年代许多单位引进了 SEG1 大型纠正仪,主要制作单张像片纠正和分带纠正镶嵌为像片平面图;70 年代许多单位引进了 topocartB 型仪器及部分带微分纠正附件,都不同程度地使用其设备制作了一些像片图。1984 年底至 1986 年上半年国内先后引进了 17 台 OR1 和 Z-2 正射影像测图仪,其中,国测系统占 14 台,各部委 3 台(包括铁路系统 1 台)。根据 1986 年在成都举行的正射影像图生产经验交流和规范审定会议上交流情况来看,这些仪器主要仍处于开发和试生产阶段,只有铁路系统和四川测绘局开始初步批量生产。

我国自己也研制了正射投影仪,1983 年由国家测绘局测绘科学研究所研制出了第一台数控正射投影仪。该仪器属于函数投影光学晒像型仪器,采用线元素扫描纠正,在缝隙方向按断面进行地面坡度改正。试生产表明,每个工天可完成 1:1 万正射影像图 5 幅。目前已有工厂承接了这台仪器的生产。

(八)近景摄影测量

现代近景摄影测量又称非地形摄影测量。是最近 20 年发展起来的一门新兴学科。

当前在一些技术先进的国家里。摄影测量用于非地形测量的范围日益扩大,其中发展最为显著的是建筑、工业、以及生物、医学等方面。近景摄影测量已逐步形成摄影测量的重要分支。同时在数据获取方面也有较大的发展,除传统的量测摄影机和非量测摄影机外,非寻常摄影设备、如 X 光、全息,莫尔条文,扫描及传输电子显微镜摄影设备、水下摄影、高速摄影机以及动态摄影用的固态摄影机等,均有新的发展。根据 1972 年第 12 届北京国际摄影测量与遥感会议论文的情况看,非寻常摄影的研究课题在直线增长。

解析测图仪在近景摄影测量中的应用远比模拟测图仪优越,解析方法借助于电子计算机的帮助,开创了近景摄影测量发展的新局面。

实时摄影测量得到飞速的发展,从而使近景摄影测量有可能从解析数字测量向自动化方向发展。实时摄影测量就是应用装有 CCD 的摄影机对一种动态过程实时地进行数据获取、量测、处理和分析。在工业质量控制及机器人视觉系统中应用时,它的作用是应用实时的数字摄影测量处理,按其中央反馈系统的决策算法,确定其控制参数,而人为的按特定的程序算出这些参数去指挥所摄对象的动态。

我国于 70 年代时,已开始注视到国际近景摄影测量的现代发展,1981 年后,许多生产科研,教学部门陆续引进了 UMK 及 P31 等系列量测摄影机,纷纷开展近影测量研究实验和生产工作。据不完全统计,我国约有 50 多个单位开展近影摄影工作,内容包括古建筑及古文物、工程测量、工程建设、竣工测量、建筑物变形及结构试验、油罐容积、汽车外形、航道测量、显微生物(细胞)、司法侦察、体育技巧分析、环保、军事等等。

(九)地理信息系统

地理信息系统(GIS)是为某种目的而建成的,在计算机软硬件支持下,对有关数据按照其地理坐标或空间位置输入、存贮、更新、查询、检索、运算、分析、显示和应用的技术系统。这种系统不同于一般的管理信息系统(MIS),而是以研究和处理各种空间实体和空间关系为主要特征。

国际上地理信息系统发展经历了三个时期,20 世纪 60 年代为摇篮期,70 年代为发展期,80 年代进入成熟期。美国、加拿大、法国、西德、英国、挪威、瑞典、新西兰、澳大利亚、日本、苏联等国,都在积极发展和应用 GIS。

国际上地理信息系统有两种类型的道路:(1)美国、瑞典是一种类型,发展较早、较快,已建立许多专题和区域性的系统。普遍应用于科学管理、决策分析和社会生活。但它们缺乏全国性统一规范和标准,因此给共享和互换带来很大困难。(2)日本、法国,加拿大等国是另一种类型。如日本国土地理院的日本国土信息系统、法国国家地理院的数据库 CITAN 系统以及加拿大地理信息系统(CGIS)等。它们有通盘考虑,注意建立全国性统一规格的基础。

最近几年,由于对 GIS 的需求日益广泛和强烈,以及计算机性能的迅速提高、价格的明显下降,为 GIS 的发展创造了良好条件。从技术上看,GIS 的发展也取得了很大突破,例如栅格扫描技术得到很大发展,过去人工用几天或更长时间数字化一幅地图,而采用扫描方法只需 2 小时就可完成。又如高密度海量存贮技术也得到很大发展,目前记录密度已达 8×10^8 位/ m^2。例如,过去存贮全美国 5 000 多幅地图需要 100 万盘磁带和备份磁带,采用这种技术仅需 4 000 个薄塑料盘。

目前地理信息系统已向着:(1)具有统一标准的多层次、分布式系统发展;(2)和遥感技术的结合日趋紧密;(3)系统自动设计,向知识 GIS 或专家系统发展。

在现阶段,GIS 和遥感的结合还存在一些问题和争论,其焦点集中在航天遥感数据是否具有足够的精度输入到一个实用性的 GIS 里去?

我国 GIS 尚处于起步阶段,但对发展 GIS 较为重视,国家科委新技术局专门成立了资源与环境信息系统国家规范研究组,他们在研究国际 GIS 发展和总结经验的基础上,提出了《资源与环境信息系统国家规范研究报告》。目前,国家科委正会同有关部委制定《地理信息系统国家规范》。我国国家地理信息系统的研究和开发工作已列为"七五"科技规划的重点项目。已建立的或者在积极筹建的数据库系统有森林资源数据库系统、地质矿产数据库、农业资源数据库、海洋环境资源数据库、国家气象中心数据库、国土资源信息系统、石油勘探开发数据库,等等。

看来,我国 GIS 虽然起步晚,但只要我们重视此项工作,借鉴国外的经验教训,相信会取得显著进展。

(十)地学编码遥感影像

地学编码是近几年才发展起来的一项遥感应用技术。它是对遥感影像施行高级几何纠正,即把影像按地理格网旋转变换,并按地图分幅。所有编码影像的建立都使用一种标准的像元度重新取样。

加拿大首先研究地学编码影像。目前 NDA 公司已试推出地学编码影像纠正系统。该系统主要用于把陆地卫星影像变换成地学编码影像,新影像的像元经过重取样,旋转后与地图格网的经纬线一致。

　　地学编码影像是开展多种数据源或多种时相遥感数据复合分析的基础,是开展影像与地图配准的必要手段。因为影像数据一般为光栅格式接收、记录、存储和加工,而数字地图则常用矢量格式进行数字化存储,所以要实现两者的配准,主要的技术环节为数据间的格式互换。

　　(十一)遥感技术应用

　　遥感技术应用除传统航空像片在各国已广泛用于各个领域并取得较好的经济效益外,卫星遥感技术也得到愈来愈广泛的应用。

　　自从美国陆地卫星、极轨气象卫星以及世界气象组织协调安排的地球同步气象卫星发射以来,世界上已有130多个国家在不同程度上利用卫星遥感的资料。在地质探矿、石油勘察、土地利用、农作物长势、作物估产、森林调查、病害虫害监测、测绘、工程勘测选线选址、洪水监测、海洋、水文、地震以及环境监测等方面都大量应用遥感技术。

　　遥感技术应用具有明显的经济效益和效果,国外有关报导很多,如美国利用陆地卫星计划,每年可收得技术经济效益约14亿美元,利用气象卫星遥感资料作出的可靠天气预报,每年可避免损失约20亿美元;加拿大有关报导指出,它们每年由遥感获得的益处在2亿至4亿美元之间;苏联使用气象卫星后,估计每年获利5亿至7亿卢布;英国利用遥感图像分析了蝗虫孳生时间和地点,成功地发现了蝗虫群体的活动情况,及时预报和监测到虫病的威胁,用以指导蝗虫防治。遥感技术不但在发达国家得到充分利用,第三世界国家也积极采用,如泰国利用陆地卫星完成的一项考察表明,泰国在最近10年内共失去了20%的森林面积,于是就颁布了严格的法令,并制定了保护措施,以防止砍伐和破坏森林;斯里兰卡利用遥感图像发现,近年农民为种水稻而广开土地,使全国森林面积损失了一半,因此,相应采取了一系列措施来保护本国的环境和生态平衡。

　　国外遥感技术在道路勘测和管理方面应用航测遥感技术较为普遍,主要用于公路勘测、管理。因国外新建铁路不多,故有关铁路新线勘测应用遥感技术的报导并不多见。但从有限的实例中可看出,铁路新线勘测中充分应用了遥感技术,而且效果较好,特别是在地形、地质复杂,交通困难地区效果更好。它们除利用航空像片测地形图外,还充分利用像片进行工程地质判释,对工程地质条件进行评价、提供砂石材料产地、编制各种工程地质图件等,其效果是明显的。例如在坦赞铁路线(1 600km)、加拿大魁北克 Cartier 铁矿至 st. lawrance 河铁路线(300 km):伊朗 Abbas 至 Ahwaz 铁路线(1 200km)、法国巴黎东南铁路线、日本东海道新干线(515.8 km)、联邦德国汉诺威至维尔茨堡铁路线的 Schwarzenfels 隧道等的新线勘测中均采用航空像片选线、地质判释或测图。有的线在初测选线中还采用了机助选线技术。

　　苏联在贝加尔至阿穆尔干线腾达至乌尔加勒段的1 000 km新线勘测时,采用了遥感技术,取得较好效果。该区地形地质复杂,既有资料缺乏,又系原始森林及多年来冻土荒漠区。据统计,该线段初测阶段采用遥感技术后,可减少工日40%,节约费用20%。

　　国外铁路新线勘测主要是用黑白航空摄影,局部地段有用彩色红外片等片种。彩色摄影的应用虽已有增加,但仍不普遍,原因主要是费用较贵,与黑白航空摄影相比,总费用贵30%～50%。且分辨率低,受色散影响,不宜用于航测。卫星图像应用的情况视各国国情而有所不同。例如日本,因国土小,既有地质资料齐全,至今在铁路勘测中还未用过卫星图像。

　　国外铁路勘测中应用遥感技术的工作方法和程序与我国大同小异,所不同的是国外获取遥感资料较容易,在交通困难地段的勘测中使用直升飞机,从而提高了勘测效率。

　　先进国家在既有铁路技术改造、运营管理和工程病害监测防治中应用遥感技术也较普遍,其中以日本最为重视。他们每隔5年对通车后的既有铁路进行一次1∶1万比例尺航空摄影、制成1∶5 000道路影像及各种台账。日本国铁还专门成立了"利用航空像片方法预测病害研究委员会"、"病害预测判释小组"等机构。苏联在既有铁路线上利用航片进行滑坡、泥石流调查,编制了有关图件,对病害防治起到了良好作用。

在既有线地形制图方面,国外也有很多实际例子可供参考。如美国对华盛顿至波士顿之间的 450 英里东北铁路走廊进行改造,只用 9 个月时间就完成 450 英里铁路线两侧宽度300～800 英尺,比例尺 1∶480 的地形图 2 400 张。

根据联邦德国报导,利用航空像片测制既有铁路地形图,其费用只有地面测量方法的30%左右。

从国外既有铁路测图来看,大都趋向于利用直升飞机进行较大比例尺的摄影,比例尺多在1∶2 000～1∶4 000 之间,测制地形图的比例尺 1∶500～1∶1 000。另外是对线路的碎部点位要求精度较高,当然对点位精度要求高,势必要求摄影比例尺大、分辨率高和质最佳的航片。

在我国,航空方法应用在 50 年代初期就已开始利用航空像片进行地形图测绘,地质、林业、水电、铁路等部门也相继利用航空像片进行测图和专业判释,解决各自问题。目前,我国已完成了第一代航空摄影(比例尺 1∶5 万左右),并已开始进行第二代航空摄影(比例尺1∶2 万～1∶4 万)。第二代航空摄影首先在东部的平原地区开展。

我国现代遥感技术的应用起步较晚。70 年代中期才引起重视。近几年来,遥感技术的应用已从一般性的试验阶段逐步走向结合国民经济需要,作为一种新的手段解决过去用常规方法难以解决的问题,取得了明显的经济效果。

国内应用的主要遥感片种为传统的航空像片和美国陆地卫星 MSS 图像。因为此两片种全国均已覆盖,获取容易,且具有较好的经济效益。此外,像航空红外遥感、微波遥感、多波段遥感等等,也不同程度得到应用。而最近几年,随着航天遥感技术的迅速发展,各种各样的航天遥感图像逐步用于生产和科研,像我国自己的科学试验和技术卫星图像、美国陆地卫星的TM 图像、美国航天飞机的大像幅像片,侧视成像雷达(SIR-A、SIR-B)、法国的 SPOT 卫星图像等等,都开始得到试验性应用。

我国遥感技术应用的面也很广,包括地形测绘,土地利用、土壤普查、土质调查与找矿、石油普查、森林资源调查、森林火灾及病虫害监测、地下水资源调查、海洋调查、地热调查、气象预报、各种工程勘测选线、选址、环境监测、军事国防等方面,都获得不同程度的效果。举数例介绍如下:

中科院遥感所在天津 1.2 万 km² 面积上使用航空彩红外像片进行土地详查,达到 90% 以上的精度,节省人力 1/2,经费 1/5,比原计划提前一年半完成;区域地质调查制图,编制一幅1∶20 万高山地区的区调图,需投资约 60 万元,60 个人工作 4 至 5 年才能完成。采用遥感技术投资可省一半,时间省一半以上,还可大量节省人力、降低劳动强度;林业部门在1981～1983 年利用 MSS 图像进行了"三北"防护林地区的土地利用现状调查,利用目视判释,将土地利用现状分成 7 个大类,24 个亚类,并编制了土地利用分类图,为我国防沙林带的建立提供了有用的资料;1985 年 8 月辽河盘锦地区发生洪水,仅用 22 小时就完成了 1∶1 万 km² 侧视雷达覆盖和地物图像的回放镶嵌成图的任务;利用航空遥感资料进行煤田地质调绘和航测成图,可提高工效 2～6 倍,成本下降 50%,提高了地质研究程度。

随着我国遥感技术应用向广度和深度发展,与国际上遥感学术活动的交往也愈加普遍,从80 年代以来,在北京召开的国际遥感学术活动就有"第二届亚洲遥感会议"、"亚太地区遥感地质应用讨论会"、"遥感在规划、管理和决策中的应用与发展讨论会"、"北京国际遥感学术讨论会"、"中法卫星遥感及 SPOT 卫星数据首次应用讨论会",这些会议的召开对促进世界和我国遥感技术的发展起到了积极作用。

今后 10 年,遥感技术将以航天遥感为发展方向。传统的航空遥感技术,仍然不可取代,但将起着补充的作用,特别是高空遥感飞机起着十分重要的作用。

未来 10 年,空间遥感技术还将朝着实用化、商业化、国际化过渡。

二、铁路航测遥感技术应用现状

我国建国后,于 1955 年开始在兰新线勘测中采用了航测遥感技术,1956 年成立了铁路航测专业机构。

根据不完全统计,历年来共进行航测遥感 314 项,其中新线 171 项,既有线 8 项,其他 36 项。航测选线(包括目测)长度 4.5 万多公里,航空摄影 33.7 万多平方公里,航测成图 13.2 万多平方公里。

目前,全路航测遥感专业人员约 600 人,有关航测遥感仪器 200 台左右,其中精密仪器 18 台,解析测图仪 2 台,遥感仪器 21 台,航测精密测图年生产能力 2 500～3 000km。

30 多年来,铁路航测遥感技术有较大发展,从只能编制 1∶1 万地形图发展到今天可以编制 1∶1 万～1∶500 各种比例尺的地形图,以及诸如近景摄影测图、正射影像图、机助测图、建立数字地形模型等技术和产品;遥感判释从单一的航空黑白像片扩大到陆地卫星图像、彩色红外像片、天然彩色像片、红外扫描图像、多光谱扫描图像、电子计算机图像处理等;应用范围也从长大干线新线勘测扩大到包括长隧道、枢纽、特大桥、大型水源工点勘测,以及配合施工和既有铁路工程病害普查动态分析等内容。

30 年来,航测遥感技术为新建铁路和既有铁路改造管理提供了大量基础资料,作出一定贡献。

在完成大量生产任务的同时,路内各生产、教学、科研单位还联合开展了部控重点科研项目,包括《数模》、《纵断面优化》、《多种遥感手段在铁路勘测中应用范围和效果的研究》、《遥感技术在大瑶山隧道工程地质、水文地质中的应用》、《采用遥感技术进行铁路泥石流普查和动态变化的研究》、《利用遥感技术研究崩塌与滑坡的分布和动态》等。上述科研项目有的正在进行。有的已通过部级评审,有的已在生产中推广应用。其中,《多种遥感手段在铁路勘测中应用范围和效果的研究》项目,于 1986 年 3 月通过部级评审,该项目取得较多成果,特别是根据研究成果制定的《铁路勘测中遥感技术应用原则与方法》对今后铁路遥感工作具有一定指导作用。《数字地形模型》和《纵断面优化》项目也取得初步成果,1986 年 11 月底通过部级评审,专家认为该项目取得较大进展,成果是可贵的,可自动点绘纵横断面并具有土石方计算、造价计算等功能,可部分用于生产。

国内外实践证明:铁路建设中采用航测遥感技术是很有必要的,也是切实可行的,它是铁路勘测中一种有效的先进手段,具有较好的经济效益。

铁路勘测中应用航测遥感技术主要作用表现在以下几方面:

1. 有利于线路方案比选、提高选线质量和节约基建投资

采用航测遥感技术进行方案比选,可以提高选线质量,例如"北有大秦"的大秦线西段桑干河方案就是通过 1∶5 万航测图大面积方案研究提出的,在桑干河峡谷地段还测制了 1∶1 万比例尺地形图,配合遥感图像判释进行方案比选,通过航片判释和现场验证,认为该峡谷工程地质条件较复杂,但还是可以通过的,最后被国家采用。后来在初测中通过大比例尺航片对该峡谷地段作进一步航片判释,改善了线路方案。

据西南地区有关线路 1 277 km 利用航测遥感技术进行砂石产地调查和南昆线两座长隧道(长度分别为 5.2 km 和 3.3 km)遥感地质调查的粗略估算,可分别节约费用约 45 000 元和8 500 元。

又如北京至通辽线隆化至唐三营段沿伊逊河谷 50 km,利用航片进行大面积选线,选出的采用方案,比原围场支线方案降低造价近 1 000 万元。

根据不完全统计,30 年来,铁路航测遥感投资约 2 000 万元(包括购置仪器和航空摄影费用),但仅就京原、贵昆等 6 条线的统计,采用航测大面积选线,由于改善方案,总计可降低工程造价 1 亿元以上。而投资不到降低造价的 20%。

2. 加快勘测效率,改善劳动条件,把某些野外工作移到室内进行

航测遥感技术可以把大量野外工作移到室内进行,不受交通和气候的限制,从而减轻了勘测人员的劳动强度,改善了工作条件,尤其在地形、地质困难、自然条件恶劣的地区,效果更为显著。

青藏铁路线格尔木至拉萨段,全长 1 100 多公里、该线通过号称“世界屋脊”的青藏高原,有 600 多公里跨越海拔 4 200 m 以上的 高原多年冻土地。该区气候恶劣、交通闭塞、供给困难、地质条件复杂。当时,这条线勘测任务要求急,地面测量十分困难,决定采用航测遥感技术,不到一年时间就完成全线初测用地形图,及时满足了初步设计的需要,并节省了一半时间和人力。该段利用航片进行冻土工程地质分区判释效果极好,参加地质测绘的人员仅 25 人,不到半年时间完成像片地质测绘约 4 000 km²,较采用地面测绘方法,功效大大提高。

铁道部第四勘测设计院在部分线段和枢纽初测的同时,利用国家既有大比例尺航摄资料进行控测和室内制图,周期 2 至 3 个月,满足了初测的急需,并减少了外业工作量。

1984 年底大秦线军都山隧道在即将施工的情况下,急需大比例尺地形图,时处严冬季节,地面测图时间不允许,铁道部专业设计院利用北京市 1:1.8 万比例尺航摄资料不进行外控,仅 23 天就完成大秦线军都山隧道 1:2 000 比例尺地形图 20 km²,保证了重点工程按期开工。

根据历年铁路航测遥感技术应用的估算,铁路勘测应用遥感技术后,可行性研究较常规方法可提高效率 2~3 倍,初测阶段可提高 1~2 倍;西北地区进行地质测绘可提高效率 3~5 倍,西南地区进行隧道勘测和泥石流调查可分别提高效率 2 倍和 3 倍;滇藏线测制洪水平面图时,提高效率 60%;进行砂石产地调查可提高效率 2~3.5 倍。

3. 克服地面观察局限性,提高勘测资料质量

利用航测遥感资料编制的航测图范围宽,精度也较高,图的宽度平均达 1.5 km 以上。从青藏线外业万余点检查的结果,各种地形等级的平面、高程精度,均高于铁路测规的规定要求。

用航测遥感资料编制的既有线图纸资料,能真实地反映铁路既有设备情况,沿线地物、地貌反映详尽、逼真,图纸面积宽,配合复测资料,在图上对各类铁路地物里程进行注记,图面数据准确。使用单位反映,航测图精度高,并可为既有铁路总体规划、技术改造、运营管理、工程病害防治、养护、路产调查等等,提供可靠的基础资料。

在工程地质勘测中,用常规方法往往由于视野的限制,很难查明某些地质现象,而遥感图像具有影像逼真,视野广阔,可在室内条件下进行反复的判释和研究,从而起到指导外业测绘。提高勘测资料质量和事半功倍之效。例如成昆铁路北段沙湾至泸沽段 330 km,利用航空像片进行泥石流普查表明,许多泥石流沟是地面调查没有发现的。1982 年该段使用地面方法进行泥石流普查时仅发现 36 条泥石流沟,而用航片判释发现有 73 条,同时还分出严重、中等、轻微三种类型,最后确定对铁路威胁较大的 5 条泥石流沟要加强防范。

再如“南有衡广”的大瑶山长隧道,通过用多种遥感手段,提出工程地质、水文地质参考意见,引起了各方注意,给施工单位提供了预防信息,受到了重视。

铁路航测遥感技术除发挥上述作用外,还兼具有社会经济效益。例如 1975 年 8 月,京广线焦庄至大刘庄段铁路被特大洪水冲毁,铁路运输中断。为了迅速抢通铁路,铁道兵和郑州局通力合作,利用 1960 年测制的京广线航测图,使抢修工程顺利完成,不到 3 个月时间,恢复全线通车,充分发挥了航测图的社会效益。再如,成昆铁路沙湾至泸沽段泥石流调查中。遥感图

像判释时,发现甘洛县普子村位于大型滑坡体上,经现场验证核实,该滑坡正处于复活初期,威胁着全村47户220多人生命财产安全,经向有关部门反映,四川省政府决定拨款将普子村搬迁出滑坡体,再次证明了,航测遥感技术具有良好的社会经济效益。

上面简单地回顾了铁路航测遥感所取得的成绩和经济效益。下面对铁路航测遥感技术现状和水平谈些看法:

摄影处理工艺水平方面,在国内处于一般或中上水平,但摄影处理设备还较落后,特别是彩色冲洗设备较缺乏,未能形成配套完整的工艺过程。处理成果的质量评定主要仍靠经验,缺乏定量评定依据,致使产品质量不稳定。

在控制测量方面,外业控测均采用了光电测距仪,内业计算采用了袖珍计算机和专用的程序。控制点设计,除采用网段布点为主外,有时也采用平面周边布点,并开始结合铁路特点,采用非标布点,减少了控测工作量。控测的主要问题是体力劳动强度大,工率还较低;调绘工作薄弱,特别是室内调绘重视不够;测量仪器还较笨重,交通工具也较落后。

我部航测仪器装备方面有了一定基础,但技术方面还较薄弱,软件人员还较缺乏,影响进一步开发。

遥感图像处理设备也具有一定基础,但数字图像处理系统的软硬件还应适当扩充,还有大量的开发任务要进行。遥感判释仪器比较落后,大部分是比较陈旧的折叠式反光立体镜,放大倍率小,判释效率低、作业不方便。而操作方便、放倍率大、作业效率高、可进行大面积判释的立体判释仪,极为缺乏,未能满足生产急需。

内业测图方面,开始采用一些较现代化的设备,加密已普遍推广应用解析法电算加密。还采用了伸缩小的聚酯薄膜等新材料等。制图质量方面,必须从摄影工序开始抓,要加强工序质量管理,航测测图的特点之一是流水作业,因此,应特别强调工序质量管理。

测图产品除仍以1∶2 000航测线划图为主外,为满足社会需求,这几年开始生产正射影像图、近景摄影测量图件等。

我部于1985年利用OR1正射投影仪生产了首批正射影像图,而且还能制作彩色影像图。在某些技术方面,处于国内先进水平,但和国外比,我们起步较晚,差距还较大。

铁路系统在60年代就开始引进了Zeiss Photheo19/1318摄影经纬仪。1981年开始又陆续引进了UMK10/1318、P31等地面摄影机,同时开展了近景摄影测量工作,并结合各铁路工程开展了应用研究。研究的内容包括隧道岩石力学矢量位移试验、隧道洞门立面图的测制、桥梁变形测量以及利用多倍仪进行超近景摄影测量的探讨研究。生产方面主要是承担路外的古建筑测图,包括敦煌莫高窟千佛洞、北海漪澜堂、天坛皇乾殿、颐和园大戏台等任务。但结合铁路工程测量的实际应用做的不多,有待于进一步开拓。

航测遥感勘测选线方面,至今仍未正式纳入勘测程序中,作为勘测程序的一个组成部分,也还未正式制定出航测勘测的作业程序和细则,这些状况都不利于航测遥感技术在勘测选线中的深入应用。

遥感图像应用方面,传统的航空像片目视判释较有经验,陆地卫星图像判释已普遍应用,数字图像处理应用有所增加。遥感技术在推广应用方面还不够广泛,目前主要用于地质、水文等专业的判释,其他专业还未应用,或用的较少。即使是地质、水文专业,大部分地质、水文专业人员也未能掌握判释技术。目前搜集多层次、多时相的遥感图像较为困难,使用的遥感图像也较单一。

数字地形模型和纵断面优化的研究,在我部抓的较早,已取得初步成果。铁路航测建立数模可以为机助选线设计、测图以及建立数据库等提供数据。

三、铁路航测遥感应用中存在的主要问题

航测遥感技术既然具有明显的经济效益和社会交益,但目前又未能广泛推广应用,其原因何在? 应该说主要原因不在航测遥感技术本身,而是受某些客观条件和人为因素的影响,这里就存在的主要问题谈一些看法。

（一）对航测遥感技术的作用和特点认识不足

在认识上,对铁路航测遥感技术的优越性还没有得到普遍的承认和统一的认识,对航测遥感技术的特点也认识不足。

事实上,只要正确认识航测遥感技术的特点后,在应用中可以发挥较好的作用。如航测遥感技术的应用要安排必要的工作时间,如果临时提出任务,往往给航测遥感技术应用带来困难。有时在最有利于发挥航测遥感技术作用的前期工作中不采用,到了施工阶段才应用,使航测遥感技术的作用大为逊色。

遥感技术包括多种遥感图像和手段,并非选用的遥感图像和手段越多越好,应有针对性的选择应用,才能取得较好的技术经济效益。

根据国内外航测遥感应用经验和我国铁路航测遥感应用体会,认为航测遥感较适用于以下情况:

(1)新线勘测的可行性研究和初步勘测阶段;

(2)地形、地质、水文条件复杂的长大干线、长隧道、特大桥等地区的勘测;

(3)交通因难,地质研究程度低的地区;

(4)既有铁路线、枢纽的测图以及不良地质普查和动态分析。

（二）某些技术政策和机构体制不利于航测遥感技术的发展

目前面临的主要问题是航测测图的价值问题,图纸虽然优质但不能优价,甚至连国家计委规定的低收费标准也得不到保证。虽然航测遥感有明显的经济效益和社会效益,但单位的经济效益未能相应提高。

"七五"期间新线任务较少,航测重点转入为既有线服务,是完全应该的,但旧线测图费用由过去路局无偿使用,改为由受益单位承担,出于经济原因,影响了路局采用航测的积极性。

此外,由于新线航测遥感任务得不到保证,也削弱了航测遥感技术的作用。

从机构体制来看,各勘测设计单位的机构是按地面勘测方法需要设置的,并未考虑到航测遥感技术开展的需要,因此,航测遥感技术的应用受到一定限制。

（三）航测遥感技术及时为勘测设计服务的难处

航测遥感技术本身是高效率的,问题是航摄资料的获取较困难。由于体制上的原因,航空摄影周期长。由于铁路测图是进行带状摄影,摄影难度大、航摄面积小,在民航摄影重视程度上往往被排在次要地位。当然气候影响也是原因之一,尤其是常年阴天地区,本来适合航摄的天数就少,加上军事上的优先占用,铁路航空摄影任务更是难以安排。

因此,要解决航测遥感技术及时为勘测设计服务问题,应从合理安排航测遥感时间以及争取航摄主动性等两方面采取措施。否则,除特殊情况外(利用既有航摄资料),一般临时提出任务,航测遥感技术很难满足勘测设计的急需(可行性研究除外)。

（四）航测遥感技术的应用还未能纳入勘测程序中

航测遥感虽然是先进的技术,但由于当前我国铁路地面勘测队伍庞大,客观上影响了采用航测遥感技术的迫切性,加上技术政策上无明确的规定,因而出现了宁愿应用传统的地面方法,而不用航测遥感技术。航测遥感技术应用一直未正式列入勘测程序中去,造成航测遥感技术处于可用可不用状况。甚至有的院出现航测遥感人员没有航测任务而搞地面测量。

（五）勘测设计中遥感技术普及推广缓慢

长期以来，由于地面勘测队习惯于地面勘测方法，从事遥感应用的专业人员又较少，加上组织机构方面无专门的遥感应用组织，与力量雄厚的地面勘测技术人员相比，相形之下遥感技术力量显得薄弱，致使该技术未能得到普遍推广和应用。

遥感应用的面也较窄，除地质、水文等专业用的较多外，其他专业用的较少，有的专业至今还没有用过。

（六）情报和科研工作较薄弱

铁路航测和遥感情报工作是比较薄弱的一项工作，特别是实行企业化管理以后，有些单位为了眼前的经济效益，忽视了情报和科研工作。情报和科研工作的重要性在理论和实践上存在差距，如不制定相应政策，长此下去，必将影响情报和科研工作的开展。

除上述主要问题外，其他像如何加强技术管理，提高人员素质；航测和遥感的产品质量和工效问题；面向社会需求，扩大航测遥感技术应用范围和产品品种；推广应用效益高的技术和产品等等，也都值得我们认真对待和重视。

四、对今后开展铁路航测遥感技术的设想

到本世纪末，航测遥感技术的总目标可考虑：根据市场的需求，增强航测遥感技术的适应性，使产品多样化，产品质量和数量有较大提高和增长，使航测遥感技术在铁路勘测设计中应用比重不断有所提高。

为此，要做到：（1）逐步扩大机助测图比例，初步达到航测测图半自动化，为向自动化测图创造条件；（2）建立包括数模、优化技术在内的铁路选线机助设计系统，并达到实用阶段；（3）建立既有铁路环境信息系统，并选择典型地段使用。

（一）"七五"期间采取的对策和措施

1. 要坚信采用航测遥感技术是实现铁路勘测设计现代化的重要措施之一

我国目前只有 5 万多公里铁路，随着国民经济建设的不断发展，今后必将有大量新建铁路任务，而且主要将在地形地质复杂的山区修建。

以往地面勘测方法，由于观测的局限性，要查明地质情况是很困难的，特别是地形地质复杂地段，由于地质情况未能查明，给施工和运营带来的不良后果是屡见不鲜的。

现在航测遥感技术已适用于新线、施工、旧线、大型桥渡、枢纽、长隧道等各勘测设计阶段。有的线路是在丛山峻岭之中，有的地处高原、空气稀薄，有的经过人烟稀少的沙漠和沼泽地区，如用地面测量工作将十分困难。利用航测遥感技术，结合地面测绘和其他各种探测手段，则可弥补地面勘测的不足。广大航测遥感人员为铁路勘测提供了大量勘测资料，勘测成果为项目决策、设计、施工及运营管理做出了贡献。因此，可以认为采用航测遥感技术是实现铁路勘测设计现代化的重要措施之一。

2. 在制定铁路技术政策时，应考虑为航测遥感技术应用创造一些条件

应制定符合航测遥感技术发展规律的技术政策，我们认为应采取以下一些有利于航测遥感技术发展的技术政策与措施：

（1）对积极采用航测遥感技术的单位或项目，在费用方面应采取优惠或扶植政策；

（2）目前铁路航测图收费偏低，旧线航测仅为国家计委规定的《工程勘察收费标准》的50%，如按《工程勘察收费标准》收费，由于铁路局实行大承包后款源问题不易解决，而用地面方法测图又无能为力。建议部从旧线更新改造费用中拨出部分费用，直接作为航测测图费用。

（3）在各项重大工程勘测设计招标中，在其他条件相同下，应把是否采用航测遥感、CAD等先进技术作为评标的重要条件之一；

(4)修订现行铁路规范细则,一些成熟的航测遥感技术应纳入有关规范细则中,如新线长大干线的可行性研究,长隧道、特大桥勘测等的一些项目中,可明确规定必须采用航测遥感技术,并在任务规划和年度计划中体现出来;

(5)设立航测遥感技术发展基金,该基金主要用于技术开发、技术服务、人才培训、信息开发、学术交流等方面。

3.加强全路航测遥感管理工作

近几年来,由于宏观控制不够,措施办法不配套,影响到航测遥感的发展。造成上述的主要原因是管理跟不上,我们要尽快改变目前航测遥感技术先进,但利用和管理落后的状况,特别是全路性的管理。

加强全路航测遥感管理是发展航测遥感技术的重要关键,为此,建议成立全路航测遥感管理机构,统管全路航测遥感工作,管理的重点主要是确定发展目标、基本方针和政策,编制总体规划和具体部署,并制订"七五"航测遥感技术全面发展规划和具体实施计划,以及科研、情报、人员培训、技术推广、资料提供、学术交流等管理工作。

4.认真解决影响航测遥感产品质量、效率的某些关键问题,更好面向社会需求

影响航测遥感产品质量和效率的技术关键颇多,但"七五"期间应主要抓以下几个方面:

(1)提高摄影处理工艺水平。摄影处理质量的好坏直按影响成图质量,因此,应特别注意摄影处理质量问题。建议摄影处理应逐步摆脱凭经验估测的传统方法,向自动控制和定量检测过渡,摄影处理(包括彩色摄影处理)应形成配套的工艺流程。

(2)利用摄影测量方法代替部分外业控测工作。使用当代解析摄影测量方法进行区域网平差确定点位,可以达到很高的精度,已经可以达到加密国家三等,甚至二等大地点的精度。使用这种方法,能以厘米数量级的精度提供外控点平面和高程位置。从减少外业控测工作量而言,在各种加密方法中,自检校光束法区域网平差是算求摄影测量加密点坐标的一种高度准确的方法。根据王之卓教授介绍,当前所能达到的加密精度,在较好的控制点分布之下,使用光束法平差可以获得影像坐标的中误差为 $2\sim4~\mu m$。

但是要达到上述精度,首先要用大比例尺航摄像片以及变形小的底片。此外,还要利用高精度测绘仪器,并设对空标志点等等。看来,在既有线测图时,可考虑选择典型地段进行研究。总之,利用航测内业方法解决外业控测工作特别是既有线航测的复测工作,是当前急需研究和解决的问题。

既有线测图复测工作量较大,采用近景摄影测量方法提供复测成果的可能性也可进行研究,可结合生产选择典型地段进行研究。

(3)立体测图仪应逐步配全机助制图设备。为了加快测图效率,立体测图仪应逐步配全机助制图设备,立体测图仪配上机助制图设备,形成机助制图系列是当前发挥航测立体测图仪的一种有效途径。机助制图与传统的成图方法比较,具有成图周期短、效率高、劳动强度轻、绘图质量好、有利于地图数据库的建立等优点。

目前,铁路系统立体测图仪大部分未配全机助制图设备,建议应加快此项工作。

(4)加强航测精密仪器的维护是保证生产正常进行的必要条件,应认真对待。不少航测精密仪器配有微机或微处理机,电子元件多,容易损坏。特别是使用一定时间后,更容易发生故障。因此,必须加强维护工作。为了能防患于未然以及能尽快排除故障,应配全检测仪具和必要的易损件的备件。

5.面向社会需求,扩大应用范围,积极推广效益高的技术和产品

"七五"期间铁路建设重点转移到以扩大运能为中心,加强东北地区和沿海 1.6 万 km 既有线改造,我们铁路航测遥感技术也转到为既有线测图服务,是完全正确的。然而,目前我们

仅仅测制1∶2 000地形图，还未能更好地为既有线改造和管理服务，应在经常发生病害的地段，在航测的同时进行遥感地质判释和调绘，并将成果反映到航测图上。这样的图对既有线技术改造、管理和病害整治是很有用的。此外，还可应用遥感图像进行病害动态分析，并建立病害管理台帐等。

航测遥感技术除1∶2 000测图外，应积极提供多种多样产品。像遥感判释、近景摄影、正射影像图等技术，即使不配合1∶2 000测图任务，也可独立承担任务，这些手段和产品具有灵活应用的特点，可在新线各勘测阶段、施工阶段、既有线上以及在长隧道、特大桥、枢纽、大型水源等工程上使用。

遥感图像判释，可以结合项目搜集一些现有的黑白航片和卫星图像进行判释，不但速度快，而且经济效益高。

近景摄影测量可结合生产，在山坡变形，隧道、桥梁、路基、挡土墙等铁路建筑物的变形，大爆破石块料径的测定、沙丘移动、河道的演变和冲淤、泥石流的冲淤等方面。开展应用性研究。

正射影像图在铁路建设中的应用也有广阔的前景，铁路勘测设计所需的工点图，正射影像图也是值得推广应用，特别是正射影像工点图应积极推广应用。

既有线的车站和枢纽等也可考虑制作正射影像图（或像片略图）。

此外，像采用非标准点位布点；加强室内调绘，减少野外调绘工作量；配备组合化的光电测距仪等等，均可推广应用。

一般红外测距仪的价格大约在5 000～8 000美元左右，其中以日本仪器价格较低，大约比同类型仪器便宜1/3左右。红外测距仪的引进，最好由部基建总局统一考虑。

6.加强技术管理、提高人员素质

铁路航测遥感技术和国内外航测遥感技术比较，存在一定差距，但应该说差距最大的还是技术管理和人员素质方面。因此，我们要特别加强技术管理、严格工序质量管理，重视基本功训练和智力投资，才能使航测遥感产品质量和效率不断提高。

7.加强情报和科研工作

经济技术的发展越来越依赖于信息，信息已经成为发展生产的重要资源，应该把信息技术的应用开发和信息系统的建设作为铁路、航测、遥感技术开发的一项重要内容。

铁路航测遥感情报工作是比较薄弱的，目前已认识到情报工作的重要性，并成立了航测和遥感科技情报中心。"七五"期间，我们将在加强基础建设和培养新生力量的同时，认真贯彻执行情报工作为决策、生产和科研服务的方针，要有针对性地提出情报调研报告，举办动态报告会和经验交流会，办好航测遥感刊物等工作。

铁路航测遥感科研主要是应用性研究，应制定一个远、近期结合的全面科研规划和实施方案。近期的科研项目应该是远期规划项目的组成部分，近期的科研项目取得成果后，有的可能立即转化为生产力，有的可能尚未转化为生产力，但确为远期的规划项目或为实现总目标创造了条件。

从全路长远科技开发项目考虑。可围绕三大项目进行开发研究，即建立包括数模，优化技术在内的《铁路选线机助设计系统》、《数字化测图系统》、《既有铁路环境信息系统》等三大项目。三大项目的某些软件，凡是国内外已有的，也较适用的，也可考虑引进，不必从头研究。

当然，除上述全路性的三大内容外，各单位主要的还是结合本单位生产急需，开展一些短、平、快的研究课题。

8.应加强航测遥感技术在各设计院中的应用

长期以来，由于地面勘测队伍庞大，相形之下，航测遥感力量显得很弱。许多勘测人员不会应用遥感资料。因此，建议各勘测设计院应加强航测遥感机构，如地质处可考虑成立遥感地质科等,以加强航测遥感在选线勘测中的应用。

9. 合理安排航测遥感任务

以往曾认为航测遥感"周期长"、"赶不上需要"其实并非如此,造成赶不上需要的主要原因是缺乏合理的计划安排。有时临时提出航测任务,致使摄影、控测和制图没有必要的时间,由于来不及,只得用地面方法。实践证明,地面勘测方法为了满足工期,往往是用忽略质量来保证速度的方法完成的,是一种不正常的现象。只要我们制定一个稳定的规划,并在此基础上编制年度计划,就能保证航测遥感的正常发展,并能在实际工作中得到应用和推广。

10. 应制定铁路航测遥感勘测作业程序和细则。

铁路系统至今无统一的航测遥感勘测的作业程序和细则,不利于航测遥感技术的应用推广。建议由专业设计院牵头。选择典型线段,结合生产进行航测遥感勘测应用试点。在以往经验和试点的基础上,制定出一套勘测作业程序和细则。

(二)航测遥感技术的展望

1. 降低外业劳动强度

航测测图中的外控工作体力劳动强度大。特别是在地形困难、森林和通视欠佳地区。使工作量大为增加。既有线测图的外业复测工作量也较大。根据国外测量和航测技术的发展趋势,以下三项技术有可能用于航测控制,应值得我们关注。

(1)目前,国外利用全球定位系统(GPS)通过专用的轻便的接收机的观测,可以进行精密大地点定位,两站间的相对精度可达厘米数量级,对航测控测量和复测而言,引用这种新技术建立某些航测外控点或复测中的某些特殊点,是有可能的。

(2)采用解析空中三角测量加密的方法确定外控点。目前利用解析空中三角测量已经可以加密国家三等,甚至二等大地点的精度。使用这种方法,能以厘米数量级的精度提供外控点平面和高程位置。但是要达到这样一种精度,必须用大比例尺航摄像片,摄影前要设对空标志点,还要使用高精度的测绘仪器和复杂的软件。看来,在既有线测图时,可考虑用这种方法确定外控点和某些特殊点位。

(3)直升机机载快速惯性测量系统(RGSS)也是建立外业控制点的一种方法之一,目平面和高程精度均在分米数量级内,尚未能满足控制点的精度要求。利用 RGSS 不但可用于摄影测图方面,同时还可用于勘测,因此很值得考虑。但目前该系统价值太贵,而且较笨重,近期还很难用于铁路航测。但小型惯性系统的应用更具有可能性。

上述介绍的三种方法,有的将来可考虑引进,有的国内也已在研制,有的方法(解析空中三角测量方法),铁路系统可考虑列为科研项目,结合生产进行研究。

2. 充分利用最新航天遥感图像,提高遥感应用效果

随着航天遥感技术的迅猛发展。相继出现了陆地卫星 TM 图像、SPOT 卫星图像以及我国国土卫星图像,充分搜集应用上述的航天遥感图像,加上局部地段采用遥感数字图像处理技术,再配合现场重点踏勘,就有可能打破新线可行性研究中以搜集应用小比例尺航片为主的传统模式,至少在我国北方地区是可行的。如果以航天遥感图像判释为主,航空遥感图像为辅的工作方法能成立,则可提高可行性研究的效率并降低了成本。

3. 建立包括数模、优化技术在内的铁路选线机助设计系统

我国至今还未建立起铁路选线机助设计系统。虽然有关单位已开发出一些专用程序,如采用数字地形模型的纵断面优化技术设计、牵引计算、站场设计、土石方计算等等。但这些程序只是单个地被用于选线设计,而没有形成一个完整的设计软件包。

作为铁路选线机助设计系统,它的构成应包括数据库、程序库、绘图系统以及控制系统等几大部分。程序库则应将各个专用的程序有机地连成一体,形成一个从数模形成、平面定线到

优化设计、牵引设计、工程造价计算等完整的程序系统;绘图系统应包括有绘制线路设计中所用各种图纸、表格的程序,必要的汉字、图形库,同时还应实现绘图标准化。

总之,铁路选线机助设计系统是一项规模较大、时间较长的应用性研究项目,整个系统要达到实用阶段是要经历一番努力的,各个分题实际已开展了一段时间,还应继续进行下去,但必须有总体规划。

4.自动化测图是航测内业测图的方向

国外自动化测图早在 60 年代就已开始研究。我国武汉测绘科技大学也正在研制全数字化系统。自动化测图应该是航测测图的方向。结合我国铁路航测的实际情况,首先应实现航测精密测图仪器的联机作业,即计算机辅助测图,在此基础上,再逐步过渡到自动化测图。目前的任务是跟踪国内外自动化测图的动态,何时可推广应用,还很难预测,至少近期不必考虑此问题。

5.建立既有铁路环境信息系统

地理信息系统(包括资源信息系统、环境信息系统)在国外已较普遍,国内许多部门也已建立或正在筹建。对铁路既有线路现代化管理而言。建立铁路沿线环境信息系统具有重要意义。我们应充分认识这种趋势,从现在起就应考虑此项工作,尽快制定既有铁路环境信息系统(包括地形、地物、地质、水文等信息)规划,并分阶段实施。使决策、规划、监测、管理等功能结合起来。这是铁路航测遥感技术发展的重要方向之一。

6.遥感应用要向多数据、动态、定量、综合分析等方面发展

当前国际上遥感技术应用的特点是:从单一传感器遥感数据的分析应用到多种来源、多个波段、多种传感器、多层次、多时相的综合分析应用过渡;从静态分析研究扩大到动态监测与管理;从定性判释向定量分析发展。今后遥感技术发展趋势正朝着实用化、多信息、高分辨率、实时传输、微波遥感、以及光机混合处理等方面发展。我们应该注意以上的发展趋势,以指导今后遥感工作的开展。

7.充分利用国家航测资料

要重视第二代航摄资料的应用。随着航空遥感技术的发展和国民经济建设的需要,我国已逐步开始第二代航空摄影。第二代航空摄影资料的出现,将进一步促进铁路航测和遥感技术的开展。利用国家图幅航空摄影资料,采用大面积区域平差技术,测制铁路航测图,特别是某些枢纽或短小的新线,应尽可能利用第二代摄影资料。当然不是所有情况下都能利用,而且有些技术难题还要进行研究,是否采用,还要全面衡量利弊后决定。

新一代的航空摄影资料对既有铁路病害的动态研究也是珍贵的。

8.加强航测遥感技术在既有铁路勘测管理中的应用

我国既有铁路有 5 万多公里,在既有铁路上应用航测遥感技术不应限于测一般地形图,许多航测遥感手段,如近景摄影测量、正射影像图、遥感图像判释等均可应用。特别是利用遥感技术进行泥石流、滑坡等病害普查和动态分析具有较好效果,我们应积极采用遥感技术进行病害普查和动态分析。

当前出现的一些新的遥感手段,如调频连续波雷达、激光剖面仪、长波窄脉冲探地雷达等等均有可能用于病害监测。利用航空遥感、地面遥感,配合地面观测、巡查、看守和灾害自动报警装置,组成从空中到地面、从宏观到微观、从长期到短期的预报网,提高预测预报的效果。

随着铁路局工程地质工作的加强,有必要在工程病害严重的铁路局应用遥感技术,并选择典型地段,进行定期摄影,开展泥石流、滑坡等不良地质的普查和动态分析。并建议成立专门的遥感预测病害研究小组。

9.铁路部门自备直升飞机

国外在进行大比例尺航空摄影以及在难以到达的沙漠、沼泽等地区进行勘测时，一般均使用直升飞机。

近几年，我国铁路枢纽和既有铁路航测任务增多，大比例尺摄影任务也相应增大，而与民航等单位签订摄影合同，往往由于种种原因拖长了摄影时间。

随着我国航空遥感事业以及铁路建设事业的发展，铁路系统装备直升飞机的可能性与必要性更为明显。铁路系统有了直升飞机后，无论是从航空目测、航空摄影、交通困难地区的勘测，还是运送勘测、施工物资、水害抢险等等均可应用。可以说铁路部门自备直升飞机是铁路勘测现代化的重要措施之一。

本文参考资料除文后所列主要参考文献外，还参考了 1980 年以来《铁路航测》、《铁路航测与遥感参考资料》、全国测绘科技情报网网讯、中国测绘学会会讯，以及铁路、测绘、地质、冶金、水电、煤炭等部门的有关资料，在此就不一一列出。

由于水平有限、时间仓促、错误在所难免，恳请读者予以匡正！

主要参考文献

1. 冶金部勘察科学技术研究所编辑．国际摄影测量学会第十四届大会论文选译(上，下册)，1982 年

2. 方佩竹等．当前国外测绘科技发展水平概况．国家测绘局测绘科学研究所情报研究室，1983 年

3. 铁道部专业设计院航测处编．铁路航空勘测．北京：中国铁道出版社，1985 年

4. 张卫平．摄影测量与遥感技术的现状及未来发展．测绘科学技术的国内外水平与展望，1985 年

5. 王之卓．摄影测量原理续编．北京：测绘出版社，1986 年

6. 彭玉辉译．全球定位系统及其在摄影测量中的应用．国际摄影测量与遥感学会第十五届大会《论文译文选辑》，1986 年

7. 国家科委国家遥感中心编．新技术预测与规划汇编材料．遥感技术与应用，1984 年

8. 何昌垂．空间遥感技术回顾及其发展趋势．环境遥感，1986 年第一期

9. 王之卓，郑肇葆．遥感信息．1986 年第一期

10. 陈述彭．开展遥感动态信息，为建设决策服务．遥感信息，1986 年第一期

11. 陈荫祥．遥感地质现状与前景预测．遥感信息，1986 年第二期

12. 曾澜．煤田地质遥感勘察研究．遥感信息，1986 年第二期

13. 杨积成．遥感在水利水电及电力方面的应用．遥感信息，1986 年第三期

14. 吴佑寿．遥感技术的现状与进展．水利电力遥感，1986 年第一期

15. 刘先汉．国外遥感技术的发展与趋势．遥感技术动态，1986 年第一期

16. DEVELOPMENT AND APPLICATIONS OF REMOTE SENSING FOR PLANNING, MANAGEMENT AND DECISION—MAKING, SEMINAR PROCEEDINGS, APRIL 1985

17. CURRAN, PAUL J. PRINCIPLES OF REMOTE SENSING, 1985

大力发展铁路航测遥感技术

新中国成立后，于 1955 年开始在兰新铁路勘测中采用了航测遥感技术，1956 年成立了铁路航测专业机构，聘请苏联专家、引进航测设备和技术，并在兰青、成昆、西武、西汉、青藏等铁路干线上采用了航测技术。1970 年前后，各地区设计院相继成立了航测队（科），70 年代末，各设计院又相继成立了遥感组（科），西南交通大学、北方交通大学也同时成立了遥感教研室和研究室。1976 年以后西南交通大学又恢复开办了航测专业班，西南交大航地系和北方交大土建系分别招收了航测，遥感，近景摄影等专业的研究生。

据个完全统计，从 1955 年至 1986 年来全路共进行航测和遥感项目 300 余项，其中新线 170 余项。既有线将近 20 项，其他 30 余项，航测选线（包括目测）100 多项，线路总长度 45 000 多公里，航空摄影 330 000 多平方公里，航测成图 130 000 多平方公里。

目前，铁路航测遥感专业队伍约 600 人，共有航测遥感仪器约 200 台左右，其中精密测图仪 18 台，解析测图仪 2 台，主要遥感仪器 21 台。航测制图年生产能力可达 2 500～3 000 km。

30 多年来，铁路航测遥感技术从无到有，从小到大，从具有较大盲目性到初步总结出比较适合我国实际情况的铁路航测遥感工作方法。技术上也有很大发展，航测制图从只能编制 1：1 万地形图发展到可以测制 1：1 万～1：500 各种比例尺的地形图、正射影像图、近景摄影测图、机助测图以及数字地形模型等技术；遥感图像判释从单一的传统航空黑白像片扩大到陆地卫星图像、彩色红外航片以及图像处理等多种遥感片种和手段；遥感图像判释从地质、水文、线路专业扩大到施预、路基、隧道、站场等专业的应用；航测遥感专业应用范围也从长大干线新线勘测扩大到包括长隧道、枢纽、特大桥、大型水源工点等的勘测；应用阶段从可行性研究扩大到初测、定测、施工阶段以及既有线测图、工程病害普查和动态分析等方面。

在完成生产任务的同时，路内各生产、科研、教学等有关单位还联合开展了不少部控以及国家科委控制的航测遥感科研项目，取得了不同程度的效果，有的已在生产中发挥了作用。

在技术力量方面，专业人员的数量和素质均有所提高，全路有相当数量的勘测设计人员掌握和应用过航测、遥感图像判释技术。科研队伍也具有一定实力。铁路系统高等院校已具有较雄厚的航测遥感教学队伍，为全路培养航测遥感技术人才提供了良好条件，特别是西南交大的航测专业班为铁路系统输送了不少航测人才。

30 年来、航测遥感技术为新线勘测和既有铁路改造，管理提供了大量基础资料，作出了一定贡献，特别是 1976 年以来的 10 年中，航测遥感技术有了较大发展。1979 年专业设计院在北京恢复，人员和航测遥感仪器设备均有较大幅度增加。全路生产能力也有较大增长，这 10 年中，在滇藏、昆广、南川支线、青新、阳西、阳涉、侯月、神朔、西安—安康、迁沈、集通、独沈、秦沈、朔石、天—保—大、大秦、兴蓟、京九线衡商段、伊尔炮—伊敏河、向—干—龙、金温、龙广等 20 余条新线上采用了航测遥感技术，也就是说所有长大干线新线勘测都不同程度地使用了航测遥感技术。遥感技术除应用传统的航空黑白像片外，还普遍应用了美国陆地卫星 MSS 图像，其他如彩色红外航片、天然彩色航片、红外黑白航片、热红外扫描图像、多光谱扫描图像、机载侧视雷达图像、国土卫星图像等片种也在重点地段应用过。电子计算机图像处理成果也用

本文系在"第二届铁路航测遥感科技动态报告会"上的主题报告，收入论文集，1987.10.20

于专业判释,提高了判释效果。

　　随着我国铁路建设重点转移到以扩大运能为中心,加强东北地区和沿海1 6000公里既有线改造为主方针的确定,铁路航测也相应转向既有线测图为主。近几年铁路既有线航测有较大幅度增长,首先在郑州铁路局范围内开展,随后在北京、广州等铁路局范围内也相继开展。据初步统计,1979年以来,在郑州局范围内的京广线安阳至广水段、东陇海线商丘至郑州段、太焦线晋城北至月山段、孟宝线、邯磁支线、郑州枢纽;北京局范围内的京广线北京至安阳段、石太线、石德线等线段,共完成了约1 900km既有线测图。目前正在进行的还有郑州局范围内的西陇海线郑州至孟源段、宝鸡至天水段,宝成线宝鸡至略阳段、阳安线;广州局范围内的枝柳线界溪河至塘豹段;北京局范围内的津浦线天津至德州段、京承线、锦承线平泉至承德段、京包线西直门至大同段、京山线黄土坡至天津段、北京枢纽等线段共约2 400km。此外,襄渝线已经摄影,不久即将开始外业测量工作。由此可见,这几年既有线测图发展是很快的。

　　近几年测图产品除仍以1：2 000航测线划图为主外,新的产品也在不断开拓应用,例如正射影像图、近景摄影测量、数字地形模型优化设计等等,均有较大发展。

　　目前,全国共有30台左右生产正射影像图的仪器,其中近年来新引进的一级装置仪器OR1和Z-2共17台,OR1和Z-2被认为是当代制作正射影像图一级精度的仪器系列。在全国30多台生产正射影像图的仪器中我部占了4台,其中B型仪器(带微分纠正部件)3台,OR1一台。我部OR1正射投影仪于1985年生产了首批1：10 000正射影像图,并能制作1：5 000、1：2 000黑白和彩色正射影像图。

　　这几年铁路系统的近景摄影测量也有较大发展。我部于60年代就引进了Zeiss19/1318摄影经纬仪,1981年开始又陆续引进了UMK10/1318、P31、P32等地面摄影机,并开展了近景摄影测量工作。目前主要承担路外的古建筑测图,如铁一院在敦煌莫高窟千佛洞、西千佛洞及安西榆林窟等开展了近景摄影测量工作,铁二院在二滩电站公路测了12km 1：500的近景摄影测量图,专业设计院在天坛皇乾殿、北海漪兰堂、颐和园、潭拓寺等处都进行了近景摄影测图。其中北海漪兰堂的近景摄影测量成果还参加了加拿大举办的国际会议展览。在路内生产任务中,一院在宝成线宝略段水害抢险工程中采用近影摄影测量方法测绘了观音山隧道口等21幅1：5 000比例尺桥隧工点地形图;铁三院在大秦、朔石等线,专业设计院在军都山隧道和陇海线宝天段葡萄园滑坡工点测制了1：1 000和1：500地形图。除为生产提供图件外,还结合铁路工程开展近景摄影应用研究,如北方交大的"隧道岩石力学矢量位移试验"、"近景摄影测量DLT直接线性变换程序(验后补偿算法)",专业设计院与北方交大共同开展的桥梁变形测量研究,铁一院利用普通相机在宝中线蒲家沟隧道洞口工点进行了近景摄影测量试验研究,西南交大的隧道洞门立面图的测制、桥梁变形的研究以及利用多倍仪进行超近景摄影测量的探讨等等,均取得一定效果。在理论研究方面,北方交大的"自检校理论的研究"正在进行和深入。北方交大还于1983年组建实验室并成立了研究室,他们还多次提出论文参加国际学术会议。由此可见,铁路系统的近景摄影测量是具有一定的实力和水平。

　　10年来,全路航测遥感重大科研项目也取得可喜成绩,其中较大的项目有我部五院二校组成的铁道遥感研究组参加由中国科学院主持的全国首次大规模的腾冲遥感试验,该项目获得1985年国家科学技术进步奖二等奖。由我部各生产、科研、教学等有关单位联合开发的国家科委和部控科研项目包括:"数字地形模型和纵断面优化"、"多种遥感手段在铁勘测中应用范围和效果的研究"、"遥感技术在大瑶山隧道工程、水文地质中的应用"、"采用遥感技术进行铁路泥石流普查和动态变化的研究"、"利用遥感技术研究崩坍与滑坡的分布和动态"、"黄河三角洲地区国土卫星像片在铁路工程地质选线中的应用研究"等6项。其中"遥感技术在大瑶山隧道工程水文地质中的应用"和"采用遥感技术进行铁路泥石流普查和动态变化的研究,系国家科委控制项目,其余为部控科研项目。据不完全统计,近年来,通过部级和院(校、局)级评审的航测遥感科研项目有以下 7 项:

(1)多种遥感手段在铁路勘测中应用范围和效果的研究,该项目参加单位有铁道部专业设计院,铁道部第一、二、三、四勘测设计院,北方交大、西南交大等七个单位,于 1986 年 3 月通过部级评审。铁道部基建总局于今年 5 月以基设〔1987〕125 号文将该科研成果转发给路内各有关单位推广应用。

(2)全能测图仪采集数据建立数模、立体坐标量测仪采集数据建立数模—梯度投影法铁路线路纵断面优化设计。参加单位有长沙铁道学院,铁道部专业设计院、第三勘测设计院、北方交通大学、西南交通大学五个单位。于 1986 年 11 月通过部级评审(其中北方交大的数模测绘仪于 1987 年 5 月通过部级鉴定),认为该项目取得较大进展,成果是可贵的。数模部分在通过部级评审后,即通过各种途径进行转让,向上海铁道学院第一家签订了转让合同后,铁道部基建总局技术处又于 1987 年上半年在长沙铁道学院举小数模/优化技术讲座,同时又专门召开会议开展技术转让。总局提出要尽快让科研成果转化为生产力的宗旨,会上签订了 15 个技术转让合同。专业院的数模与长沙铁道学院,铁道部第一勘测设计院、第二勘测设计院已签订合同,与铁道科学研究院也即将签订转让合同。北方交大的数模测绘仪也与第二、三勘测设计院签订了合同。

(3)"陆地卫星 MSS 数据在成昆铁路沙湾—泸沽段泥石流普查中的应用"1987 年 3 月由西南交通大学组织评审。

(4)"黄河三角洲地区国土卫星像片在铁路工程地质选线中的应用研究"1987 年 5 月由铁道部专业设计院和铁道部第三勘测设计院共同组织评审。

(5)"近景摄影测量 DLT 直接线性变换程序(验后补偿算法)"1987 年 6 月由北方交通大学组织评审。

(6)"非标布点编制大比例尺图的研究"1987 年 7 月由铁道部专业设计院组织评审。

(7)"ACL 系列解析测图仪后续应用软件——测图仪定向安置元素计算程序"1987 年 7 月由铁道部专业设计院组织评审。

上述 3～7 项由院(校、局)级评审的科研成果,其成果也都取得不同程度的效果,有的已在生产中推广应用,有一定经济效益。

10 年来,科技情报工作和学术活动也得到加强,1979 年建立了"铁道航测与遥感情报网",《铁路航测》期刊由不定期发展成季刊,该期刊被认为是同类刊物中办的比较好的一种,可以说是广大铁路航测遥感技术人员的良师益友,还起到向有关领导宣传航测遥感技术的窗口作用。航测和遥感科技情报中心与情服网共同出版了不定期的《铁路航测与遥感参考资料》,内容主要是翻译国外航测遥感文献资料。此外,"中心"还出版不定期内部资料《航测遥感动态》。这些刊物和内部资料对传递信息、交流经验起到一定作用。情报网建立以来已开了 6 次经验交流会,有的是和中国铁道学会铁道工程季员会勘测学组共同召开的,大家对这些会议反映较好。目前,铁道航测与遥感情报网网员单位已发展到 17 个单位。

为了进一步加强铁路基建系统情报工作,铁道部基建总局于 1986 年成立了"铁道部基建总局科技情报研究所"和 7 个科技情报中心。"铁路航测和遥感科技情报中心"(以下简称"中心")为 7 个中心之一。"铁道部基建总局科技情报研究所"挂靠在铁道部专业设计院,"铁路航测和遥感科技情报中心"挂靠在铁道部专业设计院航测处。"中心"的成立对加强全路系统的航测遥感情报工作创造了一定条件。去年 12 月,"中心"在北京举行了"首届铁路航测遥感科技状动态报告会",大会交流动态资料 15 篇,邀请了路内外 10 名专家、教授到会作科技动态报告,代表们对报告会的反映较好,认为内容丰富,反映了航测遥感技术的最新动态,为领导决策、生产、科研提供了可贵的信息、动态会交流的资料已由铁道部基建总局汇编成集出版。

1979 年以来,对外学术活动比较活跃,先后邀请日本、美国、英国、法国、德国等航测遥感专家到我部进行学术交流,并先后派 20 余人次到日本、瑞士、美国、巴西、意大利等国考察学习和参加学术活动。参加的主要国际学术活动有"第二届亚洲遥感会议"、"亚太地区遥感地质应用讨论会"、"第十五届国际摄影测量与遥感会议"、"遥感在规划、管理和决策中的应用与发展讨论会"、"国际工程地质会议,'地震工程地质会议'"、"北京国际遥感学术讨论会"、"中法卫星遥感及 SPOT 卫星数据首次应用讨论会"等,通过这些学术会议,使我们能及时了解国际航测与遥感技术的发展近况。

为了普及航测遥感技术,不少单位举办了航测遥感培训班。1985 年上半年先后举办了"铁路局技术领导航测遥感短训班"和"全路首届遥感地质培训班"。

在业务建设方面,也出了不少成果。全路有关单位共同制定了《铁路测量技术规则》中的第二篇"航空摄影测量"部分,该技术规则已由铁道部于 1986 年 7 月 1 日公布施行。各地区勘测设计院结合本地区特点,也制定了"航测控测"、"遥感地质工作"的技术要求和作业细则等。专业设计院编制的《工程地质航片集》,西南交大编写的《铁路航空摄影测量》、西南交大与专业设计院共同编写的《遥感原理和工程地质判释》、专业设计院航测处编的《铁路航空勘测》、西南交大与北方交大合编的《航空摄影测量及遥感》等等,这些著作和成果都是铁路系统广大航测遥感科技人员长期实践的结晶,具有较强实用性,而且对普及推广航测遥感技术起到促进作用。其中《遥感原理和工程地质判释》一书,获得 1982 年全国优秀科技图书二等奖。

从以上 30 年,特别是近 10 年的概略回顾,可以看出铁路航测遥感为铁路建设提供了大量基础资料,取得较好经济效益,航测遥感技术本身也有较大的发展。

30 年的实践证明:航测遥感技术是铁路勘测的一种先进有效手段,铁路建设中采用航测遥感技术是非常必要的,也是切实可行的,具有较好的技术经济效益和社会经济效益。

30 年的实践告诉我们:铁路勘测中应用航测遥感技术其作用主要表现在以下 3 个方面:

(1)有利于大面积线路方案比选,提高选线和勘测质量,节约基建投资;

(2)加速勘测效率,改善劳动条件,把某些野外工作转移到室内进行;

(3)指导外业测绘,克服地面勘察的局限性,提高勘测资料质量。

30 年的实践还告诉我们,航测遥感技术的发展并不是尽善尽美的,还存在一些问题,以致于本来应该能更好地发挥作用而未能充分发挥作用。我们认为影响航测遥感技术发展的因素是人为的,并非不可克服的,到底是哪些因素呢?路内许多关心航测遥感事业发展的科技人员和领导,在有关学术会议和《铁路航测》等刊物上都有所表达,有的还向部领导和基建总局领导写了书面建议,根据我所了解的,初步归纳起来主要的有以下一些问题:

(1)对航测遥感技术的优越性及其在铁路建设应用中所处的地位和作用认识不足;

(2)某些技术政策的制定考虑航测遥感技术发展不够;

(3)各地区勘测设计院的机构体制不利于航测遥感技术的发展;

(4)全路性的航测遥感管理工作不完善;

(5)对航测遥感项目缺乏全面的安排,往往临时提出,使航测遥感技术难以发挥作用;

(6)航测遥感应用尚无明文规定纳入勘测程序中,处于可用不可用状况。

以上归纳的只是一些主要问题,归纳的并不一定全面。

关于对今后航测遥感技术如何发展，在此不想占更多的篇幅，因为去年12月份在北京召开的"首届铁路航测遥感科技动态报告会"后，归纳会上专家和代表的意见，以铁路航测和遥感科技情报中心的名义，向基建总局上报的建议中已经提出过，这次就不重复提了，不过我可以把建议的标题内容提一下，建议包括4个方面，共16条。

（一）与领导决策有关的内容

（1）航测遥感技术的应用是实现铁路勘测设计现代化的重要措施；

（2）加强全路航测遥感管理工作；

（3）在制定铁路技术政策时，应考虑为航测遥感技术应用创造一些条件；

（4）应加强航测遥感技术在各地区设计院中的应用；

（5）合理安排航测遥感任务

（二）技术开发和技术进步

（1）应制定铁路航测遥感勘测作业程序和细则；

（2）应制定一个全面的科技开发规划和实施方案；

（3）认真解决影响航测遥感产品质量、效率以及减轻劳动强度的一些关键问题。

（三）近期可在生产中推广应用或考虑应用的技术

1. 在航测控测中可推广采用以下技术或装备

（1）采用非标准点位布点；

（2）加强室内调绘，减少野外调绘工作量；

（3）配备组合化的光电测距仪。

2. 为了加快测图效率，精密立体测图仪应逐步配全机助制图设备；

3. 积极推广采用近景摄影测量和正射影像图；

4. 充分利用最新航天遥感图像，提高遥感应用效果；

5. 充分利用国家航摄资料；

6. 加强遥感地质在既有线方面的应用。

（四）应进一步追踪的信息

（1）全球定位系统（GPS）。这种系统使用专用的轻便接收机观测，两站间长度的精度可达厘米数量级。

（2）直升飞机机载快速惯性测量系统。国外利用直升飞机机载快速惯性测量系统在两个已知点间往返飞行用以加密中间控制点时，点位的平面精度已在0.5 m以内，高程精度约0.2 m。

上面我把去年首届动态报告会上归纳的16条建议重新提一下，供代表们讨论时参考，目的是抛砖引玉。

根据一年来新的认识，对航测遥感技术的开展再谈一些看法，说不上是建议。

一、关于既有线航测遥感技术的应用问题

随着"七五"期间铁路建设重点转向东北地区和沿海的既有线改造，航测遥感技术也逐步转向为既有线测图服务。以往航测测图是吃大锅饭，使用单位争着要搞航测，而实行企业化管理后，既有线测图费用由铁路局全部负担，一时接受不了，舍不得花钱测图。这有个认识问题，郑州局和北京局管内许多线都已测完1∶2 000航测图，有的线、段还正在测，广州局管内也测了一部分。他们为什么肯花钱航测呢？一方面是这些局领导较重视基础资料，另一方面更重要的是航测图质量高，内容详尽，图面较宽，对铁路局很有用，他们从使用中深深体会到航测图的好处大。其实开始时他们也犹豫，但通过几年实践，尝到了甜头，从而坚定了使用航测遥感技术的信心和决心。

有人担心既有线测图任务很难保持饱满,这种看法不无道理,也完全有可能出现,但也要看到随着既有铁路管理现代化的需要,既有线航测以及利用遥感技术进行工程病害普查和动态分析将会越来越被铁路局所接受,也可能前几年还不认识或无法接受的技术,随着现代化进程的推移而成为很容易接受或乐意采用的技术。正如电冰箱、彩电进入家庭,从开始很少有人问津到争着购买一样,新技术的应用也必然存在你追我赶的势头。当然这是一种乐观的估计,也要看到测图费用不解决,打开既有线测图局面仍然有困难,铁道部应在政策上采取优惠措施或特殊政策。

二、关于国产精密测图仪器问题

我国精密测图仪器和国外产品相比有较大差距,但这几年有很大进展,应看到这个趋势。进口仪器质量好,在目前情况下,适当进口些也是应该的,但一味追求进口而忽视我国的产品,是值得考虑的。

最近我们"中心"到国内有关单位和航测仪器厂家进行了调查,认为有些国产航测仪器还是不错的,例如无锡测绘仪器厂在 HCT-2 型仪器的基础上生产了 HCT-2A 新型号,据厂方介绍,用户认为可达到 B8S 精度。

最近几年我国自己正在加紧解析测图仪的研制,有的已通过国家鉴定,有的已开始批量生产或准备批量生产,主要有以下 4 种型号。

(1)HT 解析测图仪。由新天精密光学仪器公司、铁道部专业设计院、水电部天津勘测设计院、冶金部勘察技术研究所联合研制的。1985 年 9 月通过机械工业部鉴定。

(2)DPG-1 数字测图仪。由武汉测绘科技大学等单位研制的,1986 年 10 月由国家测绘局组织鉴定。

(3)APS-1 解析测图仪。由西安测绘研究所和 1001 厂研制,已批量生产,今年正式生产 6 台。测量精度为 7 μm,曾和 C-100 进行比较,加密精度相差不大,目前一台 26 万元。

(4)JX-3 型解析测图仪。由国家测绘局测绘研究所研制,还未批量生产,据介绍,精度完全可以满足测图要求。

向实用化发展的遥感技术

遥感技术是 20 世纪 60 年代蓬勃发展起来的一门新兴的科学技术,它是高技术领域的一个侧面,是当代信息革命的产儿。

遥感技术的出现与发展,大大延伸了人类的感觉器官,为观察认识自然提供了新的有效的手段,从而引起世界各国广泛的关注和重视。根据联合国不完全统计,目前全世界至少有 1 400 个组织从事遥感技术领域中的各种活动,不少国家成立了遥感技术应用的专门机构,把遥感技术的引用作为国家发展规划中的重要项目。

回顾一下人类祖先揭示自然景象的历史,就会感到今日遥感技术的神奇力量。我国最古老的《禹贡》是公元前 4～3 世纪的著作,在该书中,将中国划分为九洲,描述了山地、河流,以及土壤沉积物的类型,以后又有宋朝沈括的《梦溪笔谈》、明代宋应星的《天工开物》等论著,都记载了自然界的一些地学现象。这些记述虽然是粗略的,却耗费了他们毕生的精力,由于当时条件的限制,不少记述是错误的。例如自《禹贡》以来的"江出于岷"的见解,直至举世闻名的旅行家徐霞客(1586～1641)指出金沙江是长江的上游,才纠正了"江出于岷"的错误见解。他还指出了石鼓附近金沙江的袭夺现象。从《禹贡》的记载到徐霞客,整整经历了 2000 年左右的时间。尽管徐霞客是伟大的地理学家,但其所记述的内容与今日遥感图像提供的丰富、逼真的自然景观,是无法伦比的。由此可见,在技术落后的古代,人类在广袤的世界面前,显得多么无力啊!

让我们也简单地回顾一下遥感的发展历史。"遥感"一词的出现虽然是在 20 世纪的 60 年代初期,但实际上自 1858 年人们从气球上拍摄到巴黎城市鸟瞰像片开始,遥感技术就已萌芽。到了 20 世纪初开始使用飞机进行航空摄影,为从空间研究地球表面揭开了序幕。随后,红外、微波、多光谱等技术相继应用到航空摄影方面,60 年代初开始利用气象卫星和载人飞船拍摄了一批地球表面的像片,从而形成了遥感技术基础;70 年代是航天遥感技术形成的年代,1972 年 7 月美国成功地发射了第一颗地球资源技术卫星,标志着航天遥感时代的开始;80 年代航天遥感技术进入了大发展的时期,美国于 1981 年 4 月成功地进行了航天飞机的发射与运行,它为航天遥感提供一种灵活、经济和有效的工作平台。1986 年 2 月法国发射的 SPOT-1 地球观察卫星,其 HRV-1 图像分辨率达 10 m,同时可进行立体观察,它将为遥感技术的应用开创新的局面。

遥感数据的传输、获取也取得较大进展,目前在世界范围内已建立了 16 个陆地卫星地面接收站,可直接接收美国陆地卫星图像,有的还可接收法国 SPOT 卫星图像。到 80 年代末,全世界将有 20 个可以接收陆地卫星和 SPOT 卫星的跟踪接收站。接收来的数据有可能通过通讯卫星或其它现代通讯、计算机技术,形成高速和全球性或区域性的数据网,使数据的获取、分发和应用形成有机的联系,从而使遥感资源的共享达到实用目的。

从上述 150 年左右的遥感发展过程可以看出,遥感技术发展日新月异,潜力巨大。从航空摄影到航天遥感;从常规摄影到非摄影式传感器;从黑白影像到鲜艳夺目的彩色影像;从回返地面回收到在成像时实时回收;卫星图像分辨率从 80 m 提高到 10 m 等等,使遥感技术观察

本文发表于《遥感信息》1988 年第 2 期,1988.6

的距离、范围、方式、信息量以及图像分辨率等都有了长足的进展。目前,地球表面都被遥感过了,世界上再没有任何角落是"神秘莫测"的地方了。古代神话中的"顺风耳、千里眼",在今天已成为现实。

遥感技术的探测本领是地面观察所无法做到的,遥感技术作为研究地学的一种方法,可以说是一种根本的变革,它赋予传统的地学研究方法以新的生命。在航空遥感技术没有出现以前,人类认识地壳各种自然现象,总是在大量点上工作的基础上,通过分析、归纳而得出面上的或区域的概貌和规律性认识。这种方法难以克服观察的局限性和盲目性,而且需投入较多的人力、物力和财力。而遥感技术却相反,它先从宏观上把握住区域概貌和规律性,然后再指导地面探测工作,从而提高探测质量,达到省力、省时、省费用,起到事半功倍之效。例如,常规的地质测绘要查明背斜或向斜构造,往往要量测大量的岩层产状,并通过其变化规律的分析,方能得出结论。而通过遥感图像观测,则可一目了然。

20多年来,遥感技术已成为一门综合性的科学技术,应用面越来越广。据统计,遥感技术在美国已应用到40多个部门,在欧洲也推广到30多个领域,就是第三世界的菲律宾、泰国等,也涉及到20多个方面。

我国现代遥感技术起步较晚。始于70年代初期,由于国家的重视,已经取得较好的效果。我国自力更生研制了10多种遥感仪器;开展了一些规模较大的综合性航空遥感实验,并结合国民经济建设的急需,开展一系列的应用研究和试验,取得了可观的社会经济效益;建立了国家遥感中心、许多部门遥感机构和遥感应用中心;引进了遥感传感器、遥感飞机、图像处理设备等;国土、人口、资源、环境、森林、石油、矿产等数据库相继建立,资源与环境信息系统的国家规范已经制订;陆地卫星和气象卫星地面接收站已投入运行;先后发射了9颗与遥感有关的回收型科学探测与技术实验卫星。上述事实,标志着我国遥感技术已发展到一个新阶段。

由于我国已具备了一定的遥感技术装备和技术队伍,为今后的发展提供了必要的条件,打下了良好基础。遥感技术的应用已从一般性的试验,发展到结合国民经济需要,并作为一种解决疑难问题的新手段,向实用化迈出了可喜的步伐,并取得了明显的经济效益。从最近大兴安岭森林火灾中遥感技术发挥的作用,令人信服地说明了它的优越性。

我国是发展中国家,需要遥感技术解决的问题很多,包括地形测绘、土地利用、土壤普查、地质调查与找矿、石油普查、地下水资源调查、森林资源调查、森林火灾及病虫害监测、气象预报、环境监测、工程勘测、植物长势、海洋动态、火山、地震、洪水等灾害的监测和灾情估测,军事侦察等,均可采用遥感技术提供有关资料,为领导者在规划、决策、管理、评价和采取措施方面,提供了一种新的手段。例如,最近由国家科委统一领导建成的"永定河防洪遥感系统"就是一个例子。

我国地大物博,自然条件复杂,苦于资源不清,管理不善,遥感技术的应用是大有可为的。"七五"期间应创造条件,充分发挥遥感优势,使我国遥感技术逐步向实用化甚至商业化过渡,为国民经济发展创造更大效益。

铁路遥感技术的经济效益

遥感技术为人们认识自然、改造自然提供了一种崭新的手段。从 1972 年美国第一颗陆地卫星发射以来，遥感技术在世界范围内得到了迅猛的发展和广泛的应用，引起了许多国家的极大关注。不少国家成立了遥感技术的专门机构，把遥感技术的应用作为国家科技发展规划中的重要项目。

在我国，由于国家的重视，近年来遥感技术已有较大的进展，在国家制订的科技规划中，遥感继续被列为重点项目。目前，我国遥感技术已应用于区域地质、农业、林业、水资源调查、土地利用、气象预报、环境监测、城市规划、矿产和石油普查、工程勘测选线、选址以及军事侦察等方面，并取得了初步成效。

遥感技术在各个领域的应用，均有较大的经济效益和社会效益。在国外，这方面的统计资料是很多的，在此不拟赘述。

我国铁路建设于 20 世纪 50 年代中期就已开始应用航测方法，70 年代中后期又陆续应用了陆地卫星图像等近代遥感技术。30 年来，铁路建设中，总共有 300 余项目采用了航测遥感技术。实践证明：航测遥感技术应用于铁路建设是切实可行的，具有较好的技术经济效益，是铁路勘测设计和现代化管理的重要内容。

一、国外铁路建设中遥感技术应用的效果

世界先进国家在道路工程建设方面应用遥感技术较为普遍，由于这些国家新建铁路任务不多，因此，遥感技术大部分用于公路新线勘测。铁路新线勘测应用实例不多，但可以看出其效果是较好的，特别是在地形地质条件复杂、交通困难地区效果更好。他们主要用航空像片进行工程地质判释，通过判释确定不良地质现象类别、范围，提供砾石材料产地、土壤类别、工程地质条件评价等，还编制各种工程地质图件。苏联在缺乏地形、地质资料，工作条件困难的西伯利亚和远东地区的铁路勘测中，使用航空像片判释可提高效率 2～3 倍；在原始森林及多年冻土荒漠区的贝加尔至阿穆尔干线初测中应用遥感技术可减少工日 40%，节约费用 20%。据美籍华人梁达教授介绍，在 1 600 公里坦赞铁路的可行性研究中，应用航空像片进行工程地质判释，一个人用了半年时间就完成了全线工程地质工作。外业勘测使用了直升机，对关键地段进行验证，大大加快了勘测效率。

国外遥感技术在既有铁路技术改造、运营管理和病害防治中的应用也较普遍，其中以日本最为重视。他们每 5 年对通车后的所有铁路进行一次 1∶1 万比例尺航空摄影，制成 1∶5 000 道路影像图及各种台账。日本国铁还专门成立了"利用航空像片方法预测病害研委员会"、"病害预测释读小组"等机构。苏联在既有铁路线上利用航空像片进行滑坡、泥石流调查，编制了有关专业图件，对病害的防治起了很好的作用。

二、我国铁路建设中遥感技术应用的潜力和经济效益

遥感技术的应用，具有明显的经济效益，问题是如何进行评价，不能单纯从个别环节费用

本文发表于《空间遥感技术综合应用预测及效益分析》文集中，1988.10

的多寡来衡量,只有从铁路建设整个过程的综合经济效益来评价,才是科学的和合理的。

（一）铁路新线勘测和既有铁路管理现状

我国幅员辽阔,而铁路只有 5 万多公里,对我们这样的大国而言,是很不相称的。随着我国国民经济建设的不断发展,今后必将有大量的铁路要建设,而且主要的将在自然条件复杂的山区修建。然而铁路的勘测技术还较落后,难以适应艰巨的勘测任务的要求。

众所周知,要选好一条铁路线,除考虑政治、经济、国防等因素外,还必须掌握足够的地形、地质、水文等资料,进行反复研究,才能选出最佳方案。以往在任务紧、勘测方法落后的情况下,勘测选线经常返工,甚至到了定测阶段还在补可行性研究工作。由于地面勘测的局限性,造成选线的失误或未查明地质情况,给施工和运营带来困难以致后患无穷的实例,是不胜枚举的。

我国地域辽阔,雨季时间长,经常发生水灾和工程病害,造成铁路行车中断。目前,全国铁路沿线泥石流达千条以上;山区常见的不良地质现象,如滑坡、崩坍等,则难以数计。

近 16 年来的记录表明,全国铁路干线,平均每年因水害中断铁路运输在 100 次以上,最严重的 1981 年超过 200 次。据"六五"期间统计,由于水害造成的经济损失总共达 3 亿元以上。1981 年 7 月成昆铁路利子依达沟泥石流爆发,冲毁铁路桥梁,死伤旅客 300 余人,仅设备损失、抢险和善后处理费用就达近 400 万元。陇海线宝鸡至天水段,宝成线宝鸡至上西坝段,通车后病害连年不断,仅用于整治病害的费用,据 1982 年的初步统计已达 3.8 亿元,而 1981 年水害后,"两宝"抢修和工程复旧费用还要 3.8 亿元。鹰厦、外福两线,从 1963 年至 1984 年,经过 20 余年的路基病害整治,总投资在 1.6 亿元以上,才勉强控制了病害的发展。从上述几个例子可以看出,水害和工程病害所造成的损失是巨大的。

我国 5 万多 km 既有铁路线,绝大部分缺乏地形、地质、水文等基础资料,难以满足既有铁路技术改造和现代化运营管理的需要。

铁路《技术规则》规定:"线路的平面及纵断面的复测工作,重要线路不少于 5 年一次,其它线路不少于 10 年一次。"目前全国铁路大部分没有达到这一要求,致使运营管理比较落后。如 1981 年"两宝"水害,铁路行车中断,由于缺少沿线准确完整的图纸资料,基层单位向领导汇报灾害情况都很困难。灾后的抢修、工程复旧也感不便。

从上述铁路新线勘测和既有铁路管理现状可以看出,由于工程地质条件未能查明,以及既有铁路基础资料缺乏等,所造成的工作被动和经济损失是十分可观的。

（二）遥感技术在铁路建设中的作用和经济效益

1. 新线勘测中遥感技术应用的经济效益

遥感图像具有测图范围宽、视野广阔、形象逼真,可在室内不受交通条件限制的情况下反复进行判释研究等优点。遥感技术在新线勘测中的主要作用是:指导外业测绘,提高勘测质量;加快勘测效率,改善劳动条件;避免选线失误,合理布置勘探。

为说明新线勘测中遥感技术应用的效果,下面介绍几个实例。

（1）青藏线格尔木至拉萨段,全长 1 100 多公里,该线通过号称"世界屋脊"的青藏高原,有 600 多公里跨越海拔 4 200m 以上的高原多年冻土区。该区气候恶劣、交通闭塞、供给困难、地质条件复杂。针对上述情况,采用航空像片进行调查,外业地质调查仅 25 人,用半年时间就完成航空像片填图约 4 000km^2。

该线勘测中还利用 1∶1.2 万比例尺的航空像片进行了约 900km^2 的冻土分区判释,将冻土按冻害程度划分为三大区（严重冻害区、一般冻害区、无冻害区）。由于高原地形平坦,地面上冻土分区界线一般无明显的地貌特征,利用地形图无法填绘分区界线,但利用航空像片上反映的色调特征和微地貌进行冻土分区,效果极好,现场只作部分验证,效率提高 10 倍以上。利用航空像片判释成果所编制的冻土工程地质分区图，经初测核对和钻探验证，绝大部分都是准确的，为方案比选提供了依据，深受广大地质人员的欢迎。

（2）正在施工的大秦线，系国家重点建设项目，西段的桑干河方案就是通过1：5万航测图大面积方案研究时提供的，在狭谷地段还测制了1：1万比例尺地形图，配合航空像片判释进行方案比选。通过航空像片判释认为，该狭谷工程地质条件虽然复杂，但是还可以通过。经过详细判释研究和现场重点验证，提出绕越北岸煤窑采空区和南岸仍在活动的滑坡的方案，最后施工采用的就是该方案，说明遥感判释提供的成果和结论是正确的。

（3）迁沈线可行性研究，利用卫星图像和航空像片相结合选择桥位取得较好效果。如该线大石河属山前变迁性河流，水文条件十分复杂，利用遥感图像对流域全貌和桥渡布局进行充分研究，在长约8km的河段上，经多方案比较，选出了桥位较佳方案。

根据历年铁路遥感技术应用的测算，铁路勘测应用遥感技术后，可行性研究较常规方法可提高效率2～3倍；初测阶段可提高1～2倍；西北地区进行地质测绘可提高效率3～5倍；西南地区进行长隧道勘测和泥石流调查均可提高效率2·3倍；进行砂石产地调查，可提高效率2～3.5倍左右；滇藏线测制洪水位平面关系图时，提高效率60%。

关于航测遥感技术在勘测设计中应用的具体经济效益，也曾作了某些估算。根据粗略估算，30年来，铁路航测遥感投资约2 000万元（包括购置仪器设备和航空摄影费用），但仅就6条线的统计，由于采用遥感大面积选线，改善了方案，总计可降低工程造价1亿元以上，而投资不到降低造价数的20%。据西南地区6条线段1 277km利用遥感技术进行砂石产地调查和南昆线两条长隧道遥感地质调查的粗略统计，可分别节约费用约45 000元和8 500元左右。在内蒙古集通线西段利用遥感技术进行砂石产地调查，可节约投资18 700元左右。

2. 既有铁路遥感技术应用的效果

许多工程病害是由于沿线自然环境遭受人为破坏所致。例如由于沿线进行开荒、耕种，挖渠、修路，修建房屋、水池，滥砍滥伐，采矿、采石等人为活动，破坏了路基稳定性，导致病害的产生。这些情况是近几年来发生量最多、影响较大、也最难处理的问题。虽然1982年国务院颁发《关于保护铁路设施确保铁路运输安全的通知》的文件，并规定了具体办法，但并未得到很好地解决，这类事件仍在不断发生。而利用不同时期摄影的遥感图像进行分析，可以清楚地了解沿线自然环境的变化情况和山坡路基的破坏程度，从而提出处理措施，还可结合气象资料对工程病害的发展和危害程度作出评价。遥感监测所获取的信息，还可对沿线违法的人为活动提出有力佐证，为执法提供依据。

成昆铁路沙湾至泸沽段，运营以来，泥石流屡有发生，全段究竟有多少泥石流沟，无准确的数字。1981年造成巨大损失的利子依达泥石流就发生在此段。为了进一步查明该段泥石流情况，1982年确定该段采用遥感技术进行泥石流普查试点工作，并列为部和国家科委控制项目。

该段利用航空像片编制了全段泥石流分布图、小流域植被覆盖图、山坡坡度分区图、地质构造与松散固体物质分布图等多种专业图件。全部工作共用了约3 000工天，若地面调查，用上述同样天数是无法完成的。成果表明，许多泥石流沟是地面调查所没有发现的。1982年该段进行地面泥石流普查时，仅发现36条泥石流沟，而通过航空像片判释发现有73条。最后确定对铁路威胁较大的5条泥石流沟要加强防范。

该段某些泥石流沟利用不同时相航空像片进行对比判释时发现，铁路修建以来，由于沿线修建厂矿、公路、渠道，以及开荒、采矿、采石等，造成水土流失，产生新的物理地质现象，为泥石流的产生提供了条件。这些自然环境变化情况，及时提供给铁路局有关单位，以便病害防治时引起注意。

　　陇海线宝天段是铁路闻名的盲肠地段,在该段滑坡和崩塌分布普查工作中,我们通过遥感图像分析,从总体上掌握了线路病害的数量和规模。以滑坡为例,过去工务部门已经登记在册的线路上滑坡共有 15 处,而遥感判释调查共发现 61 处。再以崩塌为例,运营系统有案可查的为 54 处,遥感判释调查为 94 处。

　　从上述介绍可以看出,遥感技术应用的效益,不但表现在提高效率、节省投资等直接效益上,而且表现在勘测成果质量高、劳动条件的改善、满足了工程的急需等间接的、宏观的经济效益上,只是难以用货币形式表现出来而已。事实上,从勘测到运营都能有计划、有针对性的应用遥感技术,其费用并不多,只不过是灾害所造成的经济损失的 1‰左右,甚至更少些,而其经济效益则是明显的。

三、遥感技术存在的主要问题及建议

　　影响遥感技术发展的因素很多,这里仅就一些主要问题谈谈看法和建议。

　　(一)缩短获取航空遥感资料的周期

　　铁路遥感技术应用,往往要进行专门的带状航空摄影,经常由于未能及时或按期摄影而影响工作的开展。特别是常年阴天的地区,这个问题更突出。例如成昆线沙湾至泸沽段,为了进行沿线泥石流普查和动态分析,从 1983 年开始摄影,但至今一次未摄成,影响了遥感技术的应用。

　　航空遥感摄影不及时虽然与天气有关,但更重要的原因是为生产、科研服务的摄影机构太少,一些带状的、范围小的摄影任务,往往得不到妥善安排,致使任务一拖再拖,应引起国家有关部门重视。如何简化禁区航空摄影审批和保密检查手续,也应引起重视。希望加强国家已有遥感资料的统一管理,国家遥感中心资料服务部应及时提供各地区的已有遥感资料目录。

　　(二)合理安排遥感任务

　　遥感技术适用于工程的总体规划和可行性研究阶段,在安排计划上应提前考虑。许多工程未能合理安排遥感任务,往往临时提出,忽视了遥感工作要提前安排航空摄影或搜集遥感资料这个特点,致使无法采用遥感技术。有时在最能发挥遥感作用的前期工作中未采用,到了施工阶段出了问题才用遥感,未能有针对性的应用,使遥感的作用大为逊色。

　　(三)制订有约束力的遥感应用技术政策

　　目前我国遥感技术在各部门的应用,还缺乏有约束力的遥感技术政策,除个别部门外,遥感技术处于可用可不用状况,没有真正纳入技术法规。特别是面临经济体制改革,遥感应用遇到一些新的问题,影响了遥感技术能力的发挥。建议采取以下一些有利于遥感技术发展的技术政策:

　　(1)对积极采用遥感技术的单位或项目,在收费或投资费用中,应采取优惠政策;

　　(2)在各项重大工程勘测设计投标的标书中,在同等条件下,应把采用遥感技术作为中标的一个重要条件;

　　(3)遥感技术成熟的经验应纳入技术规范中,并应制订出较完整的作业程序和作业细则。应明确规定,在何种情况下必须采用遥感技术,否则不予验收或鉴定;

　　(4)设置遥感技术发展基金。遥感技术研究和开发的任务较艰巨,因此,建议国家或各部门设立遥感技术发展基金,主要用于科研、技术开发、技术服务、人才培训、情报交流及管理等的费用。

　　(四)体制机构应进行必要改革

　　铁路勘测中,应用遥感图像进行地质、水文、路基、站场、施工等专业的判释,具有很大潜力。问题是各勘测设计院队伍庞大,广大技术人员习惯于地面勘测方法,未掌握遥感图像判释

技术,组织机构、计划安排等也都是按地面勘测方法考虑,不利于遥感技术的发展。

要真正推广遥感技术,必须对勘测设计部门的体制机构进行改革。应加强遥感组织,扩大遥感队伍,以保证遥感技术切实得到推广应用。

（五）遥感技术的应用要适应社会的需求

以往铁路遥感技术主要用于新线勘测,但"七五"期间新线勘测任务不多,根据铁道部"七五"战略目标,主要为既有铁路技术改造,铁路遥感工作重点也相应转移到为既有铁路测图服务。遥感技术在既有铁路线中的应用,除测图外,还可用于工程病害普查和动态研究。

前面提到,由于水害造成铁路运输中断所带来的经济损失是很可观的,随着既有铁路不断增加,这方面的问题也愈加突出。各铁路局虽然采取了措施,如与气象部门密切联系,开展防止沿线山坡破坏的宣传,加强病害工点的观测、巡查、看守和警报设施,进行病害普查和动态监测,进行工程整治等等,取得了不少成效。但由于勘测和监测手段落后,往往要投入较多的人力、物力和财力。例如,全国铁路在每年雨季看守点总数在 1 000 处以上,占用人员 1 万人左右,而且工作条件是很艰苦的。

上述措施中,如气象情况的了解、防止沿线山坡破坏、病害的普查和动态监测等,均可应用遥感技术,并可获得满意的效果。特别是利用不同时期的遥感图像进行动态分析,配合地面观测、巡查、看守和报警设施,组成从空中到地面、从宏观到微观的监测预报网,则可提高预测预报的效果。

（六）积极发展我国科学探测卫星技术

以往铁路新线可行性研究,除利用美国陆地卫星 MSS 图像外,还要搜集国家已有小比例尺航空像片。如能在可行性研究时应用科学技术卫星图像,则可少搜集或不搜集小比例尺航空像片,进一步提高遥感技术应用的工效,节约费用。我们认为积极发展我国的科学探测卫星技术,对提高各产业部门建设的经济效益,具有十分重要的意义。

（七）加速自动遥测站的建立

铁路工程病害的产生和水灾有着密切的关系,而工程病害大都产生在人烟稀少、山区以及自然环境恶劣的地区。据统计,重大灾害行车事故山区铁路占 80% 以上,这些地区几乎很少有水文情报资料。目前,有不少国家已在自然环境恶劣地区建立一系列自动遥测站,大大加快了水文情报的传递。

从铁路运营管理而言,为了保证运输畅通无阻,希望能尽快获取准确的小区域的气象资料,这样对预防病害产生,尽可能避免运输中断,更有实际意义。因此,建议国家应加速自动遥测站的建立,如能提供轻便的自动遥测系统,则各有关部门均可根据需要,自己建立使用,无疑对水情、雨情的预报将是个大突破。

（八）应考虑建立既有铁路沿线环境信息系统

利用遥感资料测制既有铁路地形图虽较常规方法测图先进,但大量图纸的保管仍感不便,加上沿线自然条件不断变化,随时修测图件也有困难。

随着计算机技术的广泛应用,为遥感技术应用于既有铁路的管理开拓了新的前景。尤其是建立既有铁路环境信息系统,对铁路现代化管理有着重要意义。我们应充分认识这个趋势,尽快制定既有铁路环境信息系统(包括地形、地质、水文、地物、铁路设施等信息)规划,并分阶段实施,使决策、规划、管理等功能结合起来。这是铁路遥感技术发展的重要方向。

遥感技术在铁路建设中的应用是切实可行的,具有明显的经济效益,是大有可为的,是改革铁路勘测的一项重要措施。它主要是解决宏观问题,在新线勘测的前期工作中有较好效果。"七五"期间,随着铁路建设重点转向既有铁路技术改造,遥感技术在既有铁路技术改造、运营管理、工程病害防治等工作中,具有广阔的前景,其潜力是巨大的。

　　遥感技术具有很大优越性,但不是万能的,只有和地面方法以及其它探测手段结合起来,形成综合的探测方法,才能取得良好效果。绝不能把遥感技术与地面勘测对立起来,应相辅相成,相得益彰。

参 考 文 献

1.铁道部专业设计院.建国以来铁路航测选线经济效果分析.铁路航测,1981(2)、(3)

2.铁道部专业设计院.充分发挥航测地质优势.铁路航测,1982(1)

3.〔日〕若木宣城(杨立平译).利用航空像片探测铁路灾害的方法.铁路航测,1982(3)

4.铁道部专业设计院.遥感在铁路工程中应用的调研报告.铁路航测,1984(3)

5.郑州铁路局工务处.在运营线上进行航测的一些体会.铁路航测,1985(1)

6.钱士鉴.气象与铁路安全.中国气象,1985(8)

7.马相三.前进中的航测遥感事业.铁路航测 1986(2)

8.马国英.总结经验教训进一步做好铁路防洪工作.铁道科技动态,1987.6

9.潘仲仁.航空遥感图像在泥石流调查中的应用.环境遥感,1988(3)

遥感技术是铁路地质灾害调查的先进手段

我国地形、地质、气候条件十分复杂,在5万多公里既有铁路线中,有不少线、段经常受到水害和地质灾害的威胁,造成车毁人亡、运输中断,损失难以估量。全国铁路沿线泥石流沟达1 400条左右,山区常见的斜坡变形产生的地质灾害,则难以数计。素有铁路盲肠之称的陇海铁路线宝鸡至天水段,在沿线两侧各1公里的带状范围内,发现滑坡398处,崩塌206处;我国4 000多座铁路隧道中,约有1/3存在地下水害;1981年7月,成昆铁路线利子依达沟泥石流暴发,造成重大损失;1981年山东泰安铁路路基塌陷和1987年大连瓦房店铁路路基塌陷,也都影响了铁路的正常运输。

据统计,全国铁路干线平均每年因水害中断运输在100处以上,最严重的1981年,则超过200次。每年雨季约有1 500处病害工点需要看守。用于铁路工程病害整治的费用是十分可观的,宝成铁路线宝鸡至上西坝段和陇海铁路线宝鸡至天水段,从通车至今用于病害整治的费用已达8亿元左右;鹰厦、外福两条铁路线,从1963年至今,经过20余年路基病害整治,才勉强控制住了病害的发展,其整治费用约2亿元。以往,我国对既有铁路线病害整治方面,投入了较多的人力、物力和财力,取得一些成效。但在地质灾害的调查、预测方面,仍然是一个薄弱环节,考其原因,关键在于缺乏先进的勘测手段。一些既有铁路线,由于受当时探测手段和施工技术的限制,从而遗留下众多的路基病害和隐患,致使工程病害防治处于被动状态。

可喜的是,近几年来开始利用遥感技术进行既有铁路线的地质灾害调查。如成昆铁路线沙湾至泸沽段,宝成铁路线宝鸡至略阳段,以及陇海铁路线宝鸡至天水段等泥石流、滑坡、崩塌的调查和动态变化的研究,都成功地利用了遥感技术,取得令人满意的效果。

一、遥感图像地质灾害的判释

1. 不良地质判释的特点

利用遥感图像进行不良地质判释,具有以下特点:

(1)相对而言,斜坡变形形成的不良地质范围往往较小,因此,大比例尺航空遥感图像成为不良地质判释的主要图像;

(2)由于某些不良地质的变化过程较快,利用不同时期的航空遥感图像对其进行动态变化研究,具有较好效果;

(3)斜坡变形形成的不良地质现象,常受地形切割、植被、阴影等的影响,从而增加了判释的难度;

(4)某些不良地质的判释标志,随着季节的变化而不同,如盐渍土湿地,在雨季摄影的黑白遥感图像上呈深色调,而在旱季摄影时,则呈白至灰白色调。

2. 主要不良地质的判释

遥感图像上可对各种与铁路工程有关的不良地质进行判释,包括:滑坡、崩塌、错落、岩堆、泥石流、岩溶、沙丘、沼泽、盐渍土、盐沼、冻土不良地质、雪崩、河岸冲刷、水库坍岸、冲沟以及人工采空区等等。下面仅就滑坡与泥石流的判释特征谈些认识。

本文发表于《遥感信息》1991年第3期,1991.9

（1）滑坡的判释。滑坡是最常见的一种斜坡变形现象，一般具有明显的地貌特征。典型的滑坡在航片上，可根据其特有的滑坡判释标志予以辨认，包括：簸箕形（舌形、梨形、不规则形等）的平面形态、滑坡壁、滑坡台阶、滑坡鼓丘、封闭洼地、滑坡舌、滑坡裂缝、等等。此外，滑坡地表的湿地、泉水、醉林或马刀树等，也是滑坡的良好判释标志。事实上，在遥感图像滑坡判释中，能遇到典型滑坡所具有的全部判释标志的情况并不多，往往仅具有其中的某几种判释标志。问题不在于发现了多少判释标志，关键在于该判释标志作为确定滑坡存在的可靠程度。

滑坡的判释是斜坡变形现象判释中最复杂的一种，特别是经历长期变形的斜坡，往往是多种变形的综合体，并非只具备某单一变形现象的判释特点。正由于自然界中斜坡变形的复杂性以及某些滑坡判释标志的不典型性，增加了滑坡判释的难度。因此，在进行滑坡判释时，除对其本身影像作辨认外，还应对其周围的斜坡地形、岩性、地质构造、地下水、植被、人类活动痕迹等等，进行分析，以判断是否具备产生滑坡的条件。这种大范围的地形、岩性、地质构造的研究，与确定单个滑坡的存在具有同等重要的意义，且须在辨认单个滑坡体之前进行此项工作，否则可能造成因小失大的后果。就以滑坡与地貌的关系而言，他们之间存在着千丝万缕的关系。如在峡谷中的缓坡地段和垄丘，往往是滑坡形成的地貌。宝成铁路线就是由于当时对滑坡堆积的缓坡地貌认识不清，把一些车站设置在古滑坡体前缘，从而造成工程病害后患无穷。在河谷中，阶地错断或不衔接、阶地级数变化突然、谷坡呈显著不对称、沟槽改道、沟谷断头，沟谷横断面变窄、变浅，沟底纵坡显著变化，等等，这些现象都可能是滑坡存在的迹象。

在遥感图像上还可进行滑坡分类的判释，包括按滑坡的岩性分类、按滑坡体的厚度分类、按滑坡体所切斜坡层次分类等。图像 1 为黄土滑坡。

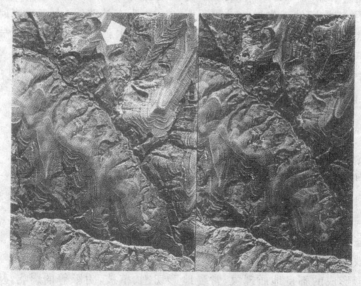

图像 1　黄土滑坡群

在滑坡判释中还应注意：①滑坡与错落、古崩塌等的区别；②大型的古滑坡，往往经过长期的斜坡变形，其各部位的变形性质不完全一样，在遥感图像上均有所反映；③切忌把形状破坏严重的大型古滑坡与残留的古阶地或古侵蚀面相混淆；④滑坡裂缝在滑坡性质研究中具有重要意义，像滑动面的深浅程度、滑动方向、可能出现的次生滑坡等等，均可通过裂缝的分析、研究、予以判断。

（2）泥石流的判释。泥石流是发生在山区的一种比较特殊的自然地质现象，它具有短时间内突然发生、来势凶猛、破坏力强的特点，是严重危害铁路运输的地质灾害之一。

泥石流的形态在遥感图像上暴露无遗，极为清晰。典型的泥石流沟在遥感图像上可清楚地显示出三个区。形成区多呈瓢形、山坡较陡峻、岩石风化破碎、松散固体物质丰富,常有斜坡变形形成的不良地质分布;流通区沟床较狭窄而短直,沟床纵坡较形成区地段缓,但较沉积区地段为陡;沉积区位于沟谷出口处,常形成扇形堆积,轮廓明显,呈浅色调,扇面上可见固定沟槽或漫流状沟槽。

上述标准型泥石流沟三个区的特点在遥感图像上均可辨认出来,然而并非所有的泥石流沟都具有明显的三个区:如:有的泥石流沟无典型的通过区,有的通过区伴有沉积,有的则未见沉积区,甚至很难确定出三个区的分界线。尽管如此,但只要熟悉典型的泥石流沟判释标志后,其它类型的泥石流沟也就不难辨别。

应该说,遥感图像上泥石流的判释效果较斜坡变形的判释效果为好。诚然,遥感图像上只能获得产生泥石流三大因素中的两个因素,即地形与松散固体物质,至于小流域雨量只能借助气象卫星预报和地面仪器观测相结合,才能获得有实用意义的数据。

利用遥感图像进行泥石流类型的判释也是有效的,尤论是按泥石流严重程度分类、按流域特征分类、按结构和流动特征分类或按所处地貌位置分类等等,均可取得好效果。在遥感图像上,还可对泥石流的活动规律及危害程度进行分析,如对堵江阻水、漫流改道、淤积、下切和侧蚀、活动的或是间歇等的判释,均较有效。在泥石流判释中,关于松散固体物质储量的估算,从来是一个难题,现场观察估算松散固体物质的储量,准确性较差,有时两个人估测的储量相差悬殊,特别是静储量和动储量的区分更为困难。而利用遥感图像,结合区域宏观地形地质背景和新构造运动特点,用地貌形态法进行松散固体物质储量的估测,远较地面方法准确。图像2为严重的泥石流。

在进行单个泥石流判释之前,同样要在遥感图像上进行宏观的地形地质背景的分析研究,然后进行单个流域的判释。在峡谷地

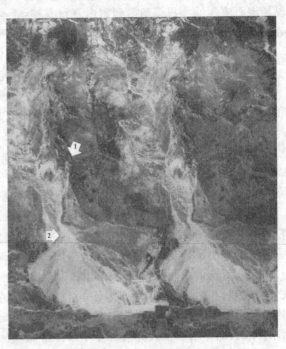

图像 2   严重的泥石流

区判释泥石流沉积区时应注意:由于沟口地形的限制,泥石流沉积物多被河水冲带走,故见不到泥石流扇或只见残余部分。有时在本岸见不到泥石流沉积物,但在对岸确能见到其残留体。

二、遥感技术在铁路地质灾害调查中的作用

遥感技术在铁路地质灾害调查中的作用是明显的,现将其主要作用归纳如下几点:

1. 克服地面观测的局限性,提高调查质量

地面方法进行地质灾害调查,由于受视野限制,影响人们对其真实情况的认识。尤其是大型的、复杂的、多期的斜坡变形形成的不良地质,往往是多种因素综合作用的结果,单纯依靠地面方法调查是很困难的,甚至经常将不良地质的性质定错。外业调查经常遇到如下情况:处身于大滑坡体中,却并不认识滑坡体的存在。再如,地面方法调查泥石流,由于形成区范围较大,且受地形阻挡或森林覆盖的影响,往往以线路通过附近有否泥石流沉积物的存在及其沉积物的新老程度,来判断是否有泥石流发生及其活动程度。这种只观察沉积区情况而不观察形成

区背景的做法,是难以保证判断的可靠性。例如,成昆铁路线北段沿大渡河河谷地段,泥石流携带的大量固体物质,出沟口后即被大渡河水所冲走,未能形成泥石流扇。如果仅以沟口有无泥石流扇作为判断是否有泥石流存在的依据,就有可能造成误判。

利用遥感图像对全流域进行判释,可以有效地判断地质灾害的存在。例如,成昆铁路线沙湾至泸沽段,全长 330 km,利用航空遥感图像判释查明泥石流沟 73 条,而同期地面方法调查仅发现 36 条。再以陇海线宝鸡至天水段为例,通过航空遥感图像判释,确认在铁路线每侧各 1 公里范围内,与线路有关的滑坡有 61 处、崩塌 94 处,而工务部门掌握的滑坡和崩塌分别为 15 处和 54 处,相差极为悬殊。

2. 把部分野外调查工作移到室内进行,改善了劳动条件

地面方法进行地质灾害调查,劳动强度较大。以泥石流调查为例,需对逐个沟谷流域进行调查,其形成区多系崇山峻岭,调查工作量和劳动强度均较大。而利用遥感图像判释,犹如将现场泥石流沟缩小成模型搬到室内进行观察,不受地形、气候条件、交通等的限制,从而改善了劳动条件。

3. 全面判释,重点验证,加速调查效率

利用遥感图像进行地质灾害判释,现场只作重点验证,从而提高了调查速度。

仍以泥石流沟调查为例,一条流域面积为 $3\sim5$ km^2 的泥石流沟,如要查明该流域内的地形、岩性、地质构造、不良地质以及其他与泥石流发展有关的环境因素,至少需要 4 人一组天的时间才能完成,若利用航空遥感图像判释调查,只需要一个工天即可完成。再如,成昆铁路线沙湾至泸沽段,泥石流调查面积为 3 300 km^2,按地面方法调查,以 4 人计,至少需 $3\sim4$ 年才能完成,而利用遥感技术进行调查,只需一年左右时间则可完成,较地面调查的效率提高 $2\sim3$ 倍。

4. 有利于地质灾害产生原因和分布规律的探讨

地质灾害产生的原因和分布规律往往受周围地形、岩性、地质构造、水文地质条约等因素的制约。遥感图像为从宏观背景研究地质灾害与地形、岩性、地质构造、水文地质等的内在联系提供了方便,从而有利于揭示其产生原因和分布规律。

"两宝"铁路线两侧各 1 km 范围内,通过遥感图像判释,从总体上掌握了沿线工程病害的数量、规模、产生原因和分布规律。以陇海铁路线宝鸡至天水段为例,通过遥感普查,认为该段滑坡与崩塌之所以集中发育,主要是由于地形切割剧烈、岩石风化破碎、构造变动强烈,加上渭河的冲刷、地下水以及人类活动等原因所造成。从区域分布规律来看,滑坡和崩塌的发生与岩性有密切的关系,据概略统计,滑坡以发生在黄土中者为最多,约占滑坡总数的 71.7%;其次为破碎的变质岩和风化的花岗岩,两者分别占滑坡总数的 13.5% 和 14.3%;砂砾岩中则甚少,仅占滑坡总数的 0.5%。崩塌则以发生在花岗岩中者居多,约占崩塌总数的 49.5%;其次为变质岩和黄土,两者分别占崩塌总数的 35.9% 和 13.6%;发生在砂砾岩中的崩塌只占总数的 1%。

宝天段铁路走向与区域应力场主压应力方向大致垂直,对边坡稳定显然是一个不利因素。其中断裂构造对滑坡的发育具有明显的控制作用,凤阁岭至伯阳段,近年来有不少崩塌、滑坡频繁活动。例如凤阁岭滑坡群以及葡萄园滑坡群,均位于渭河主干断裂及次一级断裂的交汇部位,且周围边界多被断裂所切割、岩性被切割成多边形碎块,这似乎成了宝天段沿线较典型的脆弱构造。

5. 是研究地质灾害动态变化的好方法

地质灾害地面状况的变化,特别是与地质灾害有关的环境因素,如:不良地质范围、微地貌、水文条件、植被、人类活动痕迹等,利用不同时期的航空遥感图像进行对比分析,从而评价地质灾害变化情况和发展趋势,也是极为有效的。其中,对人类活动痕迹的判释效果最为突

出。随着山区工农业的发展，采矿、采石、开荒、筑路、修渠等不断增加与扩大，加上近年来由于森林的滥砍、滥伐，严重破坏了铁路沿线环境，加速泥石流、滑坡的发展。

例如，成昆铁路线沙湾至泸沽段大渡河左岸的利子依达沟，利用不同时期航空遥感图像进行判释对比，发现该沟流域内的自然景观发生了较大变化，如森林滥砍滥伐，荒坡、耕地面积扩大，崩塌、滑坡等不良地质急剧增多，见表1。

表1　利子依达沟航空遥感图像判释对比表

成像年月	流域面积 (km²)	林　木		荒　坡		耕　地		不良地质	
		面积 (km²)	占流域面积 (%)	面积 (km²)	占流域面积 (%)	面积 (km²)	占流域面积 (%)	滑坡(处)	崩塌(处)
1965.11	24.49	17.89	73.10	5.42	22.13	1.18	4.77	2	4
1981.5	24.49	16.34	66.72	6.72	27.44	1.43	5.84	3	26

该段盐井沟，根据1965年的航空遥感图像判释，基本上属清水沟，当时，泸沽铁矿虽然已开始采矿，但范围不大，弃碴很少，尚未促进泥石流的产生，而1987年的航空遥感图像上，发现矿山开采规模已大大扩展，弃碴堆积成山，致使发生多次泥石流，其固体物质绝大部分为泸沽铁矿弃碴。

6. 便于病害工点技术档案的建立

以往铁路工务部门的泥石流、滑坡工点技术档案数据，系以地面方法获取，工作量较大，可靠性也难保证。而利用遥感图像判释，可获得绝大部分数据，其内容完全能满足技术档案的要求，特别是档案中数据的变化和更新，利用遥感图像提供，最为理想。

7. 为既有铁路线地质灾害信息系统的建立创造了有利条件

既有铁路线地质灾害信息系统的建立，如以地面方法获取有关数据，工作量甚大，尤其是系统的数据更新，更感困难。而利用遥感图像作为地质灾害信息系统的数据源是方便易行的，遥感数据和地理信息系统的结合是必然的趋势。

三、结　　语

铁路地质灾害调查利用遥感技术效果明显，是一种先进有效的手段，起到事半功倍之效，具有明显的经济效益，应大力推广应用。

本文主要是叙述遥感技术在铁路地质灾害调查中的作用，对地质灾害的判释未作广泛探讨，只对滑坡与泥石流的判释作了概述，限于篇幅，许多判释技巧也未能展开论述。

关于建立实用的工程地质灾害立体防治系统的设想

自然灾害是人类社会共同的大敌,世界各类灾害造成的损失,包括直接和间接的平均每年约有 850 亿～1200 亿美元,根据联合国的统计资料,近 70 年来,全世界死于各种灾害的人数接近 500 万人。

在我国,建国 43 年来,自然灾害造成的直接经济损失,每年约为 400 亿美元,其中地质灾害每年造成的经济损失达数十亿元。因灾害死亡人数平均每年为 1.2 万人,仅 1980 年至 1987 年,国家用于保险赔款就达 50 多亿元。

我们将铁路、公路、航道、矿山、水利、水电、港口、管道、厂房等工程建设和运行过程中诱发、产生或遭遇的与地质有关的灾害称为工程地质灾害。它们主要是斜坡变形失稳引起的灾害,如崩塌、滑坡、泥石流等,其他如地震、地面塌陷、坑道突水、地裂缝、黄土湿陷、岩土膨胀和冻胀、水土流失、河岸冲刷、沙丘、沼泽、盐渍土等,也属工程地质灾害,但不如前者分布广泛,危害程度也不如前者严重。就铁路工程而言,对工程威胁频繁的自然灾害,首推水害和工程地质灾害。

本文所指的工程地质灾害,只限于与斜坡变形有关的崩塌、滑坡、泥石流等地质灾害。

下面就建立实用的铁路工程地质灾害立体防治系统谈些设想。

一、问题的提出

提出建立实用的铁路工程地质灾害立体防治系统的主要依据如下:

1. 必 要 性

众所周知,自然灾害对人类的威胁和造成的损失是巨大的。我国是一个多山的国家,山地面积约占国土总面积的 69%,随着人口增长与经济发展,工程建设不断向山区延伸,工程地质灾害也日益严重。现已查明的铁路沿线的泥石流沟约 1 300 余条,山区常见的崩塌、滑坡等地质灾害则难以数计,仅宝成铁路每侧 1 公里范围内已发现崩塌、滑坡 900 多处,泥石流沟 150 余条。20 世纪 70 年代以后,我国工程地质灾害的数量、发生频率、灾害损失等,都呈上升趋势。就以 1992 年夏季为例,宝成、兰新、湘黔、浙赣、外福、襄渝等铁路线相继发生山体坍塌,给国民经济建设造成巨大损失。其中宝成线 K190 处发生山体大崩塌,从 5 月至年底,数次断道,共中断行车 726 h 6 min。

工程地质灾害的频繁发生和危害的加剧,引起我国政府部门、工程技术人员和科学家的极大关注,人们认识到对工程地质灾害再也不能发生一处,治理一处,头痛医头,脚痛医脚了,对此种状况再也不能继续容忍,应尽快寻求一种实用有效的防治系统。

2. 迫 切 性

改革开放以来,特别是 1992 年以来,我国国民经济发展突飞猛进。铁路是国民经济的大动脉,铁路运输理应走在前面。然而,近几年来铁路已成为国民经济发展的制约因素,无法适

"第二届全国地质灾害与防治学术讨论会"论文集,1994.10

应国民经济发展的需要。为了解决和缓解铁路运输的紧张状况,一方面,要新建铁路,改建、扩建既有铁路;另一方面,则应提高既有铁路的运输能力(包括既有线技术改造、重载、高速、加强运输管理、强化线桥设备及工程灾害整治等)。在提高既有铁路运量的各种对策中,保证既有铁路畅通无阻显然具有十分重要的地位,因此,一种实用有效的铁路工程地质灾害防治系统的实施,刻不容缓。

3. 可 能 性

铁路部门从事灾害防治的技术队伍力量雄厚,对各种工程地质灾害的勘测评估、预测监测、整治等方面,都积累了许多宝贵经验,并取得了较好成效。"六五"以来,我部已开展和正在开展多项有关工程地质灾害防治的科研项目,较大的科研项目有:"采用遥感技术进行铁路泥石流普查及动态变化的研究"、"利用遥感技术研究崩塌和滑坡的分布与动态"、"铁路沿线滑坡和崩塌的分布及稳定度评判方法研究"、"线路、路基病害发展形势中、长期预报的研究"、"铁路路基与桥涵病害的预测与整治"、"铁路沿线地质灾害综合防治技术"、"铁路沿线滑坡动态与动态预报的研究"等等。积累了不少防治方面的经验,如能把众多孤立的、分散的生产实践经验和科研成果有机地组织起来,形成实用的工程地质灾害防治系统是完全可能的。

二、主要思路

铁路工程地质灾害的防治,必须从系统工程观点出发,把勘测评估、预测监测、整治三者有机地结合起来,三者是不可分割的,缺一不可。首先应该认真搞好勘测工作,在全面查明沿线地质灾害的分布数量、性质、规模、产生原因、发展趋势和危害程度等情况后,再预测灾害可能发生的时间、确定监测和设置警报系统的地段(或工点),最后制定整治规划等。

对建立工程地质灾害立体防治系统总的思路归纳如下:从系统工程观点出发,开展勘测评估、预测监测以及整治三位一体的工程地质灾害立体防治工作模式。在勘测评估中,开展以遥感技术为先导的综合勘测,在查明工程地质灾害情况后,建立工程地质灾害立体防治系统,然后,结合气象资料,制定防治方案,形成从天上到地面,从面到点,以新技术为主体的既有铁路工程地质灾害立体防治系统。

三、"系统"的核心问题

如上所述,该系统包括勘测评估、预测监测、整治3个内容。其中勘测的目的是摸清地质灾害情况,对灾害的规模、发展趋势及危害程度作出评估,还要提出监测的方法和地段(或工点)以及整治的意见等。可见,系统实施中勘测评估是至关重要的一环;预测预报则是难度最大的环节;相对而言,整治是比较成熟的技术,尽管其技术难度也较大,但毕竟容易取得预期效果。

该系统的核心问题是工程地质灾害发生时间预测预报的可靠性问题以及准确性达到什么程度,怎样预测预报才能满足现场灾害防治的需要,等等。除时间预测预报外,对空间形态(包括位置、规模)和危害程度的预测预报也是重要的内容,但总的说来,发生时间和规模的预测预报最为重要,人们往往关心何时发生灾害。以便及早采取措施,避免或减少灾害所造成的损失。规模的预测预报也很重要,对地质灾害发生的规模往往很难准确预测,由于规模预测不准,则可能造成采取的防治措施不当,或浪费人力、物力和财力,或造成意想不到的损失。危险程度和造成的损失除与灾害规模有关外,还与周围地形、地貌情况以及灾害波及地区人类活动规模有关,这些人类活动规模包括居民点数量、工程设施的价值以及防护投施的情况,等等。

在地质灾害发生的时间、规模、危害程度三者预测预报中,难度最大者当属时间的预测预报,其次为规模的确定,规模确定后,危害程度和造成的损失则比较容易预测。

　　需要说明的是目前对地质灾害预测预报的含义以及时间长短的概念,有不同的理解,也还缺乏统一用语。以滑坡预报时间为例,归纳起来,预报时间可划为分临滑预报(几小时至几天);短期预报(数月);中期预报(数年);长期预报(数十年);超长期预报(数十年至百年以上)等。

　　本系统提出的预测监测,其时间概念包括了临滑预报至超长期预报之间的时间范围。作者认为,预测和预报两个概念应区别开,预测时间较长,较笼统些,只是地质灾害产生可能性的形势预测;预报的时间较预测的时间要短些,也更可靠些;预报是在预测的基础上进行,预报为预测的继续,而且要和气象因素结合起来;而警报则是预报的继续,一般要设置了监测的仪器或设施,警报可以设定处于临战状态。

四、预测预报的方法

　　我们在"利用遥感技术进行路基地质病害发展形势中、长期预报的研究"课题的研究过程中,曾对有关铁路线段的工程地质灾害工点按里程列表,对每个地质灾害工点可能产生灾害的时间、规模及危害程度分别提出意见。但首先遇到的问题就是时间的预测预报问题,因为滑坡、崩塌、泥石流等地质灾害何时会发生,是基层单位最关心的问题,往往要求勘测人员提出地质灾害具体发生的时间。

　　一般说来,灾害发生前已经发现各种征兆时,则较容易进行预测预报,人们将有意识地采取有效监测手段,密切注意灾害的动态变化。属于此类的地质灾害,其灾害发生时间可进行较准确的时间预报,其准确程度可达到月、日,甚至小时,即通常所说的灾害临发生前的预报。灾害临发生前的预报一般只适用于滑坡、崩塌等斜坡变形的地质灾害的预报。关于地质灾害临发生前的预报,不乏成功的例子,其中最典型的为 1985 年 6 月湖北省秭归县新滩发生滑坡,由于预报准确,滑坡发生前新滩镇上 1 317 人安全迁离,无一伤亡。再如 1991 年汛期,江苏省地矿局成功地预报了镇江市云台山、跑马山等处的十几个滑坡,危险区内的居民及部分财产安全转移,未造成人员伤亡。

　　问题在于现场人员所关心的是另一种情况,即在地质灾害发生前,并未发生、或发现各种征兆时,能否较准确提出何时可能发生斜坡变形,这种情况,难度就大多了。因为,单凭地面调查(即地面因素)确定何时发生斜坡变形是不可靠的,也是不科学的,必须考虑气象因素(天上因素),换句话说,斜坡变形的产生,受两个因素的制约,即地面因素和天上因素。

　　地面因素包括地形、地质、水文、人为活动等诸因素,这些因素与灾害发生的时间如何联系起来难度较大。实际上,前者乃定性的,后者为定量的,它们不是属于同一个范畴的概念,如何将前者定性因素转化为后者定量数据,除应对当地历年发生的灾害进行回访和数理统计外,很重要的是经验的分析和逻辑推理,但很难有一个标准的尺度。

　　气象因素如何考虑呢? 主要应考虑两个问题:其一是该区降雨量多大的情况下可能产生何种类型、多大规模的地质灾害,这就必须了解以往该区发生过的各类滑坡、泥石流等灾害时的临界雨量。临界雨量确定后,也只能说明该区各种地质灾害在相应的临界雨量下可能产生灾害,还无法确认何时发生灾害。要预测预报何时会发生灾害,则应结合气象预报,而准确预报气象是很困难的。小区域的降雨量的准确预报更困难,气象台一般预报的是大范围地区的降雨量。在山区,特别是暴雨,往往受小气候和地形的控制而有较大的差别,山前、山腰和山顶的雨量迥然相异;分水岭两侧的雨量也有差异,这些情况,都给灾害产生时间的预报带来困难。显然,灾害地段自动记录雨量计的设置,远未能满足灾害预报的需要,雨量计的管理也是薄弱环节。

　　由上述可见,对未觉察出地质灾害发生的任何征兆,而将来又可能产生灾害的斜坡(或称不稳定斜坡)或暂时停歇的地质灾害何时再度发生等的预测预报,难度是最大的。对这类地质灾害发生时间的预测预报,作者认为宜粗不宜细,细了容易失误,反而造成麻烦,而且也难做到。对此类地质灾害发生时间的预测预报,一般应以年为单位,当然,纯粹是工程斜坡本身形成的病害,另当别论。实际上,这种预测预报时间单位的划分也不科学,前面谈过,气象预报,很难准确预报。因此,硬性地规定时间范围,似乎难以反映客观现实。

本文提出的地质灾害发生时间的预测预报方法有悖于传统的概念。基本的思路认为灾害发生时间的预测预报,不应有具体时间规定,只要提出先后顺序即可。因此,我们认为,地质灾害预测预报按短期、中长期等进行划分,只适用于一般性的提法,在实际应用中不理想。作为工务部门应用,预测预报时间应按首批、第二批、第三批……进行划分,较为适用。首批、第二批、第三批等分批的划分,系按地面因素和临界雨量两因素的综合考虑后得出的。一般说来,确定首批发生的灾害,其原则是:在地面因素方面,应该是最有利于产生工程地质灾害,同时产生地质灾害的临界雨量值又较小者;第二批和第三批发生的工程地质灾害,系指地面因素和临界雨量均未具备首批发生的条件。

不过,这里所指的首批、第二批、第三批……,并未赋于具体时间量的规定,即没有绝对量的规定,只是给定先后顺序的相对时间的概念。各期的时间可粗略的规定个范围,这种时间范围的长短是变化的,带随机性的,但也并不是随意解释的概念,而是受气象因素和人为活动的制约。按上述思路考虑,"首批"既可以是数月,也可以1、2年或数年,主要取决于气象和人为活动两种因素。例如,某工程地质病害,预报认为首批可能产生灾害,如果在近期内降雨量较大,达到发生灾害的临界雨量、或人为活动的加剧诱发灾害发生时,则可能较早发生灾害;反之,近期内降雨量较少,没有达到发生灾害的临界雨量时,或水土保持较好,人为破坏减少,则近期可能不发生灾害。不管是数月,1、2年或数年后才发生灾害,该工点仍属首批可能发生灾害的范畴,只不过是其发生的时间受外因的影响而有所变化。首批发生的灾害,其时间可长也可短,不管如何变化,该灾害一般都是预测预报中首批发生的灾害;而第二批发生的灾害一般是在首批灾害发生以后所发生的灾害,第三批发生的灾害,其时间应在第二批灾害发生以后,余类推。当人为活动破坏严重,或特大暴雨时,第二、三批灾害有可能与首批同时发生,总之,三者的区分只是程度上的不同而已。

五、"系统"实施应注意的事项

1. 加强组织,克服分散状态

以往各专业都强调本专业的作用,可能单一专业的力量都很强,但相互渗透不够,互相脱节,缺乏接口和统一的组织,形成不了灾害立体防治的实用系统。该系统是各专业密切配合的一个整体,因此,要有牵头单位,把有关单位组织起来,把勘测评估、预测监测、整治三者贯穿起来,把各自优势充分发挥出来。克服以往局限于某专业的优势、分散的状态。专业上的局限性和认识上的片面性,很不利于灾害防治工作的开展。领导应亲自关心,加强组织工作,应把"减灾十年"的目标转化为领导者的行动,这一点极为重要。

2. 把经验和系统实施结合起来

本系统的实施,除组织上得到保证外,还应注意把基层单位多年积累的对工程地质灾害的勘测评估、预测监测、整治等宝贵经验吸收到系统中,使系统的实现有广泛的基础;同时,现场的经验也应纳入系统实施中,切勿认为沿线工程地质灾害情况已了如指掌,系统的实施与否差别不大。

3. 严格按系统要求执行

所谓严格按系统要求执行,即先进行勘测,然后对地质灾害提出评估和预测,随后确定设置警报系统的工点,并按轻重缓急开展病害整治。最后,还应把现场灾害实际情况反馈给系统制定者和实施负责者,以期系统日臻完善。

　　总之,地质灾害,既可造成当前人员和财产的严重损失,又能影响子孙后代的生存环境;既有近期危害,又有长期影响。因此,提出一套集勘测评估、预测监测、整治三位一体的实用的工程灾害立体防治系统,既有重大的现实意义,又有深远的影响。

　　本文只是表达了建立系统的初步设想,尚未提出具体的实施方案。实际上系统的建立和实施会牵涉到一系列问题,系统的内容与技术问题,也仍有待于深入探讨。

铁路部门 GIS 进展情况及思考

一、概　述

进入 20 世纪 90 年代,我国地理信息系统(GIS)正向产业化方面发展,同样地,铁路部门的 GIS 也正在走向实用化。铁道部门是我国一个规模较大的行业,铁路又是国民经济建设的大动脉,对 GIS 的需求其潜力是巨大的,从勘测设计、施工、工务管理到运输管理等,都需要以 GIS 为依托进行多目标分析和管理。铁路新线勘测设计、铁路工务管理、铁路运输管理等的现代化与 GIS 有着密切的关系。可以说,铁路部门建立的 GIS 是与生产密切结合的,是直接服务于生产的,因此,具有广阔的应用前景。GIS 与一般信息系统不同之点在于它是空间数据为主的信息系统。就铁路部门而言,我个人认为可以包括三个大的地理信息系统,即铁路勘测设计信息系统(RSDIS)、铁路工务管理信息系统(PWIS)、铁路运输管理信息系统(TMIS),见图 1。

图 1　铁路部门主要地理信息系统概略分类图

这三个 GIS 中,TMIS 开展得比较早、也有了一定基础,PWIS 和 RSDIS 只是开始建立或试验性开展部分工作,有的也只是建立了数据库,真正要成为实用的、可操作的 GIS,还需开展大量工作。铁路部门 GIS 首先建立 TMIS 是完全正确的,但从系统工程观点出发,只建立

"第十届全国遥感技术学术交流会"上交流,入选论文集 1997.7

TMIS 还是不够的,还应尽早建立 RSDIS 和 PWIS 系统,这样才能形成完整的铁路 GIS。现将 RSDIS、PWIS、TMIS 进展情况简介如下:

二、各种信息系统简介

(一)铁路勘测设计信息系统(RSDIS)

我国铁路勘测设计的传统方法和手段随着社会生产和科学技术的发展,在装备和先进技术应用水平上有较大进步和提高,但从整体上看,仍然以分散作业,手工操作为主,各工序、各专业彼此分开,以图纸、表格、文字互提资料,转抄传递,不但效率低,且错漏现象时有发生,资料共享性差,同时还容易丢失。随着 RS、DPS、GIS、GPS 以及 ES 等技术的发展及集成,也必然促使铁路勘测设计进入到以数据库为核心的勘测设计数据化产业体系。为了改变铁路勘测设计的落后局面,我部早就开始注意到必须改变落后的勘测设计手段,并于 1979 年 12 月由铁道部科技司立项对"铁路线路设计自动化"进行研究,1981 年批准"数字地形模型"和"纵断面优化"分别正式立题研究,组织全路各设计院及有关高等院校联合攻关,并于 1986 年 11 月通过部级鉴定。1992 年 7 月完成整体连接,经过有关单位各自努力下,终于研制出了"铁路线路辅助设计系统",成为可用于生产的大型软件。随着遥感(RS)、全球定位系统(GPS)、地理信息系统(GIS)、数字摄影测量系统(DPS)以及专家系统(ES)等技术的发展,建立铁路勘测设计"一体化、智能化"的条件已经具备,经过专家反复论证后,铁道部"九五"规划把铁路勘测设计"一体化、智能化"列入其中,并作为研究开发的重点。1995 年 12 月由铁道部科技司主持召开了铁路勘测设计"一体化、智能化"论证会,凡此种种,可以说是抓住了勘测设计现代化的关键。但同时应看到要建立实用的勘测设计"一体化、智能化"系统是很艰巨的一项任务,它是一项多专业的系统工程,首先要进行系统的总体设计和制定切合实际的实施方案,否则建立成的"一体化、智能化"系统难以正常运转。

所谓铁路勘测设计一体化、智能化系统是应用当代工程测量、航空摄影测量,数字摄影测量系统(DPS)、地理信息系统(GIS)、专家系统(ES)、全球定位系统(GPS)、遥感技术(RS)等领域的新技术、新成果,在计算机软、硬件环境下,结合铁路勘测设计而构思的新型综合性应用技术体系。该系统用系统工程观点,把勘测、设计的图纸、图像、表格、文字等以数字化形式存贮在地理信息系统中,供各专业设计时用,系统的核心是工程勘测设计数据库管理系统。本系统的工作模式是通过各种采集手段,采用统一编码将采集到的信息转换为标准格式后存入勘测信息数据库中,经过加工处理后,与设计信息数据一起共同组成工程勘测设计数据库管理系统,作为各专业开展 CAD 时的共同信息来源。勘测信息处理系统是铁路勘测设计信息系统的基础,而铁路工程勘测设计数据库管理系统可将铁路勘测设计所搜集和形成的数据汇集于数据库中,进行计算机数据管理,做到从原始资料到过程数据以及文档数据共享,它是铁路勘测设计信息系统的核心。勘测设计"一体化、智能化"体系可包括五大块,即数据采集系统、勘测信息处理系统、工程勘测设计数据库管理系统、各专业 CAD 系统、计算机文档管理系统。该系统的概略工作流程见图 2。

图 2　RSDIS 系统概略工作流程图

(二)铁路工务管理信息系统(PWIS)

建立工务管理信息系统是实现工务管理现代化的必然趋势,随着信息社会的到来以及铁路运输的要求,目前既有铁路基础资料的获取手段、工务档案管理方法以及线路维护的状况等均难以适应需求,尤其是大量的图纸、表格、文字的保管和使用,很不方便,信息更新更是困难。建立信息系统后,把各种数据输入系统中建立数据库,可以开展查询、检索、统计分析、综合分析以及周期性的自动更新和实时评估等。

　　铁路工务管理信息系统包括：地理基础及工程设施管理信息系统；枢纽站及设备管理信息系统；"3S"地质灾害预测管理信息系统；防洪抢险管理信息系统；土地利用(用地)管理信息系统。5 个分系统的数据库内容见图 3。

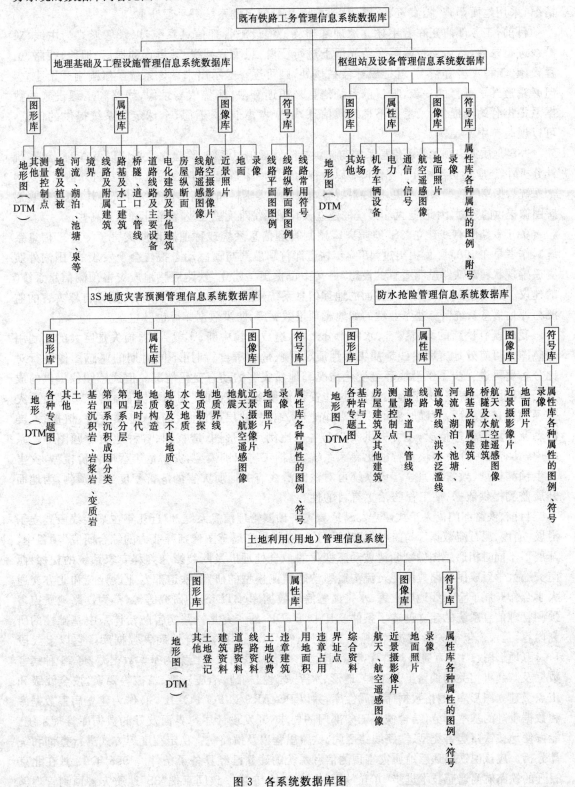

图 3　各系统数据库图

　　这 5 个系统中,地理基础及工程设施信息系统、枢纽站及设备管理信息系统以及土地利用管理信息系统等 3 个系统主要是建立数据库问题,其功能以查询、检索、统计分析为主,至于分析评价模型、智能化的专家系统不是主要的内容。各系统数据库的数据来源和更新,应分别情况,采用地面调查、档案资料、航测、遥感以及全球定位系统等手段获取。

　　目前,工务部门正在着手建立地理基础及工程设施管理信息系统,以录像形式为主线,对沿线进行录像,然后通过鼠标在荧光屏上进行漫游,想了解某线、某里程的地形、地貌、线路、工程设施、工程灾害等情况,就把鼠标停在该处,则可逐一显示出来。该系统虽然刚刚开始建立,但必竟迈开了可喜的一步,唯目前系统信息来源还有限,地貌依靠录像,线路和工程设施的数据系根据各站段提供,未考虑不良地质信息,也未考虑航测、遥感、全球定位系统提供的信息,可以说是美中不足。

　　"3S"地质灾害预测管理信息系统与防洪抢险管理信息系统,除建立数据库以及查询、检索、统计分析外,还应建立各种分析评价模型以及智能化的专家系统、周期性的更新和实时评估等。这两个系统数据库的数据来源及更新,除沿线各站段的档案资料和最新的调查统计资料外,更应重视遥感图像提供的数据,因此,这两个系统的建立较其他系统难度更大些,智能化程度更高些。

　　关于铁路既有线建立"3S"地质灾害预测管理信息系统或称遥感地质灾害预测管理信息系统),作者早在 1985 年就提出过,1986 年铁道部首届航测与遥感动态报告会上发表的《国内外航测遥感现状和对铁路航测遥感的设想》一文中也提出了建立"铁路遥感地质灾害预测信息系统"的建议。近几年我国有关灾害方面的地理信息系统建立了不少,全国性的有"重大自然灾害的监测与评估信息系统",一些专业性的如地震预报数据库,防洪数据库等也已建立。

　　我国既有铁路的地质灾害、水害十分严重,造成运输中断、车毁人亡,损失是巨大的。利用遥感图像可有效地查明沿线地质灾害性质、规模、危害程度;利用不同时期的遥感图像进行对比分析更可进一步了解沿线环境变化情况和地质灾害的动态变化情况。但遥感图像提供的成果仍然以图纸、表格、文字形式提供,这些资料数量多,保管和使用均不方便,建立"3S"地质灾害预测信息系统后,可随时获取铁路沿线地形、地貌、地层(岩性)、构造、地质灾害、植被、人类活动及环境变化等情况,还可提供 DTM,各种比例尺地形图、透视图、各种地质专题图等。系统中,具有各种分析模块和智能化专家系统,包括灾害识别模型、灾害危害程度评价模型、灾害发生预测模型、救灾模型等。该系统可对铁路沿线有关地质灾害的危害程度进行预测,为地面开展监测提供依据,使工程防治更有目的性。

　　目前,铁路部门尚未正式建立"3S"地质灾害预测管理信息系统,但近几年在某些线段建立了滑坡、崩塌、泥石流数据库;在铁道部建设司下达的"提高遥感图像判释能力的综合研究"项目中,开展了不同时相遥感图像判断滑坡动态变化的拟合处理以及断裂影像判释专家系统的初探;西南交通大学对成昆铁路典型泥石流沟遥感动态监测模型的研究;铁道部专业设计院和北方交通大学合作开展了宝天线地质灾害、水害遥感信息数据库(BTDIS)的研究等等,都为铁路地质灾害预测管理信息系统的建立创造了条件。其中,BTDIS 的研究是铁路病害防治体系中基础性的研究内容,是一个包括矢量数据库、栅格数据库、符号库在内的综合性病害数据库。它以宝天段1:1万地形图、1:1万遥感调查病害系列图、工点表及铁路工务档案为基本数据源,将 11 种病害数据及与病害相关的铁路工务工程、地形、水系、岩性、构造、地震烈度、植被等要素,按全线级和工点级建立图形库、栅格数据库及属性库,并以 PC、ARS/INFO、FOXBASE 作为建立病害数据库和数据管理的基本部分,结合铁路工务部门的要求,开发设计用户界面友好的数据库管理系统。能方便地按铁路病害类型、铁路线路区间、铁路里程以及铁路病害稳定程度等方式进行查询和统计分析。应该说铁路遥感地质灾害预测信息系统的建立已经具备了条件。1995 年 12 月在北京召开的铁路航测遥感技术进步"九五"规划论证会上,专家一致同意把"3S"地质灾害预测管理信息系统列为部"九五"规划项目。该系统的总体结构图见图4。

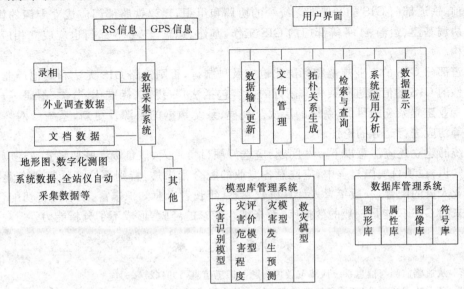

图 4 "3S"地质灾害预测管理信息系统结构图

"3S"地质灾害预测管理信息系统的建立为实时监测预报地质灾害提供了基本条件和手段,要使该系统正常运转,并真正起到实时监测预报,关键是经常性的航空摄影以及 GPS 的布设。但目前由于飞行费用昂贵,GPS 价格也较昂贵,从而使动态监测工作比较粗糙,未能真正做到工程灾害的实时监测预报。卫星资料由于相对灾害规模而言分辨较低,目前还难以满足工程灾害监测的要求。尽管如此,根据最新的遥感图像判释成果及 GPS 成果作为主要数据源建立起来的"3S"地质灾害预测管理信息系统,结合该地区随机的雨量情况,仍可预测出地质灾害发生的时间。当然,随着科学技术的发展,当卫星图像分辨率达到 1m 甚至更高时,以及获取数据的费用较低时,则利用卫星数据作为系统的数据来源,预测地质灾害发生时间的可靠性和准确度将会得到满足。科学技术是在不断的发展,我们不能等待一切技术发展到完善后才来建立"3S"地质灾害预测管理信息系统。只能从建立和使用中,逐步把新技术纳入系统中,从而达到完善的境界。这个完善境界也是无止境的。

(三)铁路运输管理信息系统(TMIS)

TMIS 系国家"八五"重点科技攻关项目,目前从铁道部至 12 个铁路局和 57 个铁路分局的全路三级计算机网络已经建成,包括基层站段的整个系统计划到 1997 年基本建成。铁路 TMIS 主要包括 13 个子系统,纵观系统内容,其中有些子系统,如货运管理信息系统、货票管理信息系统、客票预售系统、日常运输统计信息系统等等属一般信息系统,而货车实时追踪管理系统、机车实时追踪管理系统等则属于 GIS,故 TMIS 的部分子系统是属于 GIS。目前,TMIS 的数据大部分来自信息报告点,但从长远看 RS 和 DPS 的实时数据将成为 TMIS 数据库数据的重要来源之一。

TMIS 的建设需要投入巨额资金,耗费巨大的人力、物力,但是系统建成后将取得比投入大得多的经济效益和社会效益。并从根本上改变铁路管理的落后状况,大大减轻运输生产指挥人员的劳动强度,节省人力,精简报表,提高工作效率,使铁路运输管理跃进到现代化管理水平。

三、结　语

20 世纪 90 年代以来,我国 GIS 逐步走向产业化,铁路部门的 GIS 也应运而生,但铁路部门的 GIS 发展不平衡,其中 TMIS 的开展较早;RSGIS 以及 PWIS 中的部分分系统正在进行中。

当前,铁道部门 GIS 的开展缺乏统一的协调和组织,建议铁路部门应成立专门的机构,负责组织协调基建、运输、工务等部门的 GIS 工作,基建、运输、工务等部门也应成立相应的 GIS 管理机构。

铁道部门 GIS 的专业规范和标准化也应及早制订,否则铁路 GIS 无法和其他产业部门乃至全国性的 GIS 的信息进行共享。制订的内容包括法规、规范、标准化、分类、编码等。此外,对部分专业建立系统的目的、系统的层次及规模、系统数据的来源及更新,系统的网络化及信息共享等均应进行充分的论证。

系统的建立还应注意以下一些问题:应选好项目负责人,该负责人既要懂专业还应具备计算机的知识;在项目实施过程中,应注意各专业的配合和渗透,特别要注意计算机专业人员和其他专业人员的配合,一般年青人计算机较熟悉,年长者专业知识丰富,二者应密切配合,否则建立起来的 GIS 只能是一般的数据库,而未纳入专家的经验,形成不了分析能力。

参 考 文 献

1.陈述彭.从遥感监测与信息系统谈减灾救灾问题.遥感信息,1994(2)

2.李德仁.航天技术在测绘、遥感和地理信息系统中的应用及其未来发展,'95 "3S"技术与应用学术讨论会论文集,1995

3.姚艳敏.地理信息系统回顾和定义,遥感信息,1994(3)

4.钟耳顺.地理信息系统应用特点分析,遥感信息,1994(4)

5.铁路运输管理信息系统.人民铁道报,1995

6.铁路勘测设计"一体化、智能化"技术研究,铁路勘测设计"一体化、智能化"论证会材料,1995

7.李光伟等.既有铁路地质灾害、水害遥感信息数据库研究.铁路路基与桥涵病害的预测与整治科研报告,1994

加强市场经济观念，搞好航测遥感
科技信息服务工作

本篇文章发表在《铁路航测》1997年第3期上，这篇文章受到当时有关报刊的关注，先后被三个文集入选转载，一个是《中国当代兴国战略研究》编辑部出版的《中国当代兴国战略研究》文集；一个是中国文化与改革系列丛书编委会编的大型理论文集《回顾与展望》面向新世纪——当代中国党政及企业领导干部文选；还有一个是山东作家编制中心编的《中国改革开放的理论与实践》。上述三个编选单位均事先通知本人该文已入选。

21世纪将进入信息时代，如何迅速地提供有针对性的信息为各行各业生产和科研服务，为领导决策服务，将是一项十分重要而又繁重的任务。电信技术和计算机技术的发展的结合，使信息的收集、加工、存储、传输、检索和利用融为一体，从而加速了信息收集和传递，以及转化为生产力的过程，提高了信息服务的质量。各国政府为了迎接21世纪的挑战，争夺高新技术发展的优势，都在雄心勃勃地规划建设信息技术的全国性网络。我国政府制定了到2000年信息技术发展的总体目标："建设与社会主义市场经济相适应的功能社会化、结构网络化、信息生产与服务产业化、手段现代化的面向社会、面向经济、面向市场、面向攀登科技高峰的社会公益性和科技服务性并举的科技信息服务事业和信息产业"。近10年来，我国政府投资200多亿元，建成了金桥、金关、金卡、金税等系统。和国内外信息技术应用水平相比，我们铁路勘测设计部门在信息技术应用和发展上还存在相当大的差距，我们应充分认识到这个问题。

铁路航测遥感科技信息中心和铁路航测遥感管理中心（以下把两个中心合称为铁路航遥中心）成立以来，同铁道部航测与遥感科技情报网（以下简称航遥情报网）、铁道工程学会勘测技术学组（以下简称勘测学组）等共同为铁路航测遥感科技信息的收集、存储、传递交流、提供检索和利用，做了大量工作。

上述机构均挂靠在专业设计院，在部有关领导和部门的关心、重视以及铁道部专业设计院领导的大力支持下，铁路航测遥感学术活动、信息交流、《铁路航测》刊物的编辑、出版和发行工作，均取得较好成绩，受到有关领导和广大科技人员的好评。由铁路航测遥感科技信息中心主持召开的铁路航测遥感科技动态报告会，从1986年开始至今已举办了8次，每次会议均出版文集；航遥情报网和勘测学组也召开了多次情报交流会和学术会议，有时是联合召开学术会议。

几乎每次会议后均对铁路航测遥感技术工作提出建议，并以各种形式向有关部门反映建议的内容，直接为航测遥感生产、科研、教学以及领导决策提供信息服务。航遥情报网从1978年至1996年共组织专题情报调研项目20余项，许多调研项目成为铁道部制定"八五"铁路科技规划内容的重要参考资料。有的调研项目直接促进科研项目的立项，如通过"GPS技术应用调研"这个项目，促使"GPS全球定位技术在铁路线路控制测量中的应用"项目被列为建设

本文发表于《铁路航测》1997年第3期，1997.9

司科研项目。又如,通过"遥感专家系统、遥感地理信息系统研究现状及其在工程地质中应用前景的调研"后,提出的"提高遥感图像判释能力的综合研究"项目(后改为"铁路工程地质遥感图像判释技术")也被列入铁道部科技司制定的"八五"科技发展规划中,并被建设司正式立项进行研究。这方面的例子还不少,就不一一列举了。

《铁路航测》期刊是铁路系统唯一介绍航测遥感先进技术的正式刊物,从 1987 年国家科委批准该刊物为国家级公开出版的科技期刊和国内外公开发行以来,坚持每年出版 4 期,近年来发行量有所增加,文字差错率一般均在 0.2‰ 以内。该刊物多次获得北京市和铁道部的优秀科技期刊奖和优秀科技情报项目奖。《铁路航测遥感动态》是由铁路航测遥感中心主持出版发行的双月内刊,1986 年创刊,刊物以"新、快、短"为特点,每期出版 120 份,向部有关部门和领导以及路内开展航测遥感工作的单位提供航测遥感科技最新信息。1993 年以前,专业设计院还不定期编印了《航测遥感参考资料》,此外,铁路航遥中心还建立了"铁路航测遥感科技情报数据库",目前已入库文献资料 8 000 余条,可对外提供服务。为了进一步搞好航遥科技信息服务工作,铁路航遥中心从 1997 年开始,不定期编发航测遥感专题资料,以便更有针对性地向部有关部门和领导提供最新航遥科技信息。

上述的航测遥感信息服务工作对促进全路航测遥感专业的科学技术进步,提高铁路航空勘测水平、推动铁路勘测设计现代化,起到一定作用,也为有关领导决策提供了科学依据。

但也要看到,我们获取国内外先进科技信息,还停留在文献资料情报传递水平上,不能及时得到国内外先进科技信息。作为科技信息机构,应首先把本专业的信息数据库建立起来,待条件成熟后,能尽快与铁路网、国家网互连。

上面谈到历年来,无论是铁路航遥中心主持召开的航遥科技动态报告会,还是航遥情报网、勘测学组主持的航遥学术会议,每次会议后几乎都提出了不少宝贵的建议,我们不妨回顾一下这些建议的内容,归纳起来大致包括以下几个方面:

1. 提供领导决策方面的内容

包括:应加强全路航测遥感归口管理工作;对航测遥感工作进行系统的总结;加强航测遥感技术应用的宣传力度;铁路航测遥感工作要纳入技术法规,使其成为勘测设计工作的正常组成部分;建议召开全路航测遥感工作会议;建议召开一次全路复测工作会议;建议部领导和有关部门作出决策,采取有力措施,尽快使既有铁路测量全面采用航测技术;各航测遥感单位应对航测遥感机构进行调整、加强等。

2. 技术开发和科技进步方面的内容

建议铁道工程学会应加强航测遥感技术的宣传工作并组织讲座;建议部工务局组织制定一个全路统一的复测细则;制定铁路航测遥感勘测作业程序和细则;制定一个全面的航测遥感科技开发规划和实施方案;建议制定铁路 GPS 测量规范;加强对数字化测图、G1S、GPS 的研究和应用;建立遥感铁路地质病害预测系统;完善铁路工程设计的 CAD 系统;加强遥感技术在既有铁路地质灾害调查中的应用;充分利用国家航摄资料测图;加强航测遥感技术在勘测设计前期工作中的应用等。

上述一些建议有的被有关部门采纳,有的促进了某些事情的实现,例如 1984 年在武汉召开的"铁路航测与遥感经验交流会"促进了铁路局系统技术干部短期铁路航测知识普及班的举办;"铁路航测与遥感管理中心"的成立、中国铁路工程总公司航测会议的召开,以及《铁路航空勘测工作程序与内容》《航测与遥感技术在铁路勘测中应用的暂行规定》《铁路工程地质遥感技术规程》等的制定,也都是与历年来航测遥感技术会议提出的建议分不开的。许多科研项目也是通过多次学术会议专家的建议和呼吁后被列入科技发展规划中,并立项进行研究,如数字化摄影测量系统(DPS)、地理信息系统(GIS)、全球定位系统(GPS)、高分辨率卫星图像技术,这些技术的立项研究与应用，早在1986年举行的"首届铁路航测遥感科技动态报告会"中就已提出过，以后一些学术会议上或文章中也不断提出过。这些建议在制定"八五"和"九五"航测遥感科技规划项目中均被列入，有的在"八五"期间已正式立项研究并完成，有的是"八五"立项研究，"九五"继续研究，有的是"九五"才开始立项。从历次学术会议的建议被采纳的情况可以看出，只要是建设性建议，绝大部分会被有关部门或领导采纳，不过建议的被采纳往往要有一个过程，这是因为有关部门或领导对建议的认识有个过程，有的是由于条件尚未具备，有的是经费无法落实等原因，暂时未能立项。

从上述航测遥感科技信息服务工作的简略回顾可以了解到航遥科技信息工作开展的主要情况及其所起的作用。

我部有关部门和领导对科技信息工作是很重视的，在经费比较紧张的情况下，仍保证科技信息工作的必要费用。但在学会系统和情报网系统方面，学术活动的费用由挂靠单位自己负责，活动经费能否得到保证与挂靠单位的经济效益有关。挂靠单位经济效益好些，经费负担问题不大，效益差些就感到经费负担是一种压力。如何面对现实情况，转变传统观念，增强市场经济意识，把科技信息服务工作搞好，是从事科技信息服务的工作者必须正视的一个问题。1996年10月在福建省武夷山市召开的第七届《铁路航测》编委会暨第九届铁路航测遥感情报网网长工作会议以及1997年5月在福建省厦门市召开的"第八届铁路航测遥感科技动态报告会暨勘测技术学组学术会议"，这两次会议，除进行《铁路航测》编委会和勘测技术学组换届改选以及学术交流外，对于在市场经济条件下，如何办好刊物、如何开展情报网工作和勘测技术学组工作，进行了广泛讨论，并取得共识。与会代表一致认为要改变以往在计划经济环境下开展学术活动和办刊物的某些思路，应增强在社会主义市场经济条件下开展学术活动和办刊物的意识。现将这两次会议与会专家和代表关于搞好信息服务工作讨论的意见归纳如下：

1. 信息服务工作和市场经济规律的关系

许多代表提出信息服务工作也应考虑市场经济规律，要探索在社会主义市场经济条件下搞好信息服务工作的新路子，信息服务工作应体现价值规律，并应逐步采取措施予以实现。当然，学术会议也好，办刊物也好，不能单纯以盈利为目的，更要讲社会效益。

2. 关于学术会议的经费问题

为了解决航遥情报网及勘测技术学组活动的经费问题，与会代表认为除挂靠单位负责一部分经费外，成员单位也应负担一部分。

情报网工作所需的经费主要靠各网员单位交纳的网费，不够部分由挂靠单位负责补上。目前各成员单位交纳的网费并不多，许多代表认为必要时可适当增加网费。参加情报网是坚持自愿的原则，一旦入网则应尽网员义务，而其中交纳网费则是最基本的义务之一。

勘测技术学组未规定成员单位交纳费用，大家提出，今后举行勘测技术学组学术会议由组长和副组长单位轮流主持召开，会议费用由主持会议的单位负责。并可收些会务费（资料费），还可请公司、厂家到会介绍产品，收取些广告费等。

3. 办好《铁路航测》刊物的想法和具体措施

(1)《铁路航测》刊物登载文章的内容可适当拓展范围，加大文章内容覆盖面，如勘测设计"一体化、智能化"，工程设计的CAD、施工测量等内容均可刊登。

(2)加强路内外广告业务，路内航测遥感单位和各铁路局、工程局等单位均可联系刊登广告，首先从各设计院开始。在武夷山市召开的《铁路航测》编委会会议上原则同意按铁道部专业设计院，铁道部第一、二、三、四勘测设计院顺序在《铁路航测》刊物上刊登广告。铁道部专业设计院已于1997年第一期开始刊登了广告。

(3)为了加大航测遥感的宣传力度，提出由《铁路航测》刊物编辑部负责组织，铁道部专业设计院,第一、二、三、四勘测设计院配合,每个设计院出一集航测遥感专集,费用由各设计院承担。

(4)目前国内许多科技刊物已经开始对投稿者收取版面费,如《遥感学报》就已开始收版面费。《铁路航测》也可考虑收版面费问题。

上述一些思路不一定完全正确,提出来供大家思考,抛砖引玉,目的是探索在市场经济条件下,如何搞好航测遥感科技信息服务工作。

面对信息时代的铁路航测遥感技术

一、概　　述

科技进步一日千里,当前信息技术革命浪潮已席卷全球。科技信息的重要性越来越被人们所重视。

自从 20 世纪 90 年代初提出信息高速公路概念后,各国政府为迎接 21 世纪的挑战,争夺高新技术发展的优势,都在雄心勃勃地规划建设信息技术的全国性网络。

1998 年 1 月 31 日美国副总统戈尔在加利福利亚科学中心所作的演讲中提出"数字地球"这个新概念。"数字地球"指的是地球信息模型,在这里,"数字"是"信息"的同义词,"数字地球"则是把地球上的每一角落的信息都收集起来,按照地球上的地理坐标建立起来的完整的信息模型,这样,我们就可以坐在房间内快速地、完整地、形象地了解地球各种宏观和微观的情况,并充分地发挥这些数据的作用,真正做到秀才不出门,能知天下事。

"数字地球"中包含有高分辨率的地球卫星图像、数字化的地图,以及经济、社会和人口统计的信息等。利用它们,有助于在教育、可持续发展战略、农业、土地使用规划,以及紧迫问题解决等等,产生广泛的社会和经济效益。"数字地球"使得能够对人为的或自然的灾害,及时作出反应,并使全球能够联合起来,面对长期的环境挑战。

未来的科技进步是建立在以往科技进步的基础上,我们不妨简略回顾一下 20 世纪人类在科技进步方面取得的重大成就:电子计算机问世、电视机的出现、人造地球卫星上天、人类登上月球、飞船着陆火星、人工胰岛素合成的实现,激光、核能、超导等技术的应用、水稻杂交的成就、克隆羊的成功等等。科技、经济和社会的进步,带动了信息技术的发展,当然信息技术的发展又反过来促进了科技、经济和社会的进步。

现在全世界每天发表论文达 1 万篇以上,发表论文的数量每隔一年半就增加一倍,据粗略统计,人类科技知识,19 世纪是每 50 年增加 1 倍,20 世纪中期是每 10 年增加 1 倍,当前则是每 3～5 年增加 1 倍。现在世界每年批准的专利数量达 120 万件。自从 1945 年研制出第一台计算机以来,经历了电子管、半导体、集成电路、大规模和超大规模集成电路几代的发展,其性能提高了 100 万倍,当前超级计算机最快运算速度已达到 320 亿次/秒,人们现在又正在开发研制光学计算机,它的信息处理速度将比电子计算机信息处理速度快 1 000 倍或更多。

二、摄影测量和遥感技术的回顾

(一)航空摄影测量技术的简略回顾

航空摄影测量技术形成于 20 世纪初,经过几十年的发展,有了很大进展,在外业控制测量方面,从经纬仪导线方法发展到交会法,又从交会法发展到光电测距导线法,进入 80 年代,GPS 的测量方法又逐步发展起来;成图比例尺从当初的只能测制小比例尺地形图扩大到能测制 1∶2 000～1∶200,甚至更大的比例尺;成图方法从机械模拟测图、解析法测图发展到目前的数字化测图;测图的品种也从单纯测制线划地形图、正射影像图发展到数字地型模型;摄影

本文系在中国铁道学会主持的"跨世纪铁路建设对策研讨会"上发言,文章获铁道学会优秀论文奖,入选论文集 1999.5

测量测图也从航空摄影测量测图、地面摄影测量测图发展到卫星摄影测量测图;摄影测量内业控制点加密方法也有较大进展,从最初的辐射三角测量、无扭曲模型法加密、模拟空中三角测量加密,发展到解析空中三角测量加密。而解析空中三角测量加密方法本身也由独立模型法空中三角测量发展为自检校光束法,区域网空中三角测量。

随着 GPS 技术的应用,特别是机载 DPS 空中三角测量的应用,传统的解析空中三角测量也将产生重大的变化。

(二)遥感技术的简略回顾

遥感技术是在 20 世纪 60 年代发展起来的一门探测技术,遥感一词是 1960 年由美国人伊夫林·L·布鲁依特(Evelyn. L. Puritt)提出的,1962 年,在美国密执安大学等单位发起的环境科学遥感讨论会上,遥感一词被正式引用,随后在世界上广泛应用这一名词。遥感技术实际上是在航空摄影的基础上发展起来的,航空摄影最初只能进行黑白全色航空摄影,第二次世界大战以后,逐步出现了天然彩色航空摄影,红外黑白航空摄影,红外扫描,多波段摄影与扫描、微波成像等成像技术。到了 50 年代末开始出现了地球资源卫星像片(如双程座、雨云号、阿波罗等载人宇宙飞船上摄的地球像片)。在这种情况下,传统的航空摄影就很难概括这些成像技术,无论从成像的方式、方法、成像的波段范围、成像的距离、获取的信息量等,都超出了航空摄影的范畴。遥感一词的含义是遥远的感知,遥感可以概括全部摄影与非摄影方式,应用遥感技术术语,是合适的,传统的航空摄影方法只是遥感技术的一部分。

摄影技术在 19 世纪上半叶就已产生,而航空摄影则到 1909 年才出现了真正意义上的航空摄影,航空摄影出现后,给人们认识地球表面提供了一种崭新的手段,是人们认识地球表面的一次飞跃、一次变革,航空方法用于地学调查始于 20 世纪 20 年代。

航空摄影出现之前,人类对地表面貌的真实情况一直处于井底观天的状况,对地表面貌的认识存在很大局限性,由于视野有限、交通不便,对地表面貌的认识进展极为缓慢。

科技技术的进步是无止境的,航空摄影技术出现后,人们对地球面貌的认识出现了一次飞跃,但当时的航空摄影技术仅仅是黑白全色航空摄影,以后在成像方法、波段范围,成像距离、获取的信息量以及影像分辨率等方面均有所进展;摄影平台从航空摄影发展到卫星摄影,60 年代初出现了遥感技术和计算机遥感图像处理技术;1972 年美国陆地卫星发射成功,并获取记录在高密度数字带上的 4 个波段的 MSS 数据图像,分辨率为 80 m×80 m,以后又出现了陆地卫星 TM 图像,记录波段从可见光到远红外达 7 个波段,像片分辨率提高到 30 m×30 m,1986 年法国 SPOT 卫星上天,获得 HRV 图像,可见光图像分辨率达到 10 m×10 m,并且可以观察立体影像。

目前,陆地卫星图像分辨率可达到 1 m 左右;计算机图像处理技术与 60 年代相比,无论从图像处理的方法、处理能力和质量均较过去有较大的进展,主要是由于计算机的功能和图像处理的软件更加完善;在传感器方面出现了成像光谱仪和成像雷达,这两者被认为是遥感的前缘技术。

遥感技术的应用范围也从当初的少数部门应用发展到农业、林业、海洋、矿产、土壤、地质等的调查,城市和国土规划、各种工程勘测、气象预报、各种自然灾害的调查,环境监测,考古、医学、军事等方面的应用等等。

遥感图像的判释应用从单一片种发展到多片种相结合、从航空遥感发展到航卫片相结合的综合分析方法发展;从静态分析、定性分析发展到静态与动态相结合,定性与定量相结合发展。

20 世纪 60 年代初萌芽的地理信息系统(GIS),通过几十年的发展,到 90 年代已进入实用阶段,遥感技术与地理信息系统的结合,扩充和延伸了遥感技术的作用。以计算机为载体,

GIS、RS、GPS相结合,即通称的"3S"技术成为20世纪末的热门技术,此项技术方兴未艾,也必将是21世纪的热门技术之一,同时也将是数字地球的主要组成部分。"3S"技术加上数字摄影测量(DPS)和专家系统(ES),则成为"5S"集成系统。

三、铁路航测遥感技术应用现状和存在的主要问题

铁路航测和遥感技术的应用始于20世纪50年代中期,40多年来为铁路建设事业作出了重要贡献。航测遥感事业从无到有,从小到大,航遥技术力量、仪器设备、生产能力、应用范围、产品种类、产品质量等均有较大的发展。40多年来,完成了大量生产任务,科技进步也取得很大成绩,在科技信息交流方面也做了大量工作。

从上述简略回顾可以看出航测遥感工作在铁路勘测设计应用中取得很大成绩,为铁路建设事业作出重要贡献,这些成绩的取得是和科技进步,以及信息服务工作分不开的。

当我们看到成绩的同时,还必须指出航遥技术远未能满足铁路建设事业的需求,制约航遥技术应用和发展的因素还较多,问题也不少,其中既有技术本身问题,也有非技术问题,关于非技术性的影响因素,以往许多领导、专家发表过不少讲话、文章和见解,在此就不谈了。我只想从我个人所了解的航测遥感的最新技术动态以及针对铁路航测遥技术应用中存在的主要技术性问题,展望一下铁路航测遥感技术应用的前景,并提出个人一些看法。

四、未来世纪铁路航测遥感技术展望

(一)航空摄影与航测测图周期将大大缩短

铁路航测存在的主要技术问题之一是由于气候影响,摄影周期长,加上外业控制测量和内业制图的时间,整个周期就更长了。从当前高新技术发展情况看,上述问题有可能得到解决。据香港柏仕系统公司有关资料介绍,瑞典Saab公司的TobEye(暂可称作"天眼")机载激光地形扫描系统,是应用激光测距扫描仪及实时动态GPS对地面进行高精度、准实时测量的机载地面测量系统。当直升飞机或固定翼飞机在设定的航带上飞行时,激光测距仪对地面以每秒6 000个脉冲进行扫描,系统同时接收激光反射的回波,经数据后处理即可获得厘米级精度的三维地形数据——地面点的三维坐标,并生成数字地面模型。

据介绍该系统操作简便,能在飞行完毕后短时间内(2 h左右)直接获取高精度的数字地面模型。该系统的应用领域十分广泛,很适合于铁路、公路、高压输电线及邮电通讯线路的勘测设计,以及城市规划、林业资源勘查、地貌、地形勘测……。目前,整个系统价格较昂贵,国内已有单位开始引进,铁路部门应进一步了解系统的实际应用效果,并可考虑该系统引进的调研和准备工作。该系统的应用是地形测量的又一次重大突破。

(二)航测遥感技术将成为铁路勘测设计不可缺少的重要组成内容之一

航遥技术在铁路勘测设计中的应用将近半个世纪,在这将近半个世纪中虽然取得很大成绩,但总的看来,航遥技术仍处于可有可无状态,现行铁路有关勘测设计规程中也未明确规定必须采用航测遥感技术;有的技术规程虽然也提到采用航测遥感技术,但也并非法规性的,遥感提供成果也仅仅作为参考资料,未能真正成为文件组成内容。另外,有关的勘测设计技术规程的内容仍然以传统的地面工作方法为基础制定的,由于以地面方法为基础制定的技术规程无法考虑航遥技术的特点,因此,套用这些技术规定就很难充分发挥航遥技术的优势。

我们认为21世纪传统的地面勘测为主的工作方法、庞大的勘测设计队伍,以地面方法为基础制定的技术规程等将成为历史。21世纪航测、遥感技术在铁路建设中的地位将是:勘测设计前期工作中将以航测、遥感、物探技术等为主的工作模式将得到广泛应用;勘测设计的有关技术规程的制定都将建立在航遥技术应用的基础上;各种比例尺地形图,线路平面图、线路

平纵断面缩图、纵横断面图、各种工点图、全线工程地质图、各种水文图件、施工布置图、砂石产地图等将主要采用航测、遥感数据,用计算机成图。

今后的线路方案研究和评审工作,不是各专业图件在墙上进行研究和审查,这样的研究和审查的缺点在于图件挂满墙上,视野难以到达,同时不利于有关图件进行套合研究,而且图件携带挂摘都不方便,今后的线路方案研究和评审工作将离不开投影屏幕,这样需要什么图件立即可显示在屏幕上,有利于有关图件的套合研究,例如有时需了解卫星图像和构造纲要图、构造分区图、断层分布图、褶皱分布图、地震震中分布图、不良地质分布图、地层分布图、方案示意图等的关系,如果把这些资料都套画在一张图上,显然是线条太多,杂乱无章,看不出是什么图件,达不到综合分析研究的目的。有了航测遥感数据和地理信息系统,不但可编制上述各种图件,而且可将上述图件数据分层存在计算机上,可根据需要,随时将有关图件数据从数据库中调出,投影套合在屏幕上。

(三)遥感与航空摄影测量、物探的关系更为密切

航测与遥感虽是两个不同的概念,实际上航测与遥感的应用都离不开遥感图像,遥感图像既可用于各个专业的判释应用,也可用于测制地形图。严格说来,航空摄影测量(航测)也是遥感图像应用的一个分支。

以往,航测与遥感形成各自独立的两个领域,航测使用的仪器是立体量测仪、多倍仪、精密立体测图仪、解析测图仪等;而遥感图像处理所使用的仪器是计算机图像处理系统。航测成图主要是解决几何纠正,求出三维数据;遥感图像处理则侧重于波谱信息的增强提取,所以航测仪器无法进行遥感图像处理,反过来遥感图像处理系统也无法进行航测制图。

近几年由于计算机技术的不断发展,计算机功能不断扩大和完善,出现了许多工作站,这些工作站既可进行遥感图像处理又可进行航测制图,只是使用的软件不同,改变了以往航测仪器与遥感图像处理仪器分离的状况。航测遥感仪器的合一,有利于航测遥感技术的结合应用。

遥感技术与物探的结合是非常有意义的,这种结合使遥感和物探的作用均能充分发挥出来,从总体上提高了勘测质量。

(四)以数字摄影测量、遥感、全球定位系统、物探、试验等数据为数据源建立起来的"铁路勘测设计"一体化、智能化"系统将成为今后铁路勘测设计的主要工作模式

铁道部"九五"期间已把铁路勘测设计"一体化、智能化"系统列为部重点科研项目,这个项目实质上就是地理信息系统在铁路勘测设计方面的应用,它是一个较为复杂的系统工程。目前刚刚开始建立,真正用于生产还要有一个过程,但可以断言,该系统到下个世纪初将趋向成熟,并可普遍推广应用,它将成为21世纪勘测设计的主要工作模式,只不过随着科技进步的发展,信息化、一体化、智能化的程度更高罢了。

铁路勘测设计"一体化、智能化"的关键技术之一是勘测数据的采集问题,也就是如何把勘测资料数据化后存入计算机,包括地形、地质、物探、钻探、试验等资料的数据化问题,其中地形数据包括利用航测、地面摄影测量、全站仪、光电测距仪、全球定位系统以及其他等手段获取的地形数据。一般说来,地形资料的数据化较为容易,技术较为成熟,物探、钻探、试验资料的数据化难度也不大。问题最大的是地质资料的数据化,如何将地质资料数据化后输入计算机是难度较大的一项工作。地质资料数据化后建立的地理信息系统有关软件,国内外已有不少,我们可以引进或二次开发。最近加拿大阿波罗科技集团推出加拿大PCI公司的PCI图像处理软件、TITAN地理信息系统软件、LYNX三维地学模型软件等产品,功能较完善,铁路勘测设计"一体化、智能化"系统可根据需要引进一些。

(五)勘测设计阶段、施工阶段和运营阶段均可应用遥感技术

以往认为遥感技术主要解决宏观问题,因此主要用于铁路勘测设计的前期工作中,忽视了

在勘测设计后期和施工中的应用。而事实上,遥感技术既可用于宏观的调查,又可用于微观的研究。遥感技术不但在前期工作中应用有较好效果,同样在勘测设计后期、施工阶段和运营阶段应用,也可取得应有效果。

有一种意见认为,勘测设计后期地质工作主要是钻探工作,地质调查工作量不大,施工阶段更没有什么地质调查工作可做,遥感技术作用不大,这种认识不符合客观实际情况。历年来,铁路施工中发现不少地质问题,而有些地质问题暴露出勘测设计阶段地质工作做得不够,由此可见,施工阶段仍然有地质调查工作。既然承认施工阶段仍有地质调查工作,那么遥感技术在施工阶段的应用就非常必要了。施工阶段应用遥感技术进行地质调查的优越性体现在快速、简便、有效三个方面,当然,遥感判释提出的成果,还要配合必要的地面调查、物探、钻探、试验等工作,才能成为正式成果。

（六）"5S"铁路地质灾害信息立体防治系统的建立和应用

20世纪90年代以来,数字摄影测量(DPS)、遥感(RS)、地理信息系统(GIS)、全球定位系统(GPS)、专家系统(ES)等技术有了较人的发展,即所谓"5S"技术。它的发展为铁路地质灾害的防治开辟了新的前景,使以计算机为载体,DPS、RS、GIS、GPS、ES集成的"5S"铁路地质灾害信息立体防治系统(以下简称"5S"系统)成为可能。

目前,我国铁路地质灾害防治由于缺乏先进技术手段以及系统工程观点淡薄,因此,在防治工作中存在某些盲目性,并处于被动状态。主要表现在:(1)在未完全查明不良地质的情况下,急于整治;(2)缺乏科学的、完整的调查、监测、整治规划,病害工点整治安排不完全合理,造成发生一处整治一处,该提前整治的又未安排治理。不急于整治的,反而提前整治了;(3)地质灾害发生时间的预测预报工作较薄弱,一般仅限于已经发现产生地质灾害征兆后,才进行监测和预报工作,而对事先未发现征兆的地质灾害预测预报工作较为薄弱。"5S"铁路地质灾害信息立体防治系统的建立和应用,可弥补上述地质灾害防治工作中存在的问题。

关于建立"5S"铁路地质灾害信息立体防治系统实体防治系统的思路如下:以"5S"技术为手段,从系统工程观点出发,把不良地质的勘测评估、监测预报及整治三者结合成一体,建成"5S"系统。在勘测评估中,开展以遥感技术为先导的综合勘探工作,在查明不良地质后,根据情况提出须进行监测(设置警报装置)的地段(工点)以及须进行整治的工点,制定防治计划,并结合监测工作和气象资料,预测预报可能发生地质灾害的时间,形成从天上到地面、从面到点,以"5S"技术为手段的实用的铁路地质灾害信息立体防治系统。

五、结　束　语

铁路航测遥感技术从20世纪50年代中期应用至今,将近半个世纪的努力,取得了巨大进展,在铁路建设中发挥了重要的作用。事实证明,铁路航测遥感技术是铁路勘测的一种先进有效手段,是铁路勘测设计现代化的重要组成内容之一。在回顾半个世纪来铁路航测遥感技术取得的成绩时,也应认识到航遥工作仍然满足不了铁路建设的需求。

未来的世纪进入信息时代,也可以说是信息网络时代,铁路航遥技术的发展也应着眼于信息化、网络化这一前提。

随着"5S"技术以及计算机技术的发展,铁路航遥技术的应用将出现全新的面貌,其应用广度和深度将发生巨大的变化。在应用广度方面,航遥技术不仅仅用于勘测设计的前期阶段,在勘测设计后期阶段、施工阶段、运营阶段均可应用。这种应用模式不但开拓了航遥技术应用的领域,而且有利于航遥技术本身的提高和充分发挥其在勘测设计、施工、运营全过程中的作用。航遥技术的应用,还可延伸其应用范围,与其他边缘专业或有关专业结合应用。特别在遥感技术和物探技术的结合上是非常有前景的。这样既可以开拓航遥技术本身的应用范围,也可充分发挥航遥技术的作用。

　　在应用深度方面,随着航测、遥感技术、计算机技术以及相关技术的发展,将出现突破性变化。航空摄影将不受气候的影响,摄影后的同时即可获取地形图;航遥成果将成为铁路基本建设设计文件组成内容之一;勘测设计的有关技术规程将在航遥技术应用的基础来制定;绝大部分铁路线勘测都将以航遥技术为主进行。

　　上述航遥技术在广度和深度应用方面的变化,将使航遥技术在铁路勘测设计中的作用大大提高,航遥技术将不再处于可用可不用的状况。

工程地质遥感技术应用的现状与展望

工程地质遥感技术的应用主要包括铁路、水利、公路、油气管道、电力和港口等工程的选线、选址中的应用。应该说工程地质遥感技术的应用,已经形成一个重要的领域,同时取得较好的效果,然而一般文章在谈到遥感技术应用的领域时,沿袭传统的提法,只笼统提在地质方面的应用,从不提在工程勘测中的应用。事实上,工程地质遥感技术在工程勘测中的应用,已形成一个独立的应用领域,而且发展迅猛。

一、工程地质勘测中遥感技术应用的必要性

工程勘测是各种工程建设质量优劣的先决条件。勘测质量的优劣,直接影响了设计质量,而设计质量则影响了工程建设的质量。要修建一项理想的工程,除要考虑政治、经济、国防等因素外,还必须充分掌握工程所在地区的地形、地貌、地质、水文、气候等自然环境条件。采用传统的地面勘测方法,由于视野的局限,拟查明自然环境条件是很困难的,尤其是在地形、地貌、地质、水文、气候等复杂的地区,有时由于手段的限制,勘测质量得不到保证,造成工程选线、选址的变动,甚至到了施工阶段,还不得不补做勘测前期的工作。更有甚者,给施工或日后的运营带来无穷的后患,这样的例子不胜枚举。而利用遥感技术进行工程地质调查,则可弥补传统地面勘测方法的不足,取得较好的应用效果。

二、工程地质遥感技术应用的特点

遥感技术在各个领域的应用,均有其各自应用特点,不应生搬硬套。例如,气象预报要求提供大范围的、实时的、而且是全过程追踪的遥感信息,但对遥感图像的分辨率要求并不高,应用气象卫星接收的图像最适用;土地规划、森林面积调查,农作物产量估测等也要求提供大范围的遥感信息,而对遥感信息的实时性、全过程追踪的要求方面不如气象预报要求那么严格,但在分辨率要求方面则较前者为高,因此,应用分辨率相对高且具有一定实时性的陆地卫星获取的遥感信息较为适用;再如,军事侦察的应用,要求夜间、全天候、实时、侧向获取敌方军事设施以及兵力的布署情况和行踪,且对位置的精度要求很高,因此,主要应用航空遥感技术,包括航空红外技术,侧视技术、高分辨率成像技术、GPS定位技术,等等,成为军事遥感应用的特点。

遥感技术在工程选线、选址勘测中的应用与上述各个领域的应用有所不同。主要是由工程勘测的特点所决定。工程勘测的特点如下:

(1)勘测工作从面到线到点(或从面到点)、从粗到细、逐步深化;

(2)对勘测成果的精度要求较高;

(3)勘测成果质量很快得到工程施工的验证、对与错,泾渭分明,很快得出结论;

(4)工程地质资料以外业调查实测为主。

鉴于上述工程勘测的特点,因此,遥感技术的应用,既要求应用宏观的陆地卫星图像,又要求应用精度较高的航空遥感图像,两者相结合,并强调遥判释成果要进行外业验证,才能取得较好的应用效果。

本文在2004年10月昆明"第七届全国工程地质学术大会"上交流,并入选会议论文集。

三、工程地质遥感技术应用效果

遥感技术的应用，可以克服单纯地面勘测的不足，它与其他勘察手段相结合，可以从整体上提高工程勘测的质量，因而，具有明显的技术经济效益。遥感技术应用的效果主要表现如下：

(1)有利于大面积地质测绘和方案比选，提高填图质量和选线、选址的质量；

(2)克服地面观测的局限性，减少盲目性，增强外业地质调查的预见性；

(3)减少外业工作量，提高测绘效率，某些外业工作可移到室内进行，改善了劳动条件。

一般认为，工程勘测中采用遥感技术后，预可行性研究可提高工作效率 2～3 倍，可行性研究可提高 0.5～1 倍左右。有些地区，应用遥感技术后，勘测效率提高的更多些。

四、工程地质遥感技术适用的地区

(1)地质条件复杂的山区，不良地质发育、水文地质复杂的地区；

(2)地形陡峻、交通困难、地面调查难以进行的地区；

(3)河网密布、河流变迁频繁的平原地区；

(4)大河、大江、海域及越岭的地区；

(5)地表裸露良好和以物理风化为主的干旱和半干旱地区；

(6)目标物判释标志明显而稳定的地区。

五、遥感图像判释提供的工程地质内容

(1)地貌特征及分区，水系分布范围、形态分类及发育特征等；

(2)区分地层、岩性(岩组)的界线和岩层产状要素的估测；

(3)褶曲、断层的位置和性质，规模较大的断层破碎带范围，隐伏断层、节理密集带的位置和延伸方向；

(4)活动断裂的迹象，地震区的区域稳定性评估；

(5)不良地质的类型、范围、成因、分布规律及动态分析等，特殊岩土的类型及分布范围；

(6)地下水(含温泉)的露头、有水文意义的水井位置、地下水富水地段，地貌、岩性、地质构造等与地下水的关系；

(7)工程地质分区、工程地质条件概略评价，水文地质概略分区等。

六、工程地质勘测中遥感技术应用的简况

在铁路、水利和电力等部门，工程地质遥感技术应用在上 20 世纪 70 年代中后期就已开始应用，公路、油气管道等部门的应用略晚些。其实，早在 20 世纪 50 年代中期，铁路和水利的工程地质调查中，业已开始应用航空地质方法(包括航空目测)，与地质、林业等部门同属于国内最早应用航空方法的产业部门。

(一)遥感应用机构

有关产业部门均设置了遥感应用机构，主要有：铁道部门所属的铁道第一、二、三、四勘察设计院，铁道专业设计院；水利部门所属的长江水利委员会勘测技术研究所、黄河水利委员会勘测规划设计院、珠江水利委员会科学研究所以及各大区的水利水电勘测设计研究院等；公路部门的中交第一、二公路勘察设计研究院，陕西省交通规划勘察设计院、广西交通规划勘察设计院等；电力部门于 1981 年在北京成立了电力遥感中心，统管遥感技术在电力工程勘测中的应用；油气管道勘测设计部门没有专门的遥感应用机构，但近几年，廊坊石油管道勘测设计院已开始开展工程地质遥感技术工作。

实际开展工程地质遥感工作的不仅仅是以上几个产业部门，其他像国土资源部、煤炭系统、冶金系统、高等院校系统，中国科学院系统等部门，也均开展了工程地质遥感工作。据不完全统计，目前，我国从事工程地质遥感工作的专业人员大约 200～300 人。

（二）遥感技术应用的工程项目

历年来，我国一些大型工程，如兰州—新疆、大同—秦皇岛、西安—安康、南宁—昆明、北京—九龙、西安—南京、青藏、滇藏等铁路线；南水北调，长江三峡，黄河小浪底、李家峡、龙羊峡、万家寨，珠江飞来峡，雅砻江二滩、锦屏，金沙江虎跳峡，澜沧江大朝山、漫湾、小湾等水利水电工程；石家庄—太原、北京—珠海、上海—成都、西藏墨脱、西藏类乌齐—甲桑卡、沈阳—丹东、大运线霍州—临汾段、320 国道大理—保山段等公路项目；乌鲁木齐—洛阳、阿拉山口—乌鲁木齐、兰州—成都、陕甘宁—北京、西气东输临汾—沈阳等油气管道项目；浙江秦山核电厂、山西河津电厂、云南阳宗海电厂、河北沧州黄骅电厂、福建湄洲电厂、三峡电站送电工程、中苏（前苏联）联合开发黑龙江流域梯级电站等电力工程。以上这些大型工程在选线、选址勘测中都应用了遥感技术。据不完全统计，历年来，约有百余条铁路新线项目、近百项水利水电项目，40 余条公路项目，近 20 条油气管道项目，30 余项电力工程项目等等，在选线、选址勘测中应用了遥感技术。

（三）工程地质遥感技术应用的内容和方法

1. 应用的内容

主要应用内容包括：宏观地质背景的分析；查明工程所在地区的地貌、地层岩性，地质构造、不良地质、水文地质概况；工程地质分区；环境地质评价、建筑材料调查；编制各种地质图、专题图；线路、坝址等方案比选的工程地质评价意见。此外，还用于快速生成动态三维透视景观图的制作。各种工程勘测中遥感技术应用具有共性，但也有所不同，分述如下：

（1）铁路工程地质遥感应用内容包括：区域地质判释、新线勘测沿线工程地质调查、砂石产地调查和评价，隧道弃碴场地的调查，长隧道、特大桥、大型水源地等的位置选择，施工阶段工程地质遥感判释应用，既有铁路线沿线地质灾害的调查监测，等等。

（2）水利工程地质遥感应用内容包括：区域稳定性评价、水利水电工程坝址选择、库区稳定性评价监测、跨流域调水线路和供水路线的工程地质调查、库区及其上游地区水土流失调查与动态监测、河道整治与规划、水库渗漏调查等的应用。此外，在施工地质编录、河道演变动态监测方面也应用了遥感技术。

（3）公路工程地质遥感应用内容包括：利用遥感图像判释公路沿线的地貌、地层（岩性）、地质构造、水文地质、不良地质、特殊土、地震地质等情况，为选线提供工程地质条件评价，并编制各种工程地质图件。此外，还在建筑材料调查，区域环境工程地质评价、地质灾害调查分析以及独立桥梁、隧道等大型复杂工程的工程地质调查中应用了遥感技术。

（4）油气管道工程地质遥感应用内容包括：

① 管道沿线遥感影像图的制作；

② 管道沿线遥感地质判释，包括地形地貌分析、区域地质背景分析、管道环境及地质灾害分析、重难点工程地段的地质分析等等；

③ 管道沿线遥感判释图件的编制（该图的宽度为管道两侧各 20 km 范围）；

④ 管道沿线地质灾害监测、管道腐蚀环境监测，等等。

（5）电力工程地质遥感应用内容包括：

① 对拟建电厂、变电站进行区域稳定性评价，包括地貌、地层（岩性）地质构造格架和地震危险性分析等。最后提出选址方案的论证意见；

② 电厂储灰场的地质测绘和环境地质条件评价；

③ 电厂水源地的地形地貌、古河道变迁、蓄水构造与含水层性质的调查,水源地分类和远景区规划等;

④ 特小流域洪水参数分析计算,要求遥感提供流域下垫面植被、地貌、土壤等条件;

⑤ 高压线及超高压输电线路沿线地貌、地质和地下水条件的判释;

⑥ 建立数字地形模型,形成真实三维模型和大范围的动态可视的系统,为各专业的集成、勘测设计资料的评审,创造了良好的条件。

2. 应用的方法

工程地质遥感技术的应用一般安排在地面勘测之前进行,这样才能使遥感判释提供的成果起到指导外业调查的作用,以减少外业地质调查的盲目性。

遥感技术应用总的原则是卫星图像和航空遥感图像相结合,先进行卫星遥感图像的宏观分析研究,然后进行航空遥感图像判释,接着进行现场遥感资料的重点验证,并补充搜集资料,最后编制遥感图像。整个作业过程包括准备工作,初步判释,外业验证调查与复核判释、最终判释与资料编制。

工程勘测中应用的遥感片种和比例尺大小,视不同的应用阶段和应用目的而有所不同,一般预可行性研究主要应用陆地卫星图像和小比例尺航空遥感图像两者结合使用。陆地卫星图像目前主要用 TM 图像和 ETM 图像,有时也有用 SPOT 卫星图像或 IKONOS 等高分辨的卫星图像,比例尺一般 1∶5 万~1∶20 万左右;航空遥感图像目前主要是应用黑白航空像片,有时也应用彩色红外片或其他航空遥感片种,比例尺 1∶5 万左右。可行性研究主要应用大比例尺黑白航空像片,比例尺 1∶5 千~1∶2 万左右。

七、应用注意事项

(1)遥感技术的应用切勿与其它勘察手段相对立,争孰对孰错,不应一味强调遥感技术的作用,而泛低其他勘察手段的作用。

(2)遥感技术主要是起宏观指导作用,通过事先的遥感室内判释,指导外业地质调查。因此,在安排工程地质遥感工作时,应提前安排,并保证有必要的内业判释时间。否则,就无法充分发挥遥感技术的作用,甚至由于匆忙提供遥感判释成果,不仅保证不了质量,反而败坏了遥感技术的声誉。

(3)由于工程勘测中,对工程地质的勘察成果的精度要求较高,因此,强调遥感技术提供的成果应进行现场验证。

(4)遥感片种的选择要有针对性,该用什么片种以及使用哪些片种,应根据要解决的问题来决定,避免华而不实的浮躁现象。

八、工程地质遥感技术应用的展望

结合目前国内外遥感技术发展趋势,对工程地质遥感技术应用的展望提出几点看法:

1. 随着卫星图像的分辨率的不断提高,卫星图像在工程勘察中的应用越来越显得重要,特别是对各种不良地质的动态变化实时监测,具有独特的优势,将带来广阔的应用前景,非地面方法和航空方法所能比拟。

2. 在航空遥感图像选用中,尽管有许多遥感片种可供选择,但在较长的时间内,用于生产者,仍然以黑白航空像片应用为主,即使国外发达国家也是如此。因此,应始终重视黑白航空像片判释能力的提高。

3. 数据综合分析将成为工程地质遥感应用的重要方面

数据综合分析,或称多元地学信息综合分析技术,是一门新兴的信息处理技术,已经受到普遍重视。目前,应用遥感、地球物理、地球化学等多种数据综合分析已成功地应用于地质构造和岩性的判释。如在卢安达西部热带雨林和草原区内,通过数据综合分析技术,首次编制出了1：25万地质图;在巴西东南部热带植物与厚层残积土覆盖区,利用数据综合分析技术,成功地圈定出古生代超基性岩的分布范围,等等。在我国尚未见到应用成功例子的报导,相信,在今后工程地质遥感工作中必将得到推广应用。

4. 遥感图像判释方法的趋势将向多元化发展

遥感图像的判释将加快从单一片种、静态判释、定性判释向多片种相结合、静态与动态相结合、定性与定量相结合的应用模式过渡。

5. 高光谱成像光谱仪在岩性判释中将起重要作用

从收集地球表面物性资料角度看,高光谱遥感是目前最有潜力的手段,当然也包括超光谱遥感。目前工程地质遥感技术更多的是借助于地质体几何形态特征的辨认,光谱信息的分析相对少些,一般不良地质和地质构造的判释,借助几何形态特征的判释,可取得令人满意的效果,但岩性的判释,由于判释特征的不稳定性和相似性,从而给判释增加了难度。特别是当两种岩性之间界线呈过渡状态,则更难区分其界线。

目前的高光谱成像光谱仪的波段数可以达数百个通道,带宽达到 3 nm,其带宽远远小于原先陆地卫星的光谱段带宽的宽度,以陆地卫星 TM 数据为例,光波段带宽在 60～270 nm 范围内,其鉴别力远不如高光谱的分辨能力。高光谱成像光谱仪的问世,为岩性的判释提供了极佳的手段,可以说,高光谱成像光谱仪在岩性的判释中将会起到重要的作用。在条件具备的地区,可考虑建立不同岩性的标准波谱数据曲线库,以利岩性的判断。这种高光谱辨别与影像几何形态特征相结合的分析方法,将是今后岩性遥感辨认的主要应用模式。

6. 图像分类在岩性判释中的应用是一种可行的方法

图像分类在土地利用、农林等方面应用效果较好,在光谱特征突出的地质体分类中也有一定的效果。在工程地质信息中,岩性的分别和辨别,采用图像分类方法是一种可行的方法,特别是结合专家系统进行模型分析辨认,会有较好的效果。

7. 在勘测的前期工作中,传统的地面勘测工作模式将逐步被航测遥感所建立起来的工作模式所替代

勘测设计前期工作中,以航测、遥感、物探技术等为主的工作模式将得到普遍应用。勘测的有关技术规程(规范)的制定,将建立在航测、遥感技术应用的基础上,因为以地面方法为基础制定的技术规程(规范)不适于航测、遥感技术的应用,束缚了航测、遥感技术优越性的发挥。只有根据航测、遥感技术建立起来的工作模式。才能充分发挥遥感技术的作用。

8. 地理信息系统将成为工程方案比选、审查、汇报等的主要形式

以往工程选线、选址方案的研究以及审查和汇报等工作,往往在墙上挂着大量的各种工程地质图件和有关专题图件,由于视野关系,这些图件看不清,更无法进行图件的套合研究。且图件的携带,挂、摘均不方便,而利用遥感技术编制的各种图件为数据源的地理信息系统,通过计算机投影在屏幕上,有利于各种专业共同进行方案研究、审查和汇报工作。尤其是动态三维透视景观图,在方案比选、专家评审、汇报以及工程投标等,都是很理想的图形表现形式,给人以身历其境的感觉。

9. 应把工程地质遥感技术延伸到工程施工阶段和运营阶段中应用

施工阶段应用遥感技术进行工程地质预测可取得良好效果,值得重视。运营阶段,某些工程,如铁路、公路沿线,可利用遥感技术进行地质灾害调查,开展动态监测预报,并可建立"5S"工程地质灾害信息立体防治系统。

九、结 语

遥感技术在各种工程选线、选址勘测中,可发挥显著的作用,具有明显的社会经济效益。特别是随着遥感图像分辨率的提高及高新技术的发展,遥感技术在工程勘测中的作用会更加明显。应大力推广应用这一行之有效的新技术。

随着西部开发战略的实施,西部地区必将修建大量基建工程。相对而言,西部地区交通欠发达,自然坏境差,勘测难度较大,遥感技术在西部开发的工程建设中,将会发挥重要的作用,其应用前景广阔,应用潜力巨大。

参 考 文 献

1.何钟琦,王学佑.国外遥感地质技术若干新进展.遥感信息,1992(2):32～35

2.王钦敏.卫星遥感技术发展和应用动态.遥感信息,1995(4):2～6

3.卓宝熙.面对信息时代的铁路航测遥感技术.铁道工程学报,1999(增刊):226～233

4.方向池.卫星遥感图像在高原山区公路预可行性研究中的应用.国土资源遥感,1999(2)

5.胡清波.遥感技术在铁路隧道弃碴场地调查中的应用.铁路航测,2000(4):29～32

6.杨则东等.徽州—杭州(安徽段)地质害灾遥感调查与评价.中国地质灾害与防防治学报,2001(1):86～92

7.陆关祥,周鼎武,腾志宏.奎赛公路段岩土体工程地质类型及不良地质现象解译标志.国土资源遥感,2001(3):21～23

8.卓宝熙.工程地质遥感判释与应用.北京:中国铁道出版社,2002

9.张振德,何宇华.遥感技术在长江三峡库区大型地质灾害调查中的应用.国土资源遥感,2003(2):11～14

张家口—白城子线张家口至沽源段利用航摄资料编制工程地质图介绍

张白线张沽段控测期间利用航摄资料填图(航空像片比例尺1：7千～1：1.7万。复照图比例尺1：3万～1：5万)编制1：5万初测工程地质图,填图面积约600余平方公里(导线长度240余公里,测绘宽度平均2.5 km),布置观测点592个,外业工作开始至底图(以复照为底图的地质图)完成,共用了140工天,对于保证质量,加速工程地质测线速度起到一定作用,现将这次利用航摄资料编制工程地质图之效果及体会作一介绍。

一、区域自然地理概况

张沽段线路所经地区属于山地与丘陵草原地区,从总的地势上来看,河北平原与内蒙高原形成一个阶梯,张家口—崇礼系山岳河谷地区,比高一般在200～500 m之间,阶地发育;崇礼—沽源系丘陵草原地区,河流侧蚀显著,牛轭湖发育,湿地分布较广,沽源附近有沙丘分布。

二、利用航摄资料对各种地质现象的研究效果

1. 岩层的判释效果

本区由于第四纪堆积物的覆盖,基岩裸露程度较差,除个别地区有较大面积出露外,其余地区仅在河岸及沟壁有零星出露。因此,使航空像片的可判释程度大大减低。同时,由于基岩在像片上所反映的特征不明显,即使在基岩裸露良好的地区,其判释效果也不甚理想。

2. 地貌判释效果

(1)阶地的研究:清水河流域共有六级阶地,一级阶地较易判释,紧靠河床两侧,地势低平,多辟为耕田,居民点多位于其上;二级以上各级阶地系基座阶地,一般基座阶地基岩面上覆盖有4～5 m厚之卵石层,再上则为黄土。由于2～6级各级基座阶地表层之组成物质基本相同,各级阶地面的高度又是逐渐过渡的,在这种情况下,只能根据卵石层距河床之相对高度来确定阶地级数。卵石层之高度是这样确定的:在航空像片上,可以清晰的看到黄土呈近白色,自然坡度较缓,而至基座阶地之基岩面则有一变坡点,坡度变陡,色调变深,此变坡点则可认为是卵石层之高度(卵石层较薄,可忽略不计)如图1所示。因此,外业只要在一定距离内确定一些阶地级数,其余地段可从像片上根据其连续性及相对高度确定级数。阶地的界线利用航空像片也容易确定,有的基座阶地宽达数百米,甚至上千米,外业难以一一观察,在航空像片上可根据卵石层高度的突然改变确定各级阶地之范围。而在地形图上对阶地范围的确定则很困难,因为阶地面是逐渐过渡的。

(2)黄土地貌的研究:洋河河谷第四纪堆积物以马兰黄土为主,基座阶地面及部分基岩山坡均为黄土所覆盖。因此确定黄土的分布范围具有重要意义。利用航空像片确定黄土及基岩的分界线是容易的,关于黄土的地貌形态,割切情况在航空像片上可一目了然。在航空像片上

本文发表于铁路专业设计院编的内部刊物《铁路航察通讯》1965年第2期,1965.6.20

确定黄土厚度可根据其他地物高度进行估计,亦可从航空像片上确定黄土上下限,然后找出地形图上的相应点,根据等高线则可确定其厚度。在崇礼附近之黄土厚度就是根据梯田坎壁高度及级数估计的,根据梯田坎壁及级数估计的阶地高度为 25～30m,如图 2 所示,而根据像片确定黄土上、下限找出地形图上相应点所确定之厚度约 30m。

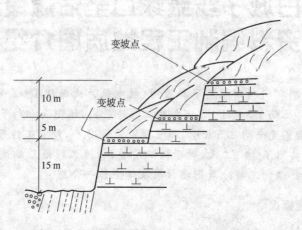

图 1　根据黄土与基岩接触处变坡点确定卵石层距河床之高度

3. 区域动力地质现象判释效果

(1)冲积扇。根据其位于沟口的扇形堆积物很容易确定其范围,按其色调深浅,暂时性水道情况及植物生长情况尚可确定其活动程度。活动性大之冲积扇表面可见到暂时性水道交织的网状痕迹,且色调较淡,木本植物发育较差;活动性小之冲积扇一般有固定水道,表面平整,色调较深,植物生长较多。通过像片尚可对供给区进行研究,例如,通过对供给区地表植被生长情况、山坡坡度及割切情况的判释,有助于对冲积扇活动性的估计。这次,

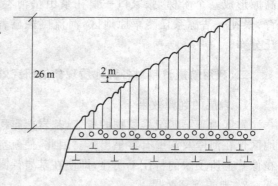

图 2　根据梯田高度与级数估计黄土厚度

我们只对典型冲积扇进行较详细测绘,除了对冲积物质成分及剖面情况进行描述外,还对冲积扇供给区进行测绘。例如,北窑甫附近的冲积扇供给区,其主沟长达 1km 余,我们在野外测绘之前进行了像片研究,认为整个供给区范围内岩层风化破碎,植被欠佳,冲沟发育,供给来源较多,从坡较陡(15°左右),有利于冲积扇的发展,在野外测绘时只在沿主沟距冲扇形 400～500m 范围内做了两个观测点,主要描述山坡岩层风化破碎程度、山麓堆积厚度、冲沟发育情况等内容,因此,减少了不少工作量。

(2)岩堆。张沽段个别地段岩堆较发育,从航空像片上不但可确定出其范围,同时根据岩堆影像之色调,植被生长情况,休止角情况等,还可大致确定其活动性。凡岩堆四周呈深色色调,中间呈封闭之淡灰色及灰白色色调者说明已趋稳定,岩堆体与供给区已无联系;凡岩堆两侧呈深色色调,中间从供给区直至岩堆前端均呈淡灰、灰白色者,说明岩堆仍在发展。此外,还可根据岩堆上部陡壁色调确定其供给来源情况,凡是在深色色调中有部分淡色色调者,一般说明最近期间仍在坍落石块,呈均匀之深色调者可能系深色调之岩石,也可能说明最近已停止落石;呈均匀之浅色色调者,可能系浅色之岩石,也可能是岩石的新鲜面。以上关于供给区岩石之深浅变化确定其供给情况,只是从某一侧面对岩堆的活动性进行研究,而且只是根据本区酸性火山岩得出的一般规律。

由于在航空像片上可以确定出岩堆的范围,因此减少了很多工作量。有时在支沟内的岩堆容易遗漏,而在航空像片上则可一览无遗。例如,孤石村附近之岩堆在航空像片上确定了其范围与活动情况后,与外业验证结果是符合的。

(3)湿地:利用航空像片确定湿地范围,可以大大提高速度,通过室内航空像片判释结合外业的重点验证、核对,并辅之以少量的勘探工作后,可在最终室内判释划分出湿地类型:Ⅰ类湿地在航空像片上往往反映柔和的暗灰色、黑白色相间的斑点状以及灰色为主的灰白斑状花纹及灰白色为主的蛇纹状图案,此类湿地在本区广泛分布;Ⅱ类湿地在航空像片上往往呈柔和的、均匀一致的灰白色色调,有时则为灰白和灰黑混杂,其中夹有似蝌蚪状黑斑点(积水的小凹地);Ⅲ类湿地一般分布在河床两岸,以牛轭湖及旧河道所具有的独特花纹图案为其特点,多为黑色色调。

(4)沙丘:利用航空像片对本区沙丘范围及其活动性的确定,效果更好。这次填图中,沙丘范围均从航空像片上勾绘。根据沙丘形状,植被生长情况,地貌以及水文地质条件等,可确定其活动程度。由于本区前后曾航摄过两次,根据前后两次的航空像片之同一沙丘位置,可确定沙丘之移动速度。例如,我们根据航空像片对个别沙丘进行立体观察发现1960年~1964年间共移动了12m,平均每年移动3m,说明其活动性不很大。沙丘移动方向的确定先根据像片确定沙丘移动方向,然后对照地形图,确定其为东南东方向,与当地的主导风向是一致的。沙丘之高度系根据野外对个别沙丘之宽窄程度为依据。然后从航空像片立体模型上进行对比估计。

4. 水文地质判释特征:泉水露头在1:1万左右航空像片上一般可以判释出来,当地表景观复杂,色调变化频繁时,同样大小之泉水露头,其可判释程度往往要差些。但在地表景观单纯、色调变化不大,且呈浅色调时,则泉水形成之黑色色调极易判释。泉水的判释,还可利用间接标志,例如,凡是深色调水流上游断头处,往往是泉水之露头。

5. 判释效果分析:

根据初步统计本区某些地质现象之判释效果见表1。

表 1

名 称	野外实测数量	初步室内判释个数		最终室内判释个数		范 围
			判释率		判释率	
冲积扇	113	113	100%	113	100%	一般在500~2万 m² 至2万余平方米之间
岩 堆	28	26	90%	26	90%	一般在200~2万 m² 至2万余平方米之间
断 层	5	2	40%	3	60%	
坍 塌	3	0	0%	1	33%	

表1中:

(1)上表所列数字,受许多条件的限制。例如,受像片比例尺,晒印质量,地质体范围的大小,判释者的经验及对该区的熟悉情况,植被覆盖情况等的影响,因此,不能认为是完全反映了实际情况,只是提供了概略的数据而已。

(2)冲积扇判释效果良好,室内判释与野外验证完全符合,这是由于在航空像片上根据位于沟口呈浅灰色~灰白色之扇形形状,易于辨认之故。

(3)岩堆野外实测有28处,室内判释发现26处,其中有两处难于判释,原因是岩堆附近岩壁坍塌严重,基岩色调与岩堆体色调相似,不易区分出来。

(4)断层实际有6处,外业只发现5处,还有一处是由于线路所经附近地区覆盖层较厚,断层痕迹难于发现,但从航空像片上则可指出该断层之痕迹。

（5）坍塌野外实测有 3 处，初步室内判释未曾发现。本区坍塌判释效果较差，这是由于本区坍塌范围较小。且无明显之坍塌范围线及坍塌体存在。

三、编图方法与效果问题

这次编图主要目的是提供初测工程地质图。我们的方法是利用航空像片先进行室内研究，并事先布置了观测点，然后，利用航空像片进行外业填图，并在外业填图的基础上对像片进行最终判释，进行了必要的补充、修改，最后将地质界线转绘至复照图上，并结合像片在复照图上进行工程地质分区，这样，以航摄资料为底图的工程地质图即告完成。

由于各复照图的比例尺不尽相同，因此，我们又编制了全线统一的工程地质图，方法是：以 1/5 万航测地形图为底图，将复照图（比例尺 1：3 万～1：5 万）上之地质界线转绘至地形图上，转绘时是利用地质体与地貌、地物间之相互关系，对照进行转绘，一般说来在地貌复杂。地物较多的地段，较容易转绘，可利用支沟、河湾、居民点、小道、公路……进行转绘；而当地势平坦，且地貌、地物单纯地段，转绘时较困难，估计精度可能要差些。

四、几点体会

1. 利用 1：2 万左右航空像片进行野外填图可以使观测点的布置更合理，减免了一些为了追索地质界线所花费的时间，同时易于保证填图的质量，但内业工作量则相应增加，这是因为增加了航摄资料的辅助工作，尽管如此，利用航摄资料进行野外地质填图还是较一般方法为优越。

2. 一般工程地质分区是在野外测绘后根据全线地质、地貌条件确定的，利用航摄资料进行工程地质分区，由于航空像片所反映的地质体较真实，具有居高临下，视线开阔的有利条件，因此，效果是良好的。例如，这次编图时，有"堆积斜坡"这个分区，倘若在地形图上就难于准确划分出来，而利用航空像片根据斜坡上灰白色色调，就可以较容易划分出来。

3. 本次编图是根据地物对照进行转绘，与一般地面填图比较，其精度如何，尚应进一步验证确定。

4. 利用航空像片编制工程地质图的合理方法，还有待于我们继续摸索和总结。实践论告诉我们：人们对客观事物的认识总是一步一步地从低级向高级发展，即由浅入深，由片面到全面。对航测地质工作的认识也离不开此规律。相信，通过不断实践、总结、提高，最终会摸索出适合我国具体情况的工作方法。

计算机图像处理在铁路勘测中的应用

本文系应铁道部基建总局之约，要求铁道部专业设计院写一篇较通俗的介绍图像处理在铁路勘测中的应用的文章，由本人撰写完成。当时部基建总局拟结集出版一本信息处理方面的专集，由于一些原因未能正式出版。

图像处理就是使遥感图像上的某些信息，通过某种方法进行处理，使其得到一定的突出或消除，从而使图像获得更清晰、更丰富的信息，以提高其判释效果。

遥感图像处理通常包括光学图像处理和计算机图像处理。光学图像处理是利用图像胶片，以常规遥感光学图像处理设备进行处理的一种方法；计算机图像处理则是利用图像数据磁带或图像胶片经过数字化的数据，通过计算机进行处理的一种遥感图像处理方法。由于计算机图像处理中，图像是以数字形式传输、处理、分析和保存的，因此，计算机图像处理又称为数字图像处理。

随着科学技术的发展，图像处理技术已从光学、光电图像处理，发展到计算机数字图像处理。数字处理技术是遥感技术的重要内容之一和先进的领域，也是提高遥感图像判释效果的重要手段。数字处理技术能够使被干扰和歪曲了的图像得到恢复，能把遥感获得的大量的电磁波信息，进行快速严密的数字处理，使模糊的图像变得清晰，使色调单一的黑白图像变为鲜艳夺目的彩色图像，并可减弱或突出某些判释目标，从而提高了遥感图像判释效果。数字图像处理技术发展迅猛，在国内外，均已得到普遍应用。

一、铁路勘测数字图像处理应用概况

铁路部门于 80 年代初期开始，对数字图像处理的多种方法及其在铁路勘测中应用效果进行了研究。在 1980 年部科技局下达的《多种遥感手段在铁路勘测中应用范围和效果的研究》科研项目中，就已开始对数字图像处理方法及其应用效果进行研究。通过该课题的研究，取得了某些成果，并总结出结合铁路勘测特点的图像处理方法和认识。随后，在铁路新线勘测、重点工程勘测和既有铁路地质灾害调查和动态分析中推广应用了该技术。目前，铁道部专业设计院、西南交通大学、北方交通大学均配置了计算机图像处理系统，在生产、科研、教学中发挥了不同程度的作用。铁路勘测中，曾在大瑶山隧道、朔石线雁门关隧道、集通线、巴沈线、大秦线、青新线、南昆线、青藏线、广—梅—汕线、京九线衡阳至商丘段、西安—安康线秦岭隧道，成昆铁路沙泸段泥石流遥感调查、"两宝"崩塌、滑坡遥感调查，雅砻江锦屏水电站遥感地质制图，渭河咸阳铁路桥水文遥感调查等，20 余个工程勘测项目中应用了遥感数字图像处理技术，不同程度地提高了判释效果。

二、数字图像处理方法及其应用效果

一般数字图像处理是利用记录在磁带上的数据图像进行的，而且必须是计算机处理所适用的 CCT 磁带。而陆地卫星原始图像数据磁带是记录在高密度磁带上，必须转换为 CCT 磁带后，才能进行数字图像处理。目前，数字图像处理用的主要是航天遥感数据，而且主要是用

本文系受铁道部基建总局的委托而写，完成于 1986 年 6 月，未公开发表过。

美国陆地卫星 MSS 的 CCT 数据磁带和 TM 的 CCT 数据磁带为主。此外,也曾进行过机载的 Daedalus CCT 数据磁带(11 个波段)的处理。随着数字图像处理技术的普遍应用,大量的航空遥感图像也可以进行数字化,并将数字化后的数据记录在磁带上,进行数字图像处理。

数字图像处理包括图像恢复、图像增强、图像变换和图像识别分类等。数字图像处理一般是先进行图像恢复,使图像恢复到原来的面貌之后,再进行图像增强、图像变换或图像分类。常用的数字图像处理包括以下一些方法:

（一）图像恢复(image restoration)

图像恢复又称"图像复原",图像恢复的作用是力图减少图像失真的程度,以保障图像的质量。它包括大气散射校正、条带噪声消除和几何畸变校正等。大气散射是电磁波通过大气层时产生的,波长愈短,散射愈严重,以致影响图像清晰度;条带噪声是指遥感平台成像过程中,由于探测系统出现故障以及非目标物信息的干扰等所造成图像模糊、失真畸变现象;几何畸变是指遥感成像过程中,由于航天器姿态、高度和速度的变化,地球自转以及扫描仪畸变、扫描歪斜、扫描镜速的变化等所造成的畸变。

上述大气散射、条带噪声和几何畸变,如不进行消除和校正,将会影响图像处理成果的质量。在铁道部专业设计院主持的《多种遥感手段在铁路勘测中应用范围和效果的研究》科研项目中,北方交通大学曾对大瑶山隧道地区的 MSS 图像进行了条带噪声消除和几何去斜校正,取得较好的效果。铁道部专业设计院受能源部、水利部北京勘测设计院委托承担的雅垄江锦屏水电站地区遥感地质调查制图,曾进行 MSS 图像假彩色合成,发现 MSS 数据磁带未经粗处理,几何畸变较大,后经去斜校正,再进行假彩色合成,所取得的图像形态逼真,基本消除了失真现象。

（二）图像增强(image enhancement)

图像增强是为了改变原图像的灰度结构关系,突出特定目标,扩大不同影像特征之间的差别,提高人们对图像的识别能力。增强处理的内容包含二部分:反差增强和滤波。常用的反差增强的方法有:灰度增强、比值增强、直方图均衡化、假彩色合成、假彩色密度分割,图像电子放大、变换等。滤波增强分为空间域滤波和频率域滤波。

(1)灰度增强(grey level enhancement):陆地卫星探测器的感光范围包括整个地球表面从白色至黑色物体的全部 256 亮度值,而遥感图像中亮度值范围只占整个动态范围的一小部分,因此,图像常常显示出低反差。若对这种图像进行灰度增强,便能扩大相邻像元亮度值之间的差别,突出地物的细微结构,使人们尽可能从中分辨出更多的亮度等级。灰度增强一般是在单波段图像的基础上进行的。灰度增强的方法较多,常用的方法可分为灰度线性扩展和灰度非线性扩展。灰度线性扩展又可细分为普通线性扩展和监督线性扩展(包括分段线性扩展、局部线性扩展、等均值扩展等);灰度非线性扩展又可细分为基本函数扩展(包括对数扩展、指数扩展)、直方图的调整及统计函数扩展(包括高斯扩展、拉平扩展等)。

在灰度增强处理方法中,灰度线性扩展,方法简单,对于信息丰富,反差小的图像,能取得较好的增强效果。当对图像采用其他增强方法处理时,若与灰度线性扩展结合使用,一般能进一步提高图像的清晰度,突出判释目标。我们在"两宝"铁路线的崩塌、滑坡遥感调查中,曾对宝鸡幅 MSS4、5、7 波段进行线性扩展后,再进行合成,取得较好效果。对数扩展适用于色调较深暗的低亮度值地区的图像,如阴影区、深色岩石分布区的图像增强;指数扩展用于较高亮度值,且反差小,信息丰富的图像,可加大图像的反差,突出地物的细部结构。若图像中的几种目标物需要分别增强时,根据多种目标所处的灰度范围,使用分段线性扩展方法,便能改善图像质量,突出目标物。

利用灰度增强的各种方法进行图像处理时,若想取得较好效果,首先应充分利用灰度直方图,分析原图像光谱特性,再根据不同情况采用相应的效果好的处理方法。但若原图像反差较大,便没有必要再进行灰度扩展了。

(2)比值增强(ratio method):比值增强是将两个不同波段的同一图像的相应影像亮度值相除,用取得的新亮度值构成一幅新的图像的方法。比值图像除可用两个单波段组成之外,还能以任意一个波段相加,相减后再除等多种形式的组合。该方法对消除地形影响,识别岩性和蚀变带、区分植被、增强地表水体以及与水体有关的地质现象,有较好的效果。

(3)直方图均衡化(histogram equalization):一幅图像的亮度分配状况,通过直方图反映出来,为了改善各部分亮度的比例关系,使得一些目标得到突出,通过改造直方图的办法实现。特别是对原图像直方图两端加以压缩,而将中间峰值区域加以扩展,使得整个直方图呈现均衡分布。

(4)滤波增强(fietering):滤波增强方法是使用一个 NXN 元素的小矩阵(称模板或卷积核)对原图像进行卷积运算,从而得出一张能够突出目标物的图像。滤波增强技术对于突出线性影像、水系及地物边界具有特殊的效果,特别是可以增强某个方向的线性影像。不同方向的线性构造的增强是通过选择不同的定向模板来实现的。如大瑶山隧道的边缘增强图像,其中水系、线性影像特征,尤其是阴影中的地物轮廓都被突出出来,十分醒目。

滤波增强包括空间域滤波增强和频谱域滤波增强。空间域滤波运算简便,但精度较低;频谱域滤波运算量大,比较复杂,但精度较高。空间域滤波增强又可细分为边缘增强、定向滤波和平滑滤波等;频谱域滤波增强也可细分为低通滤波、高通滤波、带通滤波和同态滤波等。当利用滤波技术增强线性影像时,往往地表上的线性形态在图像上均被突出出来。至于如何判断众多线性影像的属性,区别地质构造线性影像与非地质构造线性影像,则需凭借人们的实际工作经验,并结合必需的野外验证来确定。大瑶山隧道地区的滤波增强判释就遇到此类问题。

(5)假彩色合成(false colour composite):各种物体在不同波段上往往具有不同的光谱反射值。不同反射值的差异在假彩色合成中,由不同的色彩反映出来,这样就使色调单一的黑白图像变成了彩色艳丽的图像。一般说来,经假彩色合成处现后的图像,色彩鲜艳夺目,较色调单一的黑白图像,其判释效果明显提高。

假彩色合成方法简单,效果良好,是数字图像处理中最常用的图像增强方法,对于各种地物、地貌、地质现象的图像,都能起到增强作用。假彩色合成想获得好效果,关键在于所要增强的目标物与背景两者的反射波谱特性,应选择最佳波段的组合。假彩色合成可以由不同波段的多种组合,可以是正片的合成,也可以是负片的合成,还可以经灰度扩展、比值增强和滤波增强后的合成,以及合成后再作灰度扩展和对数变换等的处理。通常采用标准假彩色合成图像(4、5、7 三个波段合成)作为判释的基本图像,其效果最好。

(6)假彩色密度分割(false colour density slicing):假彩色密度分割是单波段图像彩色增强的方法,它是将地物不同灰度分割成不同的等级,并分别用不同的颜色来表示。假彩色密度分割效果的好坏取决于波段的选择,要选取目标物与背景反射亮度值有一定差异的波段,同时要正确选定分割的级数和分割点。该方法在数字图像处理中是一种较简便易行的方法。

根据我们初步体会,该方法在地形平坦地区、地物波谱稳定地区,如西北干旱地区的戈壁沙滩、盐渍土、沼泽等的处理效果较好;在南方山区,由于植被、地形、地物的干扰较大,用该方法应用效果要差些,但对增强线性影像则是例外。假彩色密度分割图像的优点还表现在可以通过不同的色调分级单元进行面积量测。例如集通线商都大盐海子地区的沼泽较发育,通过假彩色密度分割,把沼泽地突出出来,并对碱海子、亡牛旦海子、四号地海子、田士沟海子成像的水面面积分别统计出为 629、200、56、67 等公顷,为方案比较提供了可靠的数据。北方交通大学在新青铁路线新疆库尔勒盆地东南部盐渍土地区利用 MSS-4 卫星图像进行了 16 级假彩色密度分割，认为每个等级密度值的差异与地表盐渍化程度存在着对应关系。

（7）图像电子放大（image electron magnification）：图像电子放大是图像处理中常用的方法，处理作业简单，效果明显，但放大倍数不宜过大，否则每个像元都显示出长方斑块，反而影响判释效果。我们在巴沈线可行性研究中，对西拉木伦河哈图庙桥位的陆地卫星 MSS4、5、6波段进行合成并经灰度线性扩展后的 1:40 万数字图像处理成果，进行电子放大四倍，放大后的图像对于确定桥位水面宽度及了解北端桥头上游河岸受洪水冲刷情况十分有利，并为合理布设桥长和估算防护工程提供了理想的图像。

（三）图像变换（image transformation）

图像变换主要是包括各种频谱域的变换处理，包括傅里叶（Fourier）变换、沃尔什（Walsh）变换、哈达玛（Hadamard）变换、离散余弦（Discete Cosine）变换、斜（slant）变换（又称"主成分分析"）、K—L 变换、霍（Hough）变换、拉普拉斯（Laplace）变换、矩阵（Matrx）变换等。这些图像变换处理我们研究的还不多，但根据有限的尝试认为效果是比较好的。该处理方法对于突出岩性差别、增强区域性的断裂构造、褶皱构造、环形构造，以及平原地区，第四系地层覆盖下的隐伏构造等，均有较好效果。铁道部专业设计院在迁沈铁路线可行性研究中，发现一花岗岩体，在黑白 MSS 遥感图像上不是十分清楚，但通过傅立叶变换、K—L 变换处理所获得的图像，均显示出极为清晰的环形岩体。

（四）图像识别分类（image recognition classification）

图像识别分类又叫多波段、多变量分类，它是电子计算机数字图像处理系统对多光谱数字图像进行自动识别的一种方法。其基本原理是这样：每一种地物都有自己的波谱特性，图像上不同像片的亮度值反映了不同地物的波谱特征。在理想情况下，同一类地物应该具有基本相同或相近的波谱特性。计算机通过概率统计方法，对波谱进行分类，将相似亮度范围的像片值划为同一类，一旦对各种波谱所代表的地物含义有了相应关系后，图像识别分类即可实现。

但实际上自然界中，各类地物的波谱特性是比较复杂的，由于众多的干扰因素，同一地物的波谱特性不尽相同，给根据波谱特性进行图像识别和自动分类造成困难。但只要具备大面积稳定的反射波谱的地物，利用图像识别分类是有效的，如在农作物分类、森林分类、水体的辨认等方面，有可能取得较好效果。图像识别分类用于工程地质判释，其难度更大些。目前，图像识别分类，多数还处于研究阶段，真正用于解决实际问题，尚待时日。

从上述简单介绍可以看出，图像处理对提高各专业遥感图像判释效果是十分有用的，它对突出地貌、岩性、地质构造、不良地质、水文地质、植被、人类活动痕迹等，均有良好效果。

三、对遥感数据图像计算机应用的认识

（一）对应用方法及其效果的初步体会

图像处理方法很多，各种方法不是在任何条件下都适用，应结合地区的特点及拟突出的目标物内容，来选择合适的处理方法。在图像处理之前，事先应了解处理地区各主要地物的反射波谱特性及其随季节、时间变化的规律性，才能选择最佳时间的图像和处理方法，以取得好的图像处理效果。同时，在图像增强处理之前，一定要先在既有遥感图像上作充分的判释研究，根据需要，有针对性的选择处理效果较好的方法。研究表明，不同的增强方法结合使用，常常比单一方法处理的效果更好些。

结合铁路工程勘测应用，当前，数字图像处理应以图像增强为主，因为此种方法效果较好。图像识别分类是数字图像处理中较先进的领域，目前国内仍处于试验研究阶段。就铁路工程而言，由于是线形延伸，所经地区自然景观比较复杂多变，干扰因素较多，进行图像识别分类，

恐难得好效果。今后应进一步探索如何排除干扰因素，以便进行有效的图像识别分类。

（二）专业人员应了解各种数字图像处理方法的特点和作用

遥感图像处理的目的是为提高遥感图像各专业的判释效果，因此，遥感图像判释人员应该逐步掌握数字图像处理的一般内容和基本方法。图像处理时，最好能由判释人员自己上机操作，这样可以使图像处理更有针对性，并能及时进行分析，实现人机对话。在目前，某些判释人员操作有困难的情况下，可与图像处理人员共同确定最佳的处理方案。

（三）努力开拓计算机在遥感技术中的应用

目前遥感技术应用中所开展的数字图像处理，只是计算机用于遥感图像处理最基本的一种用法。随着科学技术的发展，除常用的数字图像处理方法外，当前，正向多种遥感数据拟合处理、遥感数据与非遥感数据的拟合处理、地理信息系统与遥感技术的结合以及通过遥感技术建立专业应用模型和专家系统等方面发展。

遥感数字图像拟合处理，是利用计算机对同一地区（或同一目标）的多种遥感图像之间，或遥感图像与非遥感图像之间的数据进行迭加处理的一种方法。在实际应用中，根据研究的目的，可以进行不同时期、不同波段、不同种类的灰度图像的迭加，或灰度图像与各种专题图的迭加。北方交通大学在参加我院主持的《利用遥感技术研究崩塌滑坡的分布与动态》科研项目中，结合"两宝"铁路线，对滑坡图像进行拟合处理，为铁路滑坡病害的动态变化、滑坡分布的区域工程地质条件评价、滑坡面积大小的量测和动态变化的研究，进行了有益的尝试，并取得一定的进展。铁道部专业设计院也正在进行地质灾害、洪水淹没等方面遥感数据计算机应用的研究，为进一步开展铁路灾害信息预测系统作好技术准备。

利用遥感数据作为地理信息系统的数据源是较理想的，特别是有利于动态变化的研究。为了使地理信息系统更具有实用性，建立各专业的应用模型，以及把专家的经验纳入系统中，形成专家干预下的各种专业应用模型或专家系统，是当前遥感技术发展的重要内容之一。

本文得到北方交通大学吴景坤教授和铁道部专业设计院张立华工程师等的指教，在此特表谢意。

锦屏水电站及其外围遥感地质评估

一、遥感地质工作概述

锦屏水电站及其外围地区，由于山高谷深，地势崎岖，交通极为困难，以往地质研究程度较低。为了在较短时间内查明区域地质情况，提供各种地质图件，决定采用遥感技术进行制图工作。遥感工作由铁道部专业设计院承担，从完成的工作量及其资料来看，获得了令人满意的效果，显示了遥感技术的优越性。

本次遥感地质判释中，共用了 3 个时期的 TM 图像和 MSS 图像，判释面积达 6.65 万 km^2；各种比例尺的全色黑白航片和彩色红外航片判释面积约 5 万 km^2。工作中还进行了 TM 图像和 MSS 图像的计算机图像处理达 3.2 万 km^2。

由于工作地区海拔较高，许多山岭高度超过雪线，气候多变，卫星图像常有阴云覆盖，尤其是北部地区积雪覆盖面积大，如得荣幅达 40% 以上，稻城幅 TM 卫片至今达不到使用标准。

根据制图内容、比例尺和精度要求，采用了相应的遥感片种和手段。例如：对 1：20 万地质制图地区，使用比例尺为 1：20 万的 TM 和 MSS 的假彩色合成图像为基本片；1：5 万的地质制图和水文地质制图地区，采用 1：4.5 万彩色红外航片，1：5 万全色航片为基本片；1：10 万沿河物理地质现象调查，采用 1：5 万全色航片为基本片；1：2.5 万地质制图，采用 1：2.5 万彩色红外航片为基本片。在使用基本片判释的基础上，再用其他片种进行验证校核。

根据遥感判释和验证对比来看，本区各种地质现象可判释程度大致为：物理地质现象判对率达 90% 以上，断裂构造形迹判对率约 70%，岩性与地层的判对率约为 50%。综合来看，全区判释效果属于中等。这和本区气候处于干旱和湿热兼具的地区有着密切的关系。

二、地质构造判释

(一)构造形迹判释的特点

工作区构造形迹的判释，具有下列一些特点。

(1)由于区内构造复杂，剥蚀强裂，故地质构造显示清楚，判释效果较佳。

(2)构造形迹判释以形态判释标志为主，色调判释标志只起辅助作用。

(3)大型断裂构造的判释标志较为稳定，主要显示为醒目的断裂槽谷及负地形线性影像特征。

(4)区内北东、北西向两组断裂为压扭性断裂，平面形迹顺直，并常显示等距性。水系的发育受此断裂的控制和制约，故利用水系发育形式对北东、北西两组断裂构造进行判释，准确率较高。而对近南北向、近东西向以及弧形断裂构造的判释效果较差，这反映出区内水系除受断裂构造控制外，尚受岩层层面、穿窿体等的影响，比较复杂。这也是本区水系变异这个判释标志不稳定的原因之一。

(5)南北向的断裂多属压性断裂，在航空像片上呈舒缓波状，其形成的垭口常常宽大浅缓，有明显的破碎带显示，且破碎带较宽；北东、北西向断裂多属压扭性，所形成的垭口宽度较小，

本文系锦屏水电站及其外围地质评估的遥感评估部分，由本人编写，未公开发表过，1990.10

而且其连线常在一条直线上。而北北东向的断裂则介于两者之间。

（6）裸露良好地区的褶皱，常直接显示出不同色调的褶皱影像；裸露较差地区的褶皱，其形态很难完全显示出来，主要显示为对称或大致对称分布的花纹图案。

（7）区内褶皱构造多被断裂构造所破坏，给褶皱构造判释造成困难，尤其在植被茂密地区，判释难度更大。

（8）环形构造和弧形构造均可根据放射状水系、弧形水系及环形岩体影纹、弧形岩体影纹等予以辨认。

（二）不同遥感片种的判释

地质构造判释首先是结合既有地质图，从航天遥感图像上进行宏观地质构造格架判释，然后进行航空遥感中小型构造的详细判释。即航天遥感宏观地质背景判释指导般空遥感详细判释，航空遥感判释又反过来充实航天遥感判释内容。

1. MSS 图像地质构造判释效果

利用 MSS 图像对一些大型的褶皱和断裂构造判释效果较好，但对一些规模较小的断裂构造、节理、劈理，以及裸露较差的褶皱构造等，则难以辨认。

在 MSS 图像上，可根据常见的断层地貌进行断层判释。区内巨大的断裂构造，大都具有断裂槽谷影像和线性负地形影像，例如理圹断裂沿无量河发育，鲜水河—康定断裂沿鲜水河、干尔隆柯、雅拉沟、磨西沟发育。其他像三岩龙断裂、合合海子—日莫莫断裂、正沟—俄溪卡断裂等也都发育成断裂槽谷。

褶皱构造在 MSS 图像上的判释主要是根据对称分布的地貌影像、椭圆状影像、"之"字形影像、肠状影像以及褶皱构造轴线的线性影像等进行判释。如老庄子背斜、元木厂向斜等均显示对称分布的地貌影像特征。一般说来，褶皱构造的判释标志不如断裂构造稳定，常随组成褶皱构造的岩性及其组合、出露的位置以及受断裂构造的破坏程度而变化。

环形构造主要根据环状水系、放射状水系、星点状水系等进行判释。区内几乎所有的环形岩体、穹窿体都有环形水系发育。例如贡巴纳岩体、兰尼巴岩体等均显示了环形水系；木灰岩体、兰尼巴岩体、折多山杂岩体等，则显示放射状水系。

2. TM 图像地质构造判释效果

TM 图像上反映的地质构造细节较 MSS 图像上丰富，能显示更多的微地貌特征。

在断裂构造判释时，TM 图像上所显示的断层垭口、断层崖等，较 MSS 图像上清晰，如鲜水河—康定断裂，在 TM 图像上较 MSS 图像上显示的更清楚。新火村断裂、青纳断裂、理塘断裂等，由于断裂带破碎风化，在色调上以线状青灰色调显示出来，较 MSS 图像更为明显。

TM 图像上反映的褶皱构造、环形构造、弧形构造均较 MSS 图像上明显。如老庄子背斜、民胜乡向斜等，比 MSS 图像显示的更清晰。TM 图像上环形构造所显示的脑纹状影纹，在 MSS 图像上显示不清楚，如松林坪岩体、宁圭拉托岩体、南真寺岩体等，均有脑纹状影纹显示。

3. 全色黑色航片地质构造判释效果

全色黑白航片几何分辨率较航天遥感图像高得多，它可对航天遥感图像确定的宏观地质构造的微地貌进行详细的分析研究，可以判释出更多的构造细节。通过航片的判释，可以确定比较准确的位置和布置野外验证路线。

4. 彩色红外航片地质构造判释效果

彩色红外航片色彩丰富，有利于构造的判释，特别是利用色调判释断层时，效果较好。当断裂带富水时，反映出暗青色调，如锦屏山断裂；当断裂带破碎风化形成第四系残、坡积层时，则反映出青白色调的影像特征，如新火村断裂；当断裂破碎带风化严重，植被生长茂密时，则显示为鲜红色调，如青纳断层。彩色红外航片上断层陡崖显示为青灰色调的基岩。

总之,利用彩色红外航片进行断裂构造的富水性判释时,其效果是黑白航片所无法相比的。对发现地下水露头、温泉等,效果也较好。

三、地层岩性判释

(一)地层岩性的判释特点

1. 区内地层分布较为齐全,三大岩类均有出露。各岩类的判释效果视其组合关系而有所不同,总的来看,沉积岩和变质岩的界线较易辨别。

2. 岩性判释标志较为复杂,但在同一地质背景和景观区域内,仍然具有相似的规律性。由于地形切割强烈、水系发育,不同岩性具有各自独特的地貌、水系、构造裂隙和纹形图案,成为该岩性的良好判释标志。

3. 各航空遥感片种的判释效果,依次为彩色红外航片、大比例尺航片、小比例尺航片。卫星图像仅能对大的岩类进行判释,其中 TM 图像判释效果较 MSS 图像效果要好些。

4. 本区地质构造复杂,受各种气候、地貌、地形、地质等自然景观的制约,常导致判释标志的变化,造成判释标志的不稳定和多解的特点。

5. 各种岩类的主要判释标志:

(1)碳酸盐岩类:一般地区山脊呈尖棱状,山坡陡峻,残积物较少,构造裂隙显示清晰,格状水系,植被生长较稀或呈丛状。但在南部盐源盆地岩溶十分发育地区,则呈典型的岩溶地貌。

(2)砂板岩类:一般以山脊中等尖棱、山坡中等陡峻、地形起伏稳定、水系切割均匀,呈树枝状水系或近平行状水系、"V"字型冲沟、构造裂隙不明显、植被生长均匀,色调单一为其特点。但随着地区、高程和岩性组合的不同,判释标志也随之变化。如高山地区,由于冰川地貌的发育,破坏了固有的判释标志。又如片岩类岩石增加时,地貌相应变得低矮,残积物增多,植被发育。

(3)岩浆岩类:主要以色调均匀、构造裂隙显示清晰、水系多放射状水系或环状水系、坡面呈凸坡和辫状不规则影纹为其特点。

除上述特点外,不同地区的判释标志也略有变化,如在新都桥附近,影像呈脑纹状,旭麻垭岩体具有球状风化特征,牦牛山岩体具有钳状水系特征。

(4)第四系松散岩类:主要是按其所处的地貌部位、地形平坦、低矮,色调呈白色、灰白色斑块,有耕地和居民点分布为其主要标志。确定第四系松散沉积层的成因类型及其与基岩的分界线是容易的。

地层的判释标志与岩性判释标志密切相关,所不同的是地层判释要借助于既有地质图的地层划分资料,进行综合分析判释。

(二)MSS 图像地层岩性的判释标志

利用 MSS 图像判释岩性,一般只能划分大的岩类,其主要特征如下:

1. 碳酸盐岩类的判释标志

当碳酸盐岩类岩溶不发育时,在 MSS 图像上的特点之一是地貌凸起或形成高耸的连续山峰,如锦屏山、广西山一带的碳酸盐岩类即为此地貌。此外,表现为线性影像密集带、麻点状影纹等特点。当岩溶发育时,则形成独特的岩溶地貌,并显示杂斑状影像,如盐源盆地区的碳酸盐岩类即具此特点。岩溶不发育地区的碳酸盐岩所呈现的线性影像密集带,其判释标志不太稳定,有时易与岩浆岩类、石英岩类相混淆。

2. 砂板岩类的判释标志

其形态特征为起伏稳定的地貌、水系切割均匀、树枝状水系或近平行状水系发育等。该岩类的色调较均匀单一，主要是植被生长和地形起伏较稳定。但在河谷地带，由于人类活动，常呈现杂乱的斑块状色调。在 MSS 图像上，该岩类与碳酸盐岩类在水系发育上有所差异，砂板岩的水系相对均匀，密度明显少于碳酸盐岩类，且水系发育主要受岩层层面及构造裂隙控制。构造裂隙的显示也不如碳酸盐岩类明显。

3. 岩浆岩类的判释标志

岩浆岩类在 MSS 图像上显示为团块状、穹窿状或环形山是其独特的影像。其次是水系常呈放射状、环形或钳状，显示较长大的裂隙图形等，也是重要的判释标志。如区内贡正纳岩体、宁圭拉托岩体、贡嘎山岩体等均具上述特点。

4. 第四系松散沉积物的判释标志

第四系松散沉积物在 MSS 图像上的主要判释标志是色调，在 MSS（4、5、7 波段）假彩色合成图像上显示为灰白、黄白或浅灰色调。含水量大时，则为青白色调。

（三）TM 图像地层岩性的判释标志

在 TM 图像上，地层与岩性的判释较 MSS 图像上的效果为好。在形态判释标志方向，主要表现在 TM 图像分辨率高，微地貌表现的更细腻。至于色调标志方面，一般 TM 图像的色调层次更丰富，但有时也出现色调层次还不如 MSS 图像丰富，可能是波段组合选择或图像处理技术问题所致。

各种岩类的几何形态判释标志在 MSS 图像和 TM 图像上均有相类似的显示，所不同者在于 TM 图像上显示的更清晰，更有精雕细刻之感。色调标志方面则有所差异，在 TM（2.3.4 波段）假彩色合成的图像上，一般碳酸盐岩类地区常显示为红间青灰的色调；在盐源盆地岩溶发育地区，溶蚀洼地呈星点状分布，显青灰至灰白色调。

砂板岩类地区，由于地貌相对低矮，植被生长均匀，故在 TM 图像上的色调主要以植被的色调为主，即均匀的暗红色调。砾岩类岩层在 TM 图像上以影纹密度较大而区别于其他岩类。岩浆岩的判释主要是根据几何形态和裂隙发育情况，色调不起主要作用，在两者图像上的色调无太大差别。唯在北部康定附近，TM 图像上岩浆岩体显示脑纹状影像，是其特殊之外，如松林口岩体、南真寺岩体、宁圭拉托岩体等为其代表。第四系松散沉积物在 TM（2、3、4 波段）假彩色合成片上呈浅灰红色调。

四、航片地层岩性的判释标志

航片地层岩性的判释是在卫星图像大岩带划分的基础上，进行详细的判释划分。从本次使用的航片判释效果来看，1∶2.5 万彩色红外航片和 1∶4.5 万彩色红外航片效果最佳，1∶3.5 万的全色黑白航片次之，1∶5 万～1∶6 万的全色黑白航片效果较差。一般说来，对航片判释而言，摄影季节及时间对判释效果有较大影响。特别是植被茂密地区，如果在夏季摄影往往使不同岩性的微地貌被植被所覆盖，影响判释效果。摄影时间同样影响判释效果，上午或傍晚摄影的航片，对构造判释有利，但不利于岩层微地貌的研究，例如对被阴影遮盖部位的岩层产状的量测无法进行。

在航片上显示的岩性判释标志较卫星图像上的更丰富、更复杂。由于能进行立体观察，实际上等于观察真实的地表形态模型。

各种岩性在全色黑白航片和彩红外航片上的几何形态判释标志大同小异，所不同者是全色黑白航片几何分辨率高，某些微地貌显的更清晰些。其次，在色调方面全色黑白航片仅表现为灰阶的变化，色调层次单调，而彩色红外航片则表现为色彩丰富、层次明显的影像。

各种岩性在航片上的判释特征归纳如下：

1. 碳酸盐岩类的判释标志

在航片上碳酸盐岩类的山坡较砂板岩为陡，一般在 30°～60°之间，也有大于 60°者，甚至近似直立，陡坎、陡崖及阴影区较多。植被生长不均匀，呈丛状生长，多在坡脚或阴坡发育，且多生长在坡度稍缓的坡面上。陡崖高度一般在数十米以上，如锦屏山中脊一带的陡崖，不仅突起高大，而且绵延数十公里，蔚为壮观。构造裂隙成网格状，水系明显受此控制。该岩类的崩塌较发育，常发生在陡坎或陡崖上，其下多崩塌物堆积，且植被生长茂密，如白山组地层与舍木笼～博大组地层的交界处，陡崖崩塌就十分发育。

碳酸盐岩类岩溶不发育时，往往山脊呈尖棱状。但在盐源盆地中，岩溶较发育，普遍分布岩溶漏斗、蝶形溶蚀洼地、落水洞、峰丛等岩溶地貌。

根据上述判释标志，不仅可以区分大的岩带，有时还可以将灰岩透镜体、灰岩夹层等判释出来。碳酸盐岩的色调判释标志在全色黑白航片和彩色红外航片上有所不同，在全色黑白航片上，整体上呈灰与灰白相杂色调，植被呈灰黑色调，基岩呈浅灰白色调。在彩色红外航片上，丛状植被呈鲜红色调，裸露岩壁呈棕青色调和青色调，明显区别于陡壁下的红色调。

2. 砂板岩类的判释标志

由于砂板岩以互层出现，故在航片上呈现明显的极有规律的层理影纹，成为判释砂板岩的一个重要标志。砂板岩软硬相间，经切割后，可从航片上有效地量测其产状，如高牛场、万年雪、药普一带，以及雅砻江的麦地龙至苦苦段的东岸、岩层走向十分明显，并能量测其产状。山坡坡度在 20°～30°之间，山脊线圆滑，陡坎及裸露的岩壁较少，山顶高程一般相对稳定，坡面残积物较多。

该类岩层几乎全被植被覆盖，且生长均匀。在全色黑白航片上层理影纹显示为灰阶不同的色调带、植被呈单一的灰～淡黑色调。一些孤立出现的崩塌、滑坡所显露的第四系松散堆积物则呈灰白色调；在彩色红外航片上，层理影纹表现为不同色彩条带，在凸出的砂岩层上，植被较少，呈青～浅红色调。在板岩层上，植被发育，故呈浅红～鲜红色调。

3. 片岩类的判释标志

片岩类岩层由于岩质较软，风化严重，层理显示不清，松散堆积物丰富，且多辟为耕地。在航片上，影像显得杂乱，极易与其他坚硬的岩石区分开，有时与第四系松散堆积层很难区分。在全色黑白航片上色调呈单一的灰阶变化，而在彩色红外片上则显出绚丽多彩的色调。

4. 砾岩类的判释标志

砾岩类主要是指下第三系地层，在全色黑白航片上呈奇形怪状的块状山体，与石灰岩的连座式峰丛地貌有些相似，影像结构较粗糙。一般残积物少，坡积物较多，植被分布不均匀，耕地多，居民点相对密集。通常与其他岩类相比，地貌显得低矮，故极易区别。在彩色红外航片上，该岩类的几何形态判释标志与全色黑白航片上显示的相似，只是几何分辨率稍差些，但色调则显得丰富多彩。

5. 岩浆岩类的判释标志

岩浆岩类和沉积岩的接触界线往往是过渡的，在小比例尺航片上难以准确划分，但在大比例尺航片上，则较易划分。岩浆岩类在航片上的解译标志主要表现为网状裂隙，如三得低—三岩龙岩体、新火山岩体、牦牛山岩体等。其次是多呈穹窿状地形，山脊较尖棱，山坡呈凸形坡和直线坡。往往由于出露位置高，常有冰川地貌发育。此外，该岩类山坡坡面残积物较少，坡积物较多，且植被生长茂密。

在全色黑白航片上岩体色调显示为不同的灰阶色调，一般色调偏淡，当植被生长茂盛时显示暗灰～淡黑色调；在彩色红外航片上，岩体色调呈青～浅红色调，植被密集时呈浅红～鲜红色调。

6. 第四系松散堆积物的判释标志

第四系地层的识别，主要根据地貌形态、色调，以及所处的地貌部位。一般第四系地层常位于地形低缓、平坦,河流两侧、沟口或缓坡上。第四系地层多辟为耕地,居民点较多,人类活动痕迹也较多。其色调在全色黑白航片上显示为均匀的或斑块状的不同灰阶色调;在彩色红外航片上则显示为浅黄、青灰、灰白等色调,色彩较为丰富。

五、物理地质现象的判释

(一)物理地质现象的类型

工作区内现有航空像片覆盖地区都进行了物理地质现象的判释,在各种比例尺地质图中均表示出大型的物理地质现象。其中对雅砻江鲜水河口至官地段沿河两侧各宽 2 km 的范围内,进行了较详细的判释,在长 510 km 的河段内,共发现滑坡 102 个、崩塌 205 个、岩堆 96 个、泥石流 27 条、洪积扇 39 个,合计为 469 个,按河段长度平均每公里为 0.92 个。

此外区内还分布有冰川、倾倒体等,但未作判释,岩溶现象列入水文地质判释部分。

(二)物理地质现象发育的特点

通过遥感图像判释,归纳出本区物埋地质现象发育规律与特征如下:

1. 测区为高山峡谷地形,坡陡谷深,河流两岸谷坡是物理地质现象分布集中的部位。

2. 物理地质现象发育与地质构造、岩性有密切关系,如沿断裂带分布、形成于褶皱构造的翼部以及测区内大面积出露的板岩、千枚岩地区物理地质现象较发育。特别是大型的滑坡、崩塌,大都与上述因素有关。如大铺子滑坡分布于板岩和千枚岩地区,测区最大的草坪子滑坡以及周家坪滑坡、甘海子滑坡、磨子沟滑坡等,都与断裂构造有密切关系。

3. 物理地质现象主要发育于基岩中,但第四系松散堆积层中也有发育。

4. 河流冲刷和侵蚀也是物理地质现象形成原因之一。此外,大量降水、地震等也起到诱发和加剧作用。

5. 物理地质现象的规模大小相差悬殊,初步估算:300 万立方米以上的大型滑坡和崩塌有40 个,其中 1 000 万立方米以上占 27 个,亿立方米以上的占 1 个。

(三)物理地质现象判释的特点

1. 一般说来,遥感图像上物理地质现象反映清楚,尤其是大型的物理地质现象,在 MSS 图像和 TM 图像上均有所反映。

2. 本区坡陡谷深,地形高差较大,由于阴影和投影差所形成的死区,严重影响了判释效果。由于河流多系南北向延伸,而卫星图像均在上午 9 点左右成像,故河谷西岸谷坡出露清楚,但东侧谷坡多成阴影,给该侧谷坡稳定性评价造成极大困难。

3. 当河流谷坡上的陡岸崩塌体被河水冲走后,除了崩塌壁特征外,看不到其他标志,这种情况下要注意与稳定陡岸的区别。

4. 工作区人类活动较少,自然景观保存较好,有利于物理地质现象真实情况的判断。

5. 在长大陡坡残积、坡积层中的山坡变形的发展过程较为复杂,往往兼具滑坡和崩塌的特点,或其中一部分表现为滑坡,而另一部分则表现为崩塌、错落等,有的在发展过程中进行转化。

6. 由于高山峡谷地区,物理地质现象主要表现为山坡变形。在遥感图像上主要是通过几何形态来辨认物理地质现象,色调一般只在确定其新老方面有其重要意义。但新产生的崩塌例外,色调作为判断崩塌的存在,与几何形态具有同样重要的作用。

7. 由于判释用的航片较老,一些近期新产生的物理地质现象未能反映出来,如麦地龙滑坡等。因此,现场实际物理地质现象将较遥感图像判释出来的为多。

(四)遥感图像的判释效果

物理地质现象判释是用航空像片作为基本片,其效果较理想,一般物理地质现象可根据其形态很容易地辨认出来;航天遥感图像作为辅助片,主要是从宏观上分析物理地质现象产生与地质构造、岩性、地下水等的制约关系。对于物理地质现象个体的研究,远不如航空像片效果好,只是一些大型或巨型的物理地质现象可以在航天遥感图像上辨认出来。

一般先对卫星图像进行宏观研究,对地质构造、地层、岩性、物理地质现象等有概略的了解后,再进行航片判释。通过对各种物理地质现象各要素的分析,可以辨认各种物理地质现象的性质、范围。在确定其存在后,还可对周围的地貌、地层、岩性、构造、水文、植被、人类活动等进行分析,进一步判断物理地质现象的物质组成、成因、演变历史、分布规律、发展趋势及危害程度等等。

本次所使用的航空像片包括全色黑白航片和彩色红外航片两种。这两种片种对判释物理地质现象均取得令人满意的效果。两者各有特点,但从总体上看,彩色红外航片更为有利。全色航片的优点在于几何分辨率较高,有利于微地貌的研究;彩色红外航片色彩鲜艳,视觉信息丰富,可以提高地面物体的表现能力,特别是对植被、水体以及与含水性有关的地质现象、第四系松散地层等,均可一目了然。对认识物理地质现象有特殊的效果。

遗憾的是本次使用的全色黑白航片质量不太理想,主要是时间老、洗印质量差、比例尺小。相对而言,1981 年摄的 1:3.5 万的航片较好,比例尺适宜,洗印质量尚佳,用它进行物理地质现象判释,可满足成图需要。

利用彩色红外航片判释物理地质现象和全色航片既有共同点,又有所差别。从形态判释标志来看,两个片种基本相似,但全色航片上反映的微地貌及影像结构更清晰些;从色调判释标志来看,彩色红外航片判释效果较好,特别是与含水量有关的一些地质信息,在该片上显示的较丰富。如烟袋乡滑坡,在有地下水出露的地方呈灰绿色或浅至深绿色斑点状;崩塌壁和崩塌体均呈浅灰色调,当生长植被时,呈浅红色调,当含有水份时呈浅绿或蓝绿色调;岩堆和洪积扇,当有植被生长时均呈红色。

六、数字图像处理及应用效果

(一)概　况

为了提高遥感图像判释效果,使用了数字图像处理技术,对锦屏地区的陆地卫星 MSS 图像和 TM 图像磁带数据,进行了多种功能的图像处理。包括几何校正、滤波增强、指数变换、对数变换、直方图均衡化以及假彩色合成等。采用的计算机图像处理设备为 I^2S 的 575 系统,处理的图像存储在计算机磁带上,经由扫描仪(KAMOTO)输出成胶片,扫出的胶片为彩色负片,经放大冲洗获得图像。共处理四景不同类型、不同时相的陆地卫星图像资料,并提供了三幅影像清晰的数字图像处理成果,为判释和综合分析地质现象提供了良好的遥感资料。

(二)图像处理

1. MSS 的图像处理

由于卫星姿态及地球自转等影响,MSS 原始资料变形、偏扭较大,给 MSS 图像镶嵌造成困难。为此,在正式镶嵌前做了去斜纠正,通过去斜纠正,使两幅图像的镶嵌得以顺利进行。

MSS 图像处理,主要选取 7、5、4 三个波段进行假彩色合成。在假彩色合成前,对单波段进行了滤波增强、指数变换、对数变换和直方图调整等方法处理。考虑到锦屏地区地形陡峻,相对高差较大,同时 3~4 月份的太阳高度角较低,图像中的阴影较大,为了抑制高亮度区,提高阴影区亮度,先分别对 MSS-7 波段进行对数变换处理和 MSS-5、4 两个波段进行直方图均衡化处理,然后才进行假彩色合成。

2. TM 图像处理

TM 图像增强处理选取 4、3、2 波段和 4、5、3 波段两种组合方案。对 4、3、2 波段假彩色合成前,进行了直方图均衡化处理,使图像的亮度值均匀分布,结果使图像中等亮度区对比度得到扩展,而两端亮区(即高亮区及低亮区)的对比度相对受到压缩。锦屏地区地形割切严重,有些沟谷被阴影笼罩,难以显示,用此法能使低亮区得到调整。

其次,又选取了4、5、3波段进行假彩色合成,在合成前,进行了直方图调整,然后再进行假彩色合成。

(三)图像处理成果的应用效果

经过数字图像处理后的MSS图像和TM图像,立体感强、色彩鲜艳、层次丰富、图像清晰,有利于对地貌、地层、岩性、构造、物理地质现象、水文地质的判释。在1:20万的两种数字图像处理图上,都增强了断裂构造和褶皱构造影像,例如,该区的锦屏山断裂、青纳断裂、江浪短轴背斜等均显得较为醒目;各种地层,通过不同地貌形态和色调能作概略划分,例如,大河湾地区的石灰岩、大理岩和砂板岩的地貌形态显然不同,较易区分其界线;谷坡上物理地质现象集中发育地段,可根据白色色调进行辨认,某些大型的滑坡、崩塌和泥石流,均可根据其地貌部位、形态、色调等予以判别。特别是第四系松散地层及物理地质现象含有水份时,在MSS图像上显示为绿色斑块,在TM图像上显示为蓝色斑块,斑块的深浅大小,反映水量的多寡,这就为研究与含水有关的地质现象提供了有利条件。

由于TM图像的分辨率较MSS图像高,处理后的图像影像细节更清晰,层次感更强,一些较小的水系也较MSS图像清楚。

七、遥感技术应用效果

通过本区遥感图像的利用,充分说明了遥感技术的优越性,不但可提高制图质量和工作效率,而且可大大改善劳动条件,把大量野外工作转移到室内进行。特别是本工作区地形地质复杂、人烟稀少、交通极为困难、地质研究程度低,应用遥感技术更显得必要,遥感技术发挥的作用也更大。

本次地质制图工作量较大,1:20万地质制图约5万km^2、1:5万地质制图约2万km^2、1:2.5万地质制图约$700km^2$,还编制了雅砻江河谷鲜水河口至官地500余公里河段的物理地质现象判释图,总共只用了约2 000多工天,如用传统的地质点工作方法编制上述图件,约需1万工天,提高工作效率2~3倍。

遥感技术在秦岭越岭隧道综合勘探应用中达到新水平

西安至安康线是连通我国西北与西南的一条重要通道,全长 992 km。其中,穿越我国三大东西复杂构造带之一的秦岭山脉,以长约 15～22 km 的越岭隧道通过,长度超过我国目前最长的大瑶山隧道。本隧道通过地区地质之复杂、工程之艰巨,在我国铁路建设史上是罕见的。

长隧道地质复杂地区,若单纯采用常规地面调查,要在短期内高效率、高质量地完成勘测成果和方案比选,将会遇到很大困难。如何寻求最佳的地质工作模式,是多年来有关领导和勘测人员始终考虑的问题。为此,根据部领导指示精神,原部基建总局决定把这条线作为全路勘测设计改革的试点项目,并在初测前期划出一个子阶段,作为加强地质工作的试验。其中的秦岭越岭隧道,则作为全路综合地质勘探改革的试点,贯彻改革精神,采用先进技术和综合勘探方法。这次子阶段工作,改变了以往传统做法,比较系统地采用遥感、地面调查、物探、钻探等综合勘探方法。

遥感地质工作,在铁道部第一勘测设计院统一领导下,由该院西安分院、铁道部专业设计院、西南交通大学共同协作完成。从 1987 年 9 月开始,到 1988 年 7 月结束。现将情况概述如下:

一、工作方法

本次工作方法的主要特点是遥感、物探、地面调查三者密切配合的综合勘探。对遥感工作而言,主要是考虑遥感手段的选择和应用的程序与原则。

(一)遥感手段的选择

遥感手段的选择应根据勘测的阶段、目的,工作地区的地形、地质复杂程度,遥感数据获取的难易情况以及经济效益等,综合选择最佳遥感手段或几种遥感手段的组合。

本次工作,要求从宏观上初步查清越岭地区控制线路方案的各种主要地质问题,具体说就是要摸清该区岩带、断带和富水带。根据该区地形、地质均较复杂,地质研究程度低,以及要求初步查清各种主要地质问题,确定选用美国陆地卫星 MSS 数据、TM 数据和国土卫星图像,小比例尺黑白航片(1：4.5 万和 1：6.5 万)和大比例尺航片(黑白航片和彩色红外航片)等 5 个片种。这些遥感片种,代表了 3 个高度层次,达到了从宏观逐步过渡到微观的要求。此外,还应用了比较先进的计算机数据处理技术。

(二)工作程序与应用原则

工作程序与以往一样,仍按初步室内判释、野外调查验证、室内复判、编制各种图像和编写说明书的顺序进行。工作程序框图见图 1。

本次遥感地质工作遵循以下原则:

1. 以遥感技术指导地面地质调查

本文发表于《铁道工程学报》1990 年第 1 期,1990.3

外业地质调查之前,先进行遥感图像判释,然后编制遥感地质预判图。该图供外业调查填图时参考,起到指导外业地质调查的作用。

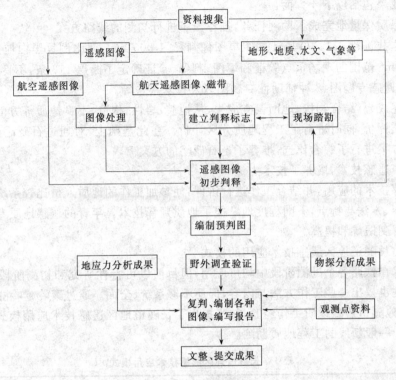

图1　遥感工作程序框图

2.有选择的采用遥感不同高度层次、不同数据、不同手段进行复合和综合分析

遥感不同高度层次、不同数据、不同手段的复合和综合分析,可获得较好的判释效果。由于地质体性质、规模以及背景景观的不同,应有针对性地选用适用的遥感手段,才能取得较好效果。实践证明:单一的遥感片种或手段,无法对任何地质现象均能获取较好的判释效果。例如,区域性大断裂和地层的粗略划分,采用卫星图像和小比例尺航片相结合判释,可获得较好效果;中等规模的断层、大型不良地质现象,用小比例尺航片判释,效果较佳;小断层、大型张性节理、小型不良地质现象,利用大比例尺航片判释较为理想,等等。

3.宏观控制微观的判释方法

在遥感不同高度层次的复合应用中,坚持先卫星图像宏观控制,后进行航空遥感图像判释。同样,航空遥感图像判释,也坚持先小比例尺航片判释,后进行大比例尺航片判释。这样,符合从粗到细,由浅入深的认识过程。

4.遥感、物探、地面调查三者密切结合

工作中,自始至终三者密切结合。各种地质现象和界线,都是经过三者互相补充,综合分析后确定的。遥感判释有利于地表宏观背景和地质现象的了解;物探主要提供剖面资料;地面调查侧重于微观的研究和描述。

5.尽量做到谁判释谁验证

通常而言,应尽可能做到遥感图像判释者就是验证者,至少是验证组中应有参加过室内判释或了解判释意图者,以便一旦出现现场验证与遥感图像判释不一致时,能及时加以分析,取得一致看法。

二、取得的成果

取得的成果包括以下 4 方面：

1. 按期保质保量地完成了勘测任务，推荐出了进行初测的线路方案

本次工作共进行了 1 300 km² 的卫星图像判释、1 000 km² 大比例尺黑白航片判释，并进行了约 460 km² 范围的现场重点验证和填图；判释、验证确定了断层 113 条，不良地质 232 处；编制了 11 种遥感专题图、8 种辅助性专题图以及技术报告等。

根据上述成果，结合物探、地面调查成果，从地貌、岩性、构造、不良地质等方面进行工程地质和水文地质评价，同时进行了工程地质分区评价。在此基础上，对通过石砭峪、太峪、小峪、大峪的隧道方案进行了综合比选，推荐了走石砭峪的方案。

2. 推广了遥感技术，培养了技术力量

通过遥感技术的应用，并结合工作进行讲课，使参加工作的地质人员比较系统地了解了遥感工作的内容、方法与特点，不同程度地掌握了地质判释技术。年青的遥感地质专业人员也通过这次工作得到锻炼和提高。

3. 推荐出长隧道地区遥感技术应用的模式

遥感技术在铁路各个勘测阶段中均可应用，但目前以可行性研究和初测阶段应用效果最佳。虽然以往也提出一些工作方法与内容，但还不够系统、全面。通过秦岭越岭隧道遥感地质工作，以及其他隧道遥感地质工作经验，初步提出了长隧道地区遥感技术应用模式（表 1）。此模式也适用于一般新线的工程地质勘测。

表 1　长隧道地区遥感技术应用模式

阶段	测区复杂程度	遥感数据选择与组合
可行性研究	简单 中等	美国陆地卫星 MSS 数据，可进行计算机图像增强处理（比例尺 1∶10 万～1∶20 万），也可选用国土卫星图像。重点地段同时使用 1∶5 万左右比例尺航空像片
	复杂	航天遥感数据（美国陆地卫星 MSS 数据、TM 数据、SPOT 卫星 HRV 数据等），可进行计算机图像增强处理（1∶5 万～1∶20 万），同时使用 1∶5 万左右小比例尺航空像片。隧道洞身地区以航天遥感图像的宏观信息和小比例尺航空像片相结合；展线及洞口地段以小比例尺航片判释为主，局部地段或工点可进行计算机图像放大增强处理
初测子阶段	简单 中等	美国陆地卫星（MSS 数据、TM 数据），可进行计算机图像增强处理（1∶5 万～1∶20 万），也可选用国土卫星图像，同时使用 1∶5 万左右航空像片。卫星图像与航片结合应用，以航片为主。卫星图像判释范围更广些，并用以指导航片判释。展线及洞口部分，应进行较详细的小比例尺航片判释
	复杂	航天遥感数据（美国陆地卫星 MSS 数据、TM 数据、SPOT 卫星 HRV 数据、苏联卫星图像等），可进行计算机增强处理（1∶5 万～1∶20 万），同时使用 1∶5 万左右小比例尺航空像片，航卫片结合判释，以航片为主。局部地段可摄 1∶10 万左右彩色红外航片，可放大应用，也可进行计算机放大增强处理
初测		一般进行专门的沿线路方案的航带摄影（黑白片、彩色红外片或其他片种），比例尺 1∶1.0 万～1∶1.5 万左右。大比例尺黑白航片为主要作业片，其他片种以及小比例尺航片作为辅助片

4. 建立了该区的遥感图像地质判释标志

秦岭地区，由于经历了地质史上多期的变形变质与混合岩化作用，构造极为复杂，岩性在地貌上的差异表现往往是过渡的，因此，给遥感图像判释断裂与岩性带来许多困难。一般地区适用的断裂和岩性判释标志，在本区难以引用。

通过反复的遥感图像判释和现场验证，初步建立了工作区的各种地质判释标志。这些判释标志的建立有利于该区地质判释工作的开展，也可作为今后在该区开展遥感地质判释工作时参考。

三、可贵的经验

秦岭越岭隧道综合勘探中有不少可贵的经验,这里,就仅与遥感技术应用有关的经验归纳如下:

1.子阶段改革地质工作的作法是正确的

对于像西安至安康线秦岭越岭地段这类选线范围大、可比方案多、地形困难、地质复杂、工程艰巨的长大铁路干线和重点工程,在初测前期划出一个子阶段,提前做细工程地质工作,缩小初测方案比选范围,是十分必要的。这是总结以往铁路建设工作的经验教训,加强前期地质工作,避免产生重大决策失误,提高铁路勘测设计质量的一种有效措施,应加以肯定和推广。但必须指出,只有在地形地质十分复杂,而可行性研究阶段又未充分利用遥感和物探进行综合勘探的情况下,为了初测工作的顺利开展,增加初测子阶段工作是可行的。其他情况下,则不必增加初测子阶段工作。

2.开展综合地质勘探是较理想的地质勘测模式

这次工作,充分采用了遥感、物探、地面调查、钻探等多种勘探方法,在较短的时间内完成了面积 460 km² 的地质勘测工作。在提高质量和效率、降低成本等方面,取得较好效果,在铁路系统开展综合勘探方面达到新水平,也使遥感技术应用于生产实际方面达到新水平。它的意义不仅在于该线本身,而且还关系到全路地质工作改革的大事,是具有十分重要意义的探索。

3.加强协作、发挥技术优势的作法值得推广

子阶段工作组织了较广泛的路内外单位的技术协作,集中了高水平的技术力量,发挥各自优势,为应用先进技术和设备创造了有利条件。事实证明:这次协作中比较好地体现了常规地面调查与遥感、物探等技术的配合和联合应用。这种发挥各自技术优势的协作,也是值得今后推广的作法

4.推广遥感技术具有较好的经济效益

秦岭越岭隧道地区遥感技术的应用,在提高勘测质量和效率、改善劳动条件方面,起到较大的作用。原计划 1∶2 万地质填图,每平方公里布设 4 个观测点,结合遥感技术后,只布设 2.5 个观测点,提高工作效率 1 倍左右。在地形困难的岭脊地区,地质人员难以到达,用遥感判释提供资料,满足了填图需要,保证了质量,起到事半功倍之效。

通过子阶段工作进一步证明:铁路勘测中,采用遥感技术是很必要的,也是切实可行的,它是铁路勘测的一种先进有效的手段,是实现铁路勘测现代化的重要内容之一,具有明显的技术经济效益,深受广大地质人员欢迎,应大力推广应用。建议工程总公司选择一条新线,推广综合地质勘探的工作模式。

四、几点体会和建议

1.遥感技术在铁路工程地质勘测中的地位和作用

遥感技术在铁路勘测中占有重要的地位和作用。长期以来,铁路工程地质总是处于被动落后状况,当然,造成这种情况,有多种原因,但和勘测手段落后是有重要联系的。特别是在地形、地质复杂、交通困难地区,要查明地质构造是很困难的,要进行钻探更是困难。而当地质构造未查明的情况下,钻孔很难布设,甚至具有较大盲目性。有些本来可以通过测绘解决的地质问题,由于手段落后而未能解决,代之以钻探来解决,是很大的浪费。况且钻探并非万能,无法替代测绘的作用。因此,要改变地质工作中的被动局面,必须加强测绘,加强综合勘探,尽可能减少钻探,只有这样才是有效的途径。

原基建总局提出以西安至安康线为试点,采用遥感、物探先进技术,加强综合勘探是完全

正确的。我们认为可行性研究和初测子阶段的地质工作,主要是从宏观上初步查明控制线路方案的地质现象。因此,要抓住主要地质问题,过细的工作是没必要的。而遥感技术对控制宏观地质问题、稳定线路方案,恰恰可以充分发挥其作用。

2. 遥感技术是先进的,但并非万能的

遥感技术是一种先进的勘测手段,这已经是公认的事实了。但它并非万能,特别是通过遥感图像分析各种地质现象时,受到判释者的经验以及对工作地区判释标志的熟悉程度、各种自然景观(植被、覆盖层、地形等)、遥感图像比例尺及图像质量等因素的影响,往往会出现误判或漏判情况,应该说,误判和漏判是不可避免的。当然,对误判与漏判的内容,应进行认真的分析和总结经验,以尽可能地减少由于主观原因而造成的误判和漏判现象。

3. 遥感技术与地面调查的关系是相辅相成的

我们一再强调遥感技术不能脱离地面调查,否则,将很难发挥遥感技术的优势。同样地,地面调查不借助遥感技术,则难以摆脱局限性和盲目性。基于上述原因,不能把遥感技术和地面调查对立起来,更不能把某些问题或成绩单纯说成是遥感的或是地面的问题或成绩。应该把遥感技术与地面调查视为不可分割的整体,成绩也好,教训也好,应视为共同的问题予以对待。今后应逐步走向调查者本身要直接掌握应用遥感技术,作为一种必要的方法予以掌握。

4. 工程地质勘测方法与内容应进一步改革

遥感技术提供的成果应能满足常规地面勘测的要求,才能得到推广应用,这是问题的主要一面。但遥感图像有其特点,视野广阔,影像逼真,通过宏观控制微观的工作方法是理想的方法,它虽然在具体勘测成果内容方面不如地面勘测具体、详细,定量数据也不如地面勘测方法获取的那样准确,但在总体上、宏观上、定性上有其优势。尽管在形式上不如地面勘测那样详细,但同样起到稳定方案的作用。因此,应用遥感技术后的勘测程序、方法和内容,不应硬套常规的地面勘测方法,否则,将限制遥感技术的充分应用。

5. 原基建总局领导决定通过西安至安康线作为全路改革地质工作的试点项目,总结出一套综合地质勘探的方法,得出合理的地质工作模式,这个决定,抓住了地质工作长期被动的关键问题。我们希望这条线试点的经验,应大力加以宣传。先进技术对传统地面方法的改革,不通过大力宣传和采取有力的措施是不行的,包括观念的更新、采用遥感技术后的队伍规模、工作程序与方法、提供资料的深度、遥感技术的培训等等,都要进一步深入地抓下去。

6. 今后铁路勘测中,应作出规定,凡是地形、地质复杂地区、交通困难地区、长大隧道,特大桥等地区,必须采用遥感技术作为地面勘测相辅相成的一种必要手段。在考虑应用遥感技术时,应尽可能提前安排遥感任务,以更充分地发挥遥感作用。

铁路长隧道地质勘测中遥感技术
应用的方法与效果

铁路工程地质勘测是铁路选线设计的基础工作,但以往都是按常规的地面调查方法,不但勘测速度慢、劳动强度大,而且由于调查区域狭窄,对查明区域地质有很大的局限性,尤其在铁路长隧道大面积方案比选中,由于长隧道要穿越高大陡峻的分水岭,山高林密、人烟稀少、交通不便、地质复杂、资料缺乏。因此,单靠常规的地面调查方法拟查明测区的工程地质条件是非常困难的。

遥感图像由于视域广阔,影像逼真,给我们展示了一幅真实的地面缩影,从而为宏观分析与评价区域工程地质条件提供了十分有利的条件。近几年来,遥感技术作为一种新手段,在铁路勘测中,尤其是在长隧道工程地质勘测中,如衡阳至广州铁路的大瑶山隧道、朔县至石家庄铁路的雁门关隧道、大同至秦皇岛铁路的军都山隧道、西安至安康铁路的秦岭隧道,均应用了遥感技术,取得了较好的效果,积累了成功的经验,初步总结了长隧道遥感地质勘测的方法。

一、遥感技术在长隧道地质勘测中的应用方法

(一)遥感手段的选择

遥感技术应用效果很大程度上取决于是否选择合适的遥感手段。遥感手段的选择应根据勘测阶段和目的、工作区的地形与地质的复杂程度、遥感数据获取的难易以及技术经济效益比较等,综合考虑选择最佳遥感手段或多种遥感手段的组合。

在长隧道地质勘测中,遥感技术主要应用于方案比选工作中,要求从宏观上初步查明越岭地段控制线路方案的岩带、断裂带、富水带及不良地质等主要地质问题。一般选用三个层次的遥感片种:第一层次是陆地卫星图像,比例尺 1:5 万~1:20 万,属宏观信息;第二层次是 1:5 万小比例尺黑白航片,属中观信息;第三层次是大比例尺黑白航片和彩色红外片,属微观信息。

有了多层次的遥感数据,可以进行相互比较,并遵循宏观到微观的判释方法,查明控制线路的方案的主要地质问题,为稳定隧道方案提供可靠的依据。

通过大瑶山、雁门关、秦岭等多座长隧道的遥感技术应用实践,初步确定了铁路长隧道地区遥感技术应用模式,见表1。

(二)遥感技术应用的作业程序

遥感技术应用于铁路工程地质勘测中,必须满足铁路勘测设计规范的精度要求,因此遥感图像的判释要采取以下作业方法:(1)先判释卫星图像,后判释航片;(2)以航片判释为主,航片和卫星图像判释相结合;(3)以遥感图像判释为主,遥感图像判释与地面重点调查相结合。

本文在"第五届隧道工程科技动态报告会"上交流,选入论文集,1990.10

表1   长隧道地区遥感技术应用模式

阶段	测区复杂程度	遥 感 数 据 选 择 与 组 合
可行性研究	简 单	美国陆地卫星 MSS 数据,可进行计算机图像增强处理(比例尺1:10万~1:20万),也可选用国土卫星图像,重点地段同时使用1:5万左右比例尺航空像片
	中 等	
	复 杂	航天遥感数据(美国陆地卫星 MSS 数据、TM 数据、SPOT 卫星 HRV 数据等),可进行计算机图像增强处理(1:5万~1:20万)。同时使用1:5万左右小比例尺航空像片;隧道洞身地区以航天遥感图像的宏观信息和小比例尺航空像片相结合;展线及洞口地段以小比例尺航片判释为主,局部地段或工点可进行计算机图像放大增强处理
初测子阶段	简 单	美国陆地卫星(MSS 数据、TM 数据),可进行计算机图像增强处理(1:5万~1:20万),也选用国土卫星图像,同时使用1:5万左右航空像片。卫星图像与航片结合应用,以航片为主,卫星图像判释范围更广些,并用以指导航片判释。展线及洞口部分,应进行较详细的小比例尺航片判释
	中 等	
	复 杂	航天遥感数据(美国陆地卫星 MSS 数据、TM 数据、SPOT 卫星 HRV 数据、苏联卫星图像等),可进行计算机增强处理(1:5万~1:20万),同时使用1:5万左右小比例尺航空像片,航卫片结合判释,以航片为主,局部地段可摄1:10万左右彩色红外航片,展线及洞口部分可放大应用,也可进行计算机放大增强处理
初　测		一般进行专门的沿线路方案的航带摄影(黑白片、彩色红外片或其他片种),比例尺1:1.0万~1:1.5万左右,大比例尺黑白航片为主要作业片种,其他片种以及小比例尺航片作为辅助片

在长隧道地质勘测中,遥感技术应用的作业程序是按初步室内判释,外业调查、验证,室内复判,编制各种图件和编写说明书。遥感技术应用的作业程序见图1。

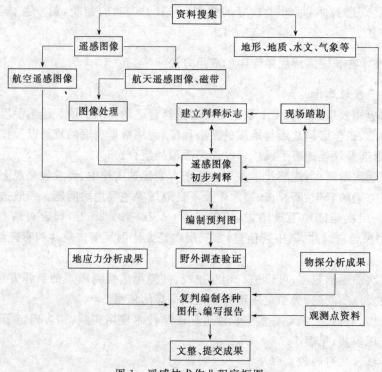

图1   遥感技术作业程序框图

二、遥感技术在长隧道地质勘测中的应用效果

在长隧道勘测中,应用遥感技术具有很大的优越性,技术、经济效益明显,举例介绍如下:

(一)遥感技术在秦岭隧道方案比选中的应用效果

拟建的西安至安康铁路将是我国西北连通西南的第二通道,线路穿越我国著名的秦岭山

脉。秦岭越岭段拟建 20 多公里的我国第一长隧道,地形地质十分复杂,工程十分艰巨。为了有利于大面积方案比选,采用了以遥感地质为主的勘测方法,改变了以往单纯靠地面调查的方法。

秦岭地区的遥感地质工作是在大面积范围内开展的,所以在秦岭隧道的方案比选中,充分显示出了它的优越性。在约 1 000 km² 范围内,应用陆地卫星 TM 图像、MSS 图像以及国土卫星图像进行了判释;在约 460 km² 范围内,应用不同比例尺的航空像片进行了判释,判释航空像片约 1 500 对。编制了秦岭地区遥感工程地质判释图及断裂构造判释、节理裂隙判释、工程地质岩组判释、不良地质判释等 11 种遥感专题图件。经遥感图像判释并落实断裂 113 条、工程地质岩组 6 个、不良地质 232 处,为长隧道方案比选提供了充分依据,满足了初测子阶段工作的要求。

1. 断裂构造的判释效果

测区内应用遥感图像判释断裂构造取得了较好的效果,对判释出的 113 条断裂按其延伸长度及对工程的影响程度进行了分级,其中一级断裂(区域性大断裂)2 条,二级断裂(贯通测区)3 条,三级断裂(延伸长度 5～10 km)6 条,其余均为规模小且对工程影响不大的四级断裂。

通过遥感图像的判释与分析,可以看出判释区内的断裂展布具有明显的规律性,具压性和压扭性的近东西向断裂为区内主干断裂,形成时间早;具扭性的北东向、北西向断裂规模较小且往往切割近东西向断裂;表现为张性的南北向断裂不发育,且往往呈现追踪性质。这种构造格局显示了本区曾经受过南北向挤压应力的长期作用。尽管后期本区地应力发生过几次变化,但上述的基本构造格局未变。

2. 节理裂隙的判释效果

隧道地区利用大比例尺航片共判释节理裂隙 400 余条,编制了节理裂隙判释图。节理密集带往往是工程地质的薄弱带,长大的张性节理常常成为地下水的通道。因此,节理发育程度是评价测区工程地质条件的重要标志。通过节理裂隙判释图的分析,发现判释区不同地层和岩石,其节理裂隙的发育状况(性质、密度、方向、规模)不尽相同,利用这种规律进行隧道方案评价及作为判释地层和岩石的间接标志,取得较好效果,如判释秦岭南坡的混合花岗岩就是结合节理裂隙判释图进行的。

3. 工程地质岩组的判释效果

把遥感图像上影像特征相似、工程地质性质差别又不大的岩层归类合并,称为工程地质岩组。岩组的判释主要是利用小比例尺黑白航片,对出露面积较小的岩体,辅以大比例尺黑白航片和彩色红外航片。

通过反覆的判释与重点实地验证,把判释区共分为 7 大岩组:

(1)元古界秦岭群片岩、板岩类;

(2)古生界斜峪关群与甘峪组副变质岩类;

(3)古生界上泥盆统刘岭组绿片岩类;

(4)混合花岗岩类;

(5)混合片麻岩类;

(6)花岗岩岩体;

(7)新生界松散岩类。

秦岭地区由于经历了多期变形变质和混合岩化作用,岩性极为复杂,岩组界线不明显,判释难度大。从总体看,判释区岩组尤其是变质岩系地层,呈现近东西向条带状分布。

4. 不良地质的判释效果

不良地质的判释主要用大、小比例尺黑白航片。判释的主要不良地质是滑坡、崩塌、错落、岩堆等,判释效果佳。根据影像特征,不但可以确定其性质、范围、规模、危害程度,而且还可以对其发展趋势作出评价。判释区共判释出不良地质232处(表2)。

表2　秦岭隧道地区不良地质数量统计表

分类 地区	滑坡	古滑坡	错落	古错落	崩塌	岩堆	泥石流	合　计
岭　北	24	39	3	5	35	31	4	141
岭　南	39	8	7	3	7	3	3	70
其　他	7	8	2	2	1	1	0	21
合　计	70	55	12	10	43	35	7	232

5.工程地质分区及其评价

综合断裂构造、节理裂隙、岩组及不良地质的分布及其对工程的影响程度,秦岭隧道地区可分为5个工程地质分区:

Ⅰ　渭河断陷盆地南缘残塬区,工程地质条件差;

Ⅱ　岭北山前古生界低山区,工程地质条件较差;

Ⅲ　岭北混合花岗岩、混合片麻岩高中山区,工程地质条件好;

Ⅳ　岭脊高山区,工程地质条件差;

Ⅴ　岭南中山河谷区,工程地质条件较差。

6.隧道最佳越岭垭口的推荐

隧道最佳越岭垭口的取舍,主要取决于工程地质条件的优劣。

西安至安康铁路翻越秦岭从地形上可通过的垭口有库峪、大峪、小峪、太峪、石砭峪。经遥感图像的判释与实地调查,推荐石砭峪为最佳越岭垭口。

其主要优点:

(1)通过近东西向主干断裂少;

(2)主要通过岩体完整、岩质坚硬的混合岩分布区;

(3)虽局部地段通过节理密集带,但由于隧道在该段埋深大,影响不大;

(4)不良地质不发育,片岩类软岩带分布少;

(5)石砭峪沟谷开阔,沟床纵坡缓。

(二)遥感技术在大瑶山隧道地质勘测中的应用效果

大瑶山隧道系京广铁路改建的重点工程,该隧道位于南岭山脉的瑶山地区,穿越武水峡谷的"弓弦"部位,隧道全长14.3 km。在该隧道施工期间,进行了遥感技术应用试验,旨在一方面利用地面勘测资料和施工实况检验各遥感片种判释的应用效果,另一方面利用遥感判释成果补充地面勘测资料,为施工提供参考性地质信息。

大瑶山隧道遥感试验的片种齐全,有卫星图像,大、小比例尺黑白航片、彩色红外航片、天然彩色航片、黑白红外摄影片、黑白红外扫描片、多波段扫描片等八种遥感图像资料。判释方法采用以目视判释为主,本次遥感应用试验为工程地质和水文地质方面提供了一些实用性的成果,其中提供的主要成果有:

1.大瑶山隧道地区遥感图像线性构造判释图(比例尺为1:2.5万)。

本图是利用卫星图像、航片综合判释而编制的,通过隧道地区约450 km² 范围内的判释,共判释出大、小线性影像300余条。本图用于对隧道地区进行区域地质构造分析和工程地质条件的概略评价。从图中可以看出隧道两侧未见平行隧道的大型断裂存在,并可发现隧道中部为工程地质条件复杂的地段。

2.大瑶山隧道遥感地质判释图

　　为了更有效地分析与隧道直接有关的工程地质、水文地质条件,在大面积判释的基础上,又沿隧道轴线两侧各 2.5 km 带状范围内进行详细的遥感地质判释,最后确定穿越隧道的断层有 28 条。判释出的断层分为两类:判释证据充分且经外业验证者,列为Ⅰ类;判释证据不充分且由于现场植被茂密无法验证者,则列为Ⅱ类。根据判释图对大瑶山隧道的工程地质条件作出了评价,认为隧道通过地区地质条件最复杂的是隧道中部槽谷段,隧道东段和西段除斜井位置附近工程地质条件较差外,其余地段均无大的问题。

　　大瑶山隧道地区,植被茂密,覆盖层厚,大部分地段地质现象被掩盖,应用遥感手段获取了丰富的地质信息,补充了地面勘测资料。遥感图像判释穿过隧道的 28 条断层,其中有 16 条经施工验证基本相符。本次遥感试验为在丛林密布、覆盖层厚、地面勘测困难的我国南方地区应用遥感技术进行铁路长隧道勘测积累了经验。

三、结 束 语

　　在铁路长隧道勘测中,应用遥感技术具有明显的技术、经济效益,主要表现在:

　　(1)遥感判释成果可指导外业测绘,使外业地质调查有目的地进行;

　　(2)有利于大面积方案比选,提高勘测资料的质量,节约基本建设投资;

　　(3)加快调查速度,改善劳动条件,把部分野外工作通过图像判释实现。

　　当然应该看到,由于遥感图像反映的是地表信息,而且是宏观的,遥感手段本身也有它的局限性。如果要获得地下深部的地质信息,必须采用遥感、地面调查、物探、钻探等综合勘探方法,才能获得。

铁路工程地质遥感技术应用模式与方法

　　遥感技术无论在铁路、公路、水利、油气管道或电力等不同工程的工程地质调查中应用,其应用程序和方法大同小异,以下结合在铁路选线勘测中的应用为例,加以叙述。

　　在铁路勘测中,不论是哪个阶段,应用航空遥感地质方法时,其一般作业过程是大致相同的,即按准备工作阶段、室内初步判释阶段、外业验证调查阶段、资料整理阶段等顺序进行,见图1。

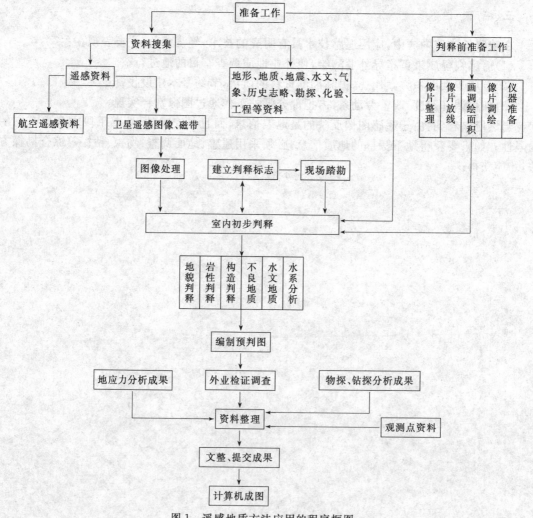

图1　遥感地质方法应用的程序框图

　　必须说明的是,本文所推荐的工作方法,是指遥感图像目视地质判释和填图为前提下的工作方法,今后如果发展到自动数据采集,那么工作方法则有所变化,不应生搬硬套。

　　上述作业过程并非绝对的,应结合具体情况灵活掌握,如在判释时对该区判释标志不熟

　　本文系《铁路工程遥感图像判释技术》项目的研究成果之一,未在刊物上发表过,1994.12

悉,或暂时还未搜集到工作区遥感资料等情况下,均可考虑先到现场进行重点调查,然后再进行室内初步判释。下面按一般作业过程进行介绍。

一、准备工作阶段

(一)资料的搜集和分析

在应用遥感方法进行工程地质测绘时,资料的搜集和分析研究是一件相当重要的工作。对测区既有资料分析研究的越深入,则获得的判释效果就越显著,因之,在遥感图像判释之前,对测区的地形、地质、地震、遥感、勘探、化验以及有关工程建筑、人文概况等资料,应尽量广泛地搜集和深入地加以研究。

1. 资料的搜集

(1)地形资料:地形图比例尺包括 1:100 万军用图、1:50 万军用图、1:20 万军用图、1:5 万军用图以及有关大比例的地形图件,搜集哪几种比例地形图应根据勘测阶段而定。

为了便于地形图件的搜集和应用,特将地图的分幅和编号方法说明如下:

地图的分幅,一般采用国际分幅和编号的方法,这种地图的分幅编号方法是以 1:100 万比例地图作为各种比例地图的分幅和编号的基础的。每幅地形图的两侧都以子午线为界,上下以纬线为界而呈梯形图廓。

比例 1:100 万地图的分幅,是以地球赤道向两极,纬度每差 4°为一列,依次以拉丁字母 A、B、C、D、…表示;经度由 180°(与格林威治子午线相对的)子午线起,从西向东,经度每隔 6°为一行,依次以数字 1、2、3、…表示(图 2)。至于图幅大小和图幅数之间的关系如表 1 所示。

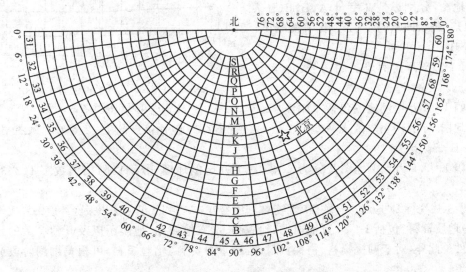

图 2 1:100 万地图的分幅编号

表 1 图幅大小和图幅数之间的关系

比　　例		1:100 万	1:50 万	1:20 万	1:10 万	1:5 万	1:2.5 万	1:1 万
图幅大小	经　差	6°	3°	1°	30′	15′	7′30″	3′45″
	纬　差	4°	2°	40′	20′	10′	5′	2′30″
图幅数之间的关系		1	4	36	144	576	2 304	9 216
			1	9	36	144	576	2 304
				1	4	16	64	256
					1	4	16	64
						1	4	16
							1	4

图幅说明(以北京所在图幅为例):

①1:100万比例地图的图号:NJ—50

此处 N 代表北半球,因我国全部领土都在北半球,故 N 字通常可以省略。J 代表纬度 36°～40°的列数,50 代表东经 114°～120°的行数(图3)。

②1:50万比例地图的图号:J—50—A

每幅 1:100 万比例地图分为 4 幅 1:50 万比例地图,分别以俄文 A、Б、В、Г 表示(图3)。包括该点的 1:50 万比例图幅为 J—50—A。

③1:20万比例地图的图号:J—50—Ⅲ

每幅 1:100 万比例地图包括 36 幅 1:20 万比例地图,分别以罗马字 Ⅰ、Ⅱ、Ⅲ、… 表示(图3)。包括该点的 1:20 万比例图幅为 J—50—Ⅲ。

④1:10万比例地图的图号:J—50—5

每幅 1:100 万比例地图包括 144 幅 1:10 万比例地图,分别用阿拉伯数字 1、2、3、… 表示(图3)。包括该点的 1:10 万比例图幅为 J—50—5

⑤1:5万比例地图的图号:J—50—5—Б

每幅 1:10 万比例地图包括 4 幅 1:5 万比例地图,分别以俄文字母 A、Б、В、Г 表示(图4)。包括该点的 1:5 万比例图幅 J—50—5—Б。

⑥1:2.5万比例地图的图号:J—50—5—Б—в。

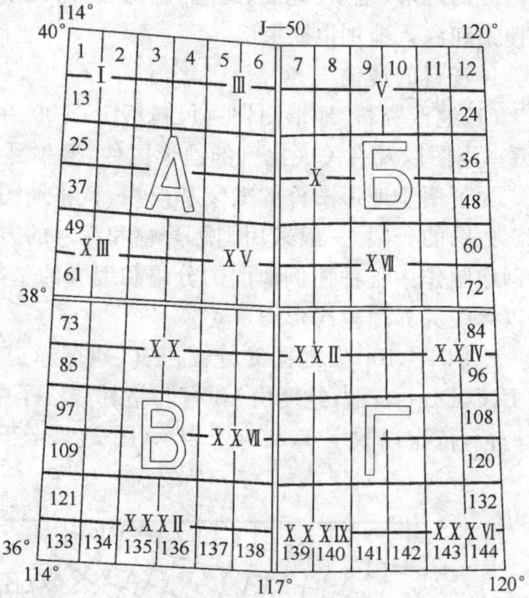

每幅 1:5 万比例地图包括 4 幅 1:2.5 万比例地图,分别用小写俄文字母 a、б、в、г 表示(图4)。包括该点的 1:2.5 万比例图幅为 J—50—5—Б—в。

图3　1:100万、1:50万、1:20万、1:10万比例地图的编号

每幅 1:2.5 万比例地图又分为 4 幅 1:1 万比例地图,分别以阿拉伯数字 1、2、3、…编号。

除了上述现行编号方法外,尚有矩形分幅和编号方法、行列式编号法以及经纬度编号法等。

(2)地质资料:包括 1:20 万地质图、地貌图、水文地质图、地震图以及其他有关的地质资料及图件。此外,对于勘探资料、物探资料、航磁重力资料、化验资料,可根据勘测阶段或需要酌情搜集。

(3)遥感资料:在搜集遥感资料时应首先考虑搜集多种比例、多时期的航片,而且按照比例 1:5 万军用图幅进行搜集。如果是带状成像或局部面积成像,则可按成像测段或所属图幅进行搜集。在测区范围内,若具有多种遥感资料时,也可根据需要搜集有关的图像资料,必要时还应进行专门成像获取。

(4)工程资料:在进行铁路、公路、石油管道、电力、港口、坝址等的选线、选址过程中,对于沿线已有的勘测资料应加以重视,可根据需要进行搜集。此外,对测区内有关的既有工程设计资料,也应当搜集研究。

(5)其他资料:除上述资料外,对于测区的山川地理、人文概况、历史县志等的记载也往往是重要的参考资料。

2.资料的分析

对搜集到的各种资料进行充分的研究,这是开展遥感图像判释和各种工程选线、选址的基础。对于测区资料掌握的越丰富,则对工程地质情况的分析就越加深入。

(1)地形资料的分析:熟悉线路通过地段的地形、地貌特征,划分各区段的地貌单元,从而可了解各类工程(桥梁、隧道、路基、坝址、车站等)所处的地形、地貌部位及可能出现的不良地质类型。

(2)地质资料的分析:通过区域地质资料的研究,初步掌握各区段的地质情况。如,各种岩类的分布、地质构造的格局、水系类型的特征以及水文地质条件等。熟悉勘探、化验资料,可进 步了解深部的地质情况,结合工程类型初步估计可能出现的地质问题。

(3)其他资料的分析:对测区山脉、河流、交通、人文概况的分析,对判释工作也是非常有用的。山岭、河流、村庄的命名也往往是启发我们考虑问题的思路。

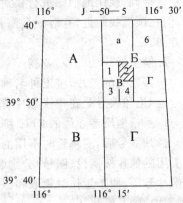

图4   1:5万、1:2.5万、1:1万比例地图的编号

(二)判释用品准备

为了判释作业的顺利开展,一些专用的判释用品,如立体镜、像片袋等应及早准备,往往由于判释用品不全,而影响了判释工作的开展。判释用品详见表2所列。

表2   判释用品一览表

序 号	用 品 名 称
1	判释仪器,包括反光立体镜、桥式立体镜、袖珍立体镜、悬臂式立体镜、高放大倍率的立体镜等
2	立体观察时的局部照明设备,照度以 100~300 lx 为宜
3	放大镜,主要用于卫星图像的判释
4	特种铅笔,包括红、蓝、黑、棕、绿、黄等色
5	广告颜色(水彩),包括红、蓝、黑、棕、绿、黄等色
6	像片袋,包括牛皮纸袋和塑料像袋。尺寸应考虑 18 cm×18 cm 和 24 cm×24 cm 两种像幅航片
7	像片夹,供野外像片调绘时用,最好要订做,也可用讲义夹替代
8	刺点针,可用锈花针或一般的缝衣针
9	刺点垫板,如像片夹中有垫板,则可不备
10	号码戳(号码位数尽量多些)、印泥盒
11	小钢笔尖、杆,海绵盒,装广告颜色的小瓶(瓶内装塑料泡沫小块和颜料)
12	透明纸(聚脂薄膜)、脱脂棉花、酒精
13	压铁(压条)、固定像片用,用其他方法固定亦可

(三)航空遥感图像的整理

室内判释过程中所涉及到的主要资料就是航片。航片的影像质量、是否有摄影漏洞以及是否整理妥当,都会影响到航片判释效果,所以在室内判释前必须对航片进行检查整理。检查整理可按下列步骤进行:

1.航空像片的检查

主要检查测区范围内所需之航片是否齐全,比例是否符合要求,有否缺少或重叠过多,航片影像反差是否正常,云量覆盖是否过多,是否有不清晰或染污、变色、损伤等现象,如因上述情况而影响判释质量者,应提出补晒或重新晒印。航片检查时应注意复照图上标明的像片比例是否准确,须用地形图进行核对。此外,还应注意国家图幅像片的航带一般是东西方向排列的,但在国境线附近,有时则是南北方向或斜方向排列的,在这种情况下,复照图的上方并非正北方向。

2.航空像片的编号、装袋

对搜集到的航片,按工种名称、任务项目(代号)、测段号(图幅号)及航带号等进行标记和编号,标记和编号是在每张像片背面,可利用手工标写,也可用盖章方法。例如:地质—7119—10—1,系指地质专业用的 7119 测区第 10 测段第 1 航带中的像片。

像片编号后,应将暂时不用的像片(离线路较远或航带间重叠太多的像片)抽出封存保管,把要用的像片按测段(图号)分别装入像片袋中。像袋封面须标记线别、测段号(图幅号)、航带及像片号码、便于工作时索取和保管。

(四)像片搬线

像片搬线就是把图纸上确定的线路位置搬到像片上,以便于在像片判释过程中结合线路平剖面图,分析不同工程类型的地质情况。像片搬线的方法,是以影像上的地物点与图纸上的相同地物作控制,把确定的线路位置用红色广告颜色绘制在单号(或双号)单张像片上,并注明方案编号和里程。在像片搬线过程中应注意以下事项:

1.对于重点工程,如长隧道、大桥桥渡、车站、深挖方、高填方地段,应力求其线路位置的准确,并尽量选取航片中间部位,以减少影像畸变的影响。

2.在缺少明显地物点的影像地段,像片搬线是比较困难的。可采用先在像片上刺点,然后将像片上的刺点投影转绘到图上,以作为像片搬线的依据。在选择搬线地物点时,应尽量挑选那些地物影像清晰而对刺点精度较高的地物点作为放线点。

3.线路里程在像片上一般只标整公里。公里标的位置标示,也应以地物点作控制。由于像片各处比例不一样,因此,从图面上看,公里标的距离长短不一。

(五)调绘面积的划定

一般小比例尺航片判释可不必划定调绘面积,但应在像片上、下方注明相邻航带及航片号。大比例尺像片考虑到室内制图的需要,接边要求较严格,为了避免重叠或漏绘等现象,必须划定调绘面积。调绘面积是指在调绘片(只用单号或双号像片)的上下左右关系中,给它一个工作范围的划分,规定每张调绘片判释勾绘的范围,这个范围称为调绘面积。划分调绘面积的方法如下:

1.首先将外业控制测量或制图的范围线画到镶嵌复照图上,调绘面积应和镶嵌复照图上的控制测量或制图范围相一致。

2.除按镶嵌复照图所确定的范围能直接划定的各边外,其它在右、下两边可规定为直线,在与此直线相邻的像片上,则根据此直线上的地形起伏,按地物转绘(一般画成折线)即得左、上两边,如图 5 所示。如果均画折线也可以,但较麻烦。

3.调绘面积应尽量画在航向和旁向重叠中间附近,但应避免与线状地物重合。

4.两张相邻像片的接边要做到精确,界线要吻合,不应有漏洞。尤其是利用折线接边时,转折点尽量选在高处,否则由于投影差关系,易造成调绘漏洞。

5.每张调绘片的接边均应注明相邻像片的号码,旁向相接还应注明相邻的航带号,在与相邻测段接边时,则应注明相邻的测段号。

(六)像片的地貌与地物调绘

像片上的地貌和地物调绘,是对照 1:5 万比例尺的军用图,在隔号像片上进行必要的居民点、水系、山脊线、垭口、道路等的调绘。上述地貌、地物调绘的内容及粗细程度,均以有利于航片的应用为原则。一般水系的调绘应详细些,因为水系往往反映了地貌、岩性及构造的特点。调绘时用广告颜色标记,一般水系、泉水用绿色,其他地貌、地物界线用桔黄色。

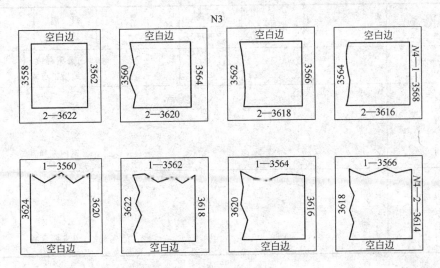

图 5　调绘面积画法示意

二、室内初步判释阶段

(一)室内初步判释的目的

室内初步判释的目的一方面是配合线路方案的研究,提供初步的工程地质评价,另一方面是了解区域地质地貌概况,起到指导外业地质测绘的作用。

(二)判释前应明确的几个问题

为了使航片判释工作顺利开展,事先应结合所收集的地质资料、航摄资料以及线路方案情况,对判释的范围、地貌分区(工程地质分区)、地层划分的深度、判释工作量的估计以及是否在判释前到现场重点踏勘等问题,进行详细的研究,确定原则,统一规定。否则,将会给判释工作带来许多麻烦。判释所用的地质图例符号,也应事先规定好,尤其分若干组判释时,如不事先规定,则图面无法统一,造成工作被动。

(三)判释方法及内容

航片判释时,用广告颜色按规定的图例、符号和颜色在隔号(单号或双号)航片上勾绘界线和注记。一般地质构造、不良地质界线用红色,泉水露头用绿色,其他界线用桔黄色。在判释过程中遇到疑难的地质问题,应记入判释记录表中,以便现场核对、补充。该表格式可参见表3。

航片判释的内容如下:

1. 包括居民点、道路、山脊线、垭口等地物、地貌的调绘,一般而言,居民点必须调绘,调绘的详细程度视地区而定,在居民点稠密地区,可只调绘主要居民点,人烟稀少地区,居民点尽可能调绘细些。居民点的调绘主要是对照地形图进行的。道路、山脊线、垭口是否调绘,视地区和工作需要与否而定。

2. 包括水系、地貌、地层(岩性)、地质构造、不良地质、水文地质等内容的调绘。各种调绘内容的详细内容如下:

(1)水系的判释宜包括下列内容:水系形态的分类、密度及方向性的统计、冲沟形态及其成因、河流袭夺现象、阶地分布情况及特点、水系发育与岩性、地质构造的关系。岩溶地区的水系应标出地表分水岭的位置。

表 3 航空像片地质判释记录表

_____线_____段_____测　　　　　　　　　　　　　第　页　共　页

测图(图幅)号		像片号		航 高		摄 影日 期	
				比例尺			
线路里程			地 点			主要工程或地质工点	
判释内容说明						室内判释者	年 月 日
现场核对说明						外业调查者	年 月 日

第　　　勘测　　　队　　　　　　　　　　　　　　地质组长　　　年 月 日
　　　　地质

(2)地貌的判释宜包括下列内容:

①各种地貌形态、类别以及地貌分区界线;

②地貌与地层(岩性)、地质构造之间的关系;

③地貌的个体特征、组合关系和分布规律。

(3)地层(岩性)的判释宜包括下列内容:

①参照既有地质图,确定地层(岩性)的类别、估测岩层的产状、第四系地层成因类型和时代;

②对工程地质条件有直接影响的地层(岩性),必须单独勾绘出来;

③地层类别划分的深度可视情况划分到界或统;

④第四系地层与地下水的补给和排泄关系;

⑤不同地层(岩性)的富水性及工程地质条件等的评价;

⑥各种特殊地质类别及其范围。

(4)地质构造的判释宜包括下列内容:

①褶曲的类型、轴的位置、长度和倾伏方向;

②断层的位置、长度和延伸方向、断层破碎带宽度;

③节理延伸方向和交接关系;

④隐伏断层和新构造运动。

(5)不良地质判释宜包括下列内容:

①各种不良地质类别及其范围,包括滑坡、崩塌、错落、岩堆、泥石流、岩溶、风沙、盐渍土、沼泽、河岸冲刷、水库坍岸、人为坑洞等;

②不良地质的分布规律、产生原因、危害程度和发展趋势。

(6)水文地质判释宜包括下列内容:

①大型泉水点或泉群出露的位置和范围;

②地下水渗出的位置和范围;

③潜水分布规律与第四系地层的关系。

(四)编制地质预判图和编写预判说明书

初步室内航片地质判释完,应编制预判图和编写预判说明书。

地质预判图的编制主要是便于外业使用,该图可用地形图或水系图作底图,具体编制是将底图与航片或复照图对照,利用两者之间地貌、水系和地物的相应关系,将航片上各种地质界线搬到地形图或水系图上,有时也可以复照图或像片略图作底图编制预编图。

预判说明书主要内容包括沿线工程地质概述、各方案工程地质评价、存在的问题及外业工作建议(包括外业工作安排、进度、重点地质问题等)。

初步室内判释过程中要注意,凡是线路方案和工程地质条件复杂地段,须进行较详细的大面积测绘者,应及时提出编制像片略图、像片平面图、放大像片以及正射影像地图等计划。

二、外业验证调查阶段

(一)外业验证调查的目的

外业验证调查的目的是验证、修改和补充室内地质判释成果,使其满足勘测设计阶段资料的要求,主要应解决下列一些问题:

1.验证初步判释成果,特别是要验证室内初步判释结果与现有资料有矛盾的内容,补充和修改初步判释的内容,并作必要的叙述;

2.初步判释中提出的疑难问题应尽可能查证,包括尚未确定的地层(岩性)界线、地质构造线、不良地质现象以及其他地质问题等;

3.补充航片上无法取得的勘测设计数据;

4.配合有关工种提供方案比选资料,共同确定合理的控制测量和制图范围;

5.了解区域性判释标志,搜集工作地区地质样片。

(二)外业验证调查的具体方法与步骤

利用航片进行外业地质调查与通常的外业地质调查有所不同。主要差别在于用航片代替地形图进行填图,地质填图是在像片上按影像勾绘,观测点要在像片上刺点等等。其具体步骤如下:

1.熟悉有关地质资料、地质预判图、室内初步判释说明书以及线路方案等。

2.外业工作全面开展前,有条件时应先选择具有代表性的地段进行核对,以便事先掌握该区判释标志,统一认识,为随后的判释调绘工作顺利开展,创造有利条件。

3.外业填图之前,应检查初步室内判释时所画的调绘面积和控测范围是否一致,有出入的应重新划定,如果原来未画调绘面积者,应补画。

4.像片填图前应事先进行立体观察,明确调查重点,拟定调查路线,然后携带航片沿线进行填图。凡属补充、修改的地质界线与内容,均以特种铅笔在航片上标记,或在透明纸上修改。

5.重要观测点(包括泉水露头)和勘探点,应在航片背面刺点编号,刺点的点位误差不应大于 0.2 mm。在野外地质记录本中应注明观测点所在测段及像片号码,并进行描述。

6.地质观测点的平面和高程位置的确定,可根据地质图成图的精度要求,分别采用在航测地形图上查得、外业控测时航测求得(用激光测距仪或全球定位系统)或内业电算加密求得等多种方法。

7.在航片上每条地质界线至少应布设 1 个地质验证点,当地质界线显示不清楚时,应增设地质验证点。航片工程地质外业验证点密度可参照表 4 的规定。

表4　航空遥感工程地质外业验证点密度

测图比例	验证点数（个/km²）	
	第四系覆盖层区	基岩裸露区
1：5万	0.1～0.3	0.5～1.0
1：2.5万	0.2～1.0	1.0～2.5
1：1万	0.5～2.0	1.5～4.5
1：2千～1：5千	2.0～5.0	6.0～15

摘自《铁路工程地质遥感技术规程》(TB 10041—2003)。

8.外业调绘的成果用广告颜色按规定符号整饰。对于断层、破碎带、裂隙带等必须确切的将其所在位置标示在像片上；对于滑坡、崩塌、错落、岩堆、岩溶等不良地质现象，必须圈定其确切范围；对重点工程影响较大的土石界线，如隧道洞口、大桥、高填方、深挖方地段等，要准确地绘出土石分界线的位置。

9.调绘成果应及时整理，并随时根据新的认识来检查原判释和调绘成果有无矛盾或差错，发现问题及时补充修改。

（三）外业验证调查阶段注意事项

1.当用特种铅笔在像片上标记有困难时，可在像片上蒙透明纸或聚脂薄膜以利勾绘（利用铅笔、钢笔均可）。

2.范围较小的不良地质现象，在航片上无法按影像勾绘但又必须反映到地形图上者，应在像片上判定不良地质位置并刺点，在像片背面点位处画不良地质图例，注记地质体实际尺寸，并进行编号，如滑—1，崩—2等。凡在像片背面刺点编号的小型不良地质现象，应分类列表送到内业，以便内业航测制图时按规定图例和尺寸反映到地形图上。

3.地质调绘成果应及时转绘到控制调绘片上与控测资料同时送回制图基地，以便内业制图时转绘到地形图上。

4.为了填图方便和保管好像片，在填图时，像片应装在专用的像片夹内。

5.凡像片上无法提供的工程地质资料，均应按通常地面工程地质调查方法搜集。

四、资料整理阶段

由于航测工作的特点所决定，凡与内业制图有关系的航片地质调绘的成果，基本上应按阶段整理，尽管如此，最终内业整理工作量还是不少。如全线1：5万～1：20万比例尺工程地质图编制、工程地质说明书以及地质样片的选取等等。在全线1：5万～1：20万比例尺工程地质图编制之前应对航片填图成果进行复判检查，以防前后矛盾。除航测内业制图有特殊要求外，有关工程地质资料的整理，均按一般《铁路工程地质勘察规程》要求办理。

关于遥感地质图编制的若干问题叙述如下：

1.地质成图比例尺和遥感图像比例尺的关系

地质成图比例尺和遥感图像比例尺的关系可参照下列要求：

（1）编制1：10万～1：20万比例尺的地质图，可利用相应的比例尺的卫星图像进行判释，局部地段可进行卫星图像放大或结合使用小比例航片；

（2）编制1：5万比例尺的地质图，可利用相应比例尺的航片，并结合使用相应或略小比例尺的卫星图像；

（3）编制1：1万～1：2.5万比例尺的地质图，可利用相应或略小于地质图比例尺的航片；

(4)编制 1∶2 千～1∶5 千比例尺的地质图,可利用 1∶8 千～1∶2 万比例尺的航片。

2.遥感地质图的编制方法

20 世纪 90 年代以前遥感地质图像的编制根据其编图的比例大小和精度要求,采取下列几种方法;编制 1∶1 万～1∶2 万比例尺的地质图,多采用立体转绘仪或利用地物相关法,直接将遥感图像上的地质界线转绘到底图上;编制 1∶2 千～1∶5 千比例尺的地质图,一般利用航测仪器或立体转绘仪转绘;编制大于 1∶1 千比例尺的地质图,主要通过航测仪器转绘。

进入 20 世纪 90 年代以后,由于数字化测图的普遍应用,遥感地质图像的编制方法已逐步采用计算机成图方法,这种成图方法不但速度快、质量高、图面美观,而且编图过程中修改容易,比例尺大小可根据需要进行缩放,地质成果存储在磁带或光盘上,既可出图纸资料,也可直接映放在屏幕上,可以说是一个很大的进步。

3.关于地质图底图的选用

地质图底图可从下列几种底图中选用:地形图、简化地形图、水系图、卫星遥感图像、航空遥感图像略图、航空遥感图像平面图、正射影像地图,当然这些底图本身很多都是数字化成图。

遥感技术在京九铁路建设中的应用

一、概　述

京九铁路是贯通我国南北，平行于京广、京沪两条铁路的又一条南北铁路大干线。该铁路线北起北京，经霸州、衡水、聊城、菏泽、商丘、阜阳、麻城、九江、南昌、向塘、吉安、赣州、龙川、深圳，与香港九龙相连，纵贯京、津、冀、鲁、豫、皖、鄂、赣、粤九省市（图1），全长 2 536 km。它是中国铁路建设史上规模最大、投资最多、一次建成里程最长的铁路线。这条铁路的建成，对于完善我国铁路路网布局，缓解南北运输紧张状况，带动我国中部地区经济腾飞，促进国民经济持续、快速、健康发展，形成新的经济增长带以及维护港澳地区繁荣稳定，促进祖国统一大业，都具有十分重要的战略意义，它是一项造福子孙后代的宏伟工程。

线路通过地区以平原区为主，平原区约占 75%，山区约占 25%。线路北段穿越华北平原，中段通过江淮平原，所经地区地形均较平坦，仅新县至麻城一段约 45 km 线路，经大别山麓；吉安以南则以山岳地形为主。线路穿越大别山、五指山路段及跨黄河、长江、赣江的部分地段地形、地质复杂、工程艰巨。

沿线地区原油产量占全国石油产量的 11%，大别山一带黑色及有色金属矿甚多，非金属矿有珍珠岩、莹石、沸石、蛇纹石等，其中，珍珠岩储量约占全国已探明储量的 50%，湖北红安莹石矿为全国三大莹石矿之一。线路南段经过地区的赣东及粤东北地区，森林资源丰富，赣南地区钨矿蕴藏量甚丰，现探明的储量约占全国钨矿储量的 25%，等等。京九铁路开通，为沿线矿产资源开发，创造了良好环境。

二、遥感技术应用情况

遥感技术在铁路建设中的应用包括利用遥感图像进行各种专业内容判释及航测测图，为线路方案比选和线路的勘测设计提供资料。

早在 20 世纪 80 年代中期，在京九铁路选线勘测过程中，就已利用遥感图像进行地质、水文判释，以配合线路方案比选。到了 90 年代初期，又利用遥感图像开展了大量航测测图工作，以满足铁路设计初测用图的需要。现就遥感技术在京九铁路部分路段建设中的应用情况介绍如下。

（一）衡水至商丘段线路方案比选中遥感技术的应用

1986 年，在进行衡水至商丘段铁路补充设计方案研究工作中，为配合线路方案比选，从遥感图像中提取了所需专业信息，所采用的遥感图像以陆地卫星 TM 图像和 MSS 图像为主，局部地段结合航空像片进行地质、水文判释。实践证明，遥感技术的应用对选定线路及桥渡方案起到很好的作用。

该段铁路通过华北平原，除东平湖东侧为低山丘陵地区，并有基岩出露外，其余大部分地区均被第四系松散沉积物所覆盖，且地势平坦，铁路建设条件较好，但低洼湿地、盐渍土等不良地质环境对线路却有一定的影响，它们在遥感图像上影像清晰，判释效果较好，特别利用遥感

本文系应《国土资源遥感》编辑部约稿，发表于《国土资源遥感》1997 年第 2 期，1997.6

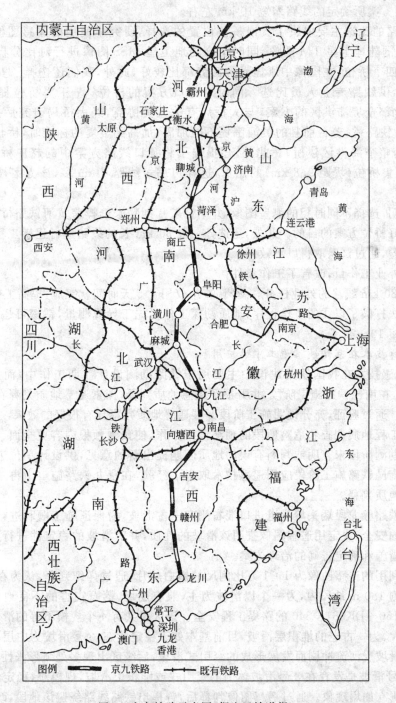

图1 京九铁路示意图(据人民铁道报)

图像进行盐渍土分类判释效果明显。湿地在黑白遥感图像上呈浅黑~灰黑色调影像,在假彩色合成图像中则呈深蓝色调影像;盐渍土不论在黑白图像,还是在假彩色合成图像上均呈白色~灰白色调。判释出的盐渍土范围经实地验证,基本属实。此外,对一些大型的隐伏断裂,在遥感图像上断裂线性影像特征明显,判释效果好,如纵贯本区的南宫—梁山线性影像,经有关资料证实为大同—南京断裂带的一部分;此外,兰考—聊城线性影像,也被地震资料证实与断裂带吻合。遥感提供的信息,对优选线路方案起到应有作用,如鱼山方案,经优选后,其线路比原 1975 年方案所确定的线路缩短 10 km 左右。

本段线路的比选主要取决于黄河桥渡位置的选择,研究中使用的遥感图像主要为 1：15 万比例尺的陆地卫星 TM 图像,同时结合陆地卫星 MSS 图像进行对比分析。铁道部大桥局提供的四个桥位,在图像中所显示的河势都比较好,此外,我们还选择了安庄、杨集、梁集三个桥位,供线路专业人员比选。同时对孙口方案的桥位——王黑桥位提出了新的方案,即横跨北部金堤滞洪区的方案,与大桥局有关人员协商,经大桥局研究后提出:原定的 12.42 km 的铁路桥,若台前县的黄河围堤不能加固、加高到金堤的标准时,桥长应达 16 km 左右(即横跨整个滞洪区建桥)。此外,还提出了将孙口线路方案中的赵庄桥位(长 13.65 km),改为梁集桥位(堤距 9.8 km)的意见,这样可缩短线路 4 km 多,该方案被列为主要比选方案。

实践证明,选择不同时相的卫星图像,并结合航片判释来选择跨黄河铁路桥位,基本可达到不遗漏较好桥位方案的目的。此外,还选择一段 80 km 长的线路进行遥感工程地质勘测工作方法的试验,通过试验取得以下效果:

1. 减少外业工作量,改善了工作条件;

2. 对于 80 km 线路的外业任务,一个调查组仅用 4.5 天时间就完成,提高工效 2～4 倍;

3. 该方法打破了以往的工作程序,地质勘探工作可先于导线测量,钻探可超前安排,整个勘测周期缩短 10～20 天。

(二)遥感技术在京九铁路施工中的应用

以往,遥感技术在我国铁路建设中主要用于铁路勘测设计前期工作中,而且效果较好。1992 年开始,在南昆铁路施工阶段,也开展了遥感地质判释,探索遥感地质判释在施工阶段应用的可能性。通过验证,充分说明施工阶段开展遥感地质判释具有很好的效果,一方面可以配合施工进行工程地质调查和危险地段的预测预报工作,使预测预报内容更全面、更准确;另一方面可以对勘测阶段未查明或判断有误的地质问题提出新的意见,供设计单位进一步调查时参考。由于南昆铁路施工阶段应用遥感技术取得了经验,在京九铁路施工中再一次应用了遥感图像进行地质判释。

在京九铁路赣龙段矮头岭隧道进口端右侧有一古滑坡,为保证施工顺利进行和保证施工后铁路运营的安全,决定用遥感图像查明该滑坡的性质,并对滑坡的稳定性进行评价,以便采取妥善施工措施和确定正确的治理方案。

判释所利用的遥感图像为 1：1 万比例尺的黑白航片,通过详细判释,认为在矮头岭隧道进口处的右侧 180 m 地段内,为一个以滑坡为主,兼有崩塌、落石灾害的不良地质区,直接影响 DK561＋160～DK561＋340 的路堤工程安全。该区段共有 4 个规模不等的滑坡,其中 4 号滑坡规模最大,为一古老的堆积层滑坡,目前基本处于稳定状态;3 号滑坡为中层堆积土滑坡,是由于 4 号滑坡受河流冲刷而发展形成的牵引式滑坡,后缘区出现多处弧形张性裂缝,滑坡稳定性差;1、2 号滑坡是发育在 3 号滑坡体上的牵引式或堆积土滑坡,规模小,稳定性差,在 2 号滑坡后缘两侧有崩塌现象。通过遥感图像判释后,曾提出铁路线路绕避该地段,改走东江对岸的方案,但由于工期不允许,只得执行原方案,但为确保施工安全和工程完成后的行车安全,遥感人员提出了施工中采取以下几项措施:(1)为防止 3 号滑坡整体活动,首先应防止 2 号牵引式滑坡活动;(2)2、3 号滑坡的整治,前部宜以支挡、反压和防河流冲刷为主;(3)在滑体上应作地表水、地下水的排导工程,在 3 号滑坡周界应作截、排水工程。

(三)航测测图在京九线初测中的应用

京九铁路建设工期一再提前,外业勘测工作十分紧张,为了能及时提供铁路线初测所需的地形图,在潢川—九江和吉安—龙川两段采用了航测方法测图,共计测制 1：2 000 比例尺的带状地形图 1 140 km^2。

根据不同具体情况，采取三种方法进行测图，第一种情况是施工单位已进工地，等待设计资料的地段，采取搜集国家既有的航空摄影资料及外控、加密资料，使用微分法仪器和模拟测图仪器测图，图纸经检查，精度满足规范要求；第二种情况是施工队伍尚未进入施工现场，但须为重点工程尽早提供设计资料的地段，也仍然利用国家既有的航空摄影资料及外控、加密资料，但由于摄影资料比例尺较小，采用模拟和解析测图仪器，边勘测、边外控、边测图，陆续提供图纸的方法，图纸精度经检查基本上满足规范要求；第三种情况是有条件依规范规定的程序进行航摄制图的，采用了现势摄影资料并自己进行控制测量，按常规的作业方案制图。另外，利用 1∶8 千～1∶1 万比例尺摄影资料做工点图 300 处，现场结合实测横断面应用，加快了定测速度。

航测技术的应用，为京九铁路建设节约了勘测费用和缩短了外业勘测周期，减轻了劳动强度、测图范围大、质量高，有利于线路方案比选，经济效益十分明显。、

三、几点建议

（一）建立水害地质灾害遥感信息立体防治系统

铁路是国家重要的基础设施，国民经济大动脉，交通运输体系的骨干。铁路主要技术政策规定：铁路运输生产要贯彻"安全第一"的原则，同时指出要采用新技术和新设备，配套发展铁路安全设施……强化安全管理，建立完善的安全保护体系。

然而我国铁路线通过地区，大部分地形地质较为复杂，气候多变，特别雨季期间经常发生水害和地质灾害，造成铁路运输中断，威胁行车安全，影响国民经济建设，给国家造成巨大经济损失。因此，要保证铁路运输安全和畅通无阻，就应加强水害和地质灾害的防治工作。利用遥感技术开展既有铁路沿线的水害、地质灾害评价是必要的。以往在成昆铁路、"两宝"铁路沿线泥石流、崩塌、滑坡调查中，遥感技术均发挥了巨大作用。京九铁路通过华北平原和江淮平原，受水害威胁，且铁路南段山区滑坡、崩塌也较常见，为确保这条大动脉运输畅通无阻，建议今后定期对铁路沿线进行大比例尺航空摄影，一方面可利用该摄影资料和卫星图像对沿线水害、地质灾害进行判释和监测，另一方面可利用该摄影资料进行 1∶2 000 比例尺的航测测图，然后，根据航空像片调查和航测图提供的地形、地质、水文、人为活动、气象观测数据，建立京九铁路工务管理信息系统。

所建立的京九铁路工务管理信息系统，实际上是水害和地质灾害遥感信息立体防治系统。该系统是从系统工程观点出发，把勘测评估、预测监测以及工程整治三者通过地理信息系统集于一体的灾害立体防治工作模式。它是一种实用的灾害立体防治系统，具体操作是根据该系统提供的数据，结合气象资料，预测预报灾害发生时间，制定防治方案，形成从天上到地面，从面到点，以遥感技术为主体的既有铁路的水害、地质灾害信息立体防治系统。

（二）开展京九铁路沿线遥感综合调查

京九铁路是纵贯我国南北的铁路大动脉，它的建成对促进铁路沿线的经济发展起着重要的作用，也将使铁路沿线的城镇、工农业、交通事业、旅游业、环境等发生迅速变化。为了领导和有关部门及时了解上述情况，并为科学决策提供依据，有必要利用以遥感为主的技术手段开展铁路沿线 200 km 范围内的资源、环境、城镇、交通、旅游等情况的全面调查，调查成果可供国家及地方有关部门制定发展规划和制定政策时参考。在此之前，"亚欧大陆桥（中国段）沿线遥感综合调查"已取得令人满意的效果，并积累了不少经验，可供京九铁路沿线开展遥感综合调查工作时借鉴。

遥感技术在既有铁路线
地质灾害调查中的应用

本文主要内容包括遥感技术在成都—昆明铁路泥石流调查中应用及遥感技术在陇海线宝鸡—天水段崩塌、滑坡调查中的应用,这两部分内容都是属于科研成果,参加这两项科研项目工作的有铁道部专业设计院的潘仲仁、曹林英、程玉章、李红苗等同志,他们除完成了科研报告外,还写不少论文发表在有关刊物上。本人在编写《工程地质遥感判释与应用》一书时,根据未正式公开发表的科研报告及他们的论文的内容,归纳汇总编入书中,一些插图也是引用他们文章中的插图,引用的文章在文后的参考书中已列出,本文内容引自《工程地质遥感判释与应用》一书中。

遥感技术不仅在铁路新线勘测中得到广泛应用,在既有铁路线勘测中同样可以应用,而且具有广阔的应用前景。既有铁路线勘测中,遥感技术应用的方法,步骤和具体内容与新线勘测无太大区别,只是在应用的侧重面方面有所不同。另外,由于既有线已经通车运营,勘测条件要好些,且勘测范围多在既有线两侧附近,一般测绘范围有限,不像新线勘测那样要进行大面积的地面测绘。

既有铁路线勘测中遥感技术的应用主要包括两大方面:一方面是在既有铁路线技术改造、局部线路的改线、复线修建等勘测中的应用;另一方面是在既有铁路线地质灾害调查中的应用。从长远看,遥感技术在既有铁路地质灾害调查中的应用具有广阔的前景。这是由于我国地域辽阔,地形、地质、气候条件十分复杂,不少线路屡有水害和地质灾害发生,严重威胁铁路行车安全和造成运输中断。如陇海线宝鸡—天水段、宝成线宝鸡—略阳段、阳平关—安康线、襄渝线、太原—焦作线、成都—昆明线、鹰潭—厦门线、枝城—柳州线等山区铁路,都是地质灾害多发的线路。尽管我国在既有铁路工程病害整治方面取得较大成绩,但从根本上看,工程病害防治工作仍处于被动状态。

许多工程病害是由于沿线自然环境遭受人为破坏所致,例如,由于在铁路沿线的开荒、耕种、放牧、挖渠、修路、滥砍滥伐、采矿、采石等人为活动,破坏了路基稳定性或诱发了地质灾害。

利用遥感技术进行既有铁路地质灾害调查,具有十分理想的效果。利用不同时期遥感图像进行不良地质动态变化的评价,可及时有效地了解铁路沿线自然环境的变化情况和斜坡、路基的破坏程度,从而提出工程防护处理措施。

遥感监测所获取的信息,还可为铁路沿线违法的人为活动提供有力证据,为解决铁路和地方间的纠纷以及执法提供证据。

一、遥感技术在成都—昆明铁路泥石流调查中的应用

成昆铁路全长约 1 100 km,自 1970 年建成通车以来,几乎每年都有泥石流发生,直接威胁和影响铁路运输畅通和行车安全。特别是 1981 年发生了大规模的泥石流灾害,给铁路运输

本文引自《工程地质遥感判释与应用》一书,2002.4

造成威胁。

1983年铁道部选择该线泥石流较发育的沙湾—泸沽段330 km开展了遥感泥石流沟普查及动态变化的研究,1989年完成全部工作。

本次工作采用了多时相、多种比例尺的航空遥感图像,还专门沿线进行了3 300 km² 的大比例尺航空摄影,摄影宽度10 km。此外还搜集了陆地卫星MSS和TM数据(CCT磁带)、法国SPOT卫星资料、我国国土卫星资料等,并开展了计算机图像处理。

根据上述遥感资料综合既有区域地质资料,全面地研究分析了工作区内与泥石流有关的地形、地层岩性、地质构造、不良地质、松散固体物质和植被覆盖状况等,同时利用航空像片编制了泥石流分布及发育程度分区图、小流域植被覆盖图、山坡坡度分区图、水系图、地质构造与松散固体物质分布图等多种专业图件。全部工作用了约3 000工天,若地面调查至少要9 000工天左右。较地面调查可提高效率2~3倍。

成果表明,许多泥石流沟是地面调查没有发现的,利用遥感像判释并经现场重点验证,从205条沟中确定了73条严重程度不同的泥石流沟,而1982年该段进行地面泥石流普查时,仅发现36条泥石流沟。遥感图像判释调查不但确定了73条泥石流沟,并按它们对铁路危害程度作了分类。其中危害严重的泥石流沟有16条,中等的37条,轻微的20条(见图1)。

图 1　沙湾—泸沽段泥石流分布及危害程度图

对人类活动痕迹和变化以及泥石流的动态变化,利用不同时期的航空遥感图像进行分析对比,是十分有效的。该段在73条泥石流沟中挑出26条重点泥石流沟,利用不同时期的航空像片进行每条沟流域内的树木、荒地、耕地、不良地质、松散物质、流域面积等的判释,编制了不同时期航片判释对比图,以及航片判释对比表(见表1)。

表 1　重点泥石流沟林木、荒坡、耕地面积变化情况对比表

序号	沟 名	流域面积 (km²)	林木面积(km²)		荒坡面积(km²)		耕地面积(km²)	
			1965年	1987年	1965年	1987年	1986年	1987年
1	干溪沟	6.15	0.53	1.61	2.96	0	3.02	4.90
2	大伙夹沟	9.73	3.42	4.74	2.89	1.60	3.42	3.73

序号	沟　名	流域面积（km²）	林木面积（km²）		荒坡面积（km²）		耕地面积（km²）	
			1965 年	1987 年	1965 年	1987 年	1986 年	1987 年
3	双凤溪	6.64	4.73	4.84	1.29	0.80	0.23	1.0
4	丁木沟	20.90	16.23	17.45	3.07	2.05	1.60	1.40
5	白熊沟	21.70	16.30	16.70	4.68	3.0	0.72	2.0
6	利子依达	24.49	17.89	14.77	5.42	7.46	1.18	2.26
7	老木坪沟	12.08	10.80	9.82	1.18	1.67	0.10	0.59
8	列古洛多	36.63	5.56	14.38	25.87	11.25	5.20	11.0
9	窄板沟	10.0	1.0	2.77	6.75	2.60	2.25	4.63
10	瓦洪沟	5.0	0.45	1.95	3.25	0.4	1.30	2.65
11	内则沟	13.50	7.67	9.12	5.29	3.63	0.54	0.75
12	岩润沟	2.25	0	0.05	1.41	0.70	0.85	1.50
13	磨房沟	21.0	3.87	10.95	15.21	1.75	1.92	8.30
14	则洛依达	35.25	4.15	9.53	27.86	21.50	3.27	4.25
15	新基古沟	3.50	0.12	1.12	2.53	0.63	0.85	1.75
16	沙玛巴嘎	2.81	0.35	0.44	1.51	1.17	0.95	1.20
17	瓦依日呷	36.46	9.63	9.50	23.21	22.45	3.62	4.51
18	卡斯洛	3.16	0.92	0.92	1.74	1.36	0.50	0.88
19	活脚沟	3.97	0.64	0.72	2.36	1.82	0.97	1.43
20	牛日河支沟	13.19	7.29	4.76	2.10	4.58	3.80	3.85
21	普歪沟	3.73	0	0.33	1.36	0.73	2.37	3.67
22	瓦渣沟	9.10	3.60	3.40	3.22	3.32	2.28	2.38
23	瓦起洛	10.60	5.10	4.22	1.84	2.68	3.66	3.70
24	东沟	3.10	2.82	2.52	0	0	0.28	0.48
25	马厂沟	6.25	5.50	4.99	0.01	0.01	0.74	1.25
26	盐井沟	13.05	9.19	8.40	3.74	4.65	0.12	0

　　为了说明遥感图像在沙湾至泸沽段泥石流动态分析中的作用，举几个例子简介如下：

　　1. 利子依达泥石流沟

　　利子依达泥石流沟位于大渡河右侧，流域面积为 24.49 km²，1981 年 7 月 9 日发生了泥石流灾害，是一条公认的泥石流沟。曾利用了 1965 年、1981 年、1987 年等 3 个时相的航片进行判释对比，发现该沟流域内的自然景观发生了较大的变化，滥砍滥伐森林，荒地、耕地面积扩大，不良地质现象增多（图 2、表 2）。泥石流的暴发周期在缩短，规模越来越大。据成都铁路局科研所提供的资料，该沟曾于 1885 年、1934 年、1958 年、1967 年、1978 年和 1981 年先后发生过泥石流，暴发周期从第一次相隔 49 年缩短到相隔 3 年，表明该泥石流沟正处于旺盛发展期，与森林的滥砍滥伐、垦荒辟田有密切的关系。

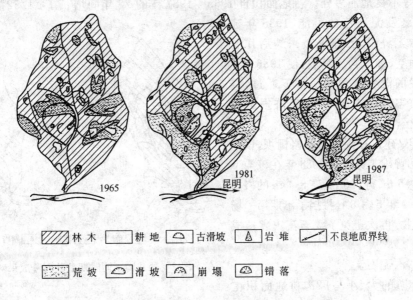

图例：林木　耕地　古滑坡　岩堆　不良地质界线

荒坡　滑坡　崩塌　错落

图 2　利子依达沟不同时期航片判释成果对比图

表 2　利子依达沟不同时相航片判释成果对比表

图号	航片摄影		林　木		荒　坡		耕　地		不良地质（个数）			
	年　月	比　例	面积（km²）	占流域（%）	面积（km²）	占流域（%）	面积（km²）	占流域（%）	滑坡	崩塌	岩堆	弃碴
1	1965.11	1：5万	17.89	73.10	5.42	22.1	1.18	4.80	2	4	1	
2	1981.5	1：5万	16.34	66.72	6.72	27.44	1.43	5.84	3	26	1	
3	1987.4	1：1.5万	14.77	60.4	7.46	30.40	2.26	9.20	3	22	1	
1987年比1965年			−3.12	−12.70	2.04	8.30	1.08	4.40	1	18	0	
1987年比1981年			−1.52	−6.32	0.74	2.96	0.83	3.36	0	4	0	

2. 盐井沟泥石流

盐井沟系铁矿开采弃碴形成的泥石流沟。该沟利用 1979 年和 1987 年的航片编制了判释成果对比图（图 3）和判释成果对比表（表 3）。在 1965 年航片上的显示，基本属清水沟，当时铁矿已开采，但开采面积不大，弃碴较少，尚未发生泥石流。而在 1987 年的航片上发现铁矿开采规模大大扩展，弃碴堆积如山，形成泥石流沟。据现场调查，1970 年以来，共发生过 4 次泥石流，其松散固体物质来源主要是铁矿弃碴。

表 3　盐井沟不同时期航片判释成果对比表

图号	航片摄影		流域面积（km²）	林　木		荒　坡		耕　地		不良地质（个数）			弃碴（处）
	年月	比例		面积（km²）	占流域（%）	面积（km²）	占流域（%）	面积（km²）	占流域（%）	滑坡	崩塌	岩堆	
1	1979.6	1：3万	13.05	9.19	71	3.74	28.08	0.12	0.92				2
2	1987.6	1：1.5万		8.40	64.37	4.63	35.63	0	0				4
1987年比1979年				−0.79	−6.63	0.89	7.55	−0.12	−0.92				+2

3. 活脚沟泥石流

活脚沟位于普雄工务段管辖范围，经判释认为该沟是一顺断层发育的泥石流沟，沟内坡脚不稳、崩塌等不良地质多处。耕地面积自 1965～1987 年的 22 年间增长了 11.52%，经判释分析，认为有暴发泥石流的可能，1985 年建议尽快采取工程整治，建议被采纳后作了扩大桥下净空、加大沟床纵坡，使 1986 年 7 月 6 日暴发的泥石流顺利从桥下通过，避免了一次灾害性的事故，减少经济损失达百万元。

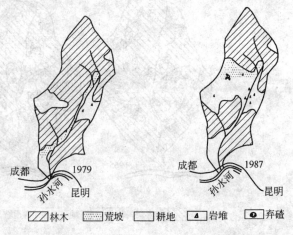

图 3 盐井沟不同时期航片判释成果对比图

1987 年又建议在沟内修建格栅坝，该建议被采纳后，普雄工务段于 1988 年在该沟下游建成长 24.5 m、宽 7.8 m、高 8.4 m 的格栅坝一座。1989 年 5 月 6 日拦挡了汛期第一场泥石流堆积物，再次避免了泥石流灾害造成的损失。

4. 马厂沟泥石流

该沟上游的大、小马厂沟耕地面积在扩大，两沟交汇处的古滑坡有蠕动的迹象。大马厂沟沟岸崩塌加剧，大量松散固体物质堆积于沟床中；小马厂沟右岸以表土溜坍为主，右侧蚀又引起边岸的崩塌，沟床很不稳定。整个流域内的崩塌体由 1965 年的 3 处增加到 1987 年的 10 处，而新增加耕地的面积正好是林木减少的面积。新航片判释发现大、小马厂沟都沿断层发育，沟内岩性十分破碎，是一条正在发展中的严重泥石流沟。

建议应作专题研究，被采纳后，经多次论证，决定修明洞，并改了线。

5. 列古洛多沟泥石流

航片对比显示，该沟耕地面积在不断扩大，水土流失现象加剧，沟床下切强烈。1965 年摄影的航片中显示的不良地质现象与 1987 年航片判释对比表明它们正在发展，有的已经连成一片，原有的滑坡、崩塌失稳现象十分明显，经过对比判释和多次现场验证，表明该沟为一条严重的泥石流沟，而且正处于旺盛发展阶段的泥石流沟。

利用遥感图像进行泥石流调查不但可准确地判释泥石流的存在及其分布规律、发展趋势、规模及其对铁路工程的危害程度，而且可提高泥石流调查工作的效率，改善工作条件。更主要的是其成果在生产中的使用发挥了良好作用，具有明显的社会经济效益。成都铁路局根据研究成果中提出的重点泥石流沟的整治意见，对瓦洪沟、窄板沟、列古洛多沟和马厂沟等严重泥石流进行重点工程整治，消除了泥石流对上述工点的威胁。到 1989 年底统计，成都局对成昆铁路沙湾至泸沽段遥感判释调查提出的有关泥石流沟整治方案采纳的或部分采纳的达 21 条（表 4）。

表 4 沙泸段遥感工作提出的泥石流工程整治建议被采纳情况一览表

序号	里程	沟名	建议	整治情况
1	K178+816	沙湾沟	加固拦坝，停止采石加设导流堤	全部采纳
2	K232+261	祠堂沟	扩涵改桥，顺直沟床	拟作明洞渡槽
3	K262+920	丁木沟	炸掉桥下巨石改善桥下纵坡，加强观察	全部采纳
4	K280+254	新寨子沟	① 修理引水渠； ② 防渗漏稳定坡脚加大桥下沟床纵坡	部分采纳
5	K295+045	老木坪沟	雨季看守	采纳
6	K305+035	列古洛多沟	应以拦排结合，修建渡槽	采纳，已完成主体工程

序号	里　程	沟　名	建　　议	整治情况
7	K306+333	窄板沟	修建渡槽,彻底根治	采纳,已完成工程并经受了考验
8	K310+126	瓦洪沟	修建渡槽	采纳,已完成工程并经受了考验
9	K394+937	阿卡吧呷	涵改桥	采纳,已完成工程
10	K417+220	活脚沟	涵改桥	采纳,当年见效益
11	K457+100	瓦渣沟	易坍沟段修建排导设施	部分采纳,3条正线内修排导槽
12	K469+254	卧龙沟	修建排导设施,导流护岸	已完成工程
13	K472+358	联合乡 1#	涵改桥,加大纵坡	采纳,已完成工程
14	K474+035	联合乡站	易垮沟段修排导护岸工程,原涵扩大断面	采纳,已完成工程
15	K475+684	瓦起洛	涵改桥	采纳,已完成工程
16	K476+187	展堂沟	扩大涵孔	采纳,已完成工程
17	K476+680	塔普沟	因系水中设墩,故应改沟使水流从两墩中间通过,并注意下切问题	采纳,已完成工程
18	K483+988	马厂沟	应作专题研究	采纳,经多次论证,决定修明洞,改线,主体工程已完成
19	K494+264	冕山站沟	雨季后及时清淤	采纳
20	K497+124	大白果沟	雨季后及时清淤	采纳
21	K504+682	盐井沟	牛墩设分水鱼嘴并和采矿单位协商解决弃碴问题	采纳,修了鱼嘴,中上游修建拦碴坝

二、遥感技术在陇海线宝鸡—天水段崩塌,滑坡调查中的应用

宝天铁路全长 150 km,线路沿渭河延展,渭河系断裂河谷,致使渭河河谷斜坡极不稳定,滑破、崩塌、泥石流频繁发生。

1983～1989 年利用遥感技术进行崩塌与滑坡的普查,并开展了崩塌与滑坡的动态变化研究。

工作中使用了 9 个时相、9 种比例尺的航空像片。完成的成果包括宝天段遥感判释崩塌和滑坡分布图、岩性遥感判释图、构造遥感判释图、崩塌与滑坡动态变化遥感判释图、工点卡片、宝天病害普查报告、崩塌、滑坡动态分析报告、典型样片等。

以下就遥感技术在宝天铁路滑坡与崩塌调查中的主要作用介绍如下:

1. 查明了沿线滑坡崩塌的分布范围与数量

通过航片判释,将航片上判释的滑坡、崩塌转绘到地形图上,编制成宝天段遥感判释崩塌和滑坡分布图,根据该图很容易查出滑坡、崩塌的具体位置。沿线滑坡、崩塌的数量也可通过分布图统计出来。经统计在线路两侧各 1km 范围内共发现滑坡 398 处、崩塌 206 处。其中涉及线路的滑坡 61 处、崩塌 94 处,而以往铁路工务部门登记在册的滑坡与崩塌分别仅为 15 处和 54 处。

2. 滑坡、崩塌的区域分布规律

通过遥感图像分析发现,沿线滑坡、崩塌的分布明显受地质构造和岩性的控制。

根据陆地卫星图像和航空像片影像显示,可以明显看出宝天段铁路走向沿渭河延伸,与区域应力场主压应力方向大致垂直。渭河系一深大断裂,岩石完整性遭到严重破坏,线路穿行于深大断裂两侧,对边坡稳定性显然是不利的。这也就是这一段线路上,滑坡、崩塌、泥石流不断

频繁活动的主要原因。许多不良地质,如凤阁岭滑坡群、毛家庄滑坡、黄龙滑坡、葡萄园滑坡群以及拓石、元龙、伯阳等不良地质工点,均位于渭河主要断裂上或主干断裂与次一级断裂交汇处,成了宝天段典型的工程地质特点,见图4。此外,尚有 NE、NNE、NW、NWW 诸个方向断裂相互交织、岩块被切割成各种几何状的碎块,这在宝天段沿线也是有代表性的。

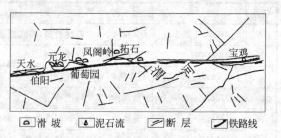

□ 滑 坡　　▲ 泥石流　　▨ 断 层　　▰ 铁路线

图 4　宝鸡—天水段断裂构造
与不良地质分布判释图

滑坡、崩塌区域分布规律与岩性有着密切的关系,根据航片判释编制的崩塌和滑坡分布图的统计,滑坡以发生在黄土者为最多,共有271 处,约占滑坡总数的 71.7%;其次为破碎的变质岩和风化的花岗岩,两者分别为 51 处和54 处,各占滑坡总数的 13.5% 和 14.3%;砂砾岩中则甚少发生滑坡,只发现两处,仅占滑坡总数的 0.5%,见图5。

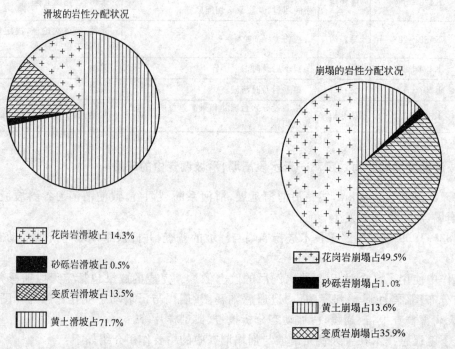

图 5　宝天段滑坡分布与岩性的关系　　　　　　图 6　宝天段崩塌分布与岩性的关系

崩塌则以发生在花岗岩中者居多,计有 102 处,约占崩塌总数的 49.5%;其次为变质岩系,计有 74 处,约占崩塌总数的 35.9%;发生在黄土中的崩塌远不及滑坡活跃,计有 28 处,仅占崩塌总数的 13.6%;发生在砂砾岩中的崩塌也十分罕见,只有 2 处,约占崩塌总数的 1.0%(图 6)。

3.区域病害动态分析和斜坡稳定性评价

通过区域病害动态分析,可以把铁路通过地区的斜坡稳定性情况进行分类,对那些不稳定斜坡地段或仍在发展的斜坡地段,则应加强监测、防护和治理。以往由于力量所限以及地面调查的局限性,常常是在未完全查明滑坡与崩塌的规模、产生原因、发展趋势和危害程度的情况下,急于开展防治工作,带有一定的盲目性。利用遥感技术可有效对工程的地质灾害动态进行分析,确定斜坡的稳定性和发展趋势,从而为灾害防治提供可靠的基础资料,防治工作更有针对性。

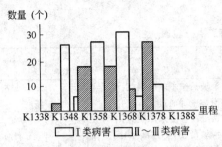

图7 凤阁岭—伯阳各小段地质灾害动态情况直方图

还可以通过分析区域内各种地质灾害在不同时期稳定性的差异来阐明区段灾害的动态情况。具体作法是通过对不同时相航片的对比判释,将研究区内的单个灾害工点分为:稳定的、不稳定的(包括稳定后重新活动的)和新生的三大类(见表5)。然后,以三大类灾害工点在区段内的分布情况及数量来说明这一区段的灾害动态情况。

现选凤阁岭车站—伯阳车站为区域灾害动态分析工作小区,通过分析研究,得出小区内各段的地质灾害动态情况统计表和直方图,见表6和图7。

表5 单个地质灾害工点稳定性的评定标准

序号	分 类		包 含 内 容
Ⅰ	稳定的	一直稳定	一直处于稳定状态的病害。即在两个时相的像片上均显示病害处于稳定状态
		趋于稳定	病害从活动趋于稳定。即在前一时相的航片上显示为活动状态,而在后一时相航片上则显示趋向稳定
Ⅱ	不稳定的	一直活动	病害在二个时相均显示为活动状态
		趋于活动	从稳定状态趋向活动状态,在前一时相像片上显示病害为稳定状态,后一时相像片则显示活动状态。例如复活的古滑坡等
Ⅲ	新发生的		在二个时相之间产生的病害,即在第一时相航片上未见病害的存在,而在第二时相像片上则可看到有病害的发生

表6 凤阁岭至伯阳段地质灾害动态情况统计表

数量(个) 类型 区 间	Ⅰ			Ⅱ			Ⅲ			累 计			备 注
	滑坡	崩塌	小计	滑坡	崩塌	小计	滑坡	崩塌	小计	滑坡	崩塌	小计	
凤阁岭—毛家庄	3		3	8	17	25		2	2	11	19	30	两个时相航片摄影日期分别为1976年和1985年
毛家庄—建河				3	2	5	1		1	4	2	6	
建河—葡萄园	14	4	18	20	8	28				34	12	46	
葡萄园—元龙	8	10	18	6	26	32				14	36	50	
元龙—渭滩	26	2	28	8	3	11				34	5	39	
渭滩—伯阳	26	2	28	8	3	11				34	5	39	
合 计	77	18	95	53	59	112	1	2	3	131	79	210	

从表中所列数字可以看出小区的灾害动态情况。该段共有灾害210处,其中稳定的灾害(Ⅰ类)有95处,占全区地质灾害的45.3%;不稳定的灾害(Ⅱ类)有112处,占全区地质灾害的53.3%;新发生的(Ⅲ类)有3处,占全区地质灾害的1.4%,也就是说该区内不稳定灾害与新发生灾害所占的比例要比稳定的灾害所占的比例高,自然也就得出该小区斜坡属于不稳定的地段,在9年间地质灾害的情况是趋于发展的。

4.单个灾害工点的动态分析

通过对不同时相航片的对比分析,指出那些动态较明显的,且在以后发展中对铁路具有潜在危害的灾害,提请运营部门及时防治,以防不测,或造成不应有的损失,这一问题是铁路运营部门最为关心的问题之一。因此,遥感判释重点也是放在那些在铁路沿线对铁路有直接或间接影响的灾害工点上,经过全区有关病害的判释对比,提出了今后发展中有可能对铁路的安全构成威胁的病害工点,见表7。

表 7　虢镇—伯阳间不稳定病害工点一览表

线别	序号	区　间	里程	病害名称	主要岩性及其它地质条件	主要活动迹象及其主要影响因素	对线路的影响	备注
陇海线	1	虢镇—卧龙寺	K1238+182～K1238+798	滑坡	厚层黄土	滑坡后壁不断崩塌,引渭工程从滑体中部通过		卧龙滑坡
	2	福林堡—林家村	K1254+136	滑坡	黄土	两处滑坡受水库浸泡,一旦发生滑坡滑动,将摧毁水库,造成滑坝,形成泥流,冲坏线路	间接影响	玉涧沟
	3	柿树林站内	K1311+700	滑坡	破碎岩石、堆积层、黄土	滑坡体内岩石破碎,为泥石流提供物质来源。将淤塞铁路桥涵	间接影响	
	4	凤阁岭—毛家庄	K1340+754～K1341+100	坍塌	黄土、堆积层	在堆积层中开挖路堑,破坏了其平衡状态且已发生一处坍塌	直接影响	
	5	毛家庄站内	K1346+420～K1347+222	滑坡	黑云母花岗岩、黄土	滑坡后壁出现数处崩塌,滑坡周界出现环状裂缝及下错台阶,滑坡前缘正在采石	直接影响	
	6	葡萄园—元龙	K1362+510～1363+819	滑坡	破碎大理岩、片岩、花岗岩、黄土	滑坡群受渭河冲刷,个别滑坡发生滑动	直接影响	葡萄园滑坡群已改线绕避
	7	葡萄园—元龙	K1369+212	滑坡、崩塌	破碎片岩、黄土	崩塌、滑坡位于沟口处,为泥石流提供丰富的物质来源,将淤塞桥涵,冲毁线路	间接影响	水沟下
	8	元龙—渭滩	K1375+600	滑坡	上部黄土、下部片岩	滑坡前缘位于渭河中,受河水的强烈冲刷,且前缘已有数条张裂缝,线路从滑体中部通过	直接影响	白家庄
	9	元龙—渭滩	K1376+234～K1376+620	滑坡、崩塌	上部黄土、下部片岩	滑坡、崩塌虽距线路较远,但其物质成为泥石流的主要物质来源,淤塞桥涵,此段路基下沉与此有关	间接影响	
	10	渭滩—伯阳	K1381+470	滑坡	黄土、片岩	线路在其前缘挖方通过,滑坡前缘发生小规模滑动	直接影响	
	11	渭滩—伯阳	K1384+278	滑坡	黄土、片岩	滑坡位于渭河支流小河子内,距线路不远,一直处于活动状态,为泥石流提供丰富的物质来源,对位于沟口处的铁路桥构成威胁	间接影响	

单个不良地质是稳定的还是不稳定的,可在单一时相的航片上进行判释分析评价。但对其动态情况则应在两个时相或更多时相的航片上进行对比分析,这样,才可了解其动态变化情况,包括发现新产生的灾害。如何在不同时相的航片上对比分析每个不良地质的活动情况呢?主要是以灾害的某些影像特征要素在不同时相航片上所显现出来的差异及环境背景的变化来分析其活动状况,并进一步分析它们今后的发展趋势。

为说明具体病害工点动态分析的效果,举数例说明如下:

(1)毛家庄滑坡。该滑坡沿线路长约 500 m,顺山坡方向约 1 000 m,地形相对高差达 600 m,系一复活的古滑坡。在早期的航片上的影像特征及新旧航片的对比分析则可发现滑坡后壁边缘有弧形裂缝和下错台阶,滑坡后壁和前缘可看到崩塌、滑坡等现象,这些现象可确定该滑坡正处在活动状态。从航片上还可看到滑体前缘共有 4 个采石工作面。根据采石场所处位置及其规模,结合滑坡其他变形特征,大致预测出滑坡复活后的范围和形态,见图8。

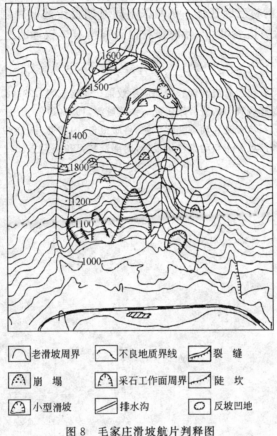

老滑坡周界　　不良地质界线　　裂　缝

崩　塌　　　采石工作面周界　　陡　坎

小型滑坡　　　排水沟　　反坡凹地

图 8　毛家庄滑坡航片判释图

根据判释图估算复活后的滑坡面积约 0.33 km²。若按滑体平均厚度 20 m 计算,体积将达 600 万~700 万 m³,一旦滑动将给车站及铁路造成灾难性的损失。

因此,建议立即停止该滑坡前缘的采石,并对该滑坡进行勘测,设置相应的观察系统进行观察,以及根据滑坡的发展情况,制定相应的整治措施。该建议被铁路局采纳,并进行勘测和整治。

(2)葡萄园滑坡。葡萄园滑坡位于宝天段葡萄园东站西侧站外渭河的左岸,是发育在基岩古错落基础上被后期滑动复杂化了的滑坡群。滑坡范围沿铁路方向 1.3 km,顺山坡方向 1~2 km,体积 1 亿 m³。

从像片上看滑坡区内发育有数条深大的冲沟,沟内岩体破碎,小型崩塌、滑坡十分发育。在滑体最突出的弧形部位,受到渭河的强烈冲刷。在坡脚受冲刷部位可隐约看到被冲坏的防护工程。

该滑坡自线路运营以来一直都处于活动状态。从 1965 年至 1985 年的观察资料表明,线路累计外移 1.16 m,平均每年位移为 5.8 cm。工作中,曾选用 1976 年和 1985 年摄影的航片进行位移量判释,按推算 9 年间位移累计达 52.2 cm,但在航片判释对比中,这种位移量反映不出来。

1985 年 9 月该滑坡群内 8 个滑坡之一的"东外滑坡"发生快速滑动,体积约 30 万 m³,破坏线路近百米,这一现象在 1987 年摄影的彩色红外片上显示得十分醒目。

(3)刘家湾黄土滑坡。该滑坡位于宝天段 K1388+864 刘家沟上游,根据 1976 年和 1985

年两个时期航片对比判释,发现 1985 年像片上滑坡壁明显后移,使原滑坡的面积显著扩大,滑体的表面形态也较 1976 年航片上有明显变化,从而断定该滑坡为一活动滑坡。另外,原位于滑坡坡脚处附近的刘家湾村已经迁址。从两张不同时期摄影的航片制出的地形图可以看出,1976 年时刘家湾村在滑坡边缘,1985 年时该村已迁离滑坡体较远的地方。

参 考 文 献

1. 潘仲仁. 航空像片在成昆铁路泥石流沟调查中的应用效果. 铁路航测,1997(2)
2. 程玉章. 宝天铁路滑坡遥感调查与构造背景研究. 铁路航测,1993(1)
3. 利用遥感技术进行铁路泥石流普查和动态变化了解,科研报告,内部资料. 1989 年
4. 利用遥感技术研究崩坍和滑坡分布与动态科研报告,内部资料,1992 年

青藏线遥感地质应用简况

青藏线格尔木—拉萨段，全长1 100多公里，该线通过号称"世界屋脊"的青藏高原，约有600余公里线路跨越海拔4 200 m以上的高原多年冻土区。

在高原多年冻土区进行道路、管道、高压输电线等的勘测选线，首要的问题是线路通过多年冻土地段的长度和冻害程度，因此，调查编制多年冻土工程地质分区图则成为工程地质勘测的主要内容之一。

利用地面调查方法编制高原多年冻土地区工程地质分区图将会遇到两个方面的困难。一是地区气候恶劣、交通闭塞、供给困难，地面填图，不仅劳动强度大，效率低，而且费用高；另一困难是4 200 m以上的高原大都是微受切割的开阔平坦地形，地表景观单调，用皮尺、罗盘等简单量测方法，很难将多年冻土工程地质分区界线反映到地形图上，如用测量仪器实测，则劳动强度大，且工作量也较大，而利用航空像片进行高原多年冻土工程地质分区判释编制图件，则可克服上述不足，取得极佳的工作效果。

格尔木—拉萨段除全段利用航空像片进行4 000 km²的地质填图外，还在西大滩—安多段利用1∶1.2万比例的航空像片进行了约900 km²的冻土分区判释，将冻土按冻害程度划分为严重冻害区、一般冻害区和无冻害区3个区，同时还在3大区的基础上，进一步划分为10个亚区，由于高原的多年冻土区地形平坦，地面上冻土分区界线利用地形困难以填绘分区界线，而利用航空像片反映的冻土不良地质影像色调和微地貌特征进行冻土工程地质分区，可起到事半功倍之效。航片上进行分区判释是在通过现场重点踏勘建立了航片上各分区的判释标志后进行的。亚区的判释标志主要是根据航空像片上所显示的地貌类型、冻土不良地质现象类别、水文地质条件、植被生长情况以及它们的色调等综合分析后确定的。

为了便于线路方案比较时利用，在内业航测成图时，将航片上工程地质分区及其界线转绘到1∶2 000（1∶5 000）航测图上，编制成多年冻土工程地质分区图。

工程地质分区的可靠性经现场核对和钻探验证绝大部分是正确的。如在某垭口前后约15km地段，共钻了22孔、227 m，经取样化验，根据含冰量等数据分析表明分区完全正确。图1为该垭口局部地段利用航片判释成果编制的多年冻土工程地质分区图。图中（严重冻害经钻探得知，地表下3～6 m均系黏性土，土层中含冰厚度4～6 m，且大部分属饱冰冻土和含冰上层，证实了该区确系Ⅰ区。在其他地段的钻探资料同样证实了分区是正确的。

利用航空像片编制的带等高线的冻土工程地质图，可提高填图效率达10倍以上，而且编图的范围宽，分区准确。

航空像片判释编制的冻土工程地质分区图，在线路方案比选中起到很大作用，取得明显效果，现举例如下：

1.该线年稀湖东、西岸方案，原计划均要在进行外业控制测量和制图后，再进行线路方案比选，确定方案取舍。但在控制测量之前，利用大比例航空像片进行冻土地质判释，发现东岸方案前半段冻胀丘、冰锥、新月形沙丘较发育，尤其是冻胀丘与冰锥影响线路的通过，经现场核对属实。而西岸方案后半段沱沱河桥位欠佳，局部地段地质条件较差，经与有关专业人员共同

本文引自《工程地质遥感判释与应用》一书，2002.4

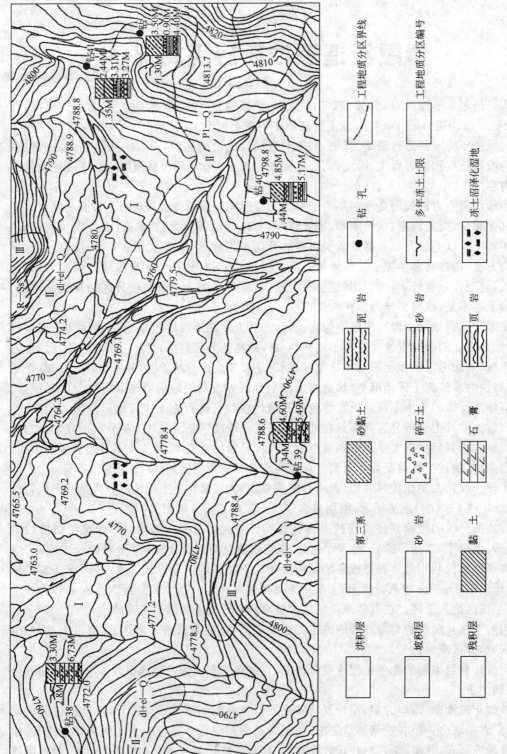

图 1　多年冻土工程地质分区图

研究,选定了西岸方案前半段与东岸方案后半段组合成的新方案,不但改善了线路的工程地质条件,而且免去了 35 km² 的外业控制测量工作量(图 2)。

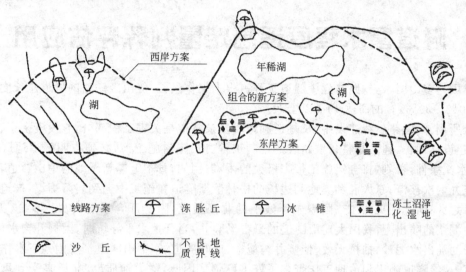

图 2　年稀湖东西岸方案示意图

2.乌依河桥位在纸上定线时,最初选定 A_4K、A_1K 两个方案。由于两个方案的桥位均较长,且桥位地貌条件及地质条件较差,其中 A_4K 方案桥位又是斜交,桥位欠佳。随后又选定了 AK 方案,但经航片判释发现 AK 方案通过长约 1km 左右的冻胀丘地段,最后确定了 $C_{II}K$ 为主要方案,该方案虽较 AK 方案稍长,但避开了冻胀丘地段,改善了工程地质条件(图 3)。

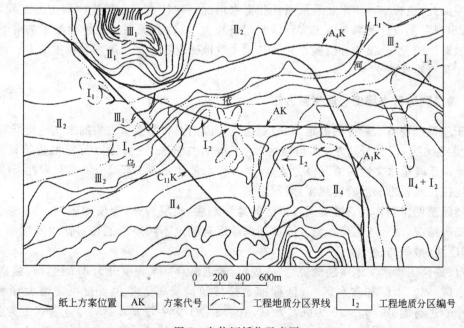

图 3　乌依河桥位示意图

隧道富水程度遥感定量判释评估应用

我国是多山国家,铁路修建中隧道工程占很大工作量,一般山区铁路的隧道总长度约占全长的 20%～30%,有的高达 40% 以上[1]。

众所周知,铁路新线建设中,长隧道和地质复杂隧道是关键工程部分,它投资密集、施工难度大、建设周期长,通常是整条铁路线的控制工程。长隧道施工前,必须查明隧道地区的工程地质、水文条件,否则,将会给施工带来极大的困难:例如,日本上越新干线的中山隧道,因涌水导致竖井两次被淹;意大利和奥地利边境的格林萨斯隧道在施工中遇到岩溶坍塌,被迫停工达两个月之久;前苏联贝加尔—阿穆尔干线上的北穆隧道,因挖开含水层,曾发生 2.5 万 m^3/h 的水沙泥浆的喷出[2];我国大瑶山隧道的班古坳竖井,当开挖水平导坑时,因掘开含水构造,致使掌子面涌出水泥沙,抽排无效,使竖井被淹[3];南岭隧道、军都山隧道都曾因地下水作用形成泥石流[4],给隧道施工和治理工作带来了许多麻烦。因此,隧道地质勘测,历来受到重视。尤其是隧道地区的水文地质条件,由于勘测工作不细或失误,又缺乏必要的预测预报手段,一旦施工中出现突然大量涌水,其后果是不堪设想的。因此,对隧道地区的工程地质条件尤其是水文地质条件进行正确评价至关重要。而隧道水文地质问题又是勘测中的难点,常规的勘测手段进行水文地质勘测,由于观察视野的限制,以及地形、交通等条件的制约,要想查明隧道通过地区的水文地质条件是十分困难的,不但需投入大量人力、物力和财力,而且周期长、劳动强度大。即使如此,也很难查明水文地质条件和富水情况。往往由于未能查明隧道的工程地质条件,经常出现勘测设计资料与施工实际情况相差较大,以致造成事故或影响施工进度[5],造成施工的被动。因此,找出一种既操作简便又能大致地确定隧道富水区富水程度的方法,对保障隧道施工具有重大意义。

一、确定隧道富水程度的遥感新方法

对于隧道洞身富水程度的确定,一般是通过地面调查和勘探所收集的水文地质资料,采用水文地质对比法、回归分析法、水均衡法、地下水动力学法、解析法以及模拟法等计算得出的[6]。但由于隧道水文地质情况极为复杂,而各种水量计算公式都具有一定局限性,计算出的富水程度往往难以准确反映客观实际情况。

运用遥感图像判释获得隧道通过地区的地形地貌、地层岩性、地质构造、地表水系、植被、人类活动等情况,结合该区降水量及隧道埋深等因素确定不同地段的相对富水程度和分区的方法,速度快、效率高。

依据《铁路工程水文地质勘测规范》的规定,隧道洞身富水程度分为 4 个区,即:强富水区、中等富水区、弱富水区和贫水区,分区标准是按隧道洞身每天单位长度可能最大涌水量 q_n ($m^3/d \cdot m$)进行划分。$q_n > 10$ 为强富水区,$10 \geqslant q_n \geqslant 1$ 为中等富水区,$1 > q_n \geqslant 0.1$ 为弱富水区,$q_n < 0.1$ 为贫水区[6]。根据遥感技术的特点,为了便于操作,我们参照"规范"中 4 个区的划分规定,提出 3 个区的划分,即:富水区、弱富水区和贫水区,$q_n > 10$ 为富水区,$10 \geqslant q_n \geqslant 0.1$ 为弱富水区,$q_n < 0.1$ 为贫水区。

本文发表于《地球信息科学》2002 年第 4 期,2002.12

二、建立全新的评估隧道富水程度的遥感定量判释应用模式

遥感在隧道勘测中的应用,必须突破传统的"遥感定性判释应用模式",建立起全新的"遥感定量判释应用模式"。主要以遥感地质判释为基础,将其定性判释成果以及其他影响隧道富水程度的因素定量化,并以分数的形式代入"隧道遥感富水程度估算经验公式"中,估算出隧道的富水程度,从而提高了估算隧道富水程度的可靠性,为遥感技术的应用开辟了一条新的途径。

三、隧道富水程度评估的方法与流程

1.沿隧道位置两侧一定范围内进行室内遥感图像详细判释,编制隧道遥感工程地质判释图、隧道遥感水文地质判释图、隧道遥感工程地质纵断面图以及隧道地区大型节理图和大型节理等丰度图。

2.现场验证隧道遥感工程地质判释图、隧道遥感水文地质判释图、隧道遥感工程地质纵断面图;现场量测节理,并确定节理丰度值与相应地段节理发育程度的对应关系等。

3.根据隧道遥感工程地质判释图、隧道遥感水文地质判释图、隧道遥感工程地质纵断面图、隧道地区大型节理图、大型节理等丰度图以及隧道地区的降水量、隧道埋深等,从表1~表8中查阅各因素的富水程度分数。

表 1　隧道洞顶地形地貌富水程度分数(Hd)详细划分的参考表

地形地貌富水程度分数(Hd)	0	1~5	6~10	11~15	16~20
地形地貌(d)	陡峻地形,分水岭地段	中等陡峻地形可根据陡峻程度及切割程度确定分数	平缓地形可根据缓坡度陡峻确定分数,坡度缓者,分数高	平原可结合地下水、泉水、植被、耕地等情况确定	槽谷、低洼地可结合地下水、泉水、植被、耕地等情况确定

表 2　隧道埋深范围内岩性富水程度分数(Hy)详细划分的参考表

岩石富水程度分数(Hy)	0	1~5	6~10	11~15	16~20
岩性(y)	泥岩,页岩等	岩浆岩中的深成岩、浅成岩和部分喷出岩。可根据岩脉侵入情况、挤压程度等确定,一般情况下,采用中值	包括混合岩、变质岩中的片麻岩、石英岩、千枚岩等。可根据岩脉侵入情况及挤压程度等确定。另外,片麻岩分数可低些,石英岩、千枚岩分数可高些,片岩可根据其成分不同而有所差别	岩浆岩中的玄武岩、沉积岩中的砂、砾岩、变质岩中的大理岩等。一般大理岩分数可取高些,砂砾岩可根据颗粒大小、胶结结构情况确定	石灰岩、白云岩、石膏、岩盐等。可根据其岩溶发育程度确定。岩溶较发育,可给高分,中等发育给中等分,经微发育,可给低分

表 3　褶曲构造富水程度分数(Hz)详细划分的参考表

褶曲构造富水程度分数(Hz)	1~5	6~10	11~20
褶曲构造(z)	单斜地层。根据岩层挤压破碎程度确定其分数高低	背斜地层。背斜地层的分数视不同情况而有较大差别,根据背斜顶部地层软弱及纵横断裂发育情况、隧道埋深等确定其分数。隧道位于背斜顶部附近,因张性节理发育,分数可给高些。如果背斜顶部断裂规模大,穿过洞身明显影响隧道工程时,则按断裂给分	向斜地层。根据其岩性软硬及其纵横断裂发育程度、规模大小及隧道埋深确定其分数。如断裂规模大,穿过洞身明显影响隧道工程则按断裂给分

表 4　断裂构造富水程度分数(Hdl)详细划分的参考表

断裂构造富水程度分数(Hdl)	0～20		21～30		31～50	
	小断裂(L<10 km)		中等断裂(L=10～100 km)		大断裂、区域性大断裂(L>100 km)	
断裂构造(dl)	压性断裂,断裂带较窄(<10 m)、胶结好时,为阻水断裂,上盘附近分数可给高些,下盘附近可给低些或不给分。如导水性能良好,或为张性断裂,分数可给高些	压性断裂,断裂带不甚宽(10～20 m)、胶结好时,为阻水断裂,上盘附近分数可给高些,下盘附近可给低些或不给分。如导水性能良好,或为张性断裂,分数可给高些	压性断裂,断裂带稍宽(21～30 m)胶结好时,为阻水断裂,上盘附近分数可给高些,下盘部位可给低些。如导水性能良好,或为张性断裂,分数可给高些	压性断裂,断裂带较宽(31～50 m)胶结好时,为阻水断裂,上盘附近分数可给高些,下盘附近可给低些或不给分。如导水性能良好,或为张性断裂,分数可给高些	压性断裂,断裂带很宽(51～100 m)、胶结好时,为阻水断裂,上盘附近分数给高些,断裂带及其下盘附近,分给低些。如导水性能良好,或为张性断裂,分给高些	压性断裂,断裂带极宽(>100 m)、胶结好时,为阻水断裂,上盘附近分数可给高些,断裂带及其下盘附近分数可给低些。导水性能良好,或为张性断裂,分数可给高些
	扭性断裂取中值或以上		扭性断裂取中值或以上		扭性断裂取中值或以上	

表 5　节理构造富水程度分数(Hj)详细划分的参考表

节理构造富水程度分数(Hj)	0～10	11～20	21～30	31～50
节理构造(j)	节理不发育(F<80)	节理较发育(F=80～155)	节理发育(F=156～230)	节理很发育(F>230)
	不同发育程度节理分数的确定,应根据其形成原因,规模大小、张闭、充填情况确定其分数。此外,还应考虑隧道埋深情况确定其分数,埋深越深,影响越小,特别是岩浆岩的原生节理,到深处影响更小			

表 6　降水量富水程度分数(Hjs)详细划分的参考表

降水量富水程度分数(Hjs)	0	1～10	11～20	21～30	31～50
降水量(js)	干旱带(年降水量<200 mm)	少水带(年降水量为200～400 mm)	过渡带(年降水量为401～800 mm)	多水带(年降水量为801～1 600 mm)	丰水带(年降水量>1 600 mm)
	降水对隧道富水程度的影响,只有当隧道顶部岩石导水良好的情况下,才能起重要影响。故降水量每一档分数高低的确定应结合隧道上方导水通道情况以及隧道埋深等情况来确定其分数				

表 7　隧道洞顶河沟、泉富水程度分数(Hhg)详细划分的参考表

隧道洞顶河沟、泉富水程度分数(Hhg)	0～10	11～20
河沟、泉(hg)	季节性水流河沟	常年性水流河沟、泉水
	分数的确定可根据河沟与隧道的交角情况、距离远近、隧道上方通道导水情况、隧道埋深等综合考虑	分数的确定可根据河沟与隧道交角情况,距离远近,河沟流水量。隧道上方通道导水情况。隧道埋深等综合考虑

表 8　隧道埋深富水程度分数(Hm)详细划分的参考表

隧道埋深富水程度分数(Hm)	−30～−21	−20～11	−10～1	0	备　注
埋深(m)	>1 000 m	401～1 000 m	201～400 m	<200 m	应结合岩石裂隙通道情况确定分数
	隧道埋深和以上几个要素对隧道富水程度的影响正好相反,起到减少隧道富水程度的作用,所给的分数是负分数。一般情况下(深大断裂带导水良好者、岩溶发育者、向斜具承压水者除外)隧道埋深越深,富水程度越小。但埋深与负分数的关系,只是假定,这方面的经验还不多,有待积累经验				

4.将各要素富水程度分数代入"隧道遥感富水程度估算经验公式"(以下简称"估算经验公式")中,计算出富水程度分数 H 值。遥感估算经验公式为

$$H = H_d + H_y + H_z + H_{dl} + H_j + H_{js} + H_{hg} + H_m$$

式中　H_d——地形地貌富水程度分类;

　　　H_y——岩石富水程度分数;

　　　H_z——褶曲构造富水程度分数;

　　　H_{dl}——断裂富水程度分数;

　　　H_j——节理富水程度分数;

　　　H_{js}——降水量富水程度分数;

　　　H_{hg}——河沟富水程度分数;

　　　H_m——隧道埋深富水程度分数。

5.根据"估算经验公式"计算富水程度分数 H 的分数值,然后以分数值确定富水程度的等级。分数值与富水程度等级的关系如下:

(1)按 4 个区划分时,$H > 80$ 分时为强富水区,$80 \geqslant H \geqslant 65$ 为中等富水区,$65 > H \geqslant 50$ 为弱富水区,$H < 50$ 分时为贫水区。

(2)按 3 个区划分时,$H > 80$ 分为富水区,$80 \geqslant H \geqslant 50$ 为弱富水区、$H < 50$ 分为贫水区。

四、隧道富水程度评估的应用分析

(一)隧道富水程度的估算

对于上述遥感定量分析,我们列举了西康铁路秦岭隧道和南昆铁路家竹箐隧道富水程度估算的应用。

1.西康铁路秦岭隧道富水程度的估算

秦岭隧道,地形陡峻,岩性以混合片麻岩和混合花岗岩为主,有背斜和单斜地层,节理从不发育到很发育,降水量 $600 \sim 800$ mm,埋深 $300 \sim 600$ m。

我们按秦岭隧道Ⅱ线平行导坑实测统计计算涌水的段落,进行了相应地段的遥感估算,其结果及其对比情况见表 9[7]。根据对比结果统计,估算经验公式计算的富水程度的正确率达 77%。在 9 个段落的经验公式评估中有 2 个段落不准确。其中 DK64+366~DK67+290 位于隧道进口端,施工实测为贫水区,遥感估算经验公式算出的为弱富水区,也就是说遥感估算的水量偏多,分析其原因,是节理和降水量的分数确定过高。另外,DK69+070~DK76+287 位于分水岭地段,估算经验公式算出的为弱富水区,而施工实测为贫水区,遥感估算的水量也偏高,分析其原因是节理分数定高了,主要是对于深部节理贯通性较差缺乏认识,因此未把其他因素的分数相应降低,故得出的富水程度较高。

根据"估算经验公式"估算出的各段富水程度分数(H)值如下:

1.DK64+366~DK67+290　$H = 5+10+5+10+20+15+0+(-10) = 55$(弱富水区)

2.DK67+290~DK67+800　$H = 10+10+5+5+10+15+10+(-5) = 60$(弱富水区)

3.DK67+800~DK68+095　$H = 5+10+5+0+10+15+0+(-5) = 40$(贫水区)

4.DK68+095~DK69+070　$H = 5+10+5+30+20+15+10+(-5) = 90$(富水区)

5.DK69+070~DK76+287　$H = 0+10+5+30+20+20+10+(-20) = 75$(弱富水区)

6.DK76+287~DK77+530　$H = 5+10+5+20+10+30+10+(-20) = 65$(弱富水区)

7.DK77+530~DK80+724　$H = 5+10+10+20+15+30+10+(-15) = 85$(富水区)

8.DK80+724~DK81+700　$H = 5+10+5+20+10+20+10+(-10) = 70$(弱富水区)

9.DK81+700~DK82+814　$H = 5+10+0+0+0+10+20+0+0+0 = 45$(贫水区)

上述估算的富水程度分数值按 3 个区划分富水等级。即 $H>80$ 分为富水区，$80 \geqslant H \geqslant 50$ 为弱富水区，$H<50$ 为贫水区。

表 9　隧道遥感富水程度估算经验公式与施工实测富水程度对比详表

区段序号	区　　段	富水程度评价		长度（km）
		估算经验公式	施工实测	
1	DK64+366～DK67+290	弱富水区(55)	贫水区	2.924
2	DK67+290～DK67+800	弱富水区(60)	弱富水区	0.51
3	DK67+800～DK68+095	贫水区(40)	贫水区	0.295
4	DK68+095～DK69+070	富水区(90)	富水区	0.975
5	DK69+070～DK76+287	弱富水区(75)	贫水区	7.217
6	DK76+287～DK77+530	弱富水区(65)	弱富水区	1.243
7	DK77+530～DK80+724	富水区(85)	富水区	3.194
8	DK80+724～DK81+700	弱富水区(70)	弱富水区	0.976
9	DK81+700～DK82+814	贫水区(45)	贫水区	1.114

2. 南昆铁路家竹箐隧道富水程度的评估

该隧道通过地区，地形较陡峻，局部地段为中等陡峻，岩层包括灰岩、白云岩、砂页岩、玄武岩等，隧道通过亦资孔向斜之东南翼，节理从较发育至很发育，降水量 1 100～1 400 mm，隧道埋深从 10～400 m。

隧道中有两段（IDK580+300～IDK580+700 和 IDK581+600～IDK582+400）用"估算经验公式"进行估算。

（1）DK580+300～IDK580+700 的富水程度估算。根据该段各因素情况查表得：$H_d=10$，$H_y=40$（为可溶岩与非可溶岩互层），$H_z=10$，$H_{dl}=0$，$H_j=20$，$H_{js}=30$，$H_{hg}=10$，$H_m=0$。将各因素分数代入公式：

$H=H_d+H_y+H_z+H_j+H_{js}+H_{hg}+H_m=10+40+10+0+20+30+10+0=120$，总分数超过 100，但实际上由于该处隧道的水主要是通过岩溶渗入，节理作用不大，可忽略不计或降低分计算，如忽略不计，则总分为 100，按 3 个区划分，该段确定为富水区，如按 4 个区划分，则为强富水区。

（2）IDK581+600～IDK582+400 的富水程度估算。本段各因素情况与 IDK580+300～IDK580+700 的情况相同，只不过隧道埋深小些，但其 Hm 仍等于 0，计算结果总分也是 100，如按 3 个区划分，该段确定为富水区，如按 4 个区划分，则为强富水区。上述两段估算的富水程度分区经现场施工验证，分别为富水区或强富水区，证实遥感估算的富水程度完全正确。

（二）估算中的若干问题分析

1. 上述公式只是概略估算的经验公式，式中只考虑有普遍意义的影响因素，许多因素如风化节理、植被、人类活动等，在公式中均未考虑，主要是这些因素影响范围或影响程度有限，作为整个段落的富水程度估算意义不大。例如，风化节理一般在 15 m 以下很少见到，故对隧道水文地质条件影响深度有限；植被覆盖率高低，虽然对地表水下渗有影响，但也不是影响富水程度的主要因素，可结合其他因素适当考虑。总之，这些因素除特殊情况外，一般对富水程度影响不大或只在有限影响范围内受到影响，故在公式中未予考虑。

2. 因素分数的确定应准确。各因素分数选定的准确与否直接影响到富水程度的准确与否，在确定分数时，不能生搬硬套参考表，只有具有丰富的水文地质评价经验的人才能准确确定分数值。同时还要求遥感判释和调查资料要详细、准确，否则确定的分数仍然不准。

3. 确定分数时应全面考虑各因素之间的制约关系。在确定某要素分数时，应同时考虑其他因素，以全面确定各因素的分数。因素的选择应考虑主导因素。例如，在考虑隧道埋深时，在以节理裂隙为通道的岩石中，考虑隧道埋深意义较大，但像导水断层、深层岩溶、具有承压水的向斜构造等的富水程度与隧道埋深并非完全成比例关系，而是由这些现象的结构特征所决定的。又如，当某一地区通向隧道的水流主要是由节理裂隙为通道，但节理裂隙又不发育时，在确定分数时，不但节理分数给低些，其他分数也应给低些，如果只是节理分数给低些，其他分数不相应给低些，则所计算出的富水程度分数就不准确，分区不准。再如岩溶发育地区，节理分数则可降低分数或不计。

4. 对隧道水文地质有明显影响的大断裂应单独划分段落。在各个段落富水程度的评价中，凡在该段落中断裂规模较小，对隧道水文地质条件影响不大者，可将其分数计入估算经验公式中，如果断裂规模较大，而且能确认其对隧道水文地质条件有明显影响者，则可将该断裂所形成的水文地质条件单独划分为富水程度段落，其范围可按断裂规模大小、破碎带宽度、导水性能等确定，一般可按断裂带两侧各 10～50 m 左右为界。

五、结　语

我国 1988 年已建成的隧道中有 80% 在施工中遇到突水灾害，涌水量达 1×10^4 m³/d 以上者 31 座，另据统计运营隧道中尚有 1 300 余座有渗水漏水病害，占隧道数的 30% 左右[8]。由此可见，如何确定隧道的水文地质及富水程度，是非常重要的一个问题。

本文提出的隧道富水程度遥感综合评估，是一种简便和实用的方法，特别适用于隧道水文地质条件的判断和富水程度的确定，但无法确定具体涌水量。不过，可以通过分区情况反推出大致的涌水量。根据西康线秦岭隧道和南昆线家竹箐隧道的实际应用，认为富水程度评估的准确度是可信的。

其所得出的不同地段的相对富水程度对施工部门是很有用的，其效果不亚于地面勘测方法提供的成果，可与地面方法互为补充。

隧道水文地质条件受各种因素的影响，较为复杂，相互制约，用定量化数据表达难度较大，也是该成果应用的关键。

上述确定富水程度分数(H)的估算经验公式，是初步建立的估算公式，积累的资料也还有限，实际应用中也还会出现不少问题，尤其是一些影响因素的分数值的确定，以及经验公式中各种因素的取舍组合等，还要在实践中不断予以完善。

本成果所建立的"遥感定量判释应用模式"以及所提出的"隧道遥感富水程度估算经验公式"等内容，有悖于传统的"遥感定性判释应用模式"，是一种全新概念，开辟了遥感技术应用的创新途径。

本成果在铁路新线隧道水文地质勘测和隧道施工超前预报中应用，对降低勘测成本，提高勘测质量，改善劳动条件，加速勘测效率等，将起到重要作用。对公路、水利、采矿等的隧道工程和地下工程等的水文地质条件评价，具有重要意义。

参 考 文 献

1. 卓宝熙编著. 工程地质遥感判释与应用. 北京：科学出版社，2002
2. 常纪春. 利用红外遥感技术预测预报隧道施工水害的可行性. 铁道建设，1993，(2)：42～46
3. 王宇明. 遥感技术在大瑶山隧道的应用效果. 铁路航测，1998，(3)：32
4. 符华兴，朱智. 南岭隧道用长管栅法通过严重岩溶地段. 铁道工程学报，1988，(4)：96
5. 卓宝熙，王宇明，王英武. 遥感技术在长隧道勘测中的应用. 国家遥感中心编. 遥感在规划、管理和决策中的应用与发展论文集. 北京：测绘出版社，1985
6. 卓宝熙，史振凯. 隧道富水程度遥感综合评估方法的探讨. 铁路航测，1998，(3)：6～7
7. 毛建安，石中平，毕焕军. 秦岭隧道涌水量的综合勘察与预测计算法的综合运用. 铁道工程学报，1998，(1)：97
8. 石文慧. 当代铁路隧道发展趋势及地质灾害防治. 铁道工程学报，1996，(2)：57

南昆铁路施工阶段遥感工程地质调查的应用

在铁路、公路、水利等工程建设中,遥感工程地质调查通常被认为只能用于工程的勘测设计阶段,或只适用于工程勘测的前期阶段。事实上许多工程项目在施工过程中暴露出不少地质问题,设计文件所提供的地质资料与现场地质不一致的情况,屡见不鲜。施工阶段仍有不少地质问题有待查明,说明在施工阶段开展遥感地质调查是必要的。

鉴于上述原因,我们认为在隧道等工程施工中应用遥感地质技术可以发挥应有的作用,提出在南昆铁路施工中应用遥感地质技术的尝试,为遥感地质调查用于工程施工阶段开了先河。

一、概　　述

南昆铁路东起南宁,西止昆明,北接红果,是我国"八五"重点建设项目之一和大西南出海的一条重要通道,也是我国最大的一项扶贫工程。它对促进西南各省和广西的经济发展以及对外贸易均有重要意义。

该线全长 800 余公里,线路长,投资大,地形、地质复杂,技术难度高,工程艰巨。

工作中使用的遥感片种包括:美国陆地卫星 TM 图像、法国 SPOT 卫星 HRV 图像、多种时期不同比例尺全色黑白航片以及计算机数字图像处理成果。工作方法按通常的先卫星图像宏观分析,后航空像片判释,最后,进行野外重点核实、补充和修改。

二、地形、地质概况

铁路通过地区的地势,东南低,西北高,地面高程在海拔 100～2 200 m 间,途经地貌单元依次为右江流域平原、桂西北山地丘陵和云贵高原。跨越河流包括左江、右江、南盘江以及其支流,均属珠江水系。

本区存在着多种方向、多种形态的褶皱和断裂,形成一幅很复杂的地质构造背景。根据台槽学说划分,线路主要位于扬子陆台的黔桂地台和昆明凹陷区内;按地质力学方法划分,该区位于川滇"之"字型构造、云南"山"字型构造、广西"山"字型构造、南岭纬向构造带以及新华夏构造的复合部位,由于这些构造体系的迭加、干扰和抑制,形成了今日复杂的构造面貌。地层岩性以古生界、三叠系、第三系的碎屑岩和碳酸盐岩类为主。

沿线工程地质条件复杂,线路通过膨胀土(岩)、岩溶、软土地区;泥石流、滑坡多发区;富瓦斯含煤地层及八、九度地震区。

三、应用简况及效果

下面就该线卫星 TM 影像图断裂构造判释,隧道、岩溶、泥石流、桥位地质等的遥感技术应用及效果简述如下:

(一)陆地卫星 TM 影像断裂构造判释图的编制

南昆铁路全线编制了陆地卫星 TM 假彩色影像图。断裂构造判释图是在 TM 影像图上

本文发表于《中国地质灾害与防治学报》2003 年第 3 期,2003.9

进行地质判释后编制的,根据影像图上的显示并参考1：20万地质图,在沿线60 km范围内共判释出断裂2 500条左右,按断裂的延伸长度,将断裂分为4个等级:1级断裂(区域性断裂),长度大于100 km;2级断裂(主要断裂),长度50～100 km;3级断裂,长度25～49 km;4级断裂,长度小于25 km。3,4级断裂统称次要断裂。此外,还把第四纪以来的活动断裂及大于4级的地震震中标示在图上。这样,从图中既可看出断裂的分布密度、延伸方向、规模大小,又可了解活动断裂与地震的关系,从而有利于区域性地质构造稳定性评价的分析。

(二)隧道地质遥感判释

该线某些主要隧道,都开展了遥感图像判释调查,并取得较好效果。以家竹箐隧道为例,通过SPOT卫星图像和航片的判释,编制了该地区工程地质判释图(图1);还编制了家竹箐隧道纵断面富水地段示意图(图2),从示意图中推测得知,隧道洞身有两段属强富水段。经施工验证,证实该两段系强富水区。

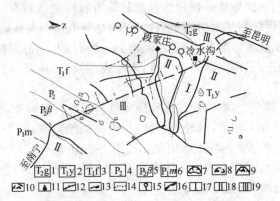

图1 家竹箐隧道地区航空遥感图像工程地质判释图

1—中三叠统关岭组泥岩、粉砂岩、白云岩、泥灰岩;2—下三叠统永宁镇组灰岩、
白云岩、砂岩、粉砂岩、泥岩;3—下三叠统飞仙关组砂岩、粉砂岩、泥岩、页岩;
4—上二叠统泥岩、页岩、砂岩;5—上二叠统峨眉山玄武岩;6—下二叠统茅口组灰岩;
7—滑坡;8—古滑坡;9—崩塌;10—古崩塌;11—泥石流沟;12—断层;13—节理;
14—地层分界线;15—泉水;16—水文地质分区界线及符号;17—富水区;
18—弱富水区;19—贫水区。

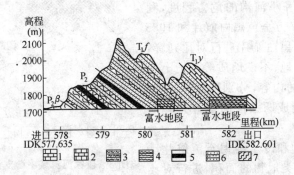

图2 家竹箐隧道纵断面富水地段示意图

1—灰岩;2—白云岩;3—泥岩;4—页岩;5—煤系地层;6—砂岩;7—玄武岩。

(三)兴义—威舍段岩溶遥感判释

本段线路东起兴义顶效西至威舍,长度约30 km,区内出露的地层主要为中生界二叠统,中、下三叠统及新生界第四系。岩性包括粉砂岩、细砂岩、泥质灰岩、灰岩、白云岩等。褶皱构造发育,断层较少。通过航片判释主要取得以下效果:

（1）划分了地貌类型,把该区地貌分为峡谷区、峰丛洼地区、构造侵蚀溶蚀低中山区、溶丘谷地区等 4 个地貌单位。

（2）初步查明岩溶发育的规律性,包括岩溶发育与地形、地层、岩层产状、岩层厚度及地质构造等的关系。

（3）查明了各地层的岩溶发育程度。通过航片判释认为永宁组下段,个旧组 3、4 段,法郎组下段等岩溶较发育;个旧组 2 段、飞仙关组上段等岩溶发育次之。

（4）查明本区岩溶最发育的地段为龙芒坪、尾巴田、云南寨、卡路等地,岩溶发育密度大于30 个/km²。

（5）编制了兴义至威舍段约 140 km 长的 1∶1 万岩溶遥感判释图(宽约 4.5 km),根据该图的岩溶形态统计,共判释出漏斗 791 个,落水洞 558 个、溶蚀洼地 94 个、岩溶塌陷 21 个、暗河 16 条。

提出线路工程地质、水文地质条件评价。总的认为岩溶对线路有一定影响,其中,顶效至云南寨段,岩溶很发育,但线路通过岩溶垂直循环带,尽管有暗河与线路相交,但直接受暗河威胁的可能性较小,唯个别隧道可能会遇到溶缝、溶洞、暗河以及局部岩溶富水、塌方等的危害,在施工过程中应超前预报;云南寨至木浪河段,岩溶也很发育,路基与桥涵基础应尽量避开地表漏斗、落水洞发育地段。

从以上应用效果可以看出,本段利用遥感图像进行岩溶判释调查,优势明显,主要表现在:

（1）可以大量减少外业工作量,减轻劳动强度,提高测绘效率,整个工作(包括室内航片判释、外业验证、1∶1 万岩溶遥感判释图的编制及说明书的编写等)仅用了 135 工天。

（2）可以避免地面测绘时产生的对个体岩溶形态的漏查现象,且对分析深部岩溶的发育特征以及进一步的线路工作均有指导意义。

（3）对岩溶现象的判断比较可靠,所指出的有岩溶现象的隧道,经施工验证,绝大部分均存在不同程度的岩溶现象。

（四）利用不同时期航片进行泥石流动态判释

该线家竹箐隧道地区,通过航空像片判释发现段家河流域右侧有 5 条泥石流沟,但除冷水沟,小河沟属中等危害程度的泥石流外,其余几条沟均属轻微的泥石流(图 3)

为了论证冷水沟和小河沟的危害程度,利用 1976 年摄的 1∶1.7 万全色黑白航片和 1985年摄的 1∶4.4 万全色黑白航片进行对比判释,判释内容包括林木、耕地、不良地质等。把上述不同时期航片上判释的内容,分别转绘到 1∶1万地形图上,然后编制成两条沟的航片判释对比图(图 4)。

最后,根据小河沟和冷水沟泥石流航片动态判释对比图,量测各类地物的面积,进行对比分析列出不同地物指标对比表,见表1。

从表中可见,两条支沟流域的树木面积均

图 3　段家河流域中游支沟泥石流发育程度图
1—流域分界线;2—轻微泥石流沟;3—中等泥石流沟;4—洪积扇;5—古滑坡;6—滑坡;7—坍塌;8—水系。

有不同程度的减少,而坡地和梯田面积相应增加,说明近期人类活动日渐频繁。需说明的是,对比所用的航片最新的是 1985 年摄的,无法说明近几年的动态变化现状。实际上从现场观察发现水土流失在加剧,其冷水沟右侧山脊部分,因修建施工便道,促进水土流失、冲沟等的漫延,致使流域内松散固体物质来源不断增加。

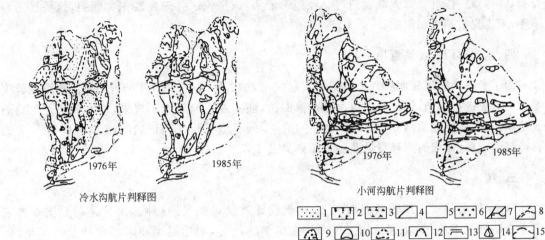

冷水沟航片判释图　　　　　　　　　　小河沟航片判释图

图4　冷水沟和小河沟泥石流航空像片动态判释对比图

1—稀林；2—林木；3—梯田；4—断裂；5—有田埂的坡地；
6—无田埂的坡地；7—常年流水沟；8—间歇性流水沟；9—崩塌；10—滑坡；
11—古滑坡；12—沟头冲刷；13—拦碴坝；14—沟口堆积扇；15—流域分界线。

表1　小流域不同时期航片判释对比表

沟名	航摄时间 (年)	流域面积 (km²)	林 木		稀 林		无田埂坡地		有田埂坡地		梯 田	
			面积 (km²)	占总面积 百分比(%)	面积 (km²)	占总面积 百分比(%)	面积 (km²)	占总面积 百分比(%)	面积 (km²)	占总面积 百分比(%)	面积 (km²)	占总面积 百分比(%)
小河沟	1976	2.90	0.75	26	0.23	8	0.08	3	1.48	51	0.36	12
	1985	2.90	0.30	10	0.16	6	0.24	8	1.82	63	0.38	13
冷水沟	1976	3.01	0.50	17	0.88	29	0.24	8	1.39	46		
	1985	3.01	0.34	11	0.48	16	0.29	10	1.90	63		

　　根据航片判释,认为段家河河床松散固体物质来量对桥孔排泄影响不大,即使有少量淤积发生,及时进行清理,即可安然无恙。

　　但应引起注意的是近几年人为的环境破坏加剧,如流域上游隧道、小煤窑的开挖及弃渣,水土流失范围不断扩大,加之多条支沟有发育泥石流的条件,等等。因此,从长远考虑,应对段家河流域进行综合治理。

(五)南盘江八渡桥桥位地区遥感图像判释

　　该桥位地区地质构造处于扬子陆台的黔桂地台区内。按地质力学观点,该区处于广西"山"字型构造西翼的西侧,南岭东西构造带西端以及NNE向构造的复合部位。

　　遥感判释的主要目的是确定桥位地区有否深大断裂通过。通过陆地卫星1∶600万MSS影像图和1∶20万TM影像图判释发现,在桥位地区的南北两端有NNE向的一条深大断裂存在,但到桥位附近受NW向构造的干扰、截断,断裂影像已无显示(图5)。因此,遥感图像

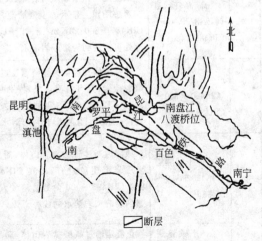

图5　南盘江八渡桥桥位地区陆地
卫星图像地质构造判释略图

分析认为,该桥位处无深大断裂通过。经施工证实,该桥位区并未发现深大断裂,该桥已通车多年,未发现桥基失稳问题。

四、施工部门的反馈意见

为了了解该线遥感地质判释成果的实际应用效果,我们于 1996 年初曾到南昆铁路建设现场有关单位进行回访,到某些工点实地观察回访,证实遥感地质判释成果,绝大部分是正确的或基本正确,遥感地质判释的 15 个工点中,有 11 处经施工验证是正确的,2 处有些出入,2 处有待继续观察,详细的判释意见及验证结果见表 2。

五、结　　论

(1)在铁路建设工期较紧的情况下,勘测设计质量难免受到影响,尤其是在地质条件未完全查明情况下施工,将会给施工带来许多麻烦。此时,利用遥感技术可弥补上述不足,做到既不影响铁路建设速度,又能保证工程质量。至少不会因地质问题而造成大的工程事故。

(2)南昆铁路施工过程中应用遥感技术是铁道部门首次正式将遥感技术用于施工阶段,它是遥感地质技术应用的一次突破性进展。以往传统的认识认为遥感技术只能用于勘测设计阶段,忽视了在勘测设计后期工作中的应用,更不会考虑在施工阶段应用。南昆铁路施工阶段应用遥感技术证实了遥感技术在施工阶段仍然可以发挥作用,拓宽了遥感地质应用范围。

表 2　南昆线部分地段地质遥感图像判释意见与施工验证结果对比一览表

序号	工点名称	判　释　意　见	工程处理意见	验证结果(反馈意见)
1	南盘江八渡桥(中心里程 DK 371+197)	通过陆地卫星 1∶60 万 MSS 影像图和 1∶20 万影像图判释发现,在桥位地区的南北两端有 NNE 向的一条深大断裂存在,但桥位附近受 NW 向构造的干扰、截断,影像已无显示。因此,遥感图像分析认为该桥位处无深大断裂通过	不必按深大断裂破碎带考虑基础设计	桥位处两岸粉砂岩、泥质砂岩产状多变,且见较多小断裂及挤压面,岩层完整性较差,6 号桥墩钻孔所见小断层较多。但未发现有深大断裂迹像
2	高寨隧道(CIK487+000～CIK489+400)	该隧道山体系碳酸盐岩,地表有岩溶迹象,在遥感图像上显示的十分清楚,经判释认为 CIK487+500;CIK487+900～CIK488+000 等处可能遇到岩溶或岩溶水		经现场施工验证,在 CIK487＋500 和 CIK 487＋900～CIK488＋000 等处均见到岩溶溶洞
3	干桥隧道(CIK490+900～CIK492+330)	遥感图像判释认为该隧道通过处的山体为碳酸盐岩,见有岩溶现象,特别是 CIK491+800～CIK492+350 处岩溶较发育,该段附近,施工时可能遇到岩溶、岩溶水的威胁		经现场施工验证,在 CIK491＋800 ～ CIK 492＋350 处遇到 3 个岩溶溶洞
4	松林 1 号隧道(CIK493+950～IK496+150)	该隧道通过碳酸盐岩山体,遥感图像判释发现岩溶现象发育,尤其 CIK494+200～800,CIK495+000 两处岩溶较发育,可能会遇到岩溶和岩溶水的威胁		经现场施工验证,在 CIK494＋200～800,CIK495＋000 两处均见到岩溶现象,总共有 6 个小溶洞
5	云南寨隧道(CIK500+400～CIK501+650)	该隧道通过碳酸盐岩山体,遥感影像上显示有岩溶现象,但不十分严重,施工时有可能遇到溶缝和溶洞		施工验证结果未发现溶洞现象

序号	工点名称	判 释 意 见	工程处理意见	验证结果（反馈意见）
6	大海子1号大桥和2号大桥（CK510＋000前后）	遥感图像判释桥位附近有岩溶现象，应注意岩溶对桥基础的影响		大海子1号大桥基础施工中未发现岩溶现象；大海子2号大桥基础施工现场有岩溶现象
7	威舍车站（中心里程DK513＋840）	该车站位于谷地和低丘地区，岩层以白云岩为主，地貌上属溶丘谷地地区。通过遥感图像分析未发现有较大的断层通过，但有暗河通过，且见多处岩溶塌陷和落水洞与暗河相伴出现。车站有可能受暗河威胁	对该车站的地下水资源利用，要适当控制和合理利用，最好要远离车站抽水，否则，将诱发新的岩溶塌陷产生，威胁车站路基安全	经施工验证，车站范围有暗河通过，并见岩溶塌陷和落水洞
8	冢竹菁隧道（IDK577＋635～IDK582＋610）	隧道的出口端为三叠系下统地层，由可溶岩与非可溶岩组成互层，该地层含水量丰富。其中，在无名沟（IDK580＋300～IDK580＋700）和冷水沟（IDK581＋600～IDK582＋400）地段下部通过时，涌水量可能较大	应采取必要的排水措施，特别是从冷水沟下部通过时，将会遇到较大涌水量，应采取必要措施	施工部门反映，KD500＋320～DK580＋550为富水地段；DK581＋838～858、DK581＋595～600两处有较大涌水，上述地段1995年5月～9月有4次大涌水
9	上西铺大桥（中心里程IDK583＋400）	通过航空像片判释认为段家河流域的5条泥石流沟都不严重，段家河河床稳定，泥石流有少量松散固体物质沉积，但对上西铺桥不构成威胁	近期沟内松散固体物质来量对桥孔排泄影响不大，但应防止流域环境破坏，加强对流域的综合整治	从上西铺大桥修建两年来，未见桥前有泥石流沉积物，至于泥石流对大桥是否有影响，应继续观察
10	犀牛塘滑坡（DK542＋318～DK542＋441）	航片上可明显的见到滑坡形态，滑坡体上方较陡，下方较平缓	应设上、下挡墙或抗滑桩等工程措施	现场施工验证认为系古滑坡，对铁路路基有影响，已设抗滑桩
11	滑坡（DK545＋395～DK545＋470）	航空像片上判释为浅层牵引式滑坡，地表呈深色调者为地下水渗出处，有的土体含水呈饱和状态	路基上、下方均应设挡墙	现场观察为浅层牵引式滑坡，有地下水渗出地表
12	古滑坡（DK550＋561～DK550＋730）	该沟位于下德沙隧道出口与小当郎隧道进口之间，线路附近及上游，有古滑坡，可能形成泥石流	该沟宜设桥，且净空应大些。上游注意水土保持，如有新的斜坡变形，应设支挡防护工程	该沟有泥石流沉积物，尚应进一步观察
13	小德江巨型古滑坡（DK553＋560～DK554＋240）	通过航空像片判释和现场调查，认为该滑坡是以巨型古滑坡为主体的复杂堆积体，是由古滑坡、崩塌和泥石流组成的斜坡，目前已处于稳定状态。线路通过对滑坡稳定不利。下游修建水电站，回水可能促使滑坡复活	线路通过滑坡地段，应分期分批设置支挡、防护工程	同意遥感图像判释和分析的结论，该滑坡较为复杂，由古滑坡、崩塌和泥石流三者组合而成，施工中已设置部分抗滑桩
14	小德江3号中桥（中心里程DK554＋110）	根据航空像片观察，该沟上游流域岩质较软，第四系广泛分布，目前已辟为耕地，但一旦环境破坏容易产生水土流失，形成泥石流	桥孔净空应大些，沟的上游流域范围内应加强水土保持，防止水土流失	技术设计时为中桥，但施工图时改为小桥涵，与遥感图像判释意见有所不同，孰对孰错，有待继续观察
15	康牛隧道（DK555＋185～DK558＋365）	遥感图像上显示DK555＋392处有小型断裂横穿洞身，但现场验证不典型。DK555＋945～DK558＋200围岩分类为Ⅳ类，部分为Ⅲ类		施工时发现，DK555＋400前后有较大规模坍塌，节理发育，拱顶坍塌引起地表凹陷

（3）施工阶段遥感技术应用是有条件的，只有当勘测阶段未采用过遥感地质技术，或施工阶段发现仍有主要地质问题未查明时，才有必要利用遥感技术进行有针对性地判释调查。

（4）如何充分发挥遥感地质技术在施工阶段的作用，还存在一些具体问题需要解决，例如遥感提供的地质资料与勘测设计部门提供的地质资料（设计文件）有矛盾时如何解决，遥感勘察单位和原勘察设计单位之间的关系如何协调等等，都有待于进一步摸索，理顺关系。否则，即使遥感地质资料是正确的，也难付之实施，仍然发挥不了遥感技术的作用。

川渝铁路东通道遥感地质工作

一、工程概况

川渝东通道系指四川和重庆向东的铁路通道,它包括重庆—怀化(渝怀线)、重庆—石门(渝石线)和万县—枝城(万枝线)三条铁路线的方案比选,实际方案比选范围包括重庆、万县、宜昌、常德、怀化所包围的约 8 万 km^2 面积(图 1)。

川渝东通道通过地区地形地质均较复杂,勘测工作量大,任务要求急,1998 年采用遥感技术进行地质判释调查。各线均进行了陆地卫星 TM 图像计算机处理,并编制成包括三条线范围的 TM 影像图,见图像 1(彩图),遥感工作采取航空像片和陆地卫星 TM 图像相结合的判释方法,先进行 TM 图像的宏观地质背景分析,然后选择地形地质复杂地段开展小比例尺航片判释。

三条线共编制 1:20 万陆地卫星 TM 影像图约 18 万 km^2,1:5 万遥感工程地质图约 1.5 万 km^2。

二、地区自然概况

(一)水文气象

区内水系属长江水系,包括长江干流及其支流乌江水系、清江水系、沅江水系、澧水水系。

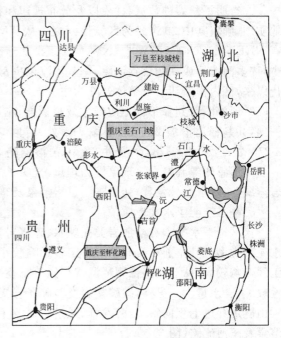

图 1　川渝东通道地理位置图

该区属热带湿润气候区,部分为亚热带大陆季风湿润~温和半湿润气候,沿线气候受地形影响显著,气候垂直分带清楚,雨季、干季分明。

(二)地形地貌

测区地形主要属中山、低山和丘陵区,部分为盆地和河谷平原区。许多山脉和河流的走向受地质构造线控制,构成岭谷相间排列的地貌形态。一些支流则往往横切构造线。由于构造、岩性、新构造的差异性影响,地貌上常形成深切河谷,悬崖林立;碳酸盐岩地区岩溶现象发育,构成独特的岩溶地貌景观;各主要水系,如乌江、清江、沅江、澧水等水系,可见到 3~4 级阶地,以基座阶地为主。

(三)地质构造

本区大地构造主要位于杨子陆台的川湘凹陷及四川地台的中东部。按地质力学观点,该区处于新华夏部位,部分为长江中下游东西向构造西端延伸部位。

本文发表于《铁道工程学报》2003 年第 4 期,2003.12

区内地层从震旦系到第四系地层均有出露,它们均以整合或假整合相接触,明显地反映出区内长期以来,以不均衡的升降运动为主。

区内褶皱构造的最大特点是构成一系列 NNE 向、NE 向的相互平行的背斜和向斜;断裂主要发育 NNE 向、NE 向、NNW 向、NW 向四组,NNE 向、NE 向断裂构造与褶皱相伴生,以压性、压扭性为主,NNW 向 NW 向断裂以张扭性、张性为主,多切割 NNE 向、NE 向断裂构造。

三、查明的地质问题

该区利用卫星图像结合航空像片判释地质效果较好,初步查明了以下一些问题:

1.查明了各种地层的分布范围,TM 图像上根据各种地层的不同地貌特征及其色调,很容易区分出其界线,同时统计出各条线通过该类地层的长度。

2.查明了断裂的数量、性质以及分布规律和特点。共判释调查出断裂 180 余条,结合区域地质图,确定其中 20 余条为区域性断裂。从 TM 图像上可以清楚地看出该区断裂主要发育有 NNE 向、NE 向、NNW 向、NW 向 4 组。从遥感地质判释结果看,区内第四系覆盖物分布甚少,许多河流形成深切狭谷地貌,一些河流至少都发育有三级阶地,这些都说明,进入中、新生代以来,区内构造活动以整体升降为主。

3.遥感图像判释不良地质现象效果极佳,本区判释效果也不例外,在线路每侧各 5 km 范围内,共判释出滑坡 236 处、崩塌 195 处、岩堆 91 处、错落 13 处、泥石流 32 条,岩溶漏斗约 2 270 个、落水洞 1 378 个、竖井 22 个、岩溶塌陷 25 个、暗河 127 条。

4.遥感图像判释岩溶现象极为理想,查明了岩溶的发育规律,如发现在断裂带和暗河上方岩溶漏斗、落水洞较发育;初步查明了岩溶泉及暗河流路。

5.基本查明了水文地质条件。

该区地下水类型有松散岩类孔隙水、碎屑岩类裂隙水、构造裂隙水和碳酸盐岩类裂隙溶洞水 4 种类型。其中前三类裂隙水对工程影响较小,遥感图像判释难度也较大。岩溶水对线路工程影响较大,从遥感图像判释调查得知下三叠统嘉陵江组及下二叠统茅口组、栖霞组灰岩岩性较纯,含水量大。另外,碳酸盐岩类与碎屑岩接触带多发育岩溶大泉或暗河出口。渝怀线园梁山隧道穿过毛坝向斜,岩溶发育,通过陆地卫星 TM 图像和航片相结合判释,初步查明了岩溶泉及暗河流路(图 2)。

四、各方案工程地质条件比选意见

以往地面调查对这样大面积范围内的工程地质条件评价往往很难有一个统一的工作深度和评价标准,各个方案的工程地质的工作深度不一样,因此,很难对各方案的工程地质进行准确的评价。即使是规定了统一的勘测技术要求和标准,但各勘测队执行中,也很难准确掌握,难免会出偏差,最后很难统一。采用遥感技术后,由于宏观和微观的结合,遥感图像判释和地面重点调查相结合,既可掌握区域宏观地质背景,又可查明沿线的地层岩性、构造、不良地质,为线路方案比选提供了客观的、可靠的工程地质评价资料,使方案比选在同等深度、同样要求的基础上进行。显然,提高了线路方案比选的可信度。

川渝东通道三条线的方案比选是在遥感调查的基础上,对各线区域地质构造背景,通过不良地质的种类、长度、数量及主要工程地质问题等三方面进行综合评价后,推荐出最佳的线路方案。

1.从区域地质构造背景进行分析评价

从 TM 图像上可以清楚地看出,该区宏观地质背景最显著的特点是一系列 NNE 向或 NE 向宽缓,紧密褶皱和走向断裂。而三条线的主要走向均为东西向,它们与区域性构造线以及岩

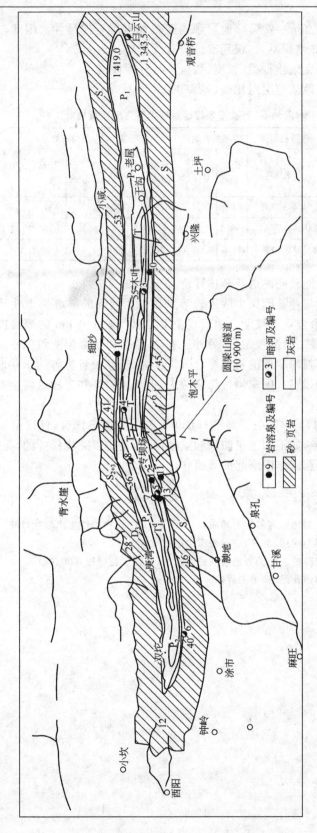

图 2 毛坝向斜陆地卫星 TM 图像判释图

层走向大部分是斜交或正交的,仅局部地段顺构造线和岩层走向延伸。因此,从区域构造上看,三条线的工程地质条件差别不大,仅局部地段有所差异。

2.从各条线通过的不良地质种类、长度、数量进行分析评价

三条线通过各类不良地质情况对比表(见表1)。

表 1　渝怀、渝石、万枝三条线通过各类不良地质情况对比表

| 线路名称 | 线路长度(km) | 断裂(条) | | 碳酸盐岩类 | | 岩溶发育地段 | | 顺层滑坡 | | 滑坡(处) | | 崩塌(处) | 泥石流(条) | 暗河(条) |
		区域性断裂	一般断裂	长度(km)	占全长百分数(%)	长度(km)	占全长百分数(%)	长度(km)	占全长百分数(%)	>10万m³	<10万m³			
渝怀线	316	4	24	264.6	84	84.8	27	12	4	0	17	6	4	2
渝石线	529	11	27	243.7	46	149.1	28	140	26	1	13	7	5	9
万枝线	253	2	31	207.7	82	94.0	37	32	13	0	1	1	1	4

3.从各条线主要工程地质问题进行分析评价

渝怀线主要工程地质问题是园梁山隧道岩溶水和乌江河谷的斜坡稳定性问题;渝石线的主要工程地质问题是10余公里斜坡动力地质现象发育以及约140 km的顺层边坡问题;万枝线主要工程地质问题是岩溶、暗河较发育,另外还有30余公里的顺层边坡问题。

从上述三个方案遥感判释掌握的资料综合分析认为,三条线各有各的工程地质问题,但三者工程地质条件差别不大,最后,国家经过综合考虑,采纳了渝怀和万枝这两个方案,目前正在建设中。

在约8万 km²范围内,同时对三条线进行预可行性线路方案比选,仅仅用2个月时间(折合500工天)就完成了任务,如不用卫星图像和航空像片,是难以完成任务的,充分说明了遥感技术在大面积铁路方案比选工作中所起的重要作用。

参 考 文 献

1　卓宝熙,马荣斌,王宇明等.遥感原理和工程地质判释(下册).北京:中国铁道出版社,1981
2　卓宝熙.工程地质遥感判释与应用.北京:中国铁道出版社.2002
3　邓谊明.枝万线控制方案选择的主要工程地质问题及选线.铁道工程学报,2001(2)
4　陈应先.加强川渝铁路东通道建设.铁道工程,2002(2)

工程勘测中遥感技术应用简介

　　遥感技术在各种工程调查中的应用主要包括铁路、水利、公路、油气管道、电力和港口等工程的选线、选址中的应用。其中铁路、水利和电力等部门，在二十世纪70年代中后期就已开始应用，公路、油气管道等部门的应用稍晚些。其实，早在20世纪50年代中期，铁路和水利的工程地质调查中业已开始应用航空地质方法，与地质、林业等部门同属国内最早应用航空方法的产业部门。应该说工程勘测中遥感技术的应用，已经形成一个重要的方面，同时取得较好的效果，然而一般文章在谈到遥感技术应用的领域时，沿袭传统的提法，只笼统提在地质方面的应用，而未提在工程勘测中的应用。事实上，遥感在工程勘测中的应用，已形成了独立的应用领域，而且发展迅猛，取得较好的效果。

一、铁路选线中遥感技术应用的简况

　　铁路遥感技术的应用，始于20世纪70年代中期，实际上早在1955年的兰州—新疆铁路线方案比选中，就已开始应用航空像片进行航测成图和工程地质调查。

　　从20世纪70年代后期开始，铁路各设计院就设置了专门的遥感机构，铁路高等院校设置了遥感教研室（遥感试验室）。最多时，铁路从事遥感专业的人员达到60余人。在铁路勘测的各个阶段均可应用遥感技术，但以预可行性研究和可行性研究效果最佳。预可行性研究主要应用陆地卫星图像（1：5万～1：20万）和小比例尺航空遥感图像（1：5万左右）；可行性研究则以大比例尺航空遥感图像（1：5千～1：2万）为主。考虑到技术经济效益，目前陆地卫星以TM图像为主，航空遥感图像则以全色黑白航空像片为主，其他遥感片种，可根据情况应用。

　　铁路工种地质勘测中，遥感技术主要用于：对线路通过地区宏观地质背景的分析和评价；铁路工程地质分区及线路方案工程地质条件评价；铁路沿线地貌、地层岩性、地质构造、不良地质、水文地质等的判释，特别是对不良地质，除能确定其类别及规模外，还可对其分布规律、产生原因、发展趋势、危害程度等，进行深入研究；进行砂石产地调查和评估；隧道弃碴场地的调查；既有线沿线地质灾害的调查；长隧道、特大桥、大型水源地等的位置选择，等等。

　　利用遥感技术进行上述各种地质调查，可以编制出铁路所需的1：500～1：20万的各种地质图件或专题图件。

　　据不完全统计，40余年来，在兰州—新疆线、成都—昆明线、大同—秦皇岛线、西安—安康线、南宁—昆明线、北京—九龙线、西安—南京线、内江—昆明线、进藏铁路线、赣州—龙岩线、川渝东通道等约百余条铁路新线勘测中应用了遥感技术，多项勘测设计成果获国家级工程勘察设计奖。除完成上述生产外，还结合铁路勘测选线的需求，开展了工程地质遥感研究项目，多项科研成果获国家和省（部）级科技进步奖。

　　铁路勘测设计中遥感技术的应用不断有所进展，如遥感图像片种的应用，从开始只用全色黑白航片发展到应用卫星图像和各种航空遥感图像；判释方法从目视判释、单片种判释、定性判释、静态判释，发展到计算机图像处理成果、多片种、定量和动态的判释，使判释效果有了明显的提高。

发表于《工程勘察》2004年第4期，2004.12

铁路部门较重视遥感技术的总结和提高,根据多年来的生产实践,先后总结编写了《铁路航空工程地质工作》(1959)、《遥感原理和工程地质判释》上、下册(1981、1982)、《工程地质遥感图像典型图谱》(1988)、《工程地质遥感判释与应用》(2002)等著作,在国内产生了广泛影响。

正是由于铁路部门遥感技术应用取得较好效果,得到部领导和各级有关领导的重视和支持,许多长大干线和重点工程均安排应用了遥感技术。在铁道部制定的《铁路主要技术政策》中,明确规定要推广应用航测遥感技术,同时还把遥感技术应用纳入有关技术规程中,还制定了《铁路工程地质遥感技术规程》,使铁路遥感技术应用纳入正规轨道。该规程是我国最早制定的有关工程地质遥感技术方面的行业标准。

目前,铁路长大干线的新线勘测选线中均采用遥感技术,除新线勘测中应用遥感技术外,施工阶段和既有线的地质灾害调查,也都采用了遥感技术。

二、水利水电工程勘测中遥感技术应用的简况

早在 20 世纪 50 年代中期,水利部门就开始应用航空方法进行水电坝址比选勘测,1978年开始应用遥感技术,目前,已广泛应用于水利建设的许多方面。水利部门的遥感应用机构和研究机构大部分成立于 1982 年前后,水利行业的遥感机构较多,且相对分散,较大的勘测单位拥有遥感专业人员约在 10～30 人之间。水利部门设有遥感技术应用中心,但主要是开展遥感防洪研究和应用。此外,从事遥感地质调查和研究,且力量较强的单位有水利部长江水利委员会长江勘测技术研究所、黄河水利委员会勘测规划设计院、珠江水利委员会科学研究所、水利部天津水利水电勘测设计研究院以及河海大学,等等。

水利工程遥感地质图的编制比例尺多在 1∶1 万～1∶20 万之间,最大的比例尺用到 1∶500。所采用的遥感图像比例尺,陆地卫星图像一般 1∶5 万～1∶20 万,航空遥感图像比例尺约 1∶1 万～1∶6 万左右。水利遥感应用的内容涉及水利水电勘测的几乎所有领域,包括水利水电工程坝址选择、库区稳定性评价与监测、区域稳定性评价、跨流域调水线路和供水路线的工程地质调查、库区及其上游地区水土流失调查与动态监测、河道整治与规划、水库渗漏调查等的应用。此外,在施工地质编录、河道演变动态监测方面也应用了遥感技术。

据不完全统计,约有近百项水利水电工程项目的工程地质调查中应用了遥感技术。一些大中型的水利水电工程,如:长江三峡,黄河小浪底、李家峡、龙羊峡、万家寨,珠江飞来峡,雅砻江二滩、锦屏,桑干河石匣里,汉江丹江口,清江隔河岩、水布亚、高坝洲,乌江彭水,金沙江虎跳峡,澜沧江大朝山、漫湾、小湾,溧水皂市等项目的工程地质调查中,均应用了遥感技术。水利部门应用遥感技术进行工程地质调查填图工作,较常规方法可节约投资和提高效率各约 1/3左右。

三、公路选线中遥感技术应用的简况

公路部门遥感技术的应用,是 1986 年首先在广西省公路勘测中应用。公路遥感技术的应用,从根本上改变了传统公路勘测方法,使大量复杂繁重的野外作业移到室内进行,对减轻勘测人员的劳动强度,提高勘测设计质量,加快勘测效率,促进优化设计,均具有明显的效果。

遥感技术在公路的工程地质调查中的应用,包括以下内容:利用遥感图像判释公路沿线的地貌、第四纪地质、地层(岩性)、地质构造、水文地质、不良地质、特殊土、地震地质等情况,为选线提供工程地质条件评价。

除选线勘测中应用遥感技术外,还重视科研工作,如在交通部"七五"《通达规划》中,例入

了《航测遥感在公路勘测设计中的实用技术》研究课题；1987 年至 1990 年对《公路工程地质遥感判释技术》项目进行了研究；1996 年由国家计委下达给交通部的"国道主干线设计集成系统开发研究"科研项目专题之一"GPS、航测遥感、CAD 集成技术开发"中，遥感技术研究是该专题的研究内容之一，该研究成果已应用于高等级公路勘测设计中，并取得了预期的效果。公路部门应用一体化集成技术综合处理，将三维地形模型叠加在遥感图像上，快速生成三维透视景观图，为设计人员提供了屏幕上分析工程环境的方便条件，取得了较好的效果。

目前，公路部门从事遥感工作的单位主要有交通部第一、二公路勘察设计研究院、陕西省交通规划勘察设计院、广西交通规划勘察设计院等单位。

据不完全统计，至今，已有石家庄—太原线、沈阳—丹东线、徽州—杭州线（安徽段）、北京—珠海线、106 国道线广州—佛山段、海南岛环线、上海—成都线重庆—梁平—长寿段、奎屯—赛里木线、310 国道线宝鸡—天水段、大运线霍州—临汾段、314 国道线和硕—库尔勒段、320 国道线大理—保山段、杭州湾大桥、舟山连岛工程、南京长江四桥、港珠澳大桥等 40 余条公路勘测选线中，应用了遥感技术，取得了不同程度的效果。

当前，公路遥感技术在选线工程地质评价、工程地质图编制、建筑材料调查、区域环境工程地质评价、地质灾害调查分析以及桥梁、隧道等大型复杂工点的工程地质勘测中，得到了越来越广泛的应用。

四、油气管道选线中遥感技术应用的简况

我国油气管道勘测设计部门没有专门的遥感应用机构，遥感技术的应用起步稍晚，但发展却比较快。从 1985 年为我国西北地区五条油气管道工程提供遥感图像至今，大致经历了三个发展阶段：第一阶段从 1985 年～1989 年，为试验应用阶段，此阶段主要是提供设计管道沿线的遥感图像；第二阶段从 1990 年～1997 年，为推广应用阶段，除提供高质量的遥感图像产品外，还进行了管道沿线的地形地貌、地层（岩性）、地质构造、不良地质等情况的判释分析，为预可行性研究阶段管道线路方案比选提供工程地质条件评价依据；第三阶段从 1998 年～现在，为深入应用阶段，此阶段，除了完成管道选线预可行性研究的宏观论证外，还拓宽应用到后期的各阶段，如：管道沿线地质灾害监测、管道腐蚀环境监测等等。

油气管道选线中遥感技术应用的内容包括：

1. 管道沿线遥感影像图的制作；

2. 管道沿线遥感地质判释，包括地形地貌分析、区域地质背景分析、管道环境及地质灾害分析、重难点工程地段的地质分析；

3. 管道沿线遥感判释图像（信息图像）的编制，该图的宽度为管道两侧各 20 km 范围。

油气管道选线中，至今已有乌鲁木齐—洛阳、喀什—乌鲁木齐、阿拉山口—乌鲁木齐、兰州—成都、西气东输临汾—沁阳、陕甘宁—北京、土库曼索韦塔巴德—中国连云港等 16 条输油管道线预可行性研究中应用了遥感技术，遥感技术提出的一些推荐方案被采纳，取得了明显的技术经济效益。油气管道工程应用遥感技术虽然较晚，但他们重视遥感技术的应用，因此发展的较快。

五、电力工程勘测中遥感技术应用的简况

电力工程遥感技术应用始于 20 世纪 70 年代末，1981 年在北京成立了电力遥感中心。整个 80 年代，在全行业得到广泛、迅速地开展；在 90 年代以后，遥感技术日新月异，在持续发展的电力工程应用中始终处于高科技前沿。

电力工程中遥感技术应用的方法：在预可行性研究阶段（规划选厂），重点解决区域综合评

价问题,通常以卫星图像及相关产品为主;在可行性研究阶段(工程选厂)和初步设计阶段,随着工程设计精度要求的提高,则以大比例尺的航空遥感图像为主。

电力工程勘察中遥感技术应用的效果可分为三种情况:

1.遥感技术的应用可达到常规手段无法或难以实现的目标;

2.遥感技术的应用可替代常规手段;

3.遥感技术的应用可部分替代常规手段。

在电力工程勘测中,遥感技术主要应用于以下几个方面:

1.对拟建电厂、变电站进行区域稳定性评价,包括地貌、地层(岩性)、地质构造格架和地震危险性分析等,最后提出选址方案的论证意见;

2.电厂储灰场的地质测绘和环境地质条件评价;

3.电厂水源地的地形地貌、古河道变迁、蓄水构造与含水层性质、分类和远景区规划等;

4.特小流域洪水参数分析计算,要求遥感提供流域下垫面植被、地貌、土壤等条件;

5.高压线及超高压输电线路沿线地貌、地质和地下水条件的判释;

6.建立数字地形模型,形成真实三维模型和大范围的动态可视的系统,为各专业的集成、勘测设计资料的评审,创造了良好的条件。

电力系统遥感技术的应用是以电力遥感中心为主,面向全国。其他单位也都有从事遥感工作的专业人员。20余年来,完成了大量电力工程项目,其中,应用遥感技术的工程项目就有河南新密电厂供水水源、浙江秦山核电厂、天津蓟县电厂及储灰厂、山西河津电厂、陕西渭河电厂、云南阳宗海电厂、江西九江电厂、河北沧州黄骅电厂、福建湄洲弯电厂、甘肃平凉电厂、三峡电站送电工程、湖北宜昌—江苏常洲 500 kV 直流送电线工程、中苏(前苏联)联合开发黑龙江流域梯级电站工程等约 30 余项电力工程。

目前,电力工程遥感技术应用范围由最初的勘测领域扩展到市场机制下的业主设计总办包、施工监理和运行管理部门。

六、结　语

无论从理论上或是实践上证实,都充分说明遥感技术在各种工程选线、选址勘测中均可发挥显著的作用,具有明显的社会经济效益,应大力推广应用这一行之有效的新技术。

随着西部开发战略的实施,许多工程将在西部修建,相对而言,西部地区交通欠发达,自然环境差,在这样地区进行各种工程的选线、选址勘测,难度较大,更有必要应用遥感技术。可以预测遥感技术在西部开发的工程建设中将会发挥重要的作用,其应用前景广阔,应用潜力巨大。

参 考 文 献

1　卓宝熙.面对信息时代的铁路航测遥技术.铁道工程学报,1999(增刊):226～233

2　方向池.卫星遥感图像在高原山区公路预可行性研究中的应用.国土资源遥感,1999(2)

3　胡清波.遥感技术在铁路隧道弃碴场地调查中的应用.铁路航测,2000(4):29～32

4　杨则东等.徽州—杭州(安徽段)地质灾灾遥感调查与评价.中国地质灾害与防治学报,2001(1):86～92

5　陆关祥、周鼎武、腾志宏.奎赛公路段岩土体工程地质类型及不良地质现象解译标志.国土资源遥感,2001(3):21～23

6　卓宝熙.工程地质遥感判释与应用.北京:中国铁道出版社,2002

7　张振德、何宇华.遥感技术在长江三峡库区大型地质灾害调查中的应用.国土资源遥感,2003(2):11～14

卫星图像在工程基本建设项目的
决策阶段中的应用

众所周知，要修建一项理想工程，特别是大型的理想工程，必须进行充分的论证，只有充分论证后，才能作出正确的决策。决策阶段，除应考虑政治、经济、国防等诸因素外，还必须充分掌握工程通过地区的地形、地貌、地质、水文等自然环境条件。其道理很简单，各种工程都是设置在地壳表层上。一项工程建设项目是否合理，以及是否能以最少的投资保质保量完成，除施工阶段起重要作用外，勘测设计阶段工作也是重要的环节，而且它是保证工程建设质量的先决条件。勘测工作的目的实际上是要查明工程通过地区（所在地区）的地形地貌、地质、水文等自然环境条件，从而为工程比选和最终选定的工程地点提供准确的工程地质条件评价，保证修建的工程安全、可靠。一旦工程建设项目的决策阶段未进行充分论证，造成决策失误，将会给后续的勘测设计工作造成麻烦或给工程施工、运营造成难以挽救的后患。换句话说决策阶段的失误是难以弥补的。

利用卫星图像进行工程建设项目决策阶段的研究具有无比的优越性。以往单纯采用传统的地面调查方法，由于视野的局限性，拟查明工程所在地区的地形、地质、水文等自然环境条件，是很困难的。尤其是地形、地质复杂的地区以及工期较紧的情况下，往往忽视了勘测质量，从而造成工程选线、选址的反复，有的到了施工图阶段甚至施工阶段还在补预可行性研究或可行性研究的工作。更有甚者，给施工和运营带来无穷后患，这方面的例子，不胜枚举。如南昆铁路线八渡车站位于一巨型滑坡体上，勘测期间，部分现场人员对此段山体即有怀疑，但当时认为山体尚属稳定，加之开工在即，勘测设计流程紧迫，以致未能做过细的工程地质勘测，故认为该滑坡为稳定的古滑坡。1994 年该车站开工后，发生坍塌，引起注意。1997 年 7 月该区连续降暴雨，加上诸多人为因素的影响，导致该滑坡复活。随后，用将近一年的时间，日夜奋战，并投入大量费用，才整治完成，保证了南昆铁路线按期顺利通车。如果能事先充分利用卫星图像并结合航片进行详细分析，完全可以避免上述情况的发生。因此，可以说，南昆铁路八渡车站滑坡的教训，从某种意义上说，也是未能充分利用遥感技术的教训，应引以为戒。

应用遥感技术可以避免因地面观察的局限性所导致的难以查明地质构造和工程地质条件的被动局面。特别是卫星图像具有视野广阔、影像逼真、信息丰富，不受交通和气候的限制，可以在室内进行反复研究等优点，有利于进行各种工程建设项目决策阶段的应用。卫星图像在工程建设项目决策阶段应用的优越性表现在：（1）有利于地质宏观背景的分析，可概括地了解线路通过地区的地貌、地质构造、大型不良地质、水文等情况，从而可在大面积范围内对各种工程的工程地质条件进行评价，快速有效地确定出工程地质条件好的线路方案或坝址方案；（2）克服地面观察的局限性，增强外业地质调查的预见性，提高填图质量和调查效率；（3）把某些外业工作移到室内进行，改善了劳动条件；（4）指导勘探点布设，使勘探点布设的更合理，有时可减少钻探数量，从而节省钻探费用（按中等复杂岩土类别计，10 m 深钻孔一孔约 0.32 万元，50 m 深一孔约 3.00 万元，100 m 深一孔约 7.25 万元）。

本文系提供给国防科工委向国务院领导汇报的素材之一，未在刊物上公开发表，2004.3

以铁路新线预可性研究为例,应用卫星图像进行工程地质评价,较传统的地面勘测可提高工作效率约 3～4 倍。尤其是我国西北地区,利用卫星图像进行铁路线的预可行性研究评价,完全可以代替航空遥感和地面工作,不但速度快,而且完全可以满足方案比选的质量要求。预可行性研究利用卫星遥感图像不但较传统地面调查优越得多,而且也是航空遥感所无法比拟的。卫星图像较航空遥感更具宏观性,更便于分析宏观地层和地质构造,搜集资料比较便捷,资料费也较便宜。航空遥感图像的搜集手续较麻烦,且搜集时间长,有时还很难搜集齐全。特别是铁路、公路等的选线需搜集条带状遥感图像,当搜集不全所需的航空遥感资料时,还要专门进行沿线路方案的带状航空摄影,不但获取资料周期长,而且费用昂贵,一旦受气候影响,难以按期获得资料。

遥感技术在各种工程调查中的应用主要包括铁路、水利、公路、油气管道、电力、港口等的选线、选址中的工程地质调查。我国卫星图像在各种工程的选线、选址的预可行性研究(或可行性研究)中的应用,始于 20 世纪 70 年代后期,实际上,早在 20 世纪 50 年代的铁路、水利等工程的选线、选址中就开始应用航空像片进行工程地质调查,并取得较好效果。自从 20 世纪 70 年代引用陆地卫星后,使预可行性线路研究出现了新的局面,不但加快了预可行性研究的效率,而且提高了质量,社会经济效益更为明显。

一般而言,在工程建设项目的预可行性研究时,除因政治、经济、国防等因素外,决定线路方案和坝址方案的自然环境条件中,主要是大规模的断裂破碎带、大面积的岩溶发育地段、斜坡不稳定地段(包括大型的滑坡、崩塌、岩堆以及顺层地层等),严重的泥石流地段、大范围的特殊土地段、沙丘、水害地段等等。而这些不良地质地段和水害地段,恰恰可用卫星图像快速地进行圈绘和确定其属性,达到事半功倍之效,如采用传统的地面调查方法,不但需要较长的时间,而且还需投入大量的人力、物力和财力,质量还难以保证。应用航空遥感技术,当然比地面方法好得多,但航空遥感较适用于可行性研究,对预可行性研究而言,其作用不如卫星图像的作用明显,可见预可行性研究时,任何方法和手段,均无法替代卫星图像的作用。

目前,铁路、水利、公路、油气管道、电力和港口的选线、选址中,都普遍应用了卫星图像,并取得很好的效果。尤其是一些大型基本建设项目的选线、选址都应用了卫星图像进行宏观地质背景分析和工程地质条件评价,如南宁—昆明、大同—秦皇岛、重庆—怀化、万县—枝城、朔县—黄骅、青海—西藏等铁路线;黄河小浪底水利枢纽、南水北调等水利工程;京珠高速公路、大理—保山高速公路;陕甘宁气田—北京输油管道工程等的选线、选址中都应用了卫星图像进行工程地质评价,取得令人满意的效果。

随着市场经济的发展,许多大型建设项目的勘测设计实行招标,而工程建设项目勘测中是否应用遥感技术(包括卫星图像和航空遥感图像)成为能否参加竞标的一个基本技术要求。可以说,不采用遥感技术,中标的可能性是很小的。

正是由于遥感技术在工程决策和勘测中应用的广泛性和有效性,许多产业部门制定了工程地质遥感技术规程,如铁道部,从 1994 年就开始颁发执行《铁路工程地质遥感技术规程》;交通部也已制定了《公路工程地质遥感规范》。由于铁路选线勘测中应用遥感技术取得较好效果,因此,铁道部领导非常重视,在铁道部制定的《铁路主要技术政策》条文中,明确规定要推广应用航测、遥感等新技术。实践证明:卫星图像是各种工程选线、选址的一种先进手段,经济效益明显,是勘测现代化的重要组成内容之一,深受广大勘测人员欢迎。

我国幅员辽阔,铁路只有 7 万 km 左右,按每平方公里国土的铁路里程计,我国只有德国的 1/20,法国的 1/11,印度的 1/3.5;公路约 176 万 km,居世界第二位,但高速公路仅 2.25 万 km;水电装机容量 3.53 亿 kW。这些数量,对我们这样大国而言,还是很不相称的。随着我国国民经济的不断发展,今后必将有大量的各类工程要建设,而且大部分将在西部和自然环境条件较差的地区修建。因此,利用卫星图像的机率将更多,所需的数量也将更多。可以说,对工程建设项目的决策阶段而言,卫星图像的应用前景可观。再者,随着陆地卫星图的分辨率的不断提高,一旦价格能降下来,应用的面更加广泛,其需求量也必将逐渐增加。

从目前的应用情况看,由于国外卫星图像价格比较昂贵,影响了应用的普及,建议应加速发展我国自己的卫星事业,提供质量稳定的高分辨率的卫星图像,以满足国内潜在的对卫星图像的需求。

现将部分卫星图像在工程基本建设项目的决策阶段应用情况的实际例子介绍如下:

一、大秦线桑干河峡谷区遥感地质应用效果

大秦线系国家重点建设工程,它西起山西大同,东至河北省秦皇岛市,正线全长 635 km。该线第一期工程在方案比选期间,大同至沙城段曾进行了大洋河和桑干河两方案的比较(见图 1)。大洋河方案线路避开桑干河峡谷区而依傍京包铁路,北绕顺大洋河经天镇、宣化至怀来县,线路增长了 40 多公里,但地形地质条件较好,工程量少,造价低。桑干河方案经阳原,沿桑干河谷而下至怀来与大洋河方案相接。在线路走向上顺直合理,又无既有线的干扰,对将来的运营十分有利,经济和社会效益也十分明显。但是,在区域构造上,桑干河峡谷走向与阳原—怀

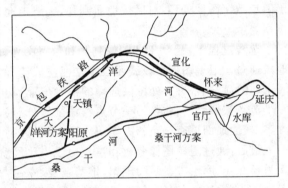

图 1　大洋河和桑干河线路方案示意图

来复背斜构造中的"桑干河构造带"相重合,该构造带是一个走向近 EW 的压性构造体系,其中以东、西窑沟至武家沟地段侏罗系地层的构造最为复杂、断层纵横交错,岩质最为疏松破碎,完整性差,同时含有煤层,严重破坏了地层的完整性和延续性,并导致一系列不良地质现象的发生和发展。

峡谷中的新构造运动迹象也很明显,在石匣里北沟和石湖沟东北化牙沟中,于第四系地层中均见到断层构造,从而表明峡谷区至今仍处于新构造运动的活跃期。由于这种地质结构的背景,使峡谷地段的地质条件极为复杂,各种不良地质现象也十分发育,它是一般铁路工程选线的禁区。大秦线桑干河峡谷方案能否成立,有不同的看法,有的人甚至认为桑干河峡谷方案应放弃,无须考虑。为了查明桑干河峡谷方案工程地质条件,以确定该方案是否能成立,因此,决定利用陆地卫星图像进行大面积地质判释和线路方案研究,工作结果,认为桑干河河谷地质虽然复杂,但线路还是可以通过,并提出作为推荐方案。当确定走桑干河峡谷方案后,由于时间紧,用常规方法开展前期地质工作已不可能,为了尽快落实方案的可行性,决定在线路预可行性研究阶段遥感地质工作的基础上,在初测阶段进一步开展大比例尺航片地质判释工作,对方案进行了改善。最后,施工采用的就是该方案,目前已建成通车。通过施工和运营证明,桑干河河谷方案在走向上顺直合理,在技术上可行。该方案较大洋河方案缩短了 40 km,仅运营这一项,每年就可节省开支 500 万元,其经济和社会效益是十分明显的,充分体现了遥感技术选线的优越性。

二、巴林右旗—沈阳铁路线预可行性研究中卫星图像的应用

1984 年,铁道部专业设计院向国务院山西能源办公室汇报集宁—通辽线(简称集通线)方案时,能源办领导指出:东北地区主要是辽南缺煤。为了经济合理解决"西煤东流",应进一步

对集通线不经通辽而提前南下经奈曼去沈阳的方案进行预可行性研究。

巴林右旗—沈阳路线(简称巴沈线)西起集通线巴林右旗车站,经奈曼、库伦、彰武后,到沈阳。该线与集通线的集巴段形成完整的一条出关新通道。

巴沈线位于大兴安岭南端余脉东侧和科尔沁沙地西部。线路西段位于阴山东西向构造与大兴安岭新华夏复合部位,主要构造线为 EW 向和 NNE 向。全线地势西高东低,通过地区内陆湖泊众多,风沙地段遍布,盐碱地和沼泽广布,黄土冲沟屡见不鲜。

由于自然条件差,交通不便,任务又较紧迫,1985 年铁道专业设计院在集通线预可行性研究报告的基础上,在东西长 800 km,南北宽约 100 km 范围内,利用 TM 图像和 1∶20 万我国国土卫星图像,开展了大面积的多方案线路比选工作。为了便于各工种密切配合,更有效地进行线路方案综合比选,还编制了比例尺 1∶50 万的 TM 图像镶嵌图,在重大工点地段还开展了卫星数字图像处理,对区域地质判释,线路走向、桥位选择、估算占用土地等,起到了显著的作用。

选线过程中,配合 TM 图像判释和数字图像处理结果,选择在流沙、沼泽和盐碱地最短的地段通过。卫星图像在该线西拉木伦河桥位选择中也发挥了显著的效果。根据图像分析,在 30 km 的河段上,有 4 处可供选择的桥渡位置,其中有 3 处为基岩构成的节点,3 个节点中,有一个节点被公路桥占据,另一节点河流南侧分布着流动沙丘,最后,选择 1 号节点为桥渡推荐方案,较原地面调查确定的方案更合理,节省大量工程投资。

最后,通过卫星图像分析和重点地段小比尺航空像片的判释,在 3 个方案中,经综合比较,认为经奈曼、库伦方案最为理想,推荐奈曼、库伦方案为本线主要方案,另外两个方案为比较方案,并报送铁道部,以便可行性研究时进一步比选确定。

由于充分利用了卫星图像,在两个多月的时间内完成了该线正线 400 多公里的预可行性研究任务,提高工作效率约 2～3 倍。

三、卫星图像在神木至港口铁路河间至港口段预可行性研究中的作用

神木煤田至港口运煤通道西起神木经朔县、东回舍、河间至港口(天津港或黄骅港),全长约 800 公里。它是拟建的第二条铁路运煤通道,对发展沿线地区经济,促进国民经济全面发展起重要作用。其中河间至港口段的两大方案比选,关系到全线的长久效益。是走天津港方案还是走黄骅港方案,已经开展过多年工作,仍无定论。是走天津还是走黄骅,虽然取决于煤炭下水港口决策,但铁路方案的选择确有对全局影响的制约因素,特别是水害和路网规划对港口的选定起到一定的影响。其中水害问题由于采用传统的地面调查方法很难查明水害对铁路的威胁程度,未能掌握可靠的水害情况,致使走哪个方案,长期争论不休。两种不同的意见甚至反映到全国人大会议上,但仍无法定论。

1990 年,受委托,铁道专业设计院利用经过计算机图像处理的陆地卫星 TM 彩色合成图像,对该区的水系、洼地、洪水排泄通道等,作全面判释分析,编制相关图件,查明了水害对铁路的威胁情况,选择了合理的线路方案。

该段铁路原来已进行线路方案研究,当时推荐走天津港方案。该方案从河北省青县跨津浦铁路后,横穿团泊洼滞区南部,位于大清河和永定河系排洪入海通道上,受到洪水的严重威胁。我院认真地研究了水利部门提供的防洪资料,充分利用卫星遥感图像的优越性,进行全面、详细分析,从陆地卫星 TM 假彩色图像上可以清楚地看到,团泊洼洼地呈淡绿色调,与周围地区的色调有所不同。同时还可看到团泊洼水外泄的低洼槽通道,尤其是 1963 年团泊洼的行洪通道(如黑闸、钱圈和王家房子等洪水排泄口门)在遥感图像上显示的很清楚。

为了排泄团泊洼的洪水,我们根据已有的水文资料,结合遥感图像上显示的低洼槽处设置

桥位,总共设置了 5 座特大桥,总长 5 100 m。其中王家房子洼槽最明显,设的桥也最长(L-1410 m),而根据河北省防洪斗争资料汇编记载,1967 年黑闸、钱圈和王家房子三个口门中,王家房子泄洪效益最高,1963 年 8 月 27 日~9 月 31 日期间,团泊洼经三个口门区泄水累计排泄量为 56 亿 m³,而王家房子口门则达 28 亿 m³,占排泄量的 1/2。可见遥感图像所显示的情况和 1963 年泄洪情况是相一致的,但现场情况时过境迁,痕迹已不清楚,遥感图像则把当时的场景永远记录下来。原来进行的可行性方案研究时,未采用遥感技术,在同样段落所设桥长总共仅 1 000 m 左右,较卫星图像判释后设计的 5 100 m,少了 4 000 m。

我院在充分利用包括遥感图像在内的多种资料的基础上,经过现场重点调查分析,综合考虑了各种因素后,认为走天津港方案从投资费用、工程量、防洪安全、与城市的建设干扰、软土路基、港前站设站条件、地震烈度等方面,均不如黄骅港方案,特别是水害问题是个难题,最后推荐走黄骅港方案,至此,多年争论未定的线路方案问题,终于有了结论。经估算走黄骅港方案(利用地方铁路)铁路建设投资较天津方案少投资 3.1 亿元(有使用证明)。最后,国家经综合考虑,采用了黄骅港方案,目前已建成通车。

四、集宁—通辽线风沙地段铁路选线卫星图像的应用

集宁—通辽线,位于内蒙古自治区南部,全长 800 多千米。该线东部通过科尔沁沙地,在奈曼旗的西湖地区,风沙、软土等不良地质分布范围约占该区的 80%,由于风沙、软土、水害交错分布,交通十分困难,选线难度较大,后决定采用遥感技术调查,在正线长度 30 km 地段内进行了约 200 km² 的地质判释和现场重点验证,最后推荐了通过平地多、沙丘起伏小、活动沙丘短的地段通过(图 2)。原任务书推荐走Ⅰ方案(西湖南方案)为主要方案,Ⅱ方案(西湖北方案)为比较方案,但经卫星图像和航空遥感图像大面积判释和现场重点踏勘后发现上述Ⅰ、Ⅱ两方案均不理想。Ⅰ方案有一段受西湖水位影响,有较长的浸水路堤,往南靠则行走在活动沙丘内;Ⅱ方案前半段大部分段落走在水害地段、松软地基地段及较长的风沙地段,如往北避开水害影响,则线路全部行走在高 2~15 m 的活动沙丘地带。

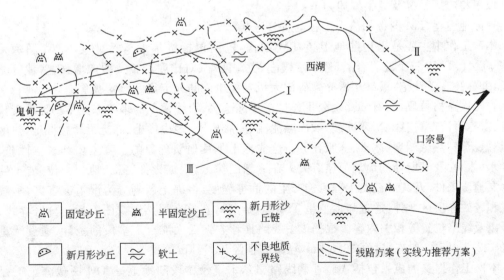

图 2 集通线西湖地区线路方案示意图

最后选定了Ⅲ方案(西湖南南方案),该方案通过甸子多、沙丘起伏不大,多为半固定沙丘,活动沙丘仅零星分布,是一个理想的方案。Ⅲ方案较原定的Ⅰ方案降低造价 22%,节省投资 600 万元。

五、卫星图像在青藏铁路线格尔木—拉萨段的应用

青藏铁路线格拉段的修建,对加强西藏与内地的联系,促进各民族团结,维护祖国统一等方面具有极其重要的政治关系;西藏位于我国西南边陲,国境线长达 3 800 多公里,格拉段的修建对保卫西南边防而言,且有重要的军事上、国防上的意义;格拉段沿线有着丰富的自然资源,铁路的修建、交通条件的改善,对沿线资源的开发利用具有重要的促进作用,对西藏的经济建设、人民生活的改善及实现西部大开发战略,无疑会产生巨大的推动作用。

青藏线格拉段,全长约 1 110 km,该线通过号称"世界屋脊"的青藏高原,约有 500 余公里线路通过海拔 4 200 m 以上的高原多年冻土地区。在高原多年冻土地区进行铁路、公路、油气管道、高压输电线等的勘测选线,首要问题是要查明线路通过的多年冻土地区的冻土不良地质的危害程度及其危害长度。

利用地面调查方法查明多年冻土不良地质以及编制多年冻土工程地质分区图,将会遇到两个方面的困难。一是该区气候恶劣、交通闭塞、供给困难、既有地质资料缺乏,以传统的地面方法填图,不仅劳动强度大,效率低,而且费用高;另一困难是 4 200 m 以上的高原大都是微受切割的开阔平坦地形,地表景观单调,很难用直观方法把冻土不良地质界线和冻土工程地质分区界线反映到地形图上。如采用测量仪器实例,则工作量大,劳动强度大,而利用遥感图像进行判释和航测内业成图,则可克服上述不足,取得极佳的工作效果。

该线的勘测设计工作从上世纪 50 年代即已开始。1975 年和 1976 年开展了预可行性研究和可行性研究,而且开展了航测和航空像片调查,1977 年又相继开展了初步设计、定测等工作,1978 年 8 月奉命停止勘测设计工作。20 世纪 90 年代末,随着青藏线格拉段铁路修建呼声的加强,1997~1998 年又重新开展了该段的预可行性研究,为了加速勘测设计速度,并保证提出高质的勘测设计文件,以满足格拉段铁路即将开工修建的需要,部有关部门决定开展遥感判释调查。从 1998~2003 年陆续开展了陆地卫星图的判释调查,为该线格拉段的水文环境、冻土工程地质特征评价和方案比选,提供了十分珍贵的资料,为青藏铁路的建设作出了应有的贡献。以下将应用情况及效果叙述如下:

1. 陆地卫星 TM 图像的冻土工程地质分区判释

本次工作中主要是采用陆地卫星 TM 图像,范围包括格尔木至桑雄段。TM 图像采用 TM3、TM4、TM5 三个波段合成,经数字镶嵌、色调匹配、对比度调整及图像增强,剪裁等处理手段,并标注有关注记,最终用激光数码放大机扫描生成陆地卫星 TM 影像图。

青藏铁路格拉段,约有 560 余公里通过多年冻土区,沿线常见的多年冻土不良地质现象主要有:寒冻石流、草皮鳞阶、寒冻裂缝、冻融泥流、冻胀斑土、多边形土、冻土沼泽化湿地、热融滑坍、热融沉陷、热融湖塘、冰椎、冻胀丘等。这些冻土不良地质现象的发育主要和岩土性质、岩土含水(冰)性及其所处的地貌部位有关。在遥感图像上,根据影像特征、地貌部位、岩土性质及水文地质条件,及其对铁路工程可能产生的危害程度,将冻土区划分为严重冻害区,一般冻害区和轻微冻害区 3 种,通过陆地卫星 TM 图像判释,直接在遥感影像图上标注分区界线、分区号以及线路位置等相关内容。根据该图线路推荐方案西大滩至安多段的统计,通过严重冻害区 132.2 km,一般冻害区 336.5 km,轻微冻害区 94.7 km。

本次工作提交的成果包括:(1)青藏线路格尔木至桑雄段陆地卫星 TM 图像冻土工程地质分区判释说明;(2)青藏线格尔木至桑雄段陆地卫星 TM 影像图,比例尺 1:20 万;(3)青藏线格尔木至桑雄段陆地卫星 TM 图像冻土工程地质分区图,比例尺 1:20 万。

上述成果成为预可行性研究的重要组成内容,为线路方案的比选和冻土工程地质条件评价提供了可靠的依据,具有明显的社会经济效益。

2.多年冻土区遥感综合调查

青藏线多年冻土区遥感综合调查是在铁道第一勘察设计院可行性研究和初测资料的基础上开展的。工作范围北起西大滩东段(DK946＋000)南至安多(DK154＋200),正线长约695 km。采用航片与卫星图像相结合,多时相遥感相结合,全区一般判释与局部重点分析相结合的方法进行的。陆地卫星系利用 TM 和 ETM 磁带数据,经数字图像处理成假彩色合成图像。工作内容包括区域陆地水文环境遥感调查与冻土工程地质特征遥感调查,其中区域陆地水文环境遥感调查范围涵盖线路两侧各 40 km,冻土工程地质特征遥感调查宽度为线路两侧各2～3 km。

陆地水文环境遥感判释的内容包括多年冻土区河川径流特征、多年冻土区沟床稳定性、湖塘发育特征、沼泽湿地发育特征等的判释。多年冻土区工程地质特征遥感判释的内容包括冻土发育条件与分布特征、冻土不良地质现象以及地表冻融活动性等的判释。此外,还对影响多年冻土环境变化的主要原因,如气温、大气降水、风沙以及人文活动等进行分析。气温变化在卫星图像上无法直接辨认,但气温变化引起的地表微地貌特征,不同时期的冻融痕迹在遥感图像上有显示,地表的这些冻融痕迹间接地反映了气温长期变化的特征。降水情况则可在地表径流,植被生长情况分析,至于风沙、人文活动等,一般较容易辨认出来。

通过本次工作提供了以下一些成果:(1)青藏线多年冻土区陆地水文环境及冻土工程地质特征遥感判释报告;(2)青藏线昆仑山至可可西里山段水系、热融湖塘、沼泽湿地及冻融活动分区遥感判释图;(3)青藏线昆仑山至曲水段第四系分布遥感判释图;(4)青藏线昆仑山至曲水段地形坡度图、坡向图;(5)青藏线昆仑山至五道梁段植被分布图;(6)青藏线唐古拉山越岭段水系及沼泽湿地遥感判释图;(7)青藏线唐古拉山越岭段第四系分布遥感判释;(8)青藏线唐古拉山越岭段地形坡度图、坡向图;(9)青藏线西大滩地段、温泉地段沟床稳定性分区遥感判释图;(10)青藏线西大滩至安多段水系分布图,等等。

综上所述,青藏线格拉段卫星图像和航空像片的应用取得较好效果,具有明显的社会经济效益,表现在以下几个方面:

1.本次遥感工作成果表明,铁道第一勘察设计院所选定的线路方案总体走向合理,工程措施针对性较强,较好地适应了冻土地区的水文环境和冻土工程地质条件。

2.遥感判释所提供的成果成为该段勘测设计资料的重要组成内容,为线路方案的局部变动提供了可靠的素材。

3.对重点地质不良地段,提出加强工程措施或改线等建议。

总而言之,在青藏高原多年冻土地区这种特殊地区,气候恶劣,交通不便,供给困难,既有地质资料缺乏地区进行铁路勘测,用传统地面调查方法是难以想像的,而遥感技术(卫星图像和航空像片),则大有用武之地,发挥了突出的作用。在举世瞩目的青藏高原多年冻土地区修建铁路,进行勘测时,应用遥感技术特别是应用卫星图像,具有无比的优越性,估测可提高工程地质填图效率达 10 倍以上,其技术经济效益十分明显,应大力宣传和推广应用。

六、遥感技术在黄河小浪底水利枢纽区域稳定性评价中的应用

根据我国地球物理探测资料发现并证实有一条自俄罗斯远东部分进入我国东北,纵贯我国东部,然后伸出国境进入越南境内的重力异常梯度带(以下简称梯度带)。从地貌上看,梯度带的东边界与我国地貌上的一、二两个梯级的分界线相吻合。

由于梯度带的地理位置大致与大兴安岭、太行山、武陵山相吻合,所以与此梯度带相对应的深断裂系被命名为大兴安岭—太行山—武陵山断裂系。在比例尺1：600 万的全国卫星图像镶嵌图上,明显地存在着一条经嫩江、紫荆关、长治的线形影像。结合地面地质调查资料,认为上述线形影像是嫩江断裂、紫荆关断裂、长治断裂的反映,这些断裂正好也处于梯度带内,见图3。

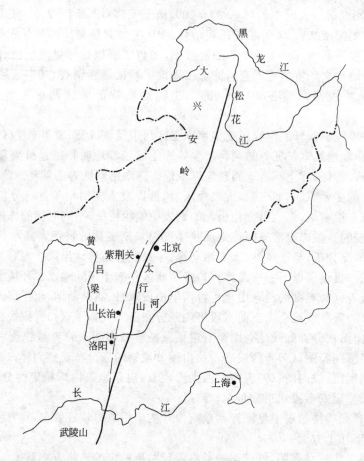

图3　梯度带内断裂情况

　　黄河小浪底水利枢纽,位于洛阳市约25 km处的黄河土,处于梯度带内"长治断裂"南延线附近,相距仅71 km左右。正由于此,虽然小浪底地区地震基本烈度早在1971年已进行过专门鉴定,但自1976年以来的多次全国性审查会议的纪要中,均列出了对小浪底地区地震基本烈度继续进行研究的要求。这是由于,若长治断裂是断裂系的主体部分及近期活动中心,小浪底地区的基本烈度则很有提高一度的必要。为此,水电部黄河水利委员会勘测设计院等单位从1980年以后,对小浪底枢纽区域稳定性问题,即以梯度带对小浪底枢纽的影响问题开展了研究工作,着力于寻找出与梯度带相应的断裂系的主体部位与近期活动中心,及其与小浪底枢纽的关系。

　　由于该梯度带展市范围相当大,在小范围内调查研究是难以得出正确的结论,必须在较大的范围内开展工作和研究才能查明情况。例如,对于与梯度带对应的断裂系的主体部位,就曾主要有过两种不同的看法:一种认为紫荆关断裂、长治断裂是其主体部分;一种认为其主体在大兴安岭、太行山、武陵山的山前地带。因此,必须对从长治断裂到太行山前的整个宽度范围内进行研究。而太行山前则有较厚的第四系覆盖,常规地面调查是很难查明深部地质构造的,要在这么大的范围内去研究整个构造格局,并揭示出被第四系覆盖了的深部构造,必须借助遥感这一先进手段。为此,选定了陆地卫星图像为主,并从岩浆活动、地层学、构造地质学、历史地震等方面,对整个区域的地质构造及其发展历史进行综合分析。

根据光学及计算机图像增强处理的陆地卫星图像的目视判释,编制出了《东部梯度带主要断裂构造卫星图像判释图》,图中发现在石家庄、邯郸、延津、鄢陵、确山一线有一连续的条状信息带,它与梯度带的东边界相吻合。根据一些重力实测剖面、地震测深剖面以及重力异常带、磁异带资料等的分析一致认为,太行山及其南延线上确实存在着一条深断裂,上述条状信息带正是这一深断裂透视信息的反映。另据地面调查及已有资料,也证明邯郸—延津一线有一条深断裂存在是可信的。

而"长治断裂",之所以在陆地卫星图像上反映为明显的线形信息,是由于断裂两盘岩层光谱反射特性差异较大之故,但西柏峪以南无较大断裂存在的踪迹,也未见岩浆岩出露。在长治以东线形信息则是灰岩山地与第四系覆盖的光谱反射差异较大所致,并无错断上古生界的大断层存在;在晋城以西,则是由一狭窄的灰岩背斜山脊所引起,随着这一背斜的倾伏,山脊地形的终止,图像上的线形信息亦随之消失,故长治断裂对库坝区无影响。

通过对本区大面积的以陆地卫星图像为主的梯度带的研究,可以认为就华北而言,与梯度带对应的深断裂系的主体部位及近期活动中心处在太行山前及其南延线上,大致在中牟与开封之间过黄河,与小浪底枢纽之间有近 170 km 的距离。因此,认为将小浪底地区的地震烈度定为Ⅶ度是恰当的(据小浪底枢纽 300 km 范围内的历史地震资料来看,影响小浪底地区的地震烈度均未超过Ⅶ度)。这一结论在 1984 年召开的《小浪底可行性审查会》上得到承认,并已写入纪要。从而使小浪底枢纽地震方面多年没有定论的这一重大问题,得到了解决,最终被有关设计、施工部门采用。

七、遥感技术在南水北调西线工程中应用的效果

南水北调西线调水工程区,地处青藏高原东南部,自然环境恶劣,山峦重叠,寒冷缺氧,人迹罕至,冻土广为分布,交通不便。地层岩性主要由巨厚层碎屑岩组成,无稳定明显的标准层,又多被草甸土层覆盖,基岩裸露差,地质构造复杂,地层受强烈挤层,褶皱发育,大型逆冲断层发育等。在这样自然条件恶劣、地质条件复杂的地区,按以往传统综合工程地质调查方法进行工作,困难很大,工作效率较低。采用卫星影像和航片判释分析后,再到实地有重点的勘测验证,可大大改善劳动条件,大量减少野外工作,缩短工作时间,提高工作效率,提高工程地质勘测质量。

从 20 世纪 80 年代以来,黄河水利委员会勘测设计院利用卫星图像收集南水北调西线地区地形地貌特征、地层岩性、地质构造和水文地质条件的有关资料,并分析研究大型库、坝和引水线路地区稳定性,为南水北调西线工程方案经济合理地选择提供了丰富、真实的地质基础信息资料。该院所承担的南水北调西线工程是处在超前期规划研究阶段,他们先后采用陆地卫星图像进行了通天河、雅砻江和大渡河的部分引水枢纽、库区、引水线路地质测绘,其中比例尺1:10 万综合工程地质测绘 16 018 km²,比例尺 1:5 万综合工程地质测绘 2 065 km²。

1997 年,他们在进行南水北调西线雅砻江调水区长(须)—恰(弄)引水线路比例尺 1:10万的综合性工程地质勘测中,利用陆地卫星 TM 影像资料,同时还搜集了该引水线路地区的航片、彩色红外航片。仅用一年多时间就完成了 6 000 km² 填图任务,并提出了"南水北调西线工程雅砻江调水区长(须)—恰(弄)引水线路规划阶段遥感判释工程地质报告"。

如果按以往综合工程地质勘测手段,在岩石露头稀少、地质构造复杂的青藏高原东南部进行该调水工程区综合性工程地质勘没,根据水利水电规范的定额要求,需要将近 2 万工天的时间方可完成。他们采用遥感方法,用一年多时间就完成了该项工作,充分体现遥感在该项工作中的作用。

在以往工作基础上,2002 年黄河水利委员会勘测设计院与中国科学院合作又开展了《南

水北调西线工程第一期工程活断层遥感研究》项目，研究成果的运用对地质调查工作开展，乃至工程方案比选都起到了重要的作用。

工作中应用了美国陆地卫星 ETM＋、法国 SPOT 卫星 HRV、加拿大 RADARSAT-1 等影像数据。

南水北调西线第一期工程项目建议现阶段开展工作为一期工程总体布局比选，比选涉及上、中、下线三条 240 km 调水线路及 13 座坝高在 76 m 至 180 m 之间的引水枢纽。总体布置比选涉及规划、水工、施工、地质、环保等众多专业，而遥感技术的应用，在一定程度上对各专业特别是地质和水工起到了重要的参考作用。

1. 在规划线路中的应用（宏观地质背景分析）

西线工程区位于巴颜喀拉褶皱带内，其区域稳定性在很大程度上决定了线路规划的科学性。遥感研究成果认为，全区存在 NW、NE、近 SN 以及近 EW 向四组不同方向的主要断裂构造，断裂活动自 SW 向 NE 方向减弱，因此，对活动断裂而言，整个规划线路的选址处在一个相对稳定的安全岛上，从宏观地质背景上验证了规划路线的科学性。

2. 在查明区域地质构造方面的应用（坝区工程稳定性的遥感分析）

对阿达、阿安、上杜柯和亚尔堂 4 个重点坝区，应用了 ETM、SPOT 和 SAR 三种卫星影像进行断裂构造的遥感判释，对各坝区工程稳定性进行了分析评价，认为 4 个坝区均比较安全，并从坝址稳定性考虑提出了将上杜柯坝址南移到加塔坝址的建议，给总体布局方案比选提出了新的参考依据。

3. 在总体布局初步比选研究中的应用

在西线一期工程总体布局初步比选中，充分考虑了遥感研究结果，并以遥感分析结论，从坝址稳定方面结合其它因素优选出了 9 个坝址作为项目建议书阶段的比较坝址进行研究。

4. 应用效果

（1）通过卫星影像判释，共判释断裂构造近 200 条（确定 22 条为重要断裂），环形构造 26 个。

（2）作为地质调查的基础资料，使地质调查更有针对性，减少了大量复杂的外业工作，在大量缩减费用的同时也极大地缩短了设计周期。

（3）鉴于西线工程区高海拔的特殊性以及在目前形势下西线工作开展的紧迫性，按常规手段大面积开展地质工作，无论从人力、经费还是时间上都存在极大的难度。而遥感技术在保证成果可靠的基础上极大地降低了这一难度。

（4）作为优选坝址及线路的一项重要参考指标，对项目建议书阶段坝址的比选起到了重要作用。

遥感技术在南水北调西线工程地质勘测应用方面，最有成效的是在区域地形地貌、地质构造、地层岩性、水文地质条件等方面。在遥感图像上可以直观、逼真地判释出各种各样的地形地貌和不同岩性的分布，有效地揭示隐伏构造、地质构造和水文地质条件。遥感图像所显示的大量线形构造，对分析区域构造、浅部构造、深部构造和隐伏构造之间的关系提供了重要信息。运用多层次遥感资料判释，结合其它资料（地质、地球物理及地球化学）的综合分析，可以揭示浅层构造与深层构造之间的关系，并可进行不同层次构造的对比等。

20 世纪 80 年代以来，遥感技术为水利工程设计提供了丰富、真实的信息，为决策者提供了实现信息收集"全、快、准"的一种科学手段。如今，遥感技术正在南水北调西线这一宏伟工程中发挥着重要的作用，也必将促成这一伟大工程的顺利实施。

八、遥感技术在北江飞来峡水利枢纽区域稳定性评价中的应用

飞来峡水利枢纽，位于珠江流域第二大水系北江干流的中游地段，地理位置在广东清远市

境内选定的升平坝址,上距英德县城约 50 km,下距清远市约 33 km。

1987 年,水利部珠江水利委员会在以往地质工作的基础上,利用遥感技术对该枢纽区域稳定性进行了评价。工作中采用的遥感图像包括比例尺 1∶50 万陆地卫星 MSS 图像和比例尺 1∶540 万的 NOAA 卫星图像,部分地区应用了比例尺 1∶5 万 TM 假彩色合成图像以及大比例尺全色黑白航片和彩色红外片。

通过遥感图像判释判明了一些地层和构造问题。如研究区西北部的三叠系上统小坪群与石碳系下统大塘阶石磴子段接触部位,原 1∶5 万地质图有一处误将三叠系上统小坪群划为石碳系下统大塘阶石磴子段,通过遥感图像判释发现两者影像相似,后将错划的石磴子段改为小坪群;又如原正式出版的广东省 1∶50 万地质图中将西牛墟东侧的三叠系上统小坪群误判为泥盆系上统天子岭组,通过遥感判释作了更正,并经野外验证属实。遥感图像对构造判释具有独到的效果,如在 1∶5 万 TM 图像上判释出 300 余条断裂,约为原 1∶5 万和 1∶20 万常规地面测绘发现的 84 条的 3.5 倍。在这些判释出的 300 余条断裂中,有 81 条与原图基本吻合,对其余 200 余条遥感判释的断层,抽查了 53 条,其中证实存在者 51 条。在原图上标示的断裂中,有 3 条在遥感图像上无显示。遥感判释中还发现了区域性的 NW 向剪切节理带和东部龙蟠—龙山一带的 NE 向挤压构造带。

遥感判释结果表明:组成本区基本构造格架的构造体系,主要为纬向构造带和新华夏系。从卫星图像上还可以清楚地看出,前人所提到的"北江断裂"仅在英德以北及清远以南发育,应属新华夏系(或广义"郯庐断裂带"),而在英德—清远的广阔地段其构造形迹并不发育。

九、遥感技术在京珠高速公路粤北山区线路比选决策中的应用

京珠高速公路粤境北段地处广东省北部的南岭山脉的瑶山地区(见图 4)线路起自湘粤交界的小塘,路经乳源至韶关。其中乐昌比较线、比背比较线及正线的乳源段均穿越南岭山脉的瑶山地区。该区地形陡峻,丛林密布,交通极为不便,且地质、水文条件复杂。为查清路段内构造性质、岩溶及地下水分布情况,对该路段开展了系统的遥感地质工作,对瑶山地区的三条线路方案进行了较为详细地质判释及实地调查核实。根据判释成果及地质调查结果,结合有关区域地质资料及大瑶山铁路隧道地质情况,对三条线路方案地质条件作出了综合评价,从工程地质角度分析比较,最终结论是正线地质条件优于两条比较线。由于地质判释效果显著,所作出结论正确,最终放弃了两条比较线方案,采纳了正线方案,充分体现了遥感地质判释在方案比选中发挥的重要作用。

1.遥感图像的选择、处理及判释方法

因线路处在地形起伏、沟谷深切的瑶山地区,丛林密布、植被发育,大部分地质信息被淹没。为突出路段内地质信息,工作中选用了 TM4、5、3 波段磁带,作了比值增强、组成分分析、空间滤波等多种方法的技术处理。处理后的 TM 图像成图比例尺为 1∶10 万,同时还选用了 MSS4、5、6 波段合成了 1∶50 万假彩色影像图。

室内判释方法为目视判释法,对比分析 MSS 图像及 TM 图像特征,结合有关区域地质资料建立判释标志,采用多人重复判释的工作方法。

2.遥感地质判释

对区内的岩性、背向斜构造、断裂构造、环状构造、水文地质等进行判释,均取得较好效果,在此不作评述。编制了京珠高速公路粤北段 TM 图像地质判释图(见图 5)。

3.野外调查验证

根据室内判释成果资料,结合线路重点工程分布地段,进行了野外实地地质调查验证,尤其是对穿越瑶山地区的两条比较线方案进行了重点验证。

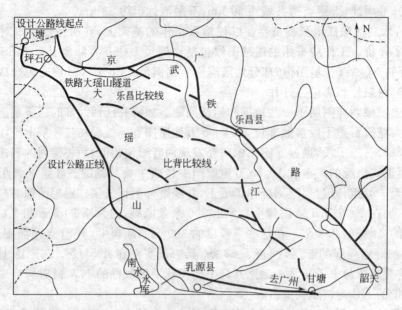

图 4　京珠高速公路粤境北段地理位置示意图

图 5　京珠高速公路粤北段 TM 图像地质判释图

实地验证结果表明,遥感判释成果与实地验证相吻合,具有较高的可信度。

4. 工程地质稳定性评价

根据判释成果及野外调查验证情况分析,对正线和比较线工程地质条件及稳定性作出评价:

(1)乐昌、比背比较线。虽然两个方案路线的隧道与向斜核部轴线近似正交通过,但四通八达的断裂把储水向斜构造的汇水及砂砾岩层中的裂隙水导向隧道的可能性极大。因此,该区段隧道涌水是一个极为严重的问题,水文地质条件极差。

(2)正线。正线避开了罗群寨向斜构造,与九峰断裂带以大角度斜交通过,显然,工程地质条件和水文地质条件均明显优于两条比较线方案。正线方案是可行的。

十、遥感技术在 320 国道线大理—保山段高速公路选线工程地质调查中的应用

卫星遥感技术应用于高等级公路建设的预可行性研究工作始于 20 世纪 90 年代。在公路建设项目的预可行性研究中,尤其是在高原山区公路建设预可行性研究中,卫星遥感技术具有常规方法所无法比拟的优势。国道 320 线大理(平坡)—保山(大官市)高速公路新线位于云南省西部三江地带的崇山峻岭之中,由于所处地区地形地质条件复杂,交通不便,给沿线的工程地质调查带来很大困难。因此,在北线、中线和南线三条线路方案的比选中,分别使用了 1∶20 万比例尺的 MSS4、MSS5、MSS7 假彩色合成图像和 1∶10 万比例尺的 TM 假彩色合成图像,同时结合常规地质资料和必要的野外验证,对二条线路沿线的地形地貌、岩性构造等进行了判释,划分了工程地质岩组,分析了不良地质现象,对比了不同方案的工程地质条件,取得了显著的经济效益和社会效益。

1. 区域概况

320 国道线大理—保山段高速公路(以下简称大保线)位于云南省高原西部著名的横断山脉中南段,地势北高南低。山地走向在澜沧江以东呈 NNW~NW 向延伸,以西则呈 SN 向延伸。山地间水系发育,呈放射状、羽状及树枝状展布。区内构造复杂,新构造运动活跃,不良地质现象时有发生。

2. 区域工程地质条件遥感判释分析

(1)构造的判释。卫星遥感图像的宏观性,十分有利于大区域线性构造和环状构造的判释。从判释结果来看,研究区内线性构造可以划分为 NEE、NWW、NNE 和 SN 向等 4 组。与区域地质图相对比,许多在原地质图上呈零星展布的断裂构造,经卫星遥感图像判释之后,发现它们的规模较大,应将其连接成一条规模较大的连续断裂,它解释了中村温泉与热水矿温泉为何出现在本断裂与南北断裂的交汇处。同时,根据活动断裂判释标志,本次判释确定了 8 条活动性断裂,这些断裂主要呈 NNW 向和 SN 向展布,而尤以 SN 向规模最大,且延伸长,活动性强,如老营—左官屯断裂。

研究区的环状构造主要分布在保山—辛街以南及永平、大革潘两地。其中前者为隐伏型,可能与深部存在下伏岩体有关,后者为岩浆岩体的显示,代表着岩浆岩体的分布范围。

(2)工程地质岩组的判释。依据岩石组合类型及物理力学性质,参考遥感影像特征,将研究区内岩石划分为坚硬岩类、半坚硬岩类、软弱岩类、松散岩类等 4 组。

(3)地质灾害严重区段的遥感图像判释。

3. 线路方案工程地质条件对比及比选结论

上述遥感判释与地质调查结果,为大理—保山段公路选线提供了依据,初选出三条线路,即南线、中线和北线(图 6)。对比上述三条线路方案,可以得出以下结论:

(1)北线工程地质条件较好,线路基本沿老公路走,施工方便,但线路较长(比中线长 13.15 km,比南线长 16.2 km),工程造价高;

(2)中线里程短,工程总量及造价比北线低得多,且干线运输优于北线,有利于经济的发展,但工程地质条件比北线差,若能在马道至湾子段将线路偏东加高进入景星组地层,则有可能避免或减轻地质灾害的发生;

(3)南线是三条线路中最短的,虽然工程量较少,且造价较低,但由于工程地质条件太差,

造成工程处理困难,因此,放弃南线方案。

　　综合考虑上述结果,认为中线方案最优,但应对地质灾害发育地段给予足够重视。

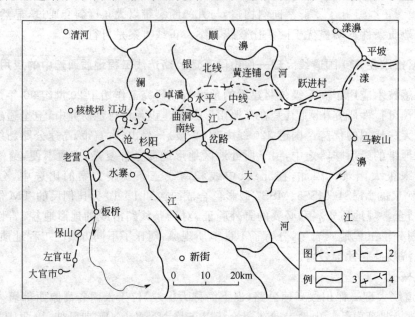

图 6　大理—保山段公路线路方案示意图
1—北线;2—中线;3—南线;4—隧道。

十一、卫星遥感技术在库尔勒、乌鲁木齐—洛阳输油管道选线中的应用

　　1989 年 11 月,我国根据塔里木盆地油气勘探的形势,部署出疆油气管道预可行性研究,这是我国第一次比较全面、系统地在管道建设中把遥感技术的应用列为专题研究项目,以改进自 20 世纪 50 年代以来常规选线,目的在于通过对卫星图像区域工程环境的判释分析,寻找出疆可行的管道线路,并且通过论证,推荐优化的管道走向方案,提高管道选线的科学性、合理性。该项目勘测从 1989 年 11 月~1990 年 11 月,历时一年。

　　输油管道起点站在我国新疆库尔勒市和乌鲁木齐市,途经新疆、甘肃、宁夏、陕西、河南五省区的 41 个县、市后,至终点站河南省洛阳市,管线全长 3 000 km 左右,穿越几十个地貌单元,可分成两大段:第一段是库尔勒、乌鲁木齐—酒泉,第二段是酒泉—洛阳段,应用了 48 景 MSS 数据和 19 景 TM 数据(时相介于 1986 年~1988 年间),制作成 1∶100 万、1∶50 万、1∶20 万和 1∶5 万等比例尺的标准片遥感图像,以及全线 1∶100 万 MSS 人工镶嵌图像。

　　工作中应用遥感技术的基本流程是收集全线范围内尽可能多的遥感数据,并进行数字图像处理,制作不同比例尺的遥感图像,进行管道沿线地质地貌的判释分析,在此基础上对管道走向进行优选推荐。

　　全线 1∶50 万遥感判释工作,系在线路走向两侧各 25 km 范围内,进行地质、地貌、植被和人文景观 4 个方面的判释,通过判释分析基本上搞清了管道沿线的工程建设所需的基本信息,提供了设计管道沿途跨越不同地貌单元的长度(表 1),为后期工程建设经费投入的预算提供了基本计算指标。

　　在全线分段进行了地质地貌、植被和人文景观等的判释。此外,还指出全线宏观上可以分成 7 个不同特征的段落。

　　通过本次专题判释分析提出了全线工程中共有 4 个重点地段,它们是库米什—鄯善段、天

表1　出疆输油管道沿线地貌遥感判释统计表

段落＼地貌	中山	低山	山间谷地	戈壁	沙漠戈壁	耕地	耕地盐碱沙地	耕地湿地沼泽	耕地盐沼沙地	劣地	黄土丘陵、黄土塬	河漫滩	线路总长(km)
乌鲁木齐—鄯善	24.4	7.6		180.9		41.9		1.7					256.5
库尔勒—鄯善	19.2	122.9		197.3		14.1	7.8	22.4	20.9				404.6
鄯善—柳园		160.2	67	203.9		53.8		45.8	42.5				573.2
柳园—酒泉		25.2		221.8		45.2	12.1						304.3
酒泉—大靖		23.8		130.1	6.6	117.1		78	71.2				426.8
大靖—固原		17.1		63.3	26.2	92.9				4.7			204.2
固原—渭南						147.2					211.4		358.6
渭南—洛阳		20.4				118.2					193.4	3.4	335.4
库尔勒—酒泉—固原—洛阳(北线)	10.2	369.6	07	891.4	32.8	577.3	19	158.3	134.6	4.7	404.8	3.4	2 682.1
库尔勒—大靖—兰州—洛阳(新线方案)	80.6	390.9	67	858.3	6.6	751.6	19	158.3	134.6	2.4	420.8	24	2 914.1

水—宝鸡段、中卫附近过黄河段、洛阳附近过黄河段。特别是库米什—鄯善段，如何穿越觉罗塔格山，从遥感图像上(彩色图像2)可以直接进行对比分析，认为有两种过山可行方案即北线方案和南线方案，推荐了北线方案。还对天水—宝鸡段用类似的方法也提出了遥感综合推荐优选方案。遥感技术在本次管道工程可行性研究工作中另一个重要贡献是如何选择跨越黄河的最佳地点，管道线路先后两次跨越黄河，一是在中卫的湾村，二是在洛阳。利用遥感图像判释分析了这两个地段的地形地貌及其工程地质条件，推荐了相对合理的过河地点。

十二、陕甘宁气田—北京输气管道工程遥感地质评价

输气管道起点位于陕西省靖边县，终点站北京，这是我国境内已建成的最重要的输气管道之一，全长900 km左右，在管道建设预可行性研究阶段(1992年5月～1992年9月)应用了遥感技术进行选线研究。快速准确地提供管线设计线路各段的地质地貌综合信息，应用了11景MSS数据和11景TM数据，两种卫星数据相互配合应用，优势互补。管道全线分为两大段：靖边—神池段，神池—北京段。其中从神池—北京的管线走向比选是本次遥感选线研究的重点。遥感图像的制作采用了数字无缝镶嵌技术，制作成了比例尺1∶50万全线遥感镶嵌图像，对全线两侧30 km范围内进行了遥感图像综合判释，分两段进行。

通过遥感图像的综合判释，全面系统地分析了全线的地形地貌特征(表2)。通过遥感图像判释，结合地面地质调查，初步查明了沿线可能存在活动断裂的地段，根据地质资料，统计了近1 000年内曾有5.0级以上地震发生的位置，为管道设计提供重要参考信息。

从表2中可以看出，设计管线从靖边—神池，主要地貌类型为黄土塬和沙漠地貌，管线通过陕北黄土高原和毛乌素沙漠的边缘地带，还要穿越吕梁山脉，跨过无定河、秃尾河、窟野河、黄河等大型河流。从神池—北京段管线位于中低山、丘陵和洪、冲积覆盖地区，通过遥感图像综合判释、分析，定出三个走向方案，即南线方案，北线方案和新线方案，并对这三个方案进行综合对比优选。南线方案(路线全长409.8 km)是从神地出发，经代县、灵丘、涞源至北京。通过遥感判释分析，指出其间经过的滹沱河、永定河、句注山和太行山等为重难点地段。北线方案(线路长度为466.6 km)是从神池沿恒山北麓，黄水河南侧向东延伸，经蔚县、延庆，穿越军都山抵达北京清河镇。也指出了本线路走向方案中的重难点地段，如过军都山、桑干河、大洋

河等。新线方案(线路长 433.4 km)是南线和北线的综合。分析了 3 个走向方案各自的优缺点,认为新线方案综合了南北方案的部分优点,作为推荐方案,其不足之处是通过山地距离稍长。

项目还着重分析了每个段落、每种方案中将遇到的复杂地段的地形地貌,地质构造情况和解决疑难问题的具体方案。选择管线跨越黄河的最佳位置,是方案比选的关键。把跨越黄河地段制作成立体遥感图像,便于从不同高度、不同角度来观察地表的立体影像图进行宏观对比分析、选择最佳过河关,推荐每一个线路方案跨越黄河的最佳位置。见彩色图像 3。

表 2　陕—京输气管道沿线地貌遥感判释统计表

段落＼地貌	中山	低山丘陵	冲洪积含耕地	沙地	山间谷地	沙漠	沼泽	戈壁	黄土塬	河漫滩	线路总长(km)
靖边—神木						117.2		26.4	63.6	3.4	210.6
神木—神池		4.4			62.4				86.8	1.0	154.6
神池—北京衙门口(南线)	92.8	39.2	223.2	44			5.2			5.4	409.8
神池—北京清河镇(北线)	17.0	28.2	370.4	48.6						2.4	466.6
神池—北京衙门口(新线)	91.2	37.6	244.8	51.1			5.2			3.5	433.4

靖边—北京:南线总长 775 km;北线总长 831.8 km;新线总长 798.6 km

对成昆铁路泥石流遥感工作提出疑义的答复意见

　　1983 年 5 月 23 日,铁道部第二勘测设计院一位工程技术人员给《人民铁道报》编辑部写了一封信,反映对成昆铁路泥石流遥感工作的一些不同看法,该信转到铁道部基建总局和科技局。基建总局设计处的意见将来函转给铁道部专业设计院,6 月 3 日部科技局将该信转给我院,请我院慎重研究该信提出的问题,并作答复。6 月 9 日我院又收到铁道部第二勘测设计院关于该段遥感工作的建议。院领导指定本人代部基建总局和科技局草拟答复意见,答复意见写完后,于 6 月底送到部科技局,并于 7 月 2 日由本人代表院向部科技局和基建总局汇报。下文为当时向部基建总局和科技局的汇报内容(即答复意见)。

铁道部基建总局、科技局:

　　我院于 1983 年 6 月初分别收到部基建总局和科技局转来的 5 月 23 日铁道部第二勘测设计院一位工程师"关于成昆铁路北段泥石流航空摄影一些意见"的人民来信。6 月 9 日又收到铁道部第二勘测设计院二设地字(83)第 224 号文《关于成昆铁路北段泥石流、航空摄影和航片地质判释工作的建议》。针对该工程师来信和铁二院来文建议所提出的,对成昆线北段摄影的必要性提出疑义及暂不进行成昆线北段泥石流航空摄影和地质判释工作的意见,我院进行了认真的讨论和研究,现将讨论研究结果归纳答复如下:

一、铁路病害预防整治中遥感技术应用的必要性

　　由于遥感图像视野广、影像逼真,不同时期获得的遥感图像有利于病害动态的研究以及可在室内条件下进行反复判释研究等特点,决定了遥感技术在铁路病害预防整治普查中的作用。特别是遥感技术用于泥石流的调查研究,具有独特的优越性,可起到事半功倍的作用。用通常的地面方法要查明泥石流分布情况和性质,就要在地面逐个流域进行调查,不但工作量大,需投入较多的人力、物力和财力,往往还很难得出全面的认识,特别是要掌握泥石流的动态变化,是很困难的。

　　利用航片进行泥石流调查研究,系从空中俯视泥石流全貌,从而对泥石流的分布范围,类型、流域情况,产生原因、分布规律以及对铁路的危害程度和发展趋势等等,均可进行直观判释。特别是通过不同时期航片对照判释,可以有效地评价泥石流的动态变化和发展趋势。通过航片判释调查还可编制诸如泥石流分布图、泥石流形成条件图、泥石流危险程度图、固体物质分布图、坡面图、水系图、植被覆盖图等等。这些图的底图可用航测方法编制,可保证足够的宽度和质量。当然有些现场调查和访问工作,仍然要实地进行,是不可缺少的工作。由此可见铁路病害预防中利用遥感技术是非常有效的,是很有实际意义的。

二、利用遥感技术进行泥石流普查任务的依据和由来

　　利用遥感技术进行泥石流普查和研究项目,是 1982 年 4 月铁道部在成都召开的"铁路泥石流科技工作会议"上确定下来的,由于泥石流科研项目的总主持单位是铁道部科学研究院西

本文未公开发表过,系 1983 年 7 月 2 日向部基建总局和科技局汇报的提纲(即答复意见)

南研究所,故在成都会议之前,西南所的沈寿长副所长到我院征求我院对《铁路泥石流科研规划设想》中,有关遥感研究内容的意见,当时,西南所提出在成昆北段进行航空遥感摄影,我院也同意这种想法。随后在成都泥石流会议上制定的《泥石流防治发展规划》(草案)中第 5 项和第 6 项列入了遥感科研内容,第 5 项是《航判技术在铁路泥石流普查中的应用》,该项目明确了在成都至昆明铁路线、"两宝"线约 700 km 重点线段进行航测普查。当时,有关参加单位对该项目并未提出异议。

成都会议后,部科技局下达的(82)科技工字 79 号文《关于今后铁路泥石流预防整治科研工作的安排的通知》中,转发了部有关领导对铁路泥石流科技工作汇报的批示,通知中指出:"希遵照部领导批示,抓紧与有关部门商洽,按照工作归口的渠道,逐步落实"。该通知后面附有附件,附件是部科技局写给部领导的,附件名称是:《汇报全路泥石流科技工作会议情况及今后工作的请示》,在请示报告中提到在全路较集中的重点病害地段,长约 700km 须采用航测普查,五年航测一次,摄影面积,长 700 km,宽 20 km,费用共 49 万元。

1982 年 7 月 29 日,铁道部上报给国务院的《关于铁路沿线泥石流情况及防止发生灾害的报告》中,提出了三点措施和建议,其中第三点提到"对崩塌、滑坡、泥石流病害比较集中的地段拟充分利用航空摄影和遥感技术进行普查和监视,计划每 3～5 年进行一次航空摄影"。同年 10 年 18 日,国务院以国发[1982]128 号文,批转了铁道部的请示报告,在批转报告中指出:"望有关单位重视各项工作,加强领导……,并切实组织落实,以防止泥石流灾害"。

铁道部(83)铁计字 2200 号附件(12)1983 年铁路科学技术发展规划表中第 95 项列了《铁路泥石流防治的研究》,其中参加单位有铁路专业设计院,铁路第三勘测设计院、铁道科学研究院西南研究所、西南交通大学、成都铁路局等单位。

成都会议和有关文件都重申了利用遥感技术进行病害普查和研究。为了认真贯彻执行成都会议和有关文件精神,以及部领导的指示,我院在成都会议后,即派专人进行准备,各参加单位于 1982 年 5 月份在专业设计院进行了第一次初步协商,并对航空摄影前的准备工作进行大致分工,但由于航空摄影费用未具体落实,无法与民航签订航空摄影合同。1983 年 3 月 1 日,我院以(83)专设航字第 0053 号文《申请崩塌滑坡和泥石流病害航空遥感摄影费用》,报送铁道部,1983 年 4 月 22 日,收到铁道部(83)铁计字 552 号文《关于下达 1983 年基本建设更新改造补充计划的通知》,通知中明确,成昆、宝成、宝天等三条线航空遥感摄影普查病害费用为 37 万元。随后,4 月 2 日我院以(83)专设航字第 0091 号文通知有关单位于 5 月份在成都铁二院进行了本项目的第二次恰商,在这次会议上,各参加单位也并未提出异议。

三、关于来信来文中提出的一些具体问题的商讨和答复

关于来信和来文中所提的问题,有些是有一定的道理,有些是由于对利用遥感技术进行泥石流普查和研究的具体情况不够了解而提出的。提出的有些问题是存在的,如来信中所提的"地面普查工作已经结束","冲刷型泥石流判释效果要差些"等等,这些都是事实。

1."关于地面普查工作已经结束,再进行航空摄影似无必要"。

我们认为地面普查和遥感调查并无矛盾,首先,该段航空摄影不止进行一次,除今年摄影外,今后每隔 3～5 年还计划进行摄影一次,目的是为了了解泥石流的动态变化情况和发展趋势,并不是专门为这次地面普查提供资料,如果仅仅这样理解,摄影的必要性的确值得考虑。其次,应该看到常规的地面工作和遥感技术各有优缺点,应相互补充,取长补短,不应相互对立起来。这两种手段也不能相互代替,应该说多一种手段是有好处的,特别是先进的遥感技术手段是地面方法所无法取代的。我们也承认铁二院等单位,进行了大量地面调查工作,但也不能保证 100％准确,难免有遗漏的,何况还有新的泥石流不断发生,如 1983 年 6 月 4 日,新发生

了友谊中桥和尔寨河站被泥石流掩埋,断道一天等,就是例子。我们认为用遥感技术代替繁重的地面工作以获得泥石流动态变化情况,是很理想的一种手段。至于冲刷型泥石流判释效果较差,是一个问题,这也正是我们探索的一个内容。

我们认为成昆铁路北段沙湾至沪沽段的航空摄影应按原计划进行,其原因如下:

(1)1981年成昆铁路线发生泥石流最严重的就是在该段,而且该段地形地质极为复杂,正是利用遥感技术进行普查的和研究的理想地段;

(2)确定该段作为遥感技术普查地段是成都会议上定的,会上参加单位同意选定该段进行航空摄影;

(3)本科研项目已做了大量准备工作,各单位也都指定专人参与工作,正在工作顺利开展之际,如取消摄影,将挫伤具体工作人员的积极性;

(4)该段遥感工作,不仅仅是查明沿线泥石流情况,为成都局提供泥石流防治的基础资料,同时还包括科研的内容。

2.来信中提到"泥石流形成的三个基本条件中,在航片上不是那么容易判明的,过去用已有航片都不能把泥石流沟判释清楚,新拍的航片,纵然比例尺大些,预计不会有太大的效果"。

我们认为泥石流形成的三个基本条件中。除水源因素无法获取外,固体物质和地形两个因素都是可以判释的,松散固体物质的范围在航片上可以快而准确地圈定出来,比地面目估要准确的多,至于厚度,只能进行大致的估计。当然,确定松散固体物质的范围和厚度与判释经验有关,具有丰富判释经验的判释者,可以取得较满意的效果。尽管如此,这项内容我们也要进行研究,可以采取地面测量方法,目估方法和航片判释三者的结果进行对比。当然小比例尺航片一般只能判明有否泥石流存在,而大比例尺航片对泥石流的微地貌显得显目而直观,判释效果要好得多,有关这方面的地质样片也很多。

3.来文中提到"对于1960年以前旧有的小比例尺航片判释问题,由于距现在时间很长,森林、植被和人为活动,使沿线的自然面貌均有较大的改变,对旧航片的判释似无意义"。

这个事实,正是我们有可能利用不同时期航空摄影像片进行动态分析的原因所在,如果1960年航空摄影像片的影像和目前的地表自然景观相一致,或差别不大,则说明泥石流20余年来,并无大变化;如果差别较大,则说明泥石流情况有了变化,如果环境变好,则泥石流趋向稳定,如果环境恶化,则可能促使新泥石流的发生。同样利用新旧航片对比判释,也能确定泥石流流域的环境变化情况。

上述意见,不完全正确,仅供部基建总局和科技局领导参考,有不妥之处,望领导指出。

谈谈航测与遥感之间的关系

最近一个时期,在不少场合谈及航测与遥感的关系时,似乎在认识上有些差别,或者说持有不同的见解。

例如关于《铁路航测》刊物名称是否更改为《铁路航测与遥感》就存在着不同的看法。主张更改刊名的理由是:1. 遥感文章是其刊物的主要内容之一,而《铁路航测》刊名未能体现遥感的内容;2. 国内外测绘方面的学术团体或刊物名称纷纷冠上"遥感"字样,例如美国的"摄影测量工程"和日本的"写真测量"杂志已分别改名为"摄影测量与遥感"及"写真测量与遥感","国际摄影测量协会(ISP)"也改名为"国际摄影测量与遥感协会(ISPRS)"。在国内,武汉测绘学院的"航空摄影测量"专业也改为"摄影测量与遥感"专业。持相反意见者则认为:(1)《铁路航测》已为广大读者所熟悉,改了不见有利;(2)更改为《铁路航测与遥感》后,也难以包括刊物现有的内容,如近景摄影、工程测量、数模和自动化选线等。最后决定,刊名仍沿用《铁路航测》,暂不更改。至于今后是否更改刊名,或何时更改为宜,本文不拟冒昧论断。但个人认为把航测与遥感之间的关系搞清楚,或许对刊名是否更改的争议将会有所帮助。

当 20 世纪 70 年代遥感技术开始在我国兴起时,对遥感技术有着种种不同的认识,当时国内还普遍存在着把航空摄影测量与遥感分隔开来的现象。在我们铁路部门,对遥感的认识也众说纷纭,一些领导和非遥感专业人员常常问,遥感是否就是卫星图像? 或者问,遥感是否包括传统的航空像片等等。即使是从事遥感技术的专业人员,也存在着模糊认识,例如遥感是否包括传统的全色黑白航片,就曾进行过争论。当时,有些人认为铁路航测包括传统的黑白航片,有些人则认为遥感应该包括航测当然也包括全色黑白航,有的人则认学遥感不应包括传统的全色黑白航片,等等认识。

当然,上述这些疑问、模糊认识和分歧,目前似乎已经统一认识。然而,在我们铁路部门,还普遍存在着航测与遥感分隔开来的现象。因此对于两者的相互关系,有必要加以论述。

早在 1979 年,王之卓教授就提出了"航测与遥感技术没有本质上的差别"、"航测应该看作是遥感技术的一个分支"、"遥感数字图像处理技术是制图自动化和航测自动化的基础"的论点。笔者完全同意王之卓教授的科学论断。

"航测"一词按测绘部门的理解是"航空摄影测量"的简称。从术语上看,航测与遥感是两个不同的概念,各自的含义也是明确的,但从本质上看,两者的确又存在着密切的关系,有时甚至又很难严格区分。

"航空摄影测量"的含义是利用飞机等航空飞行器对地面进行空中摄影,根据所摄的航空像片进行量测和判释,获取各种信息资料和编绘地形图(线划地形图、影像地形图)或数字地形模型。遥感的含义是指在一定距离外感测目标物的"信息",然后根据感测到的信息,判断目标物的属性。

遥感技术系统包括"信息获取"、"信息处理",和"信息的应用"三部分组成。

从上述两者的含义和内容来看,两者并无本质的差别,因为航空摄影测量的过程也包括"信息获取"、"信息处理",和"信息的应用"三部分组成。它们的不同之处主要表现在:

本文发表于《铁路航测》1985 年第 4 期,1986.2

（1）遥感信息获取所采用的平台、传感方式、电磁波的记录范围及记录方法都突破了传统航空摄影的范畴。传统的航空摄影所采用的平台是以飞机为主的，而遥感的平台除飞机外，还包括更远距离的航天飞机、人造卫星等运载工具；从传感方式看，传统的航空摄影仅仅限于框幅摄影机，而遥感的传感方式除框幅摄影机外，还包括全景摄影机、航带摄影机、红外扫描器、多光谱扫描器、侧视雷达，以及 CCD 阵列传感器等；遥感记录的电磁波的范围较传统的航空摄影（只记录可见光波段）宽得多；从记录方法看，除胶卷记录外，还发展为磁带记录，而胶卷记录本身也随着传感方式的多样化，其信息记录内容也越来越丰富；从时间信息看，人造卫星的周期性重复传感，较传统的航空摄影更有利于获得大量的不同时间信息。

（2）在信息处理方面，航空摄影测量偏重在几何方面。而遥感则偏重在物理方面，也可以说，遥感信息处理更多地借助于电子技术、计算机技术、信号处理和模式识别等技术。

（3）在信息判释应用方面，航空摄影测量侧重于编制各种地形图，可以认为它基本上是属于几何信息处理体系，其图像主要以黑白为主，它所感兴趣的是几何信息的量测和表达精度。而遥感则更偏重于物理信息的应用和各种专业的定性判释，更重视图像信息的处理和对目标信息细微变化的研究，除黑白图像判释应用外，还偏重于数字图像处理，彩色图像、定量分析和时间信息的应用，从而达到把各类图像信息，转化为多种有用的专题信息，以便为国民经济建设各部门服务。

纵观上述三个方面，航空摄影测量和遥感技术虽然有一定差别，但这些差别逐渐在缩小。例如，航空摄影测量中用以测图的不仅仅限于常规摄影技术所获取的像片，一些非常规摄影技术和非摄影式传感器所获取的图像也可用来测制地形图。再如，信息处理方面，航测与遥感的差别也正在互相渗透，像遥感图像处理中就包括了几何纠正，同样的，航空摄影测量除几何处理外，也更加强调了图像信息的判释。此外，航空摄影测量中的摄影处理也从单纯的图像放大，发展为彩色密度分割、边缘增强和彩色合成等，而且电子技术和计算机技术的应用也逐步扩大。

总之，航空摄影测量与遥感技术有着极其密切的亲缘关系。航测和遥感获取地面信息的原理，都是根据电磁波的辐射，借助各种传感器来实现的。其实，遥感是在航空摄影母体中脱胎而出的，而航空摄影测量又是伴随着航空摄影的发展而逐渐孕育形成的，因此，也可以说遥感是在航空摄影的基础上演变而来的。

以上叙述的是一般航空摄影测量与遥感技术的关系，下面再谈谈铁路航测与遥感的关系。通常测绘部门所谓的航测，是指航空摄影测量，它与遥感的关系，已经明确指出是遥感技术的一个分支。但对"铁路航测"又是如何理解呢？能否叫"铁路航空摄影测量"呢？笔者认为不应理解为"铁路航空摄影测量"，如果这样理解未免太窄了，其任务则主要是地形测图，这是不符合铁路航测的实际情况。从铁路勘测角度对航测的理解和测绘部门有所不同，即"铁路航测"应理解为"铁路航空勘测"，而不是"铁路航空摄影测量"，这样"铁路航测"的含义就广多了。它既包括利用航空像片编绘各种地形图，也包括配合铁路选线，进行遥感图像的地质、水文、施预等专业判释以及提供勘测资料等一系列过程和内容。换句话说，铁路航测是包括航测选线、航测编图，以及利用航空像片进行地质、水文、施预等专业判释提供勘测资料等内容。

根据航测与遥感的密切关系，得出如下见解：

（1）随着电子计算机的广泛应用和信息社会的出现，使航测和遥感的关系更趋向密切，当今世界出现的地理信息系统和环境信息系统，正是航测和遥感之间关系愈加密切的有力佐证，我们应充分认识这个现实和趋势，及时开展铁路既有线沿线环境信息系统（包括地形、地质、水文等信息）建立的探讨，使监测、管理、规划和决策等功能结合起来，这是铁路航测、遥感的发展方向之一。

　　（2）随着国民经济建设的发展，铁路新线勘测、既有线测图，以及运营管理、病害普查等，对铁路航测遥感技术提出了更广泛的要求，而单纯的地形测图无法满足这些要求，用户最希望在一张地形图上带有专业的测绘成果。从利用信息资源来看，单纯的航测地形图并没有充分发掘信息资源，造成了信息资源的浪费。如果既测图又进行各专业综合判释，并将判释成果反映到航测地形图上，既受用户的欢迎，又充分利用了信息资源，这是铁路航测测图的必然趋势。

　　本文一孔之见，意在抛砖引玉，不当之处，望批评指正。

肯定成绩、总结经验,大力发展铁路遥感地质工作

遥感技术实际上是在航空摄影基础上发展起来的。从 20 世纪 70 年代初,美国第一颗陆地卫星出现以来,现代遥感技术取得迅猛的发展。随着宇航技术、传感技术、计算机技术和信息科学的发展,遥感技术还会有新的突破。在国民经济各领域的应用也将越来越广泛、深入。同样的,遥感技术的进展,也将不断促进遥感地质应用的广度和深度。下面谈谈我院遥感地质工作情况,存在的问题及体会、建议。

我院是在 1979 年恢复的。当时正处于我国积极推广遥感技术之际,为了跟上全国遥感发展的形势,于 1980 年初在航测处成立了遥感科。当时遥感地质专业人员甚少,仪器设备仅有常规的立体镜,应用范围仅限于新线勘测,使用的遥感片种较单纯,以传统的黑白航片为主,陆地卫星图像刚开始应用,其它遥感片种尚未问津。

目前,遥感地质人员已有所增加,新增添的遥感仪器设备有 S575 数字图像处理系统、4200F 彩色数据系统,AC-90B 彩色合成仪。ZT4-S 立体转绘仪。SIS-95 立体判释系统。应用范围从单纯新线勘测应用,扩大到长隧道勘测、既有铁路工程病害普查、动态分析以及病害成因的研究等等;应用的遥感片种从黑白航片、陆地卫星 MSS 图像扩大到 TM 图像、彩色红外片、多光谱扫描图像、国土卫星图像等。

一、我院恢复以来,遥感地质主要工作和成绩

(一)配合新线可行性研究开展遥感地质工作

在晋煤东运铁路线(包括天津—保定—大同线、北京—大同线、大同—秦皇岛线等)、迁西—沈阳线、集宁—通辽线、伊敏河—伊尔线,海拉尔支线、巴林右旗—沈阳线等可行性研究中,利用遥感技术进行工程地质判释、配合方案比选提出工程地质条件评价,并提供了方案研究报告中有关的工程地质资料。

(二)开展遥感地质研究工作

我院在遥感地质研究方面投入了较多的人力,开展的主要科研项目如下:

(1)参加腾冲遥感试验中铁道工程组的研究工作,这是我国第一次大规模的遥感试验,我院为铁道工程组副组长单位。该项目获国家科技进步二等奖;

(2)承担《多种遥感手段在铁路勘测中应用范围和效果的研究》项目中的《应用卫星图像对宝成铁路凤州至略阳段工程病害与区域地质构造的分析》、《遥感光学图像处理在铁路勘测中的应用》、《数字图像处理在铁路勘测中的应用》等 3 个专题;

(3)《遥感技术在大瑶山隧道工程地质、水文地质中的应用》;

(4)《采用遥感技术进行铁路泥石流普查和动态变化的研究》;

(5)《利用遥感技术研究崩塌与滑坡的分布和动态》;

(6)《黄河三角洲地区铁路选线中国土卫星像片的应用》。

上述科研项目均系部控科研项目,其中 1、3、4 项还列为国家科委控制项目。

《多种遥感手段在铁路勘测中应用范围和效果的研究》项目,共有 7 个单位参加,我院是主

本文系《全路地质工作会议》交流文章,1986.10

持单位,该项目取得较多成果,特别是根据研究成果制定的《铁路勘测中遥感技术应用原则与方法》,阐述了铁路勘测中遥感技术应用的主要原则、范围、效果和基本应用方法等。对今后铁路遥感工作具有指导意义。该项目的研究报告已于 1986 年 3 月通过铁道部部级评审。

(三)业务建设工作

根据我院历年来所积累的地质样片,编制了《工程地质航片集》到目前为止,该样片集已向75 个单位提供了 162 套,对生产、科研、教学均有一定参考价值,受到有关单位称赞。

我院还和西南交通大学共同编写了《遥感原理和工程地质判释》一书,该书总结了历年来铁路遥感技术的判释经验,系高等院校试用教材,获 1982 年度全国优秀科技图书二等奖。

此外,还编写了《铁路航空遥感工程地质作业细则》(初稿)以及其它一些技术总结等等。

(四)承担全路部分遥感管理工作

我院承担了不少全路性遥感管理工作,包括科研、人员培训、情报和学术交流等管理工作。铁路系统的主要遥感科研项目如《多种遥感手段在铁路勘测中应用范围和效果的研究》、《遥感技术在大瑶山隧道工程地质、水文地质中的应用》、《采用遥感技术进行铁路泥石流普查和动态变化的研究》、《利用遥感技术研究崩塌与滑坡的分布和动态》、《黄河三角洲地区铁路选线中国土卫星图像的应用》等,均由我院主持。与各参加单位密切配合共同进行,取得了较好效果。

受部基建总局委托,由我院和铁道部第四勘测设计院共同主持,于 1985 年 5 月～6 月在武昌举办了铁路首届遥感地质培训班,为铁路遥感地质工作的开展,培养了人才。

在组织学术活动和情报、经验交流方面做了一些工作。我们先后代部组织了六次国外航测遥感专家到我部讲学和举行座谈会;举办了七次遥感及航测遥感经验交流会;充分利用《铁路航测》期刊这个交流窗口,组织遥感地质稿件,并出了一期"遥感专辑";代部组织选拔参加国际遥感学术会议和国内重要遥感会议的论文;代部组织参加国家重要的遥感会议和学术活动、展览等等。

上述一些管理工作和学术活动,得到路内有关单位的大力支持和密切配合,取得一定成效,对促进铁路遥感地质工作的开展,起到应有的作用。

从上面的简要回顾可以看出,我院恢复以来,遥感地质工作从组织机构、技术力量、仪器设备、完成任务以及科研等方面均已有了较大进展,并取得了一定成绩。

二、遥感技术的特点和作用

遥感图像具有影像逼真、信息丰富、视野广阔,可在室内条件下,不受交通和气候条件的限制,进行反复的判释和研究,还可利用不同时期的遥感图像进行铁路工程病害动态分析。遥感技术在铁路工程地质工作中的作用,可归纳为以下四方面:

(1)有利于大面积地质测绘和线路方案比选,提高地质填图和方案比选的质量;

(2)通过遥感图像判释,可增强外业测绘的预见性,克服地面观察的局限性;

(3)改善劳动条件,把某些外业工作移到室内进行;

(4)加快勘测效率,合理布置勘探工作。

实际上遥感技术只是综合勘测中有效手段之一,它的最大优点是在综合勘测中,便于把分散的现象综合起来进行分析。

遥感技术虽然有以上优点,但也仍然有其局限性。从工程地质角度来看,遥感主要是解决测绘问题,设计所需的、以及土石物理力学指标等数据,遥感技术是无法提供的。

在工程地质勘测中,利用遥感资料可进行地貌、地层、岩性、地质构造、不良地质现象的判释。对铁路勘测中常见的不良地质现象,如滑坡、崩塌、错落、岩堆、泥石流、岩溶、沙丘、沼泽、盐渍土、雪崩、河岸冲刷、水库塌岸、冲沟、人工坑洞等不良地质现象,利用遥感图像判释均可收到良好效果。在图像上根据不良地质的形状、色调、大小等判释标志可以确定上述不良地质现象的范围和类别,还可以对其分布规律、产生原因、发展趋势等进行深入研究。此外,还可判释泉水露头、潜水分布规律与地貌的关系,以及进行工程地质分区,提供沙石产地线索等等。据以往某些判释成果的统计,只要有一定规模,滑坡判释的准确率可达75%~90%。泥石流、崩塌、沙丘、沼泽、冲沟、河岸冲刷等准确率可达90%以上,甚至达100%。

凡是用地面测绘方法编制的各种工程地质平面图,均可利用遥感图像判释和验证后的成果进行编制,包括可行性研究报告所需的地质图件;初测阶段的全线工程地质图(比例尺1∶5万~1∶20万)、大面积工程地质图(比例尺1∶1万)、全线详细工程地质图(比例尺1∶2千)以及各种大比例尺工点图等等。

为了说明铁路工程地质工作中,遥感技术应用的实际效果,举几个实例说明如下:

1.在大秦线桑干河方案研究中遥感技术的应用

该线系国家重点建设项目,西段的桑干河方案就是通过1∶5万航测图大面积方案研究提供的。在狭谷地段还测制了1∶1万比例尺地形图,配合航片判释进行方案比选,通过航片判释认为,该峡谷工程地质条件虽然复杂,但还是可以通过的。经过详细判释研究和现场重点验证,提出绕避北岸武家沟煤窑采空区和南岸仍在活动的王家湾滑坡的方案,最后施工采用的就是该方案,说明遥感判释提供的成果和结论是正确的。

2.巴沈线遥感技术应用情况

巴沈线全长470.1 km,是西煤东运解决辽南缺煤的重要通道之一。我院承担过该线的可行性研究,利用卫星图像和航片进行了大面积综合比选,还编制了1∶50万卫星图像略图,以便各工种进行更有效综合研究,在重大工点地段,利用了遥感图像处理等先进手段。

该线不良物理地质现象为沙丘和黄土冲沟,它们在遥感图像上一目了然,判释效果极好。参加该线工作的地质人员共2人,约4个月时间,就完成了全线工程地质工作。

利用遥感图像勾绘沙丘范围和分类,能达到事半功倍之效,工作主要是在室内进行,外业只在重点地段进行验证。最后根据遥感图像勾绘确定线路通过地区活动沙丘54 km,半固定沙丘38 km,平沙地131 km,为方案比选提供了所需的资料。

该线西拉木伦河桥位选择利用遥感图像也取得了令人满意的效果,在西拉木伦河45km河段上,先后提出5个桥位方案,经过大范围遥感地质、水文的判释和分析,在室内即舍去一个方案,后经现场验证和遥感图像的进一步研究,最后选定哈图庙方案作为推荐方案。

三、当前遥感地质应用中存在的一些问题

遥感技术虽然具有明显的经济效益,但目前还未得到普遍推广应用。问题主要不在于遥感技术本身,而是某些客观条件和人为因素的影响,当前存在的主要问题如下:

1.对遥感技术应用的特点和作用认识不足

以新线勘测而言,遥感技术主要应用于可行性研究和初测阶段,并以解决宏观地质现象为主。但这个问题我们并未充分认识。有时在最能发挥遥感技术作用的前期工作中未采用,到了施工阶段才想到用遥感,使遥感的作用未能充分发挥。在安排任务时,有时临时提出任务,没有给遥感工作留出必要的时间,忽视遥感工作的客观规律、给遥感技术应用带来困难。

此外,对遥感技术在铁路建设中应用的必要性缺乏足够的认识,也影响遥感技术的广泛应用。对待遥感技术应实事求是,不应把个别特殊的例子(应用效果好的或不好的),作为普遍规律加以宣传,认为遥感解决不了什么问题或夸大其作用,都是不利于遥感技术的发展。

2.遥感技术的应用还缺乏完整的作业程序和作业细则

遥感技术虽然在地质勘测细则中已有一些规定,但应用与否无约束力,处于可用可不用状态。到目前为止,铁路遥感技术应用,还缺乏可供遵循的作业程序和作业细则。常由于未能按正常的作业程序或工作方法不合理,而影响了遥感技术的使用效果。

3.组织机构不适应遥感技术发展

遥感技术在铁路工程地质勘测中的应用还不普遍,问题是地质人员大部分未能掌握遥感图像判释技术,仍然习惯于传统的勘测方法。计划、安排也都是按地面勘测方法考虑,不利于遥感技术的发展。只有广大地质人员都能掌握遥感图像判释技巧,才能使遥感技术更广泛地转化为生产力。但目前各设计院从事遥感地质工作的专业人员少,组织上得不到保证,是影响遥感技术发展的又一个重要原因。

4.对既有铁路应用遥感技术重视不够

以往遥感技术主要用于新线勘测,在既有铁路技术改造、运营管理、病害防治、养护等方面,应用的极少。根据近几年在成昆线北段和"两宝"利用遥感图像进行泥石流和崩塌、滑坡普查结果看,认为效果较好。实际上,在既有铁路线上应用遥感技术具有很大潜力,但至今为止,我们用的还不多。

四、体会和建议

1.遥感技术具有明显的经济效益,应大力推广应用

根据初步测算,新线勘测利用遥感技术进行可行性研究,较常规方法可提高效率2～3倍;利用遥感技术在西北地区进行地质测绘,可提高效率3～5倍;西南山区进行长隧道勘测和泥石流普查,可提高效率2～3倍;在青藏高原多年冻土地区进行工程地质分区,可提高效率10倍以上;进行砂石产地调查,可提高效率2.5～3.5倍左右。

由此可见遥感技术具有较好的经济效益,应大力推广应用,它在铁路勘测中的应用是切实可行的。

2.采用遥感技术是加强铁路地质工作的主要措施

我国目前只有五万多公里铁路,随着国民经济建设的不断发展,今后必将有大量的铁路要建设,而且主要的将在条件复杂的山区修建。众所周知,要选好一条线,除考虑政治、经济、国防等因素外,还应掌握足够的地形、地质、水文等资料,进行反复研究,方能选出合理方案。

以往常规勘测方法,由于地面观测的局限性以及地质测绘填图范围较窄,难以查明地质情况。特别是地形地质复杂地段,由于地质工作做得不够,给施工和运营带来的后患,是屡见不鲜的。

从以往经验看,要完全避免施工和运营中出现工程地质问题是不可能的,想用单一的探测手段,试图把地质情况查明更是不可能的。目前比较一致的看法,认为采用综合勘测手段是查明地质条件的一种理想方法,而在综合勘测手段中,首先要考虑应用遥感技术。换句话说,要做到加强地质勘测工作,尽可能避免在施工和运营中出现工程地质问题,就应在新线勘测中采用遥感技术、物探、地面调查、钻探、试验等手段相结合的综合勘测方法,同时在施工和运营阶段还要进行相应的工程地质工作,方能使工程质量问题减少到最低限度。以地质复杂的隧道工程为例,除了加强综合勘测外,在施工过程中,还要采取超前钻探、声波探测,加强洞内地质描述等预测预报手段;在施工方法方面,还应考虑半断面开挖、超前锚杆加固、钢拱支护、注浆、止水等一系列的方案,这样从勘测到施工各种探测试验手段相结合,才能减少产生工程地质问题。

3.要有针对性的应用遥感技术

遥感技术并非在任何情况下均可取得好效果,如应用不当,则无法取得较好效果。根据多年的体会,认为在以下情况下应用,效果较好:

(1)线路的可行性研究与初步勘测阶段;

(2)地形、地质、水文条件复杂的长大干线,越岭隧道、特大桥等地区的勘测;

(3)交通困难,地质研究程度低的地区;

(4)测区目标物判释标志明显而稳定的地区。

遥感技术包括多片种、多手段,使用时应正确选择遥感片种和手段。并非选用的片种和手段越多越好,遥感手段的选择应根据工程类别、勘测阶段、要求解决的内容、深度以及地区的自然条件和目标物特点等来确定的,要做到既能充分发挥遥感技术的特长,又要保证有较好的经济效益。

结合我国具体情况,目前应主要推广多种卫星图像和黑白航空像片;彩色红外片判释效果较好,条件允许时应尽量使用;其它片种则可根据需要,在重点地段使用。

4.应制定有利于遥感技术应用的政策

应制定符合遥感技术发展规律的技术政策或管理办法,在面临新的形势下,我们认为应采取以下一些有利于遥感技术发展的技术政策与措施。

(1)对积极采用遥感技术的单位或项目,在费用方面应采取优惠或扶植政策;

(2)在各项重大工程勘测设计招标与设计竞赛中,在其它条件相同下,应把是否采用遥感技术作为评标的重要条件之一;

(3)一些成熟的遥感技术,应纳入勘测设计程序中去。如新线、长大干线的可行性研究、长隧道或地质复杂隧道、特大桥桥位选择等的一些项目中,可明确规定必须采用遥感技术;

(4)设置遥感技术发展基金,该基金主要用于技术开发、技术服务、人才培训、情报交流、学术交流以及管理等费用。

5.既有铁路技术改造、运营管理、病害防治等,应大力推广遥感技术

"七五"期间,铁路航测测图也转向以既有铁路线测图为主。为了更好服务于既有铁路,应在经常发生病害地段,在航测的同时进行遥感图像判释调绘,并将成果反映到航测图上,这样的图对既有铁路技术改造、运营管理和病害整治是很有用的。

既有铁路的工程病害所带来的损失是巨大的,以陇海线宝鸡至天水段及宝成线宝鸡至上西坝段两个线段为例,通车后病害连年不断,用于病害的整治费用,据 1682 年的初步统计已达 3.8 亿元,而 1981 年水害后投入的抢修和工程复旧费用还要 3.8 亿元。

许多工程病害是由沿线自然遭受破坏所致。主要是人为活动,破坏了边坡和路基的稳定性,导致病害的产生,而利用遥感图像可清楚了解沿线自然环境的变化情况和山坡路基的破坏程度,从而提出处理措施。通过遥感监测所获取的信息,还可对沿线破坏环境的活动提出有力佐证,为执法提供依据。

此外,既有铁路养护管理的台账也可利用遥感技术提供数据。总之,遥感技术在既有铁路上的应用潜力是很大的。

6.加强遥感组织机构,促进遥感技术发展

我国对遥感技术十分重视,近几年遥感技术发展很快,在国家制定的科技规划中,遥感继续被列入重点项目。

迄今我国已成立了地质、农业、水利、林业、冶金、煤炭、石油等 15 个部属遥感中心机构、加强了各部门的遥感技术工作。

以水利部门为例,它们除成立遥感中心,统管水电系统的遥感工作外,长江流域规划办公室、黄河水利委员会、珠江水利委员会、淮河水利委员会以及各大区和省一级的水电勘测设计院都采用遥感技术。它们在水土保持,河口、湖泊、河道演变、大型水利工程和电厂选址、水文地质、热电厂冷却水温度场等方面应用,取得了较好的效果。1985 年 8 月辽河盘锦地区发生

洪水,仅用22 h就完成了1.1万 km² 侧视雷达覆盖和地物图像回放镶嵌任务。

再以煤炭部门为例,这几年遥感技术发展很快,煤炭遥感中心利用遥感图像在大兴安岭西坡发现了乌尼特煤田,划分了四个二级含煤盆地,经验证煤层厚度40 m,储量约为34亿 t。他们还利用遥感图像填绘了1:5万到1:2千共五种大比例尺煤田地质图,比常规方法提高工效三倍,降低成本 2/3。地质矿产部规定,凡测制1:20万比例尺的区域地质图,必须采用遥感技术,否则,国家不予验收。

遥感是一门新兴的科学技术,国内外各部门都很重视,但铁路系统至今无专门的遥感管理机构,这种状况不利于铁路遥感技术的发展。为此,建议成立航测遥感管理机构,统管全路遥感技术发展规划、科研、技术开发、人员培训、技术推广、资料提供、情报开发交流等管理工作。

除成立铁路航测遥感管理机构外,各勘测设计院的地质处,也应设置遥感组织机构,以便更有利于遥感技术的推广应用。

《用 MSS 卫星图像分析孙水河流域泥石流群体的宏观发育规律》论文评审意见

本文较系统地探讨了从 Landsat MSS 红外彩色合成图像上判释泥石流群体发育的背景条件,在国内尚属首次。泥石流对铁路的危害是严重的和大量的,而用传统的地面方法显然是太落后。航空遥感对单个泥石流研究效果较好,但从区域背景条件分析仍感不便,且往往由于天气原因,长期无法获取较新的航空遥感资料。而本文讨论的是利用先进的 Landsat MSS 红外彩色合成图像研究生产急需解决的泥石流问题,因此,是很有意义的。从研究内容看,本文非理论性探讨,而是应用性研究的文章。

利用 Landsat MSS 图像的宏观性、真实性,在室内条件下,对包括植被、水文、岩石、断层以及地壳最新活动状况等进行综合分析研究,从而得出泥石流群体的宏观发育规律。在此基础上进行泥石流群体分区,是一种可取的方法,因为水文、岩石(包括松散物质)、断裂等等,是区域泥石流赖以存在和发展的基础,而这些现象利用 Landsat MSS 图像分析是很有效的手段,起到事半功倍之效。

文中讨论的问题及结论,作为粗略地了解区域泥石流群体发育规律是理想的方法,是地面方法和航空遥感方法所难以取代的。但要达到为生产部门实际应用,则必须与航空遥感以及必要的地面调查工作相结合。

从目前情况看,Landsat MSS 图像分辨力还较低(每个像元 80 m×80 m),无法满足对单个泥石流的研究,实为美中不足。如能进一步考虑利用 TM 数据(每年像元 30 m×30 m)或 SPOT 卫星 HRV 数据(每个像元 10 m×10 m)对个体泥石流沟进行分析,则可提高对单个泥石流研究的深度;还可结合不同时期的航空遥感数据,对泥石流的动态进行分析。如再结合必要地面工作(包括雨量资料等)后,则可对泥石流发展趋势、危害程度等提出预测,那么对国民经济建设所起的作用将更有实际意义。

建议可以在学报上刊登,以引起有关人员重视。文中主要是航天遥感资料,而且是美国的 Landsat MSS 图像资料,不存在保密问题。

本论文评审意见写于 1987 年 3 月 14 日,以前未发表过

谈谈遥感图像的判释

遥感技术的应用主要是通过对遥感图像的判释来实现的。遥感图像客观地记录了物体的几何形态和光谱特征，这是遥感图像判释的依据。

判释（interpretation）也可叫解译、判读，其意思是一样的。有的人主张凡用肉眼辨认图像的叫做判读，用计算机辨认图像的称解译。

所谓遥感图像判释是指人们根据对客观事物掌握的实践经验，运用各种手段和方法对影像进行辨认，从而识别影像的实际内容和属性的过程。广义而言，几乎每个人都进行过图像判释，电视、电影、画片等都为人们提供了信息，而辨认这些信息就是判释。

遥感图像判释主要是根据判释标志进行。判释标志是指那些能帮助辨认某一目标的影像特征。判释标志的种类很多，主要有形状、大小、色调三种，人们借助这些判释标志可辨认目标物的属性。

判释标志又可分为直接判释标志和间接判释标志。凡根据地物或自然现象本身所反映的信息特征可直接辨认目标物的称为直接判释标志。间接判释标志是指通过与之有联系的其他地物在影像上反映出来的特征，间接推断某一地物或自然现象的存在和属性。直接判释标志与间接判释标志是相对的概念，同一判释标志对甲物来说是直接判释标志，对乙物则可能是间接判释标志。如泉水露头的影像特征是判释泉水的直接判释标志，但当泉水成一系列线形分布时，则可能成为断裂构造或岩层分界线的间接判释标志。

航空遥感图像实际上相当于从空中鸟瞰地物，看到的主要是地物的顶部形状或平面形状。了解与运用鸟瞰的知识，对于提高遥感图像判释能力是相当重要的，因为俯视形状是物体构造和功能的重要显示。例如，飞机的俯视形状比侧面外形更能显示其形状特点。又如，首蓿叶形公路立体交叉路口好象是一个迷宫，但在航空遥感图像上它的形状、结构与功能是完全清楚的。

遥感图像的判释和判释标志的运用，可归纳为以下几种方法：

（1）直判法。是指直接通过遥感图像的判释标志，就能确定目标物的存在和属性的方法。一般具有明显形状、色调特征的地物和自然现象，例如河流、房屋、树木等均可用直判法辨认。

（2）对比法。是指将要判释的遥感图像，与另一已知的遥感图像样片进行对照，确定地物属性的方法。但对比必须是在相同或基本相同的条件下进行，如遥感的片种应相同，成像条件、地区自然景观、气候条件、地质构造特点等应基本相同。

（3）邻比法。在同一张遥感图像或相邻遥感图像上进行邻近比较，从而区分出不同目标的方法，称为邻比法。这种方法通常只能将地物的不同类型界线区分出来，但不一定能鉴别地物的属性。利用邻比法时，要求遥感图像的色调或色彩保持正常。邻比法最好是在同一张图像范围内进行。

（4）逻辑推理法。它是借助各种地物或自然现象之间的内在联系，用逻辑推理方法，间接判断某一地物或自然现象的存在和属性。例如，当发现河流两侧有小路通至岸边，可推断该处是渡口或涉水处，如附近河面上无渡船，就可确认是河流涉水处。

本文发表于《遥感信息》1987 年第 2 期，1987.6

（5）动态对比法。利用不同时相重复成像的遥感图像加以对比分析,从而了解地物与自然现象的变化情况,称为动态对比法。这种方法对自然现象动态的研究尤为重要,如沙丘移动、泥石流活动、冰川进退、河道变迁、水库坍岸、河岸冲刷等。

上述几种方法在具体运用中很难完全分开,而是交错在一起,只不过在判释过程中某一方法占主导地位而已。

影响遥感图像判释效果的因素很多。判释效果在很大程度上取决于判释人员的实际经验、专业知识和对判释地区的熟悉程度。

判释标志并非绝对不变,随着地区的差异和自然景观的不同而变化,绝对稳定的判释标志是不存在的。摄影条件的变化,判释标志也随之不同,如盐渍土地区旱季在航片上显示为灰白至白色色调,而雨季则呈现不同程度的深色调。

总之,在遥感图像判释过程中,运用判释标志时,既要认识其同一性,又要考虑其可变性。要努力总结本地区的判释标志,从复杂多变中归纳出具有相对普遍性和稳定性的判释标志。

关于加强铁路工程自然灾害防治的一些想法

　　包括地震、水、风、火、旱、虫、疫等在内的灾害,对人民和社会经济生活所造成的严重威胁是众所周知的。世界各类灾害,包括直接的和间接的损失,每年约为 850 亿到 1 200 亿美元。根据联合国的统计资料,近 70 年来,全世界死于各种灾害的人数约 458 万人。据了解,我国 1987 年仅水害一项所造成的损失就达 87 亿 4 千万元,预计到本世纪末,我国灾害损失将达 2 000 亿元。人们记忆犹新的大兴安岭特大森林火灾受灾面积达 133 万公倾,烧毁整个漠河县城和 4 个林业局,损失十分惨重。仅 1980 年至 1987 年,国家用于保险的赔款就达 50 多亿元。由此可见,无论是在世界各国还是中国,灾害对社会经济的影响都是极其严重的。

　　就铁路工程建设而言,对工程威胁频繁的自然灾害,首推地质灾害和水害。本文所谈的自然灾害,主要是指这两种灾害。

　　我国地域辽阔、地质构造复杂,新构造运动强烈,地质灾害种类较多,诸如地震、地裂缝、崩塌、滑坡、泥石流、地面沉降和陷落、水土流失、沙漠、各种特殊土,隧道工程的突水、突泥等灾害,所造成的损失是很严重的。我国既有铁路 5 万多公里,其中有不少铁路线、段受地质灾害和水害的威胁。全国铁路沿线泥石流达 1 300 条以上。山区常见的崩塌、滑坡等地质灾害则难以数计。宝成铁路已发现崩塌、滑坡 900 多处,泥石流沟 150 余条。1981 年 7 月 9 日,成昆铁路北段的利子依达沟泥石流暴发,造成死亡约 300 人、改建工程 2 000 万元的损失。1981 年,山东泰安铁路路基塌陷,1987 年,大连瓦房店地面塌陷,都影响了铁路运输安全。我国 4 000 多座铁路隧道中,约 1/3 存在地下水害。据粗略统计,"六五"期间,全国铁路平均每年发生断道 450 次,中断行车约 5 000 h,经济损失达 2 亿元以上。每年雨季约有 1 500 处病害工点需要看守,巡回看守人员达 7 000 余人。

　　历年来,用于铁路工程病害整治的费用是十分可观的。宝成铁路宝鸡至上西坝段,陇海铁路宝鸡至天水段,从通车至今用于工程病害整治的费用已达 8 亿元以上;鹰厦和外福两条铁路,从 1963 年至 1984 年,用于路基病害整治的投资达 1.6 亿多元,才勉强控制住了病害的发展。

　　为了保证铁路运输安全,部领导和部有关业务局、铁路局,对铁路工程病害的防治都十分重视,并取得了不同程度的效果。由于生产、科研,教学等部门的共同努力,积累了各种地质灾害的勘察、监测、整治等方面的许多宝贵经验。在勘察方面,开始利用航测遥感技术,如成昆铁路沙湾至泸沽段,宝成铁路宝鸡至略阳段,陇海铁路宝鸡至天水段的泥石流、崩塌、滑坡的普查和动态变化的评价中,都成功地利用了遥感技术,取得令人满意的效果;在监测方面,我部的滑坡遥测监视与险情警报系统,崩塌、落石自动警报系统,NBJ 系列泥石流预警系统,分别在一些地质灾害工点应用,并取得一些预报成功的例子;在地质灾害整治方面,针对不同的地质灾害类别、规模、危害程度等,采取各种相应的防护工程,积累了丰富的经验。

　　铁路自然灾害的勘察、监测、整治工作,虽然有了良好开端,取得了一定成绩,但总的看来,远未能满足铁路运输的需求。在铁路自然灾害的勘察、监测、整治方面,还存在不少问题,致使灾害防治工作仍处于被动局面,分析其原因,有以下几方面:

　　本文发表于《铁路航测》1989 年第 3 期,1989.3

1.对工程灾害具体整治较为重视,投入的费用也较多,而对工程灾害的前期工作(勘察、监测和预报等),则显得薄弱。许多地质灾害问题已相当突出,但由于缺乏专门经费做必要的前期工作(包括地质灾害普查、动态变化分析和发展趋势评价、监测等),当出现了运输中断后,才不得不采取措施,付出高昂的代价。这种治标不治本的做法,实乃下策。

2.各种地质灾害勘察、监测、整治工作多是孤立、分散的,各部门的联系不够密切。各自局限于某一灾害的单方面的整治与研究,形成专业门类各自纵向发展的局面,彼此缺乏配合协调。这种各自强调自己学科和专业的重要性,专业上的局限性和认识上的片面性,很不利于灾害防治工作的开展。

3.先进技术未能得到充分利用,一定程度上影响了地质灾害的防治效果。要进行有效的整治,首先须进行地质灾害的勘察,查明地质灾害产生的原因、分布规律和范围、危害程度和发展趋势等,否则,防治难免出现盲目性。要达到上述目的,用传统的地面方法是很难做到的,而利用遥感、物探等综合勘察手段则可获取令人满意的信息,收到事半功倍之效果。

4.缺少一个多方面领导参加的协调管理机构和下属的实施机构。因此,在联络各方面力量进行综合对策研究,为领导提供决策咨询,抗御灾害的袭击能力等方面,显得薄弱。

为了加强铁路系统防治灾害的能力,使有限的资金更有效地发挥作用,以及更好地组织、协调各方面的力量,特提出以下建议:

1.成立"铁路灾害防治中心"

灾害已成为现代社会关注的一个重要问题。1984年,美国科学院院长、前总统科学顾问、著名地震学家普勒斯(Frank Pness),在第八届世界地震工程会议上发起在世界范围内开展"国际减轻自然灾害十年"的活动计划。这一倡议已得到了一些国际学术团体的积极响应,有些国家成立了特别委员会,提出了具体建议,并已开展了实质性的工作。1987年12月11日,第42届联合国大会通过的第169号决议中,把从1990年开始的20世纪的最后10年,定名为"国际减轻自然灾害十年"。

在我国,政府对灾害的防治工作一直高度重视,特别是从大兴安岭特大森林火灾发生后,更引起了高度重视。1987年11月16日至18日,在北京成立了"中国灾害防御协会"。此外,中国科学院还成立了成都山地灾害与环境研究所,地矿部成立了地质环境管理司,水电部黄河水利委员会成立了防讯自动化测报中心等等。同期,国内外还召开了多次地质灾害学术会议,铁路系统也于1988年12月在北京成立了"中国灾害防御协会铁道分会"。铁道部也早已成立了防洪指挥部。为了更有效地组织铁路系统的灾害防治力量,有必要成立"铁路灾害防治中心"。该"中心"可在部防讯指挥部的基础上成立,"中心"领导可由部领导,工务局、基建总局、科技局、安监委以及有关铁路局领导组成。"中心"下设办事机构,办理日常事务。"铁路灾害防治中心"的任务包括:制定铁路灾害防御规划、铁路沿线环境保护立法和管理、为领导提供有关灾害的咨询资料,组织、协调路内外重大的灾害治理和研究项目,对发生灾害的线、段及时提供灾害情况(利用遥感图像判释提供)等等。

当社会需要时,机构就将应运而生。我们认为铁路系统成立"铁路灾害防治中心"的时机已成熟,不能一误再误,甚至议而不决。成立"铁路灾害防治中心",把全路地质灾害防御组织协调工作和前期工作抓起来,是很有必要的。

2.加强灾害防治的前期工作

铁路灾害防治包括勘察、监测、整治,这三者是不可分割的,要以系统工程观点对待这三者关系。以往对工程病害整治的投资较多,但对地质灾害的前期工作重视不够,建议增加灾害前期工作费用。只有加强前期工作,才能进一步提高地质灾害防治效果,也才能根据轻重缓急,合理确定投资重点。

　　在灾害防治的前期工作中,遥感技术的应用具有特别重要的作用。根据以往的实践,已取得较好的效果。以成昆铁路遥感图像判释应用为例,该线沙湾至泸沽段,利用航空遥感图像判释和现场重点验证,共查明泥石流沟 73 条,同时区分出了严重、中等、轻微三种类型。对重点泥石流的防治提出具体措施意见,有些意见已被采纳或正准备采纳。例如,根据遥感提供的成果与建议,西昌铁路分局普雄工务段,于 1985 年下半年及时对该段管内的活脚沟中桥(K417+200)及时进行整治,使 1986 年 7 月 7 日暴发的泥石流的 1 万多方固体物质,得以从桥下排出,避免了一场灾难性的行车事故和经济损失。

　　许多工程病害是由于沿线自然环境遭受破坏所致,包括开荒、耕种、修渠、筑路、建房、滥砍滥伐、采矿、采石等人类活动。这些情况在最近几年发生较多、影响较大,也是较难处理的问题。铁道、农业、水利、林业等部,于 1980 年联合发出关于防止这类事件出现的通知,国务院也于 1982 年发出相类似的文件,并规定了具体方法,但未得到很好的解决,这类事件仍在发生。而利用不同时期的遥感图像进行对比分析,可以清楚的了解铁路沿线的自然环境的变化情况和山坡路基的破坏程度,从而提出处理意见。遥感监测所获得的信息,还可对沿线违法的环境破坏活动,提出有力的佐证,为执法提供依据。

　　成昆线沙湾至泸沽段的盐井沟、新寨子沟等泥石流,通过航空遥感图像判释,发现均是由于人类活动(采矿弃碴、修渠等),而扩大、加速了泥石流的产生。

　　3.铁路受灾严重地段,应进行专门的航空遥感摄影

　　利用遥感技术开展灾害防治工作的优越性愈来愈明显,世界先进国家,都把遥感技术作为灾害防治的先行官和不可缺少的手段。利用遥感技术,可及时了解灾害情况和提出防治措施,供防灾和抢险布署时参考。

　　国外一些先进国家,如日本、美国、苏联等国,在既有铁路工程病害防治、养护等工作中,都采用了遥感技术,其中以日本最为重视。到 1977 年,国铁的 2.1 km 既有铁路线都完成了比例尺 1∶1 万黑白航空摄影,他们每隔 5 年进行一次 1∶1 万比例尺的航空摄影,为既有铁路技术改造、运营管理、工程病害防治、养护等,创造了良好条件。

　　日本铁路部门成立了专门的"利用航空像片方法预测病害研究委员会",还成立了若干个由铁路局有关人员组成的"病害预测判释小组"等组织。它们不但有专门的铁路病害航空像片判释研究组织,而且还有计划地进行研究,如在土赞线利用航空像片调查形成斜坡灾害的原因;进行雪崩航空摄影和调查,并编制各个雪崩点的判释卡片,专门拍摄挖方边坡大比例尺像片,用于边坡检查;利用航空像片和近景摄影,对各铁路局的主要灾害进行判释和分类,编制边坡台账和不良地质技术档案等等。

　　1981 年,"两宝"发生严重水害,运输中断多时,造成严重损失。当时,铁路系统从事遥感工作的科技人员,心急如焚,都认为应该进行航空遥感摄影。但由于职责不明确,也无专门航空遥感摄影费用,摄影之事,无人问津,实感遗憾。

　　遭受灾害的线段,航空摄影的时间性很强,稍有延误,将起不到应有的作用。一旦有了"铁路灾害防治中心"这样专门机构,则可办理此事。受灾线段在遭受灾害后的短时间内,即可通过航空遥感图像判释,及时向领导提供灾区的情况和抢修方案。

　　我国铁路的水害、不良地质现象以及沿线环境破坏等情况,应用遥感技术进行调查和动态分析,可取得极好效果,可以说,铁路工程灾害严重地段,如能进行定期航空遥感摄影,对病害的预防整治都将起到积极作用。

《遥感技术在北江飞来峡水利枢纽工程地质勘察中的应用研究》函审意见

1.遥感技术是新兴的科学技术,同时也是一种先进的应用技术,它具有明显的优越性和广阔的发展前景。也只有通过不断的应用实践,才能检验、证实遥感技术的优越性并促进其发展。本课题研究的内容,充实了遥感技术在地学领域和水利工程选址中应用的内容。其研究成果,证实了遥感技术的优越性,促进了遥感技术的发展,具有一定的学术价值。

2.该课题主要探索在半覆盖～覆盖区利用遥感技术研究工程地质问题的可行性,选题针对性强,技术路线正确,研究方法先进。其研究成果不但在水利部门具有普遍推广意义,而且对其他工程勘测的遥感技术工作,也具有推广意义。

3.获得了大量宝贵资料和经验,探索了一套较系统、可行的工程地质勘察中遥感技术应用的方法:"四结合"(多平台、多片种、多时相、多比例尺)的遥感图像应用;遥感图像处理中图像成像时间和波段的选择;遥感影像工程地质判释标志的建立;遥感图像上结构面产状要素和塌岸发展速率的定量量测,等等,都具有一定创新和启发。

4.通过遥感图像的"四结合"的判释和野外验证,补充和修改了原有的工程地质图,进一步论证了库区和坝址选择区的工程地质条件,并对区域稳定情况、库岸稳定性,水库渗漏、淤积,天然材料等作了评价。成果认为该区无重大地质问题,适宜水利工程建设。从其研究方法和论证的内容看,可以认为上述结论是可靠的,可避免水利工程选择的重大失误。

5.本研究成果表明:利用遥感技术进行水利枢纽工程地质勘察与常规地面调查方法相比,具有效率高、质量好、改善劳动条件、避免工作的盲目性等优点,且具有明显的经济效益。

6.成果中成熟的方法,建议纳入水利水电有关勘察规范中去,并在水电部门技术政策中体现出来,使其应用合法化、正常化。

7.从总体上看,本研究成果在同类成果中,居国内先进水平,其中部分成果居国内领先水平和国际先进水平。

本函审意见系受水利部珠江水利委员会规划技术处的委托而写的,系成果的通讯鉴定意见,时间为1991年4月16日,未公开发表过。

《铁路地质灾害研究中遥感图像复合处理的应用》论文评审意见

我国 5 万多千米既有铁路线不少路段经常受地质灾害的威胁,每年都由于地质灾害而造成行车中断,严重影响了铁路运输的畅通,给工农业生产和人民生命财产造成重大损失。

鉴于上述事实,如何用简便而有效的方法分析地质灾害的动态变化,从而提出灾害的发展趋势,并作出危害性的预测,对可能产生危害的地质灾害提前进行整治,防患于未然,将具有十分重要的意义。

滑坡、崩坍等地质灾害的动态变化研究,采用地面调查方法,难度较大,且需投入大量的人力、财力和时间。利用同一地区不同时期的遥感图像,对地质灾害的变化进行研究,具有独特的优点。但当某些滑坡、崩坍动态变化较小时,借助肉眼对不同时期遥感图像进行判释对比,是很难看出其变化的,尤其是进行定量分析就更加困难。而利用遥感数字图像拟合处理方法进行滑坡,崩坍等的动态变化研究,则可获取某些定量数据,如滑坡、崩坍范围的确定,面积的计算等等。使地质灾害的动态变化研究,从定性分析逐步向定量分析前进了一步,为铁路斜坡稳定性评价,既有线病害的研究,提供更可靠、更有效的依据。

论文的选题是密切结合生产的,特别是对铁路运输畅通,具有现实意见。论文的思路正确,技术手段先进,即利用不同时期航空遥感数据作为数据源,通过计算机图像处理技术进行拟合处理来研究动态变化。可以说,它是当前国内外计算机图像处理中,最受关注的研究内容之一。

本文选择陇海线宝天段和宝成线宝略段的两个病害工点,利用 1968 年和 1985 年两个时期的遥感图像进行拟合研究,从图像(图形)的数字化、图像几何纠正、图像与地形图的几何配准、拟合显示,到滑坡、崩坍的动态变化测量,顺序渐进,工作模式是合理的。最后,分别对滑坡和崩坍的动态变化作出评价。文中除对不同时期遥感图像拟合处理进行阐述外,还对非遥感图像与遥感图像的拟合研究作了叙述,使经电子计算机拟合处理取得的图像成果,不仅具有遥感图像的灰度信息而且还增加了非遥感信息,从而丰富了图像的内容。

国内遥感数字图像拟合处理,公开发表的文章并不多,而有关利用数字图像拟合处理进行滑坡、崩坍动态变化研究的文章,尚未见过,本文填补了国内这方面的空白。

论文学术水平处于国内先进水平。

本文为科技论文评审意见,系受北方交通大学委托而写,1992.4.6,未发表过。

对《北京市北山地区泥石流灾害详查及防治对策总结报告》的评审意见

本人对该项目总结报告的意见如下：

1. 北京市北山地区泥石流多发区对工农业生产和人民生命财产造成严重威胁，本项目对该区泥石流进行普查和评查，立项正确，成果具有实际应用意义。

2. 报告内容丰富，图文并茂，资料翔实，分析全面，对某些泥石流现象，能结合地区特点进行深入分析，不囿于一般见解，具有独创性。例如，提出本区部分泥石流为高容重低黏性泥石流，既不完全与稀性泥石流相同，也不全与黏性泥石流一致，是非常有意义的见解，对国内泥石流分类及标准提出一个新的课题，对于完善泥石流类型划分标准将有所帮助。

3. 技术路线正确，工作方法恰当，在大量野外地面调查基础上，采用遥感技术、计算机辅助计算、灰色系统理论等先进手段和方法，极大提高了本区泥石流调查研究水平。例如，首次对本区泥石流容重和固体粒度级配组合进行定量测定，首次提出本区泥石流暴发的临界降雨判别式等。

4. 对本区泥石流形成的区域背景、类型划分、特征、形成过程、成因、活动状况、危害程度与预测预报等方面进行了较深入的研究，分析依据充分，结论正确可靠。

5. 报告中，结合本区实际情况提出的防治的 5 条基本原则和几项主要措施以及根据泥石流治理区的划分原则把泥石流治理划分为 5 个治理区，并分别提出了相应的治理措施和建议，对今后该区开展综合治理，提供了科学依据和可靠的基础资料，具有明显的社会效益和经济效益。

6. 有些内容有重复，还可适当归类：有些图、表可作为附录，使总报告重点更突出、更精炼。

7. 成果达到国内先进水平，建议有关部门予以奖励。

"北京市北山地区泥石流灾害详查及防治对策"系北京市地质局承担的研究项目，本评审意见写于 1993 年 11 月 16 日

改革勘测程序，改变地质工作的滞后局面

"八五"期间，铁路地质工作有了较大发展，目前铁路系统的地质人员达 4 600 人左右，具有较高的技术水平。

全路拥有各型钻机 360 台、物探设备 130 余台、原位测试设备 80 余台、试验设备 450 余台以及各类遥感仪器约 100 台。设备总值约 6 000 万元。

全路已形成了较完整的地质专业体系，包括工程地质、水文地质、岩土工程、工程物探、钻探、原位测试与检测、遥感地质等。能解决铁路新线勘测、既有线改建及增建第二线勘测、施工、运营等过程中出现的各类复杂地质问题，满足了铁路建设的需求，取得了丰硕的成果。但从勘测设计全局上看，与其他专业相比，地质工作仍然处于滞后的被动局面。

地质工作的被动局面表现在两个方面：首先表现在地质工作完成的时间拖得较长，制约了整个勘测任务的完成；其次表现在勘测设计阶段所提供的地质资料质量不稳定，未能很好地满足设计和施工的要求。造成这种被动局面的主要原因是铁路勘测设计程序的限制，造成计划安排上的不合理，形成地质专业与其他专业同时开工、同时完成的非正常现象；其次是勘测阶段地质工作的内容和深度要求不尽合理，使勘测阶段的精力分散在一般性地质工作上，从而削弱了对主要地质问题的研究。特别是当任务紧、工作量大的情况下，为了按期完成任务，造成不惜用牺牲质量来换取时间这种反常情况的出现。

近年来，随着勘测设计中采用各种先进技术，如激光测距仪、航测成图、全站仪。CAD 等技术的应用，勘测设计的质量和效率均有较大的提高。而地质工作中虽然也应用了遥感技术和先进的物探、钻探设备，其成果质量和工作效率也有所提高，但远不如其他专业明显，致使地质工作的被动状况愈加突出。因此，有必要寻找某些有效的途径来改变地质工作的被动局面。

针对上述地质工作中存在的问题。提出以下几项措施意见，与同仁共同探讨，可能对改变地质被动局面有所裨益。

一、勘测设计程序应进行改革

前面已经说过，造成地质工作被动局面的主要原因是勘测设计程序和计划安排上的不合理。人所周知，铁路勘测中地质工作量较大，在大面积地质测绘后还要进行物探、钻探、试验等工作，由于制约因素较多，要想提高地质工作效率，难度较大。因此，在计划安排上，地质专业必须超前安排，不能与其他专业同步进行，如果一刀切，必然造成地质工作的被动局面。一些有识之士早就提出地质工作要"超前延后"。所谓"超前"是指地质专业的工作要提前安排在其他专业之前开展，以便进行超前研究；"延后"是指地质工作不仅仅在勘测阶段开展，还要后延到施工阶段继续进行。换句话说，地质工作必须贯穿于工程建设的全过程，以期达到分阶段、分层次，逐步深化认识，也可以说勘测阶段的地质工作侧重于战略指导和重点地质的控制，施工阶段主要是工程的一般战术处理。"超前延后"是工程地质工作的一般原则，处理好地质工作的"超前延后"关系，地质工作则可理顺，并使被动变为主动。以下先就如何实现地质工作"超前"谈谈看法。

本文发表于《铁道工程》1995 年第 4 期，1995，12

地质工作的被动局面主要表现在初测阶段。初测阶段如能超前安排地质工作，就能扭转地质工作的被动局面。而按以往传统的勘测程序和方法，地质工作难以超前安排工作，同时由于可行性研究时，对区域性地质工作认识不足，从而加重了初测阶段地质工作量。只有对勘测程序和方法进行改革后，才能使地质工作超前安排得以实现。从铁路勘测多年实践说明，采用航测、遥感方法，不仅加强了可行性研究的宏观地质工作，起到指导和控制方案的作用，更有利于初测阶段超前安排地质工作，改变地质工作的被动局面。在地质特别复杂、困难的线路和重点工程，开展初测子阶段地质工作，也是必要的。

（一）初测阶段采用航测、遥感方法

铁路新线可行性研究应用航测方法效果极佳，可从宏观上对区域地质背景进行评价，选出好的线路方案，这已是广大勘测人员所公认的事实。同样，初测阶段利用航测方法进行勘测选线也可取得很好的效果。关于利用航测方法进行可行性研究和初测勘测选线的成功例子很多，例如大秦线的桑干河方案就是利用航测方法进行可行性方案比选确认为是可行的方案，初测阶段进一步开展航测工作，优化局部方案，最后选定的方案被采纳，并建成通车。

航测图范围大，内容齐全，精度高，有利于线路方案比选；利用遥感图像视野广，影像逼真的特点进行判释，可有效地指导地面调查，从而提高了勘测成果质量和勘测效率，改善了劳动条件等等。这些优越性是显而易见的。更重要的是，使超前开展工程地质工作成为现实。

初测采用航测、遥感方法后，其作业程序与传统的勘测程序有所不同，我们不妨回顾一下利用航测、遥感方法进行初测工作的程序：首先要进行控制测量。控制测量时，除对内业航测测图所需的控制点平面、高程位置进行联测外，还同时开展各专业遥感图像的概略判释调查。控制测量后，根据控制测量的成果开展室内航测制图，出图后利用航测图进行定线，随后各专业根据纸上定线搜集以工点为主的初测资料。初测采用航测、遥感方法后，地质工作分两阶段进行，第一阶段在控测期间进行，主要是概略地开展全线遥感地质调查，并重点查明控制线路方案的主要地质问题，在地质复杂地段或线路方案稳定的地段可配合开展物探和部分钻探工作；地质的另一部分工作是在航测图出图并定线后进行，此阶段地质工作可根据实际需要进一步补充地质测绘和物探、钻探、试验等工作。这样，超前安排了初测期间的地质工作争取了地质工作的时间，变被动为主动。

采用航测、遥感方法后，可能有人提出以下一些问题：

1.控测时没有 1：2 000 地形图和初测导线，地质界线、地质观测点和勘探点如何反映到航测图上；

2.如果控测时一次搜集完初测勘测资料，地质工作如何配合？

第一个问题是不难解决的，因为可以利用航片的地物影像、明显地物点，以及控测时布设的控测导线、各种控制点、线路点和专业点，作为定位的依据，以替代以传统初测导线为依据的模式。一些重要地质点和钻孔的平面、高程位置，可在控测时联测求得，有的则可在航测内业成图时求得。

第二个问题是属于工作方法问题，所谓控测时一次搜集完初测资料，是指控测工作和初测工作两次外业变为一次外业。至于是一次搜集全初测资料好，还是分两次搜集，应根据具体情况而定，各有优缺点，也还有不同的看法，本文不拟作深入探讨。但无论是初测时一次搜集全初测资料，或是分两次搜集全初测资料，地质工作均可超前安排工作，只不过是前者方法两次地质工作之间的间隔时间短一些，安排的更紧凑些。

以往不少铁路新线勘测初测阶段应用了航测、遥感方法。据不完全统计，如焦枝线、韶柳线、沙通线、兴蓟线、朔石线、大秦线、集通线、侯月线、阳安线、青藏线、西康线等初测阶段均应用航测、遥感方法，取得了好效果。但目前存在着一种值得注意的倾向，即航测只提供航测图，控测期间未开展地质等专业的航片判释，这种做法不符合"一片多用"的原则，是一种浪费。使本可以充分利用航片超前开展地质工作的时机失掉，等到航测图成图以后再开展地质勘测工作，造成初测地质工作仍处于被动局面。因此，采用航测、遥感方法进行初测时，不能仅仅开展航测制图，在控制期间应同时开展多专业的航片判释应用，尤其是遥感地质工作更应开展。

（二）开展初测子阶段工作

初测子阶段是 1987～1988 年开展西安—安康线秦岭地段初测时首先试点的。当时，根据部领导的决定，把西安—安康线作为全路勘测设计改革的试点项目，其中秦岭地段在初测阶段中，划出一个"子阶段"作为加强地质工作的试验。通过该次试验，认为在地形地质复杂的地区，在初测前，划出初测子阶段开展地质调查工作是可行的、是值得推广的一种方法。

西安—安康线秦岭地段初测子阶段工作的成功经验，为全路地质改革闯出了一条新路，深受广大地质人员欢迎。为了及时总结这次来之不易的经验，中国铁路工程总公司及时抓住这一新事物，经过反复征求路内有关单位和专家的意见，于 1992 年 6 月制订了《初测子阶段地质工作暂行规定》，该规定包括总则、任务要求和深度、勘测范围和时间、工作内容、工作方法与程序、成果资料等。在该规定的总则中，对哪些情况下应开展初测子阶段工作作了明确的规定。

应该说在新建或改建铁路，因地质条件特别复杂，需在较广范围内进行方案比选，又非常规初测阶段所能查明的重大地质问题，在初测前期专门安排一段时间，超前进行区域性工程地质勘测或专门性工程地质工作，是实现地质复杂地区超前安排地质工作，改变初测地质工作被动局面的一种有效措施。但遗憾的是这一经验并未得到普遍推广应用，《初测子阶段地质工作暂行规定》在铁路工程总公司系统试行至今已经三年，除西安—安康线秦岭隧道地段开展初测子阶段地质工作外，未见新的项目开展初测子阶段工作。之所以如此，是由于传统的勘测程序中没有"初测子阶段"，要安排该项工作必须由部工程总公司征求主管部门同意后，才能下达任务和计划书。既然初测子阶段已是成功经验，暂行规定也已试行三年，在地质复杂地区，可以考虑把"初测子阶段"纳入整个勘测设计程序内。如果认为"初测子阶段"还不成熟，也可以再安排一些项目进行试点，待成熟后，再纳入勘测设计程序中。

二、应对初测地质工作内容和深度进行必要的改革

我国铁路地质工作基本上是沿袭原苏联的地质工作模式，其特点是要求提供的地质资料较齐全，内容很细，面面俱到，但重点不够突出，分散了精力，致使一些主要地质问题难以真正查明。以往由于铁路工程施工处理能力差，希望勘测阶段地质工作做得越细越好，以避免施工时出事故和影响施工进度，是可以理解的。但目前施工能力有很大增强，勘测阶段地质工作做越细越好的观点应重新考虑。况且多年来铁路建设实践告诉我们，尽管勘测阶段地质工作很细，但施工阶段仍然出不少地质问题，有的甚至是重大地质问题，这些教训不少，这就提醒我们应该反思一下，以往初测阶段规定的地质工作内容和深度是否恰当。

由于地质现象是比较复杂的，人们对其认识要有一个由浅入深的过程。对铁路工程而言，拟在勘测阶段不分主次查明全部地质问题是不现实的，仅靠地表调查和有限的物探、钻探资料，实在难以查清一些地质细节问题，既做不到，也无此必要，而待到施工阶段暴露出来后予以处理，可能更现实些。那种不分析具体情况，把施工阶段暴露的，在勘测阶段难以摸清的个别次要的地质问题，统统归咎于初测阶段地质工作做得不够的说法，是不够客观的。应该强调，勘测阶段主要查明关键性地质问题，把一般性地质问题留到施工阶段边暴露边处理，这是符合地质工作必须贯穿于工程实践的全过程这个规律的。加强施工阶段地质工作，实际上是地质工作"延后"的具体体现。

为了使初测地质工作内容和深度进行必要改革落到实处，建议对《铁路工程地质规范》作

必要修改,同时应对《施工工程地质工作》这一章予以充实和修改。在工程投资概算中应考虑增加由于施工时处理一般性地质问题所增加的费用。

三、加强以遥感技术为先导的地质综合勘探工作

前面所提的对勘测程序进行改革以及对初测地质工作内容和深度进行必要的改革,为地质工作"超前延后"提供了条件,使地质工作从被动变为主动。但采取这些措施后,并不等于有效地解决了初测地质成果质量问题。要想保证地质成果质量,还应大力推广以遥感技术为先导的地质综合勘探工作。保证地质成果质量,首先应从加强大面积地质测绘着手,通过遥感宏观判释,指导地面大面积地质测绘,并在基本查明地质条件的情况下,开展物探和钻探,这已是广大地质人员的共识。

以往强调遥感技术的应用是以加强大面积地质测绘为出发点,无疑是正确的。经过一段时间实践,逐步认识到遥感技术与地面之间常规手段之间是相辅相成,互为补充的。遥感技术离不开地面调查,一旦离开地面调查,遥感技术的优越性就很难充分发挥出来;同样地,地面调查如果没有遥感判释的指导,则带有较大盲目性。

当遥感技术逐渐被地质人员所认识并逐步推广应用时,它还未成为地质综合勘探的内容之一,地质综合勘探是否包括遥感技术也还有不同的看法。但随着地质工作的进展,在西安—安康线秦岭地段隧道初测子阶段工作中,明确提出开展地质综合勘探的内容中包括了遥感技术,为确认遥感技术成为地质综合勘探的组成内容开了先河。秦岭隧道初测子阶段工作中,以遥感技术为先导的地质综合勘探,发挥了很好的作用,取得了可喜成果,进一步证明地质综合勘探的优势和生命力。

地质综合勘探不仅成为地质人员的热门课题,而且引起了有关部门和领导的重视。如在1990年10月由中国铁路工程总公司主持在兰州召开的地质工作会议上,听取、讨论了《中国铁路工程总公司地质综合勘探暂行规定》,通过与会代表讨论后,于1992年,由中国铁路工程总公司颁发了《铁路地质综合勘探暂行规定》。该规定中指出,地质综合勘探的内容包括:地质测绘、遥感、物探、钻探、挖探、原位测试、土工试验等地质勘测使用的各种手段。本文不拟对地质综合勘探作深入评述,应该说地质综合勘探是提高铁路地质勘测成果质量行之有效的方法之一,推广地质综合勘探不会有任何阻力。地质综合勘探在勘测的任何阶段均可应用,包括采用航测方法进行初测工作,以及初测子阶段时均可采用综合勘探方法,只是不同阶段具体的使用方法以及各种手段的组合有所不同。初测阶段采用航测方法时,由于有了航片,对开展地质综合勘探更为有利。

开展地质综合勘探,可以使地质工作有序地进行,有利于从整个地质工作环节上提高地质成果的质量,同时还可以减少钻探工作量。

钻探工作量大,也是地质工作被动的原因之一。因此,加强地质测绘,尽可能减少地质钻探工作的思路是正确的,也是改变地质被动局面的措施之一。尤其是山区和隧道地区开展钻探很困难,这些地区的路基和隧道工程,往往岩层裸露良好,尽可能以测绘和物探方法提供地质成果。诚然测绘不能完全替代钻探,该钻探的还是要通过钻探解决问题。但那种认为只有钻探才是最可靠的,不相信其他手段的看法是不全面的,一孔之见也有错的时候。总之,各种手段既有分工,又要互相配合,通过多种手段的综合分析,是综合勘探的核心问题。

当前,地质工作的被动局面依然影响着整个勘测工作的开展,尽快地摆脱长期以来存在的地质工作被动局面,已迫在眉捷。

上述初测阶段采用航测、遥感方法以及加强以遥感技术为先导的地质综合勘探工作等内容,实际上也是对贯彻《铁路主要技术政策》中所规定的"铁路勘测设计要积极采用航测、物探、

遥感……等新技术"的具体体现。

　　既然已经认识到地质被动局面所造成的后果,造成地质被动的原因也已被揭示出来,同时寻找到了解决的办法,应该说要改变地质工作被动局面就并不太难,关键在于有关部门和领导是否下决心要改变地质工作的被动局面。当然,下决心也不是那么容易,要改革就要打破老框框,也还会有不同的认识,要进行充分的讨论和酝酿,一旦统一认识后,领导的决策则是重要一举。既然地质工作被动局面是人为造成的,应该说,同样可以通过人为办法改变这种被动局面。

对《西气东输管道工程临汾—沁阳段工程地质及地质灾害遥感调查技术方案》的个人看法

1. "西气东输管道工程临汾—沁阳段工程地质及地质灾害遥感调查技术方案"(以下称"技术方案")是属于何阶段不明确,方案内容似有矛盾,要求调查的内容较细,而宽度(总宽8～10 km)又较宽,二者不配套。如按新的勘测设计阶段划分,"技术方案"要求的填图宽度应属预可行性研究阶段(踏勘),但要求的调查内容似乎达到可行性阶段(初测)的深度。如按8～10 km调查,则要求调查内容的深度要放宽些;如按"技术方案"要求的内容深度调查,则只能按1～2 km宽度考虑。

2. "技术方案"安排的时间太紧。在40天左右的时间内,要按规定的调查内容完成任务,时间过于仓促,难度较大,以致欲速而不达,为了避免完成任务而忽视质量的可能,时间可否作适当调整,以确保工作质量。

3. 搜集资料有难度,沿线一般只能搜集到1∶5万左右比例尺的航片,而1∶5万左右的航片所能判释的滑破、崩塌、岩溶等不良地质只能是大中型的,以滑坡为例,在裸露的情况下,一般小于1万 m³ 的滑坡就很难判释出来,其他不良地质同理。如果用地面调查方法补充填图,则工作量太大。当然沿线能搜集到2万～3万比例尺的航片最为理想,但工作量增加较多,只能从减少宽度上减少工作量。

4. 关于活动性断裂的分级,是初测阶段的任务,踏勘只确定是否为活动断裂即可。

5. 断裂的地震工程分类、基岩松散土的含义等等,应统一认识,确定出标准,否则很难掌握。

上述系个人意见,仅供参考,有不当之处,请批评指正。

本"技术方案"评审意见系受中国石油天然气管道勘察设计院之委托而写,系函审,写就于2001年4月5日。

对《西安—安康铁路越秦岭地段超前加深地质工作后评估报告》的评审(函审)意见

1. 以往铁路越岭隧道根据常规勘测程序所提供的地质成果,往往与施工中所揭示的地质情况出入较大,因此,超前加深地质工作的开展是十分必要的。

2. 西安安康铁路越秦岭地段超前加深地质工作采用遥感、综合物探、地应力测试、区域地质调绘、钻探等相结合的综合勘探手段,查明了隧道地区的岩性、断裂、地应力、地下水、放射性、地温六大宏观性控制因素和引线地质条件。通过施工验证,与实际情况基本相符,所推荐的石砭峪 18.4 km 隧道方案,工程地质条件优于其他几个方案,施工顺利,达到了前期地质工作地质选线的目的,是铁路地质工作一次成功的尝试和范例。

3. 加深地质工作完成了大量工作,主要选线结论正确,提供的成果翔实可靠,并通过后续勘测、设计和施工的验证,特别是列出数据对比,具有充分的说服力。

4. 实践证明,西康线铁路越岭地段超前加深地质工作,具有明显的技术经济效益,也是铁路地质勘察工作的一次重要改革,综合勘探的开展开创了铁路深埋隧道地质勘察的一套新的技术方法。在今后地形地质复杂地区铁路选线,应大力推广超前加深地质工作和综合勘探工作。

本文系受中铁工程总公司的委托而写,写于 2002 年 4 月 3 日,以往未发表过。

在铁路勘测中推广应用遥感技术科研成果

——铁路勘测中遥感技术的应用

本文系本人在部组织评审的部控科研项目《多种遥感手段在铁路勘测中应用范围和效果的研究》科研成果的基础上归纳提出的,目的是使该科研成果能尽快转化为生产力,所以文章以条文形式出现。

为了落实推广由《多种遥感手段在铁路勘测中应用范围和效果的研究》科研成果归纳提出的这个成果,铁道部基建总局以基设〔1987〕125号文关于发送《在铁路勘测中推广应用遥感技术科研成果》的通知,发送各有关下属单位推广应用。

本文归纳的内容包括:一、基本概念;二、应用的范围和效果;三、各种遥感图像的特性及其适用范围;四、基本应用方法;五、可提供的成果。本文归纳的成果,不但在生产中得到推广应用,而且也成为1995年部颁的《铁路工程地质遥感技术规程》编写时的蓝本。铁道部基建总局基设〔1987〕125号文通知,见文后。

一、基本概念

1.遥感技术是一种新兴的、先进的探测手段,它是在航空摄影的基础上发展起来的,它与传统的航空摄影不同,主要表现在:

(1)成像距离增大;(2)成像方式多样;(3)电磁波波段展宽;(4)图像信息丰富;(5)改进了记录方法。

2.遥感技术能获取地面丰富的信息,可以提供铁路勘测设计所需的地形、地质、水文等有关资料,还可以利用不同时期获取的遥感图像进行铁路沿线病害动态的分析。因此,推广与应用遥感技术是改善常规勘测方法、实现铁路勘测设计现代化的一项重要措施。

3.遥感技术在铁路勘测中的基本作用是:指导外业测绘,提高勘测质量;改善劳动条件,加快勘测进度,并有利于大面积线路方案研究和合理布置勘探点。

4.遥感技术包括多种不同片种和手段,使用时应正确选择遥感片种或遥感手段的组合。选择遥感手段时应考虑:

(1)运用遥感的目的和任务。其中主要包括:是用于判释还是制图,或两者兼而有之;是用于新线勘测,还是既有线勘测;是用于方案比选,还是用于初测阶段或定测阶段等等。

(2)测区的特点。包括工作地区自然景观、地质特征、目标物的几何影像特征与波谱特征、以及可判释程度等等。

(3)遥感手段的探测能力。包括它的探测波长范围,记录与输出方式,分辨力及作业条件等。

5.遥感图像判释时应充分参考利用既有资料。只有通过现场验证、修改、补充后,其成果才能提供作编制正式图件的依据。

6.根据我国遥感技术现状和铁路勘测设计中应用的效果以及经济效益等综合考虑,当前主要应推广应用全色黑白航空像片、红外彩色航空像片以及陆地卫星图像(鉴于全国均有陆地

本文系本人所写,系铁道部基建总局基设〔1987〕125号文通知的附件,未公开发表过。

卫星 MSS 图像和全色黑白航空像片覆盖,故应充分搜集利用工作地区已有的陆地卫星 MSS 图像和全色黑白航空像片),根据勘测需要和地区特点,也可重新进行航空遥感成像。随着卫星图像分辨力的提高,陆地卫星 TM 图像、SPOT 卫星图像,以及我国国土卫星的全景图像等也将成为主要判释片种。

二、应用的范围和效果

7. 遥感技术在新线的各个勘测阶段,既有线勘测、长隧道、特大桥、枢纽、大型水源工点等重点工程的勘测以及工程病害普查和动态分析等方面应用,均可取得不同程度效果。施工阶段的应用,在某些情况下也可取得一些成效;利用遥感图像可以测制各种比例尺的地形图,各专业的专题图件(通过遥感图像判释,可获得线路、地质、水文、路基、隧道、站场、施工等专业的勘测资料),其中以地质、水文、施工等专业的应用效果最好。

8. 遥感技术在下列情况下应用效果较好:

(1)线路的可行性研究与初步勘测阶段;

(2)地形、地质、水文等自然条件复杂的长大干线、地质复杂的长隧道、越岭地段长隧道、特大桥等地区;

(3)交通困难、地质、水文研究程度低的地区;

(4)测区目标物判释标志明显而稳定的地区。

9. 遥感技术的应用效果,除取决于上述情况和遥感手段的选择是否合适外,还与下列因素有关:

(1)遥感成像的时间;

(2)遥感仪器性能的优劣;

(3)遥感图像复制品的质量;

(4)测区既有资料的研究程度;

(5)专业人员的水平及对测区判释标志的了解。

三、各种遥感图像的特性及其适用范围

10. 遥感图像包括陆地卫星图像、全色黑白航空像片、红外黑白航空像片、热红外航空扫描图像、天然彩色航空像片、红外彩色航空像片、多光谱航空像片、多光谱航空扫描图像。机载侧视雷达图像等。

11. 各种图像的特性及其适用范围

(1)陆地卫星图像:覆盖范围大、影象畸变小、信息丰富,具有多波段和概括性强等优点,有利于概略地判断线路通过地区的工程地质和水文条件。由于陆地卫星图像比例尺小,分辨力低,不利于工程地质、水文等细部现象的研究,目前主要用于铁路新线大面积方案比选,以及不良地质群体形成的宏观背景条件的分析。

随着资源卫星地面站的建成与投入使用,获取高质量的 TM 图像(分辨力 30 m)与 HRV 图像(分辨力 10 m)等航天图像更为方便,这些图像在铁路勘测中的作用将愈加明显。

(2)全色黑白航空像片:几何分辨力高,图像质量稳定、成本低、专业判释和测制地形图均可应用。几何分辨率对一般目标的判释,尤其对微观目标的判释具有较好的效果,但该片种光谱信息单调,视觉分辨力较低,尽管如此,它仍然是目前应用最广泛的片种之一。

(3)红外彩色航空像片:光谱信息丰富、色彩鲜艳,视觉分辨力高,对许多目标有特殊的判释效果,是一种应用效果较好的片种,但几何分辨力不如全色黑白航片,且目前成本稍高,判释时以小比例尺(1∶5 万～1∶10 万)的放大片(1∶1 万左右)为宜。这样既可降低成本,又增强了测区不同目标间的宏观联系。

(4)红外黑白航空像片：图像较全色黑白航空像片清晰，立体感强，对于与水和植被有关的地质现象判释效果较好，在雾霾严重的地区摄影时可选用。

(5)热红外航空扫描图像：它是一种热图像，图像的色调系反映地物热辐射的差异。该片种对于寻找地热、地下水、充水断层、岩溶等有一定效果，特别是在干旱和半干旱地区进行水文地质测绘效果较好。根据我们所获得的热红外航空扫描图像的研究，初步认为不足之处在于图像比例尺小、无立体效应，若无其他片种配合难以确认像片上点状的热异常影像在现场的具体位置。

(6)天然彩色航空像片：色彩鲜艳，视觉信息丰富，影像色调与天然物体色调一致，对色调鲜艳的地物均有较强的表现力，适用于岩层色彩鲜艳，裸露良好的地区。该片种影像几何分辨力差，且成本稍高。

(7)多光谱航空像片和多光谱航空扫描图像：主要通过光学图像处理和电子计算机数字图像处理后可突出和提取某些地物信息。

多光谱航空扫描图像通过数字图像处理后对地物、地貌、岩性、构造、不良地质现象等均有较好的判释效果。唯目前图像处理费用较贵，但从长远看，它是一种非常有前途的遥感手段。

(8)机载侧视雷达图像。机载侧视雷达具有全天候的优点，对冰、雪、松散覆盖层及植被等具有一定穿透能力，立体感强。对宏观地貌、岩性、地质构造。特别是线性影像有较好的判释效果。适用于常年为阴天、多云的地区。该片种影像几何分辨力不如全色黑白航空像片，在铁路勘测中的应用尚有待于进一步摸索。

四、基本应用方法

12.铁路勘测的各阶段应用遥感资料，其基本程序都是室内初步判释→野外验证、修改、补充—最终室内复判和整理。下列框图可作为遥感技术应用的参考程序：

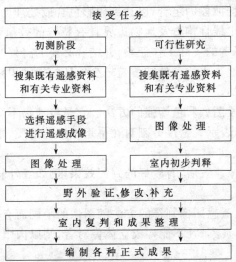

13.遥感手段选择。接受任务后，应结合测区的自然条件和勘测目的，对拟选用的遥感手段进行可用性评价，经充分论证后，选择适用的遥感手段。

14.成像时间的选择。以目标间辐射能量差别（或有效颜色差别）出现最大值时为宜。由于遥感目的与手段不同，目标类型不同，即使在同一地区，最佳成像时间也不同，应结合能量—信息相关数据选择之。成像时间对判释效果有较大影响，例如陆地卫星（MSS）图像，冬季的成像，形态特征信息反映清楚；夏季的成像，色调特征反映清楚等等。

15.遥感图像比例尺的选择。比例尺的选择主要取决于勘测阶段、目的、地形条件以及传感器种类等等。

(1)可行性研究宜用比例尺1∶10万~1∶50万的陆地卫星 MSS 图像或比例尺1∶5万~1∶20万的 TM 图像、国土卫星图像以及比例尺1∶5万左右的小比例尺航空像片。

(2)初测阶段宜用1∶1万~1∶2万的各种大比例尺航空遥感图像,结合使用小比例尺航空遥感图像。

(3)既有线勘测宜用1∶5千~1∶1万的各种大比例尺航空遥感图像。

16.遥感图像的获取。当遥感手段、成像时间以及比例尺确定后,则可开始遥感资料的搜集或进行遥感成像,搜集或飞行的范围应包括所有可能的方案,一般而言,遥感图像比例尺较小者,可搜集宽些,比例尺大者可窄些。具体搜集范围应视勘测阶段、方案复杂程度、地形地质情况、遥感手段及比例尺大小而定。应尽可能搜集既有的多层次、多时期的遥感图像,以进行多数据综合判释。

17.遥感图像处理。对于多波段的遥感图像可根据能量—信息相关数据分析,发现目标间固有的能量差别在像片上有效信息显示不明显时,可进行图像的增强处理,以提高判释效果。

图像处理用于生产中,要注意时效性,特别是方案研究阶段,如需进行图像处理,则应在获得陆地卫星 MSS 图像后立即开展图像处理(包括数字图像处理和光学图像处理)。处理后的比例尺以1∶10万~1∶20万为宜。处理的宽度应比工作区大,以利地质、水文的宏观分析,然后再对重点地段进行处理。

18.图像增强处理方法如下:

(1)反差增强:凡是反差较小的图像,进行反差增强后便能突出某些地物的细微结构,扩大目标物与背景的反差比。

(2)假彩色合成:经处理后的图像,色彩鲜艳,信息丰富,判释效果比黑白图像好得多。为了提高假彩色合成图像处理的效果,要对目标与背景的反射波谱特性有所了解,有目的地选取差异较大的波段和进行最佳波段的组合,以达到假彩色合成处理的最佳效果。

(3)滤波增强:对于突出线性构造及地物边界具有特殊的效果,至于哪些是与工程有关的地质构造线,需要根据判释者的实际工作经验,并结合必要的野外验证来确定。

(4)比值增强:对增强地表水体和植被覆盖较少地区的岩性识别以及与水体有关的特殊不良地质的调查是非常有效的。

(5)密度分割:是单波段图像彩色增强的方法。它是将地物不同的亮度值分割成不同的等级,并分别用不同的颜色来表示。密度分割对在平坦地区的地质、水文现象的研究有较好的效果。

(6)图像放大:遥感图像放大后,有较好的判释效果,例如红外彩色航空像片放大8倍左右时,仍有较好的判释效果。

19.遥感图像的判释。遥感图像判释的方法随图像的不同而有所不同,凡能构成立体像对者,可借助立体镜进行立体观察;凡不能构成立体像对者,则以肉眼直接观察,或借助放大镜进行观察。

判释的原则是先进行卫星像片的宏观分析,概略了解工作地区的构造格局,然后进行航空像片判释。目标的识别与区分主要在选定的小比例尺航空像片上进行;目标细节的判释与定量信息的估测和量测主要在大比例尺航空像片上进行。

20.利用遥感图像提供勘测成果的步骤。首先是进行室内判释,然后利用判释成果到野外进行验证、修改和补充,最后进行室内复判和整理,并编制专业图件。

编制图件的方法可根据图件的用途和精度要求,将遥感图像各种成果分别以徒手方法和用仪器转绘到底图上(地形图或纠正的像片平面图)。

21.遥感图像室内判释的工作量较大,在安排作业计划时应保证足够的内业时间,才能充分发挥遥感图像判释的作用。

五、可提供的成果

22.在工程地质应用方面,利用遥感图像可进行地貌、地层、岩性、地质构造、不良地质现象、水文地质条件的判释,还可初步进行工程地质分区等。

23.在水文应用方面,利用遥感图像可进行桥涵和水文断面位置的选择,还可提供洪水泛滥范围、流域特征、河道变迁、古河道、特殊水文情况及水工建筑的调查等有关资料。

24.在线路应用方面,利用遥感图像进行大面积选线、农田的统计,考虑道口和立交的位置,线路通过人工建筑物和设施地区的走向及其具体位置的确定等。

25.在施工预测应用方面,施工便道、施工场地的布置,土石方集中地段的调配方案,砂石产地的线索,长隧道施工弃碴场所等。

26.凡是用地面测绘方法编制的图件,均可利用遥感手段进行编制。其中包括:

(1)可行性研究所需的地质、水文图件;

(2)初测阶段的图件:全线工程地质图,详细工程地质图,大面积工程地质图,各种工点图;沿江(河)洪水位平面关系图等。

附文

铁道部基本建设总局文件

基设〔1987〕125号

关于发送《在铁路勘测中推广应用遥感技术科研成果》的通知

各设计院、专业工程局、铁路局、铁科院西北、西南研究所,北方、西南交通大学、上海、兰州、长沙、石家庄铁道学院:

为了促进遥感技术在铁路勘测中的应用,逐步实现铁路勘察现代化,以提高勘测设计的水平、质量和工程效益,特在已通过部鉴审的"多种遥感手段在铁路勘测中应用范围和效果的研究"的科研项目的基础上,拟定了"铁路勘测中推广应用遥感技术科研成果"发给你单位,请认真推广应用遥感技术,并请及时将推广应用情况告我局。

附件:《在铁路勘测中推广应用遥感技术科研成果》

铁路工程建设航测遥感科技
进步"九五"规划初稿

(1996~2000)

　　本规划初稿是由本人拟稿的,这里发表的规划是经铁道部建设司组织有关专家讨论修改后形成的规划。规划中前言部分实际是统一格式,本人草拟的是二~五部分。规划的制定是根据《铁路"九五"计划和2010年发展规划》而制定的。本规划内容纳入《铁路工程建设科技"九五"规划》中。

一、前　　言

　　为落实科学技术是第一生产力,进一步开拓铁路航测遥感技术应用领域和提高应用水平,加快铁路航测遥感科技成果转化为生产力,促进铁路勘测手段现代化,获取更好的技术经济效益和社会效益,特制订本规划。

　　本规划系根据《中共中央国务院关于加速科学技术进步的决定》、《铁路"九五"计划和2010年规划》、《铁路主要技术政策》等文件的精神而制订的。

　　制订本规划的原则是:

　　1. 贯彻国家及铁道部的科技发展方针和政策;

　　2. 立足铁路,结合铁路航测遥感技术特点和发展现状;

　　3. 以应用技术为主,同时追踪航测遥感技术发展新趋势,重点考虑带有技术储备和支持铁路航测遥感技术持续发展的项目;

　　4. 从系统思维原则出发,统筹规划,按轻重缓急,逐步建立建全配套的现代化铁路勘测设计"一体、智能化"产业体系,以尽快形成生产力;

　　5. 对提高勘测质量和效率,保证施工、运输安全,可普遍推广,并具有明显技术经济效益的课题,优先纳入规划。

二、国内外航测遥感科技发展趋势

　　21世纪将进入空间技术、微电子技术和信息技术时代,作为空间技术和信息技术的重要组成内容的数字摄影测量系统(DPS)、遥感(RS)、全球定位系统(GPS)、地理信息系统(GIS)等均有较大的发展。当前航测遥感技术发展的特点和趋势是:

　　1. 摄影测量从模拟、解析测图向数字摄影测量测图过渡,摄影测量和遥感将不仅仅是向国民经济各部门提供各种图纸,而且其成果将直接以数字形式存贮在计算机中,形成地形数据库,并提供给GIS或CAD系统等使用。

　　2. 摄影测量数据与遥感数据的处理日趋一致,与地理信息系统的结合更为密切,进而形成以计算机为载体、数字信息技术为核心的DPS、RS、GIS、GPS、ES相互融合的集成系统和测绘产业体系。

　　本规划是原初稿于1995年12月7日经专家论证会后形成的,以前未公开发表过。

3. GPS 对测绘行业产生重大影响,利用机载 GPS 定位数据进行联合空中三角测量可极大地减少,甚至代替地面控制测量。我国机载 GPS 用于空中三角测量的试验研究已获成功。

4. 传统的数据获取和数据处理是严格分开的分步作业,这种分开的作业目前已逐步走向同步处理方式的实时处理。

5. 许多新型的遥感传感器的地面分辨率、辐射分解力和光谱分解力都有很大的提高,如 CCD 阵列传感器、成像光谱仪、成像雷达、差分雷达干涉测量等的进展就是代表。随着 CCD 技术的发展,近期陆地卫星图像地面分辨力将达 1 m 左右。

6. 遥感技术应用正趋向于集多种传感器、多级分辨率、多谱段和多时相为一体,并从定性、静态为主,向定性与定量相结合,静态与动态相结合过渡。

三、铁路航测遥感科技现状及存在的问题

目前,全路共有航测遥感专业技术人员 500 多人,航测精密仪器 31 台(其中模拟仪器 15 台、解析测图仪器 16 台),遥感数字图像处理系统 2 套。各勘测设计院均设置专门的航测测图机构以及遥感人员。全路航测测图具有每年可完成 4 000 余公里 1∶2 000 地形图任务的能力。

航测遥感技术应用范围逐步扩大,已应用到铁路新线、既有铁路线、枢纽、长隧道、大型桥渡等工程勘测的各个阶段。近几年,长大干线和重点工程勘测中已基本采用航测成图和遥感判释调查。

既有铁路线已完成的航测测图里程约占全国铁路正线里程的 30%。测图比例尺从初始的 1∶1 万发展到测制 1∶5 000～1∶500 的各种比例尺地形图。航测产品也从单纯测制地形图发展到提供正射影像图、立面图、透视图、航片综合图集、数字地形模型和全要素数字地形图等产品。

遥感技术的应用已从单一的全色黑白航片发展到多片种的综合分析和多时相的动态分析,遥感图像的专业判释应用也从地质专业的应用扩大到水文、施预等专业,并在长隧道和既有铁路病害调查防治中发挥了较好的作用。

由于执行了"八五"航测遥感科技进步规划,"八五"期间航测遥感科技进步有较大发展,在新技术发展和科研方面完成了一批水平较高的科技成果,开拓了新的应用领域。GPS 在航测控测中的应用已经进行了试验;利用模拟型测图仪建立数字化测图系统已通过鉴定,并正推广应用;利用精测仪器提供工点横断面也已开始试验。遥感判释技术的应用已经扩大到施工阶段;"高分辨率卫星图像在铁路可行性研究中的应用"科技成果已通过部鉴定;《铁路工程地质遥感技术规程》已于 1995 年 4 月 1 日开始实施;在微机上建立局部线段的病害地理信息系统以及断裂判释专家系统等方面,也做了有益的探索。

当前,铁路航测遥感技术存在的主要问题是:由于认识和体制原因,在推广应用方面不够普遍,也不够平衡;技术立法不健全;DPS、GIS、GPS 等技术的开发应用较慢;现有航测遥感设备均已老化,且数量不足,难以适应数字化测图、地理信息系统以及为建立现代化铁路勘测设计"一体化、智能化"产业体系的需求;航空勘测周期仍较长,尤其是航空摄影周期长,仍然未能获得圆满解决。

四、铁路航测遥感科技发展方向和目标

"九五"期间,铁路航测遥感科技发展方向是:

航测遥感要在充分发挥现有设备功能的基础上,为加强铁路前期工作,提高勘测设计质量,将铁路航测遥感技术提高到一个新水平,在实现勘测手段现代化中发挥其优势。航测遥感

技术应与 GPS、GIS 等密切结合,形成高速度、高质量、大批量的数据采集系统,为铁路勘测设计"一体化、智能化"产业体系的配套和建成提供基础数据。

航测遥感科技的发展目标:

1. 数字化测图技术用于生产,可同时生产各种数字和模拟产品;

2. 建立铁路航测数字地形数据库,为铁路勘测设计"一体化、智能化"产业体系的配套和建成提供数字产品;

3. 全球定位系统达到应用阶段,减少外业控测工作量;

4. 遥感技术主要追踪、高分辨率陆地卫星图像、成像光谱仪、成像雷达等新技术;

5. 遥感图像分析从定性、静态为主,向定性与定量相结合、静态与动态相结合等过渡;

6. 航测遥感生产周期缩短,应用比重增加。

五、铁路航测遥感技术专业发展重点

1. 开发、应用数字化测图技术,建立铁路航测数字化地形数据库,为铁路勘测设计"一体化、智能化"产业体系和 GIS 提供数字产品。

2. 建立以 DPS、RS、GPS 为支持的既有铁路工务工程管理信息系统,该系统包括若干子系统,如地理基础及工程信息子系统、灾害防治管理信息子系统、枢纽站场及设备信息子系统等等。

3. 扩大全球定位系统在控测中的应用范围,包括利用 GPS 测定外控点、实现无地控空中三角测量等。

4. 提高遥感图像判释效果,积极开展高分辨率遥感图像的判释,对判释难度较大的与工程有关的地质现象应作为重点研究内容。

5. 积极发展生产中急需开发、推广的应用项目,如地理信息系统、航测方法提供工点横断面、低空摄影、采用遥感技术进行铁路泥石流沟普查、高分辨率卫星图像在铁路可行性研究中的应用等等,这些技术的开发、推广应用,具有较高的技术经济效益。

六、铁路航测遥感科研攻关项目

1. 全数字化测图在铁路勘测中的应用研究;

2. 航测数字化测图应用研究;

3. 适用于铁路 CAD 的 DTM 技术研究;

4. 遥感信息数字化技术研究;

5. 航测遥感综合信息网络和数据库技术的应用研究;

6. 大比例尺航摄测绘横断面和工点图的研究;

7. 遥感隧道水文地质信息提取及富水区的确定;

8. 遥感在平原地区铁路勘测中的应用研究;

9. 利用新的遥感手段进行洞穴、暗河分布的研究;

10. 铁路地质灾害"三 S"技术综合应用研究;

11. 铁路勘测中地理信息系统应用模式的研究;

12. 机载 GPS 在铁路航测成图中的应用研究;

13. 铁路带状航测应用 GPS 技术进行控制测量的应用研究。

"铁路工程地质遥感图像判释技术"
科研成果的意义和作用

一、项目概况

近几年来,遥感技术得到迅猛发展,遥感技术的新进展,无疑地将促进遥感技术在各个领域的应用效果,但不同的应用领域,其影响程度有所不同。就铁路遥感技术应用而言,除对工作区进行宏观了解外,更主要的是落实到中、微观的应用。铁路遥感地质判释要求解决的问题更实际些,且更多地借助于专业判释经验的积累和运用,因此,要提高遥感技术应用效果,就必须密切结合铁路勘测的特点和要求来进行。

影响铁路工程地质遥感图像判释能力和应用效果的因素很多,以往,我们虽然积累了一些判释经验和应用经验,对单一的判释影响因素也曾经进行了研究,但还未系统地、完整地进行过研究。例如,对遥感图像判释标志、典型地质样片、铁路遥感技术应用模式、断裂影像判释专家系统、计算机图像处理增强能力等方面,均未进行过深入的研究。因此,总结出一套科学的、实用的遥感图像判释方法和应用模式,从而提高铁路工程地质遥感图像判释和应用效果,是有必要的。

基于上述原因,铁道部建设司以铁科字第(90—3)号文下达了"提高遥感图像判释能力的综合研究"科研项目,参加该项目研究的单位有铁道部专业设计院,北方交通大学、西南交通大学,铁道部第一、二、三、四勘测设计院。铁道部专业设计院为主持单位。本项目在鉴定时改名为"铁路工程地质遥感图像判释技术"。

本研究课题的设想和目的是:在以往判释经验的基础上与部分新技术相结合,在遥感技术应用的整个环节上对各种因素进行综合研究,从而达到提高铁路工程地质遥感图像判释能力和应用效果。该课题的最大特点在于从系统工程观点出发,将铁路各种成熟的(遥感工程地质判释经验、遥感技术应用方法等)或趋向成熟的遥感技术(计算机辅助判释、遥感图像处理技术等)组合成最优的工作方法和工作模式。本课题研究的内容包括四个专题:

1. 判释标志的研究和建立;
2. 铁路工程地质遥感技术应用模式的研究;
3. 微机应用的研究;
4. 现有图像处理增强能力的研究。

遥感地质应用的核心是遥感图像的判释,而遥感图像判释效果的好坏,关键在于判释者对判释标志的熟悉程度。因此,本课题把遥感图像判释标志的研究和建立列为最主要的研究内容之一。

二、项目研究内容简介

(一)判释标志的研究和建立

判释标志的研究主要是在以往积累的铁路航空工程地质判释经验的基础上,针对影响地

本文系第八届"铁路航测遥感科技动态报告会"上的报告,入选论文集,1997.3

质判释效果的各种因素,进行较系统的分析、归纳,得出规律性认识。所建立的典型地质样片以全色黑白航空像片为主,主要是考虑到以往积累的典型地质样片以全色黑白航空像片为主,且目前铁路部门遥感图像的应用仍然以全色黑白航空像片为主,这样,便于推广应用。

遥感图像判释标志是指那些一般带有规律性、普遍性,能帮助辩认地物属性的影像特征的一种影像标志。也可以理解为在遥感图像上能直接反映和判释地物属性的图像特征,判释标志的研究内容包括判释标志类型的确定、判释标志的可变性、影响判释效果的因素,等等。

判释标志的类型众多,提法各异,缺乏严格的定义,有时同一影像标志却赋与不同的名称,划入到不同的类型。目前判释标志类型尚无统一的分类标准,影响了遥感图像判释的深入开展,特别是不利于计算机解译的开展。本专题结合铁路遥感图像判释经验,把常用的判释标志类型归纳为形状、大小、色调与色彩、纹形图案、位置相关体、排列与组合、水系、植被、人类活动痕迹等 11 种类型,并对 11 种类型判释标志的含义及其在遥感图像地质判释中的作用,作了较明确的叙述。

地质体判释标志的可变性往往影响遥感图像地质判释效果。本专题研究指出:"地质体是处于复杂变化的自然环境中,不同地区其所形成的形态、景观也有所不同,故反映在遥感图像上的影像特征,也随着地区的不同而变化,绝对稳定的判释标志是不存在的。有些判释标志具有普遍意义,有的则带有区域性和局限性,有时即使是同一地区的地质体或地质现象,其判释标志也不尽相同,例如,当某一岩层的产状发生变化时,其原有的岩层判释特征也随之变化"。

本专题研究还认为,同一地物,由于摄影季节、时间、位置、光线、曝光,传感器类型、感光材料、洗印质量等的不同,其影像特征也随之变化,在遥感图像判释之前应充分认识这些因素的影响。在判释过程中运用判释标志时,既要认识其同一性和普遍性,又要了解其可变性和局限性。

判释效果的好坏,往往受各种因素的影响(包括客观因素和主观因素),有时某些因素影响甚至导致错判。影响判释效果的因素是多种多样的,当各种因素为判释者提供良好的条件时,其判释效果则较好,否则,效果就差些。本专题研究成果提出影响判释效果的因素包括工作地区的环境特点、区域地质构造特点、地层(岩性)特征和接触关系、工作地区既有资料情况、判释手段、照明条件、判释人员经验等七个方面。同时指出,上述影响判释效果的因素的组合是极其复杂的,因而其判释效果也千差万别。作为一个判释者,应当了解这些影响因素,并尽可能采取有效措施,最大限度地消除不利因素的影响,创造良好的判释条件,以便提高判释效果。

遥感判释标志的建立是在遥感判释标志研究的基础上建立的,所谓判释标志的建立,主要体现在遥感图像典型地质样片的建立。地物的影像特征是众多判释标志的综合反映,遥感图像典型地质样片是指在某一特定区域的自然环境下所形成的地质现象在遥感图像上所反映的影像特征。这种影像特征往往具有典型性和代表性。遥感图像典型地质样片的建立有助于提高遥感图像地质判释效果,尤其是对那些缺乏判释经验的或不熟悉区域遥感图像地质判释标志特点的判释者来说,遥感图像典型地质样片更具有实用意义。

历年来,铁路遥感地质工作中积累了大量航空遥感图像工程地质样片。本专题所建立的遥感图像地质样片集,是在以往长期积累的样片基础上遴选的,同时又补充一些新的样片后编集而成,总共为 365 像对,内容包括地貌、地层(岩性)、地质构造、水文地质、不良地质等。

该典型样片集的特点是:

1.以全色黑白航空像片为主,这样便于在生产中推广应用;

2.所建立的区域性遥感图像典型地质样片是按我国工程地质分区为框架选编的,这样有利于把孤立的典型地质样片置于宏观工程地质背景上进行相关分析评价。本专题研究系按工程地质第一级分区的 6 个工程地质区域为框架搜集相应的典型地质样片,编制了按 6 个工程地质区域归属的遥感图像典型样片集。6个工程地质区域分别为:(1)华北陆台工程地质区域;(2)华夏陆台工程地质区域;(3)扬子陆台工程地质区域;(4)东北海西褶皱带工程地质区域;(5)西北海西褶皱带工程地质区域;(6)阿尔卑斯褶皱带工程地质区域。除按6大工程地质区域建立的典型地质样片外,还建立了青藏高原多年冻土地区和塔克拉玛干、腾格里等沙漠地区的典型样片。

目前,国内尚无完整的航空遥感图像典型工程地质样片集,本研究项目提供和建立的航空遥感图像地质样片集,通过以陈述彭院士为主任的评审委员会的评审,认为:"该图像集在学术和生产方面,均有实际意义,尤其是青藏高原多年冻土工程地质分区典型图谱,极为珍贵,在国内外未见公开发表"。"在断裂分析和高原多年冻土等方面有所创新,达到了国际同类工作的先进水平"。本图集如能出版,在国内将有较大影响,既可显示铁路遥感地质工作的成就,还可表明遥感在我国地学应用方面达到较高水平。

(二)铁路工程地质遥感技术应用模式的研究

遥感判释技术应用效果不仅仅取决于从遥感图像上揭示出的信息内容的多寡,同时也取决于应用的方法。如果不考虑适用条件,或应用方法不当,不但未能取得预期效果,甚至适得其反,造成不必要的损失。

遥感技术作为一种探测手段,广泛应用于各个领域和各种专业,由于应用的目的不同,其工作方法也随之而异,切勿生搬硬套。铁路勘测工作的特点是总体上呈带状延伸,沿线地形、地质变化较大,其相应的勘测方法是从面到线、到点,勘测资料搜集的要求和深度从定性到定量,这些特点有别于某些领域和专业的应用。

本专题结合铁路勘测特点,根据以往遥感技术实践经验,提出了《铁路工程地质遥感技术应用模式》,该模式的内容包括:

1.遥感技术应用的基本要求和规定;

2.遥感图像判释内容;

3.遥感技术应用的一般程序和方法。

在遥感技术应用的基本要求和规定中,主要对遥感应用手段的选择、遥感图像比例尺的选择、遥感技术适用的地区、遥感图像的综合分析等作了阐述。

在谈到遥感图像判释内容时,提出判释内容应包括:水系的判释、地貌、地层(岩性)的判释、地质构造的判释、水文地质判释、不良地质判释、工程地质分区和水文地质概略分区判释,等等。

在遥感技术应用的一般程序和方法中指出:遥感技术在不同勘测阶段其应用程序和方法有所不同,但其一般工作程序大致是相同的,即按准备工作、初步判释、外业验证调查和资料整理四个步骤进行。同时,还提出了初测阶段工程地质遥感工作程序框图以及可行性研究和初测阶段工程地质遥感技术应用模式。

参照本专题成果编制的部标《铁路工程地质遥感技术规程》(TB 10041—95),已于1995年1月11日发布,并于1995年4月1日起施行。

(三)微机应用的研究

在铁路工程地质遥感技术应用中,图像的目视判释仍然是基本手段。但随着计算机技术、人工智能技术、专家系统等的发展,人们正在尽可能地把这些先进技术引入遥感技术中来,以便达到提高遥感图像判释效果的目的。

本专题研究的内容包括三方面:

1.地貌、地质体判释标志遥感图像数据库系统。该系统包括数据库管理系统模块,图像处理模块;

　　2.几种特殊处理方法。包括图像的三维显示,遥感图像拟合处理;

　　3.断裂影像判释专家系统初探。

　　图像处理模块共包括16项图像处理功能,即:条带噪声消除、几何校正、图像镶嵌、反差、对数、指数、边缘增强,图像间的加、减、乘、除,特征提取、FFT变换、图像滤波、彩色增强等。这些功能利用微机即可处理,便于在基层单位中推广应用。

　　几种特殊处理方法(图像的三维显示、遥感图像拟合处理等)虽然国内外许多部门和领域均在开发应用,但本课题结合铁路工程地质特点进行研究,其成果有利于遥感工程地质的定量分析和动态分析,该成果还要继续完善。

　　断裂影像判释专家系统(FIES)初探成果仍然处于研究过程中,目前尚难用于生产。由于遥感图像判释从目视判释扩大到计算机自动分析,已是大势所趋,为了追踪新技术,本专题对断裂影像判释专家系统进行了研究,目的在于探索出一条行之有效的遥感图像自动化判释途径。

　　(四)现有图像处理增强能力的研究

　　随着遥感技术应用推广和深入,人们企望从遥感数据中获得更多有用的信息。遥感信息蕴含于遥感数据中,遥感数据经过光学处理或计算机处理,以提取有用的信息,是进行遥感图像处理研究的必须前提和必然过程。通过这一过程,尽可能充分地使有用的信息显示在供专业人员判释用的图像上,这是遥感图像处理的一个内容丰富的研究内容,是提高遥感图像综合分析水平的重要基础与前提之一。

　　原部科技局于20世纪80年代立项研究的部控科研项目"多种遥感手段在铁路勘测中应用范围和效果的研究"中,曾结合铁路勘测中的应用,对遥感数字图像处理方法及应用效果进行了初步的探索和研究,积累了一些经验。

　　本专题主要对现有数字图像处理增强能力进行研究,此次研究,系在以往研究的基础上对以下内容,即对同一岩层单元中之断裂、隐伏断裂、褶皱和环形构造、岩性等信息进行增强研究;同时对功能组合的信息增强方法,信息的叠加,根据物理模型改进图像处理效果,多波段彩色合成图像组成方法的质量评价,组成系统图提高信息利用率等进行了探讨。

三、研究成果的作用及其经济效益

　　1.本研究课题以提高遥感目视判释为重点,建立判释标志和遥感典型地质样片,制定铁路工程地质遥感技术应用模式,同时还开展了微机应用技术和图像处理的研究,从而在遥感技术应用的整个环节上,组成最优工作模式,保证其应用效果。应该说,本成果具有现实意义。

　　2.本课题对遥感图像判释标志进行了较深入的研究、分析和归纳,得出规律性认识,并建立了以区域工程地质分区为框架的遥感图像典型地质样片以及多年冻土地区和沙漠地区的典型样片。这些成果便于生产中推广应用,可以充实判释者的经验和提高判释效果,特别是对缺乏工作地区地质判释经验的判释者,是一种十分珍贵的参考资料。

　　3.本课题总结出一套铁路工程地质遥感技术应用模式,可供铁路部门或类似部门开展遥感地质工作时参考,并为制定"铁路工程地质遥感技术规程"提供了素材。

　　4.微机应用的研究实际上是地理信息系统内容的一部分,其研究内容符合遥感技术的最新发展态势。它的成果有利于遥感信息多数据的综合分析,也有利于遥感信息的定量分析和动态分析。其中,地貌、地质体判释标志遥感图像数据库系统中所存储的典型地貌、地质样片以及微机图像处理功能,便于在基层单位推广应用。

　　断裂影像判释专家系统,目前尚不能推广应用,但作为探索性迈出了可喜的一步,在国内处于先进水平。

5. 现有图像处理增强能力的研究,系结合铁路遥感地质判释的需要,从理论和实践方面提出了增强现有图像处理能力的思路和具体方法。其成果有助于提高遥感图像处理的效果,从而提高了遥感图像判释的效果。

6. 本课题研究的内容包括实用性和探索性两部分。其中,实用性部分的成果,如判释标志的分类、影响判释效果的因素、航空遥感图像典型地质样片、铁路工程地质遥感技术应用模式、现有图像处理增强能力的研究等,便于生产中推广应用,具有一定的经济效益;探索性部分的成果,如断层影像判释专家系统初探、遥感图像拟合处理等,为今后进行同类研究积累了经验。

高原多年冻土地区不良地质
航空遥感图像判释的研究

一、概　　述

由多年冻土层中的冻融作用产生的地貌称为冻土地貌,也称冰缘地貌。世界多年冻土分布范围约占陆地面积的 29%,我国多年冻土面积约达 215 万 km²,占全国面积的 22% 左右,其中高原多年冻土面积约 40 万 km²,主要分布于青藏高原地区。

青藏高原号称"世界屋脊",是一个强烈的大面积年青隆起区,平均海拔 4 500 m 以上,是我国现代冰川和多年冻土最发育的地区。在海拔 4 500 m 以上,为大片连续的多年冻土地区,该区在其独特的各种自然条件的综合影响下所形成的冰缘地貌,丰富多彩,别具特色。该区所谓的连续多年冻区存在着各种类型的融区,这些融区破坏了连续多年冻土的完整性,也就是说,就气候条件而言它应是连续多年冻土区,而其他非地带性因素影响了多年冻土区的普遍连续性。

高原多年冻土地区不良地质类型较多,包括寒冻石流、草皮鳞阶、融冰泥流、热融滑塌、寒冻裂缝、冻胀斑土、构造土、冻土沼泽化湿地、热融沉陷、热融湖(圹)、冰锥、冻胀丘等。它们分布范围广,外表特征各异,分布的地貌部位具有一定规律性,见图1。

冻土不良地质严重威胁着一些工程设施,往往造成道路路基、建筑物基础的沉陷隆起,翻浆以及建筑物变形、路面破坏、基础冻裂、路堑边坡滑塌等等。

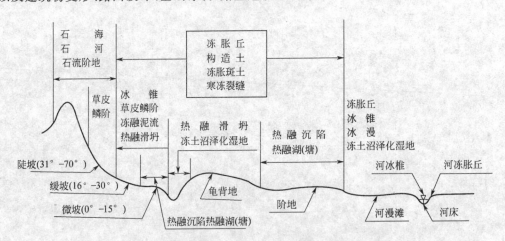

图1　多年冻土不良地质现象地貌部位分布规律示意图

在海拔 4 500 m 以上的高原上,大都是微受切割的开阔平坦地形,地表景观单调,实地观察到的冻土不良地质,难以反映到地形图上,即使反映到地形图上,其质量也难以保证,如用测量仪器实测,则工作量较大。此外,该区气候恶劣、交通闭塞、供给困难、地质资料缺乏,进行常

本科研成果系院控项目,未公开发表过,1999.11

规的地面冻土地质测绘填图,不仅劳动强度较大、效率低,而且费用高。

利用航空遥感图像进行高原多年冻土不良地质的类型、范围、分布规律以及对工程危害程度的评价等的判释,具有极佳的效果。其原因是高原自然景观单调,又无乔、灌木覆盖,在均一的浅色调背景上,冻土不良地质所形成的花纹图案,显得醒目易判,为航空遥感图像判释提供了有利条件。

利用遥感图像进行高原多年冻土工程地质判释调查,对于改善劳动条件、提高调查质量、加快勘测效率、减少勘测费用和工程投资,都是十分有效的。

二、各种冻土不良地质的判释

上述冻土不良地质的分布规律,在航片上显示的十分清楚,以下根据 1∶1.2 万～1∶1.8 万全色黑白航片上反映的各类冻土不良地质影像特征叙述如下:

1.寒冻石流

寒冻石流系多年冻土地区的裸露基岩,由于寒冻物理风化和冻胀推举作用而形成的碎石场。主要分布在海拔 5 000 m 以上的山区。未经搬运的碎石场,称为石海,当碎石经各种形式搬运后,则分别形成石流坡积层、石流阶地和石河。此类不良地质在昆仑山及唐古拉山均可见到。

寒冻石流在航空像片上主要根据其分布位置和色调等进行判释。石海的碎石(岩块),一般呈面状分布在山顶附近的缓坡地带,呈淡灰色至浅灰色色调,并具粒状结构及粗糙感的影像;石流坡积层位于石海下方,斜坡坡度较石海山坡陡,色调也较深;石流阶地一般位于石海的下方,顺山坡呈阶梯状分布;石河则沿沟槽呈灰白色至浅灰色的条带状,航空像片上的影像清晰可见。

2.草皮鳞阶

草皮鳞阶系指山坡上草皮受到季节性冻融作用,破坏了土体结构的完整性,在重力作用下,沿基岩面或冻融面向下滑动的一种不良地质现象。在风火山、开心岭、唐古拉山等的斜坡上均有分布。一般阴坡的较阳坡的发育。

草皮鳞阶在航空像片上可按其分布的空间部位(在 20°～45°的斜坡上)及其似鱼鳞状的图案花纹影像和灰色色调加以辨认,见图 2。

3.融冻泥流

融冻泥流是山坡表土在融化期土体中的冰融化成水,使土体呈可塑状态,并破坏了土体的结构,内聚力减弱,在重力作用下沿冻融面(或不透水层)顺坡徐徐蠕动所产生的一种不良地质现象。只有当山坡堆积物含有大量黏土和沙黏土时,才能发生融冻泥流作用。隔冻泥流所形成的台阶状地表,一般称为泥流阶地或阶梯状融冻泥流。它与草皮鳞阶的成因大致相仿,只是后者位于较陡的山坡上,以牵引滑动为主,而前者则沿山坡冻融面呈可塑性蠕动。

融冻泥流的判释可从缓坡(10°～20°)上具有带状、舌状、阶梯状等形态和深灰色色调或深浅相间的条带影像加以辨认。

在航空像片判释时,切勿将阶梯状融冻泥流误认为岩层走向。一般说来,岩层走向往往形成连续的栅状条带影像,而阶梯状融冻泥则形成阶梯状深浅相间的不完全连续的色调条带。

4.热融滑坍

由于自然营力或人为活动的作用,破坏了斜坡上含冰土层的热平衡状态,土体在重力作用下,沿冻融面向下移动而形成滑坍,它一般发生在 3°～16°的斜坡及沟岸岸坡等有地下冰分布的部位,风火山南北坡最发育。

热融滑坍的形态,因地面横坡、地下冰的埋藏量以及发育阶段的不同而有多种多样,据风

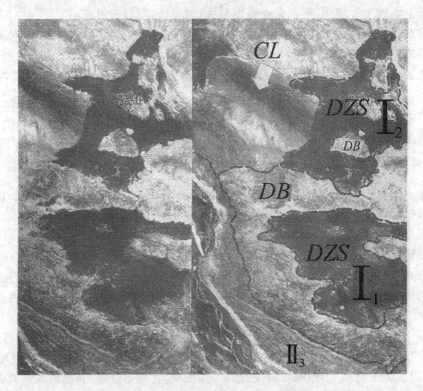

图 2　冻土沼泽化湿地、冻胀斑土、草皮鳞阶

火山一带的现场观察和结合青藏公路沿线多年冻土研究的有关资料，初步分为以下几种形态：

（1）新月形热融滑坍。新月形热融滑坍是热融滑坍形成的最初阶段，形似新月。在航空像片上，可根据其外表进行辨认。

（2）横条牵引式热融滑坍。这种滑坍多发生在河沟的岸坡上，在航空像片上可见到与岸坡方向平行的坎壁和裂缝。

（3）圈椅形热融滑坍。在航空像片上，凡在缓坡上呈圈椅形的滑坍，则可确定为圈椅形热融滑坍。其面积从数十平方米至数百平方米不等。

（4）舌形热融滑坍。可根据沿山坡方向呈舌形形态的影像确定。

（5）错落式热融滑坍。这种热融滑坍主要发生在河沟陡岸的岸肩部位，它是一种因岸肩土体受热融作用产生冻胀裂缝，沿裂缝往下错动所形成的热融滑坍。在航空像片上可根据其形态和影像而较易判别。

此外，还有支叉形热融滑坍，锯齿形热融滑坍等，均可根据其形态，在遥感图像上加以辨认，在此不再赘述。

5. 寒冻裂缝

寒冻裂缝是由于温度梯度变化而引起地表草皮土体的破裂现象，多集中于植被茂密的平缓山坡、古阶地和老洪积扇上。常见多条裂缝交织成网状，以风火山地区最为发育。

寒冻裂缝在比例尺为 1:1.2 万左右的航空像片上是难于逐条辨认的，只能根据其所在的地貌部位及其影像具有粗糙感（疙瘩状）和均一色调（浅灰色至深灰色）的特征加以辨认。

6. 冻胀斑土

寒冻裂缝由于仍处在冻胀作用下，其裂缝逐渐扩大，在冻融作用下，地下泥浆转移并突破表层而冒出地面，散布在草丘之间形成了冻胀斑土。它与寒冻裂缝的关系很密切，往往相伴生成，或由后者发展转化而成。冻胀斑土在风火山、开心岭、唐古拉山一带均有分布。

在航空像片上判释冻胀斑土,主要根据其所在的貌部位(平缓山坡、龟背地及河流阶地)、灰白至浅灰色色调及其特有的斑状图案,见图1。

7. 构造土

构造土是多年冻土地区地表松散沉积物,由于冻裂和冻融分选作用的结果。其地表形态成网格式地面,单个网眼近于对称的几何形态,如环形、多边形、矩形或带状。构造土又分为泥质构造土和石质构造土两类。

泥质构造土通称多边形土,多边形土的形成与反复的冻融作用有关。多边形土常常出现在近于水平或倾斜不超过 5°~10° 的地面上,有多边形的和矩形的,其直径从几米到百余米,在风火山、沱沱河等地均可见到。

在航空像片上主要根据多边形土的几何形态、大小、位置加以判别,见图3。由于地表水流的作用,多边形土地段可形成角状或网状河沟。

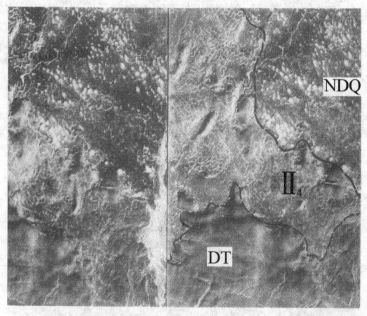

图 3　泥灰岩冻胀丘、巨形多边形土沙丘

多边形土的裂缝往往有地下水或融化的雪水富集,当地下水含盐碱量少时,裂缝两侧易长草,若附近有滚地沙活动,则往往被草阻挡,形成似格状沙丘,若无滚地沙活动,则形成深色线状凹地。当地下水含盐碱量较大时,沿裂缝两侧出现白色盐碱凹地(图像略)。

石质构造土是在土层中占有一定数量的细颗粒土及充足的水分情况下形成的,多发育在河漫滩,洪积扇边缘等处。典型的石环在航片上其中间部分是淡色,四周色调较深且具粗糙感,但古石环则恰恰相反,中间部分是深色调。

在斜坡上往往形成另一种石质构造土——石圈。它在航片上是椭圆形的堤垄,多成群出现。在比较陡峭的斜坡上,由冻融崩解产生的碎屑,经反复冻融分选,形成石带。在航片上,石带是一细窄的条带,宽度较石河小,而且地形上不形成凹地,众多平行直立的石带被细粒土所隔开,而石河则沿沟槽呈灰白至浅灰色的条带状。

在极地山坡上,随着地形坡度的加大,可以由石环过渡到石圈,再过渡到石带,如图4所示。

8. 冻土沼泽化湿地

冻土沼泽化湿地分布在沟谷、山坳及河漫滩等低洼地处,在可可西里、风火山、开心岭、唐

古拉山一带均可发现。在航片上呈深灰
至淡黑色色调。见图 2。像片上 DZS 所
示处呈深灰至淡黑色者为冻土沼泽化湿
地,色调深浅变化取决于地势高低及水流
富集程度。

9. 热融沉陷、热融湖(塘)

由于自然环境的变化或人为的活动,
破坏了多年冻土的热平衡状态,使地面下
沉形成的凹地,称为热融沉陷或热融湖
(塘)。它们一般发生在地表横坡小于3°
的平坦地段或低洼处,直径约为数十米至

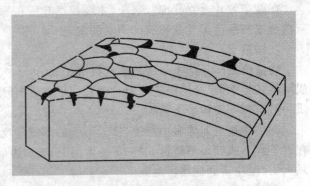

图 4 极地山坡上的石环、石圈、石带

数百米不等。热融沉陷与热融湖(塘)的区别,在于凹地中有无积水,无水者称为沉陷,有积水
者称为湖(塘)。湖(塘)又分常年有水湖(塘)和季节性有水湖(塘)。按其发展阶段热融湖(塘)
可分为雏形阶段、幼年阶段、成年阶段和衰老阶段的热融湖(塘)。热融湖(塘)在楚玛尔河、多
玛河高准平原最为发育,其次为布曲两岸的阶地及唐古拉山南坡等处。

在航空像片上判释热融沉陷与热融湖(塘)效果最佳。航片上凡位于平坦地段,呈现白色
或灰白色色调之蝶形凹地,即可确定为热融沉陷;凡凹地内有积水或有积水痕迹,可确定为热
融湖(塘),见图像 5。

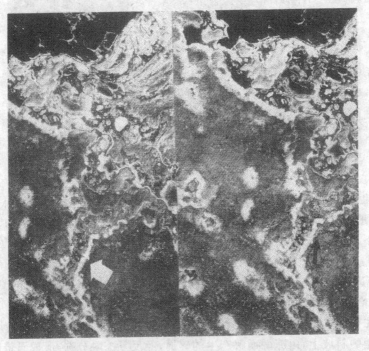

图 5 热融湖、热融塘、热融沉陷、串珠状河道

在航空像片上可以区别季节性有水热融湖(塘),一般季节水热融湖(塘)呈蝶形,汇水面积
较小,没有或很少有间歇性支流汇入。

常年有水热融湖(塘),汇水面积较大,并有较大的间歇性支流汇入湖中,湖边地表潮湿,呈
现深色色调。

利用航空像片确定热融湖(塘)的发展阶段,可从积水、岸坡形态、湖滨滩地、支流汇入情况

及岸边弧形裂缝等综合影像加以确定。图 5 所示为锥形阶段的热融湖(塘),从航空像片上能明显地反映出其平面形态呈弧形陷裂或呈现较深的凹地(有积水),岸坎明显曲折,岸边的弧形裂缝亦有所显示。衰老阶段的热融湖(塘),主要特点是湖的面积较大,湖底较浅,有较多的地表径流汇入。幼年或成年阶段的热融湖(塘),湖底较深,岸坡为中等陡峻,或有湖岸岸坎及湖滨斜坡。利用航片判释热融湖(塘)串联形成的串珠状河道,效果尤为明显,见图 5。

要比较确切地划分热融湖(塘)的发展阶段,除湖(塘)的外表形态外,还必须通过实地勘测,确定地下冰的埋藏形态和厚度。

在多年冻土地区进行热融湖(塘)判释时,应注意与其他成因的湖(塘)相区别,如断层湖、冰川湖、牛轭湖等。

10. 冰锥、冻胀丘

(1)冰锥。在寒季(负温季节)地下水或河水流出封冻地表(或冰面)而形成的锥状冰体,称为冰锥。按地下水有否承压可分为有压冰锥和无压冰锥两种。在风火山、开心岭、唐古拉山等处均有冰锥分布。

冰锥一般出现在山坡坡脚、沟床、山间洼地,河漫滩等处,它在航空像片上的影像呈现出白色锥状(或点状),其下方往往有白色冰漫分布。在判释冰锥(尤其是泉冰锥时),应注意与泉华区别开来。二者在航空像片上的影像,有相似之处,但也有不同之点。二者的色调差异不大,而形态却不同。后者一般呈片状和块状(图像略)。

封冻河流的流水受压时,使河水局部隆起或沿裂缝溢出之河水冻结形成的冰锥,称为河冰锥。河冰锥分布在河床及两侧冰层上,长轴延伸方向与河流方向一致。

无压水形成非锥形的大面积平坦积冰,称为冰漫。在航空像片上可根据其分布部位(沟底、坡脚、河漫滩、平缓斜坡),色调(白色至灰白色)及形态(长条形、扇形)清晰可判。判释时,应注意把冰漫与盐碱地区别开。

航空摄影时,若冰锥已融化,则航空像片上无冰锥影像,将给判释带来一定困难,但仍可根据其地貌部位、冰锥消融后的泉水坑及其下方遗留的冰漫(或冰漫残体)等加以判断。

(2)冻胀丘。冻胀丘,以往称冰丘。但冰丘易使人理解为由纯冰组成的丘状冰体,故采用冻胀丘这个名称更为确切。

沿青藏公路所见的冻胀丘包括:土冻胀丘、泥灰岩冻胀丘、爆炸性充水冻胀丘等。土冻胀丘位于河滩上者,称河冻胀丘。

①土冻胀丘。土冻胀丘在航空像片上的判释特征,主要根据其所在地貌部位(平坦洼地、洪积扇前缘、河漫滩等处)和平面形态(圆形或椭圆形)加以辨认。在比例尺为 1∶1.2 万左右的航空像片上,单个冻胀丘面积若在 100 m² 以上,一般均可判别出来。若隆起不明显时,即使面积较大,判释时也难免疏忽。

一年生的冻胀丘消失后所摄制的像片,要判释其实体是困难的,但可根据消失后的遗迹,如泉水露头、潮湿地表、轻微盐渍化、环形裂缝,以及地下冒出的泥浆所形成的紊乱色调图案等影像,来确定该处是否出现过冻胀丘(图像略)。

多年生土冻胀丘,一般规模较大,方圆数十米,高数米,在比例尺为 1∶1.2 万左右的航空像片上较易辨认。由于冻融作用,冰核融化后,形成锅穴状凹陷,若充水,则成冻胀丘湖;若有缺口,则可见冻核融化水往外溢出。上述这些地貌特点及现象在航空像片上清晰可见。

根据风火山—沱沱河一带现场观察,多年生土冻胀丘表面多有从地下冒出的青灰色、黄色黏土(因泥岩、泥质页岩受水浸泡后溢出地表)、砂、碎石、块石等。在航空像片上呈现灰白色至浅灰色影像。图 6 所示为单个出现的巨形多年生冻胀丘,位于昆仑山垭口,呈椭圆形小山丘,长约 100 m,宽 30～40 m,高 10～20 m,由青灰色黏土构成,冻胀丘右侧见积水洼地,有水流溢出，根据现场观察，该冻胀丘仍在发展中，还可见到丘顶再成子丘。

A、航空像片

B、地面照片

图像 6　巨形多年生冻胀丘

　　②泥灰岩冻胀丘。在青藏高原可见到一种泥灰岩冻胀丘，这是产生于第三系泥灰岩中的一种特殊的冻胀丘，成因尚未完全查明。现场可见到泥灰岩碎块被掀起，但未见环形构造及石灰华岩块，暂定为泥灰岩冻胀丘，这种冻胀土至今未见文献发表过。在风火山南麓的札苏捎格圹盆地的冲积平原上，泥灰岩冻胀丘是屡见不鲜的。由于呈圆形或椭圆形状，直径一般为 1 m 至数米，最大可达数十米，高一般为 1 m 左右，因此，泥灰岩冻胀丘在航空像片上的显示仅呈突起的白色小鼓包，清晰可见，见图 3。在判释泥灰岩冻胀丘时，应注意与旱獭洞（哈拉洞）相区别。

　　③ 爆炸性充水冻胀丘。爆炸性充水冻胀丘是青藏高原上多年冻土地区的一种特殊的冻土不良地质现象，它的成因目前尚未完全查清。根据有限的了解，这种冻胀丘在寒季开始隆起，暖季成熟爆炸，继而大量出水，同时还有二氧化碳气体冒出，坍陷成坑后当即消失。通常现场难以遇到正在活动的爆炸性充水冻胀丘，所见的均为爆炸后的遗迹——环形及锅穴状土坑（直径 2～3 m 左右）。在曼木滩乌丽河左岸及青藏公路老八十六道班附近特别发育。

在比例尺为 1:1.2 万左右的航空像片上,单个的爆炸性充水冻胀丘所形成的环形构造土或锅穴土坑,直径在 3 m 以上者,一般可辨认,而小于 3 m 的则难以分辨。若成群出现时,形成崎岖不平的微地貌,在航空像片上的影像呈现不平状并具粗糙感,色调一般为灰白色至暗灰色。

三、结　论

在高原多年冻土地区用常规的地面方法进行冻土不良地质调查和地质填图,由于地形平坦,地构标志较少,实地观察到的冻土不良地质难以反映到地形图上,而利用测量仪器实测工作量较大。利用航空遥感图像开展冻土不良地质调查,效果极佳,事半功倍。特别是高原地区气候恶劣、交通不便、供给困难,地质参考资料缺乏,故充分利用遥感图像进行冻土工程地质调查,以替代繁重的常规地面调查工作,较一般地区更显得必要,对于改善劳动条件、提高调查和填图质量,加快勘测效率,减少勘测费用等,都是显而易见的。据估测可提高调查效率 10 几倍,因此,建议在高原多年冻土地区开展工程地质调查应大力推广应用遥感技术,其技术经济效益是巨大的。

参 考 文 献

1 卓宝熙编著. 工程地质遥感判释与应用. 北京:中国铁道出版社,2002

2 浦庆余,吴锡浩,钱方. 青藏公路沿线多年冻土的历史演变. 中国科学院兰州冰川冻土研究所编辑. 冰川冻土学术会议论文选集. 北京:科学出版社,1982

3 卓宝熙,梅祥基,潘仲仁. 青藏公路沿线多年冻土的航摄像片判释. 中国科学院兰州冰川冻土研究所编辑. 冰川冻土学术会议论文选集. 北京:科学出版社,1982

4 卓宝熙主编. 工程地质遥感图像典型图谱. 北京:科学出版社,1999

5 卓宝熙,王宇明,马荣斌等. 遥感原理和工程地质判释. 北京:中国铁道出版社,1982

提高遥感图像判释能力和应用效果的综合研究

本文是在铁道部建设司下达的"提高遥感图像判释能力的综合研究"科研成果的基础上撰写的,改科研项目在评审后,名称改为"铁路工程地质遥感图像判释的研究",在本章的"铁路工程地质遥感图像判释技术"科研成果的意义和作用一文与本文内容有相似之处。

影响铁路工程地质遥感图像判释能力和应用效果的因素很多,以往,我们虽然积累了一些判释经验和应用经验,对单一的判释影响因素也曾经进行了研究,但还未深入地、系统地、完整地进行过研究。例如,对遥感图像判释标志、铁路遥感技术应用模式、计算机辅助判释应用、图像处理增强能力等方面,均未进行过深入的研究,特别是未从系统工程观点进行过整体的综合研究。因此,总结出一套科学的、实用的遥感图像判释经验和应用模式,从而提高铁路工程地质遥感图像判释和应用效果,迫在眉捷。

要使遥感技术有效地应用到铁路勘测中,必须从系统工程观点出发,把工程地质遥感判释标志、遥感技术应用模式、计算机辅助判释及图像处理增强能力等组成最优的工作组合。

目前,国内遥感技术应用方面,对如何提高遥感技术判释能力和应用效果方面,仍然重视不够,主要表现在两个方面:首先是对判释标志的研究不够,忽视了判释能力的提高,往往满足于宣传遥感图像彩色鲜艳的优越性,而忽视了遥感判释标志的研究和总结。致使大量有用的遥感信息未被人们揭示和认识,这实际上是一种信息资源的浪费。其次是对遥感技术应用方法、计算机辅助判释应用以及遥感图像处理增强能力等方面的研究,也仍然是薄弱环节。

基于上述原因,铁道部建设司下达了"提高遥感图像判释能力的综合研究"科研项目。本项目研究的目的是对遥感技术应用的四个主要方面进行综合研究,从而达到提高铁路工程地质遥感图像判释能力和应用效果。

以下将提高遥感图像判释能力和应用效果的四个影响因素的研究内容(四个专题)分叙如下:

一、关于判释标志的研究和判释标志的建立

(一)判释标志的研究

判释标志的研究主要是在以往积累的铁路航空工程地质判释经验的基础上,针对影响地质判释效果的各种因素,进行较系统的分析、归纳,提出规律性认识。所建立的地质典型图谱以全色黑白航空像片(简称黑白航片)为主,主要是考虑到以往积累的地质典型图谱以黑白航片为主,且目前铁路部门遥感图像的应用也仍以黑白航片为主,这样,便于推广应用。

遥感图像判释标志是指那些一般带有规律性、普遍性,能帮助辨认地物属性的影像特征的一种影像标志。也可以理解为在遥感图像上能直接反映和判别地物属性的图像特征。判释标志研究的内容包括判释标志类型的确定、判释标志的可变性、影响判释效果的因素,等等

判释标志类型的确定:判释标志的类型众多,提法各异,缺乏严格的定义,有时同一影像标志却赋与不同的名称,划入到不同的类型。目前判释标志类型尚无统一的分类标准,影响了遥

本文发表于《中国铁道科学》2003年第2期,2003.4

感图像判释的深入开展，特别是不利于计算机解译的开展。本专题结合铁路遥感图像判释经验，把常用的判释标志类型归纳并确定为形状、大小、色调与色彩、阴影、纹形图案、位置、相关体、排列与组合、水系、植被、人类活动痕迹等11种类型，并对11种类型判释标志的含义及其在遥感图像地质判释中的作用，作了较明确的叙述。

判释标志的可变性：地质体判释标志的可变性往往影响遥感图像地质判释效果。本专题研究指出："地质体是处于复杂变化的自然环境中，不同地区其所形成的形态、景观也有所不同，故反映在遥感图像上的影像特征，也随着地区的不同而变化，绝对稳定的判释标志是不存在的。有些判释标志具有普遍意义，有的则带有区域性和局限性，有时即使是同一地区的同一种地质体或地质现象，其判释标志也不尽相同，例如，当某一岩层的产状发生变化时，其原有的判释特征也随之变化"。

本专题研究还认为，同一地质体，由于摄影角度、季节、时间、位置、光线、曝光，传感器类型、感光材料、洗印质量等的不同，其影像特征也随之变化，在遥感像判释之前应充分认识这些因素的影响。在判释过程中运用判释标志时，既要认识其同一性和普遍性，又要了解其可变性和局限性。才能灵活应用判释标志而取得较好的应用效果。

影响判释效果的因素：判释效果的好坏，往往受各种因素的影响（包括客观因素和主观因素），有时某些因素影响甚至导致错判。影响判释效果的因素是多种多样的，当各种因素为判释者提供良好的条件时，其判释效果则较好，否则，效果就差些。本专题研究成果提出影响判释效果的因素包括工作地区的环境特点、区域地质构造特点、地层（岩性）特征和接触关系、工作地区既有资料情况、判释手段、照明条件、判释人员经验等7个方面。同时指出，上述影响判释效果的因素的组合是极其复杂的，因而其判释效果也是千差万别。作为一个判释者，应当了解这些影响因素，并尽可能采取有效措施，最大限度地消除不利因素的影响，创造良好的判释条件，以便提高判释效果。

（二）判释标志的建立

遥感判释标志的建立是在遥感判释标志研究的基础上建立的，所谓判释标志的建立，主要也就是工程地质遥感图像典型图谱的建立。工程地质遥感图像典型图谱是指在某一特定区域的自然环境下所形成的工程地质现象在遥感图像上所反映的影像特性，这种影像特征往往具有典型性和代表性。工程地质遥感图像典型图谱的建立有助于提高遥感图像地质判释效果，尤其是对那些缺乏判释经验的或不熟悉区域遥感图像地质判释标志特点的判释者来说，工程地质遥感图像典型图谱更具有实用意义。

历年来，铁路遥感地质工作中积累了大量工程地质航空遥感图像典型图谱。本专题所建立的工程地质遥感图像典型图谱集，是在以往长期积累的基础上筛选，同时又补充一些新的图谱后编集而成，总共为365像对，内容包括地貌、地层（岩性）、地质构造、水文地质、不良地质等。见图1～图3。

该典型图谱集的特点是：

1.以全色黑白航空像片为主，这样便于在生产中推广应用，因为，目前生产中应用的航空遥感图像仍然以全色黑白航空像片为主；

2.所建立的区域性工程地质遥感图像典型图谱是按我国工程地质分区为框架选编的，这样有利于把孤立的典型地质图谱置于宏观工程地质背景上进行相关分析评价。本专题研究系按工程地质第一级分区的6个工程地质区域为框架搜集相应的工程地质遥感图像典型图谱，编制了按6个工程地质区域归属的工程地质遥感图像典型图谱集。6个工程地质区域分别为：

（1）华北陆台工程地质区域；

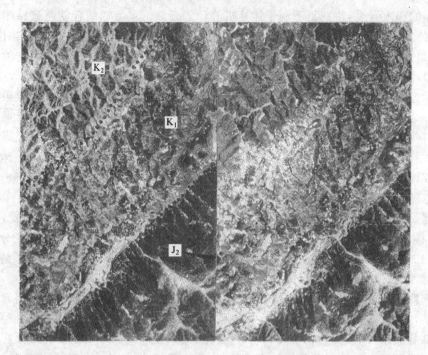

图 1　白垩系下统地层

K$_1$—泥岩；K$_2$—长石石英砂岩；J$_2$—灰岩。

图 2　平移断层，将早期酸性岩脉错开

　（2）华夏陆台工程地质区域；

　（3）扬子陆台工程地质区域；

　（4）东北海西褶皱带工程地质区域；

　（5）西北海西褶皱带工程地质区域；

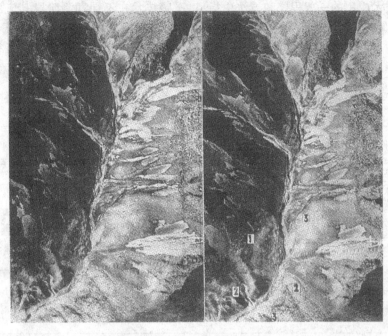

图 3　岩堆群

（6）阿尔卑斯褶皱带工程地质区域。

除按六大工程地质区域建立的遥感典型图谱外，还建立了青藏高原多年冻土区和沙漠地区的典型图谱。

本研究项目所建立的《工程地质遥感图像典型图谱》已于 1999 年由中国科学出版社正式出版，弥补了我国在这个领域的空白。

二、铁路工程地质遥感应用模式的研究

遥感判释技术应用效果不仅仅取决于从遥感图像上揭示出的信息内容的多寡，同时也取决于应用的方法。如果不考虑适用条件，或应用方法不当，不但未能取得预期效果，甚至适得其反，造成不必要的损失。

遥感技术作为一种探测手段，广泛应用于各个领域和各种专业，由于应用的目的不同，其工作方法也随之而异，切勿生搬硬套。铁路勘测工作的特点是总体上呈带状延伸，沿线地形、地质变化较大，其相应的勘测方法是从面到线、到点，勘测资料搜集的要求和深度从定性到定量，这些特点有别于某些领域和专业的应用。

本专题结合铁路勘测特点，根据以往遥感技术实践经验，提出了《铁路工程地质遥感技术应用模式》，该模式的内容包括：

1. 遥感技术应用的基本要求和规定；

2. 遥感图像判释内容；

3. 遥感技术应用的一般程序和方法。

在遥感技术应用的基本要求和规定中，主要对遥感应用手段的选择、遥感图像比例尺的选择、遥感技术适用的地区、遥感图像的综合分析等作了阐述。

在谈到遥感图像判释内容时，提出判释内容应包括：水系的判释、地貌、地层（岩性）的判释、地质构造的判释、水文地质判释、不良地质判释、工程地质分区和水文地质概略分区判释，等等。

在遥感技术应用的一般程序和方法中指出,遥感技术在不同勘测阶段其应用程序和方法有所不同,但其一般工作程序大致是相同的,即按准备工作、初步判释、外业验证调查和资料整理四个步骤进行。同时,还提出了初测阶段工程地质遥感工作程序框图以及可行性研究和初测阶段工程地质遥感技术应用模式。表 1 所示为可行性研究和初测阶段工程地质遥感技术应用模式。

表 1   可行性研究和初测阶段工程地质遥感技术应用模式

勘测阶段	测区复杂程度	遥感数据选择与组合
可行性研究	简　单	美国陆地卫星 MSS 数据,可进行计算机图像增强处理(比例尺 1∶10 万～1∶20 万),也可选用国土卫星图像。重点地段同时使用 1∶5 万左右比例尺航片
	中　等	
	复　杂	航天遥感数据(美国陆地卫星 MSS 数据、TM 数据,法国 SPOT 卫星 HRV 数据等),可进行计算机图像增强处理(1∶5 万～1∶20 万);同时使用 1∶5 万左右小比例尺航片。隧道洞身地区以航天遥感图像的宏观信息和小比例尺航片相结合;展线及洞口地段以小比例尺航片判释为主,地质复杂地段或重要工点可进行计算机图像放大增强处理
初测子阶段	简　单	美国陆地卫星(MSS 数据、TM 数据),可进行计算机图像增强处理(1∶5 万～1∶20 万),也可选用国土卫星图像,同时使用 1∶5 万左右航片。卫星图像与航片结合应用,以航片为主。卫星图像判释范围更广些,并用以指导航片判释。地质复杂地段和重点工程应进行较详细的小比例尺航片判释
	中　等	
	复　杂	航天遥感数据(美国陆地卫星 MSS 数据、TM 数据,法国 SPOT 卫星 HRV 数据、前苏联卫星图像等),可进行计算机增强处理(1∶5 万～1∶20 万),同时使用 1∶5 万左右小比例尺航片,航卫片结合判释,以航片为主。局部地段可摄 1∶10 万左右彩色红外航片,地质复杂及重点工程部分可放大应用,也可进行计算机放大增强处理
初测阶段		一般进行专门的沿线路方案的航带摄影(黑白片、彩色红外片或其他片种),比例尺 1∶1.0 万～1∶1.5 万左右。大比例尺全色黑白航片为主要作业片,其他片种以及小比例尺航片作为辅助片

参照本专题成果编制的部标《铁路工程地质遥感技术规程》(TB 10041—95),已于 1995 年 1 月 11 日发布,并于 1995 年 4 月 1 日起施行。

三、计算机辅助判释应用

在铁路工程地质遥感技术应用中,图像的目视判释仍然是基本手段。但随着计算机技术、人工智能技术、专家系统等的发展,人们正在尽可能地把这些先进技术引入遥感判释技术中来,即计算机辅助判释应用,以便达到提高遥感图像判释效果的目的。

本专题研究的内容包括三方面:

1. 地貌、地质体判释标志遥感图像数据库系统。该系统包括数据库管理系统模块和图像处理模块。图像处理模块共包括 17 项图像处理功能,即:条带噪声消除、几何校正、图像镶嵌、反差、对数、指数、边缘增强,图像间的加、减、乘、除,特征提取、FFT 变换、图像滤波、彩色增强、图像的三维显示及图像拟合处理等。这些功能利用微机即可处理,便于在基层单位中推广应用。

2. 几种特殊处理方法。包括图像的三维显示、遥感图像拟合处理等。虽然国内外许多部门和领域均在开发应用,但本课题结合铁路工程地质特点进行研究,其成果有利于铁路遥感工程地质的定量分析和动态分析。图像的三维显示成果见彩色图像 4。遥感图像拟合处理成果见彩色图像 5,从图中可以发现,拟合处理后的航片的影像信息较 1968 年和 1985 年的航片信息要丰富,影像细节显的清楚。

3. 断裂影像判释专家系统(FIES)初探。成果仍然处于研究过程中,目前尚难用于生产。

由于遥感图像判释从目视判释扩大到计算机自动分析,已是大势所趋,为了追踪新技术,本专题对断裂影像判释专家系统进行了研究,目的在于探索出一条行之有效的遥感图像自动化判释途径。

四、现有图像处理增强能力的研究

随着遥感技术应用推广和深入,人们企望从遥感数据中获得更多有用的信息。遥感信息蕴含于遥感数据中,遥感数据经过光学处理或计算机处理,以提取有用的信息,是进行遥感图像处理研究的必然过程。通过这一过程,尽可能充分地使有用的信息显示在供专业人员判释用的图像上,这是遥感图像处理的一个内容丰富的研究内容,是提高遥感图像综合分析水平的重要基础与前提之一。

本专题主要对现有数字图像处理增强能力进行研究,此次研究,系在以往研究的基础上对以下内容,即对同一岩层单元中之断裂、隐伏断裂、褶皱和环形构造、岩性等信息进行增强研究;同时对功能组合的信息增强方法,信息的叠加,根据物理模型改进图像处理效果,多波段彩色合成图像组成方法的质量评价,组成系统图提高信息利用率等进行了探讨。

下面对功能组合的信息增强方法和信息的叠加分别加以叙述。

1. 功能组合的信息增强方法

随着遥感图像处理功能的普遍应用,逐步感到单纯使用某一个功能想达到理想的效果是比较困难的,而采用功能组合增强信息的方案是一个有效的方法。由于各种处理功能对信息的选择不同,因此,有序地使用多种功能是我们运用功能组合处理方法的基本特征之一。

组合功能是有效的方法,但参予组合的每个功能选择是否恰当,顺序排列是否合理,处理过程中各种功能实施的是否合理,具体每个功能中的参数选择是否恰当等等,是能否取得良好效果的前提。而恰当地选择功能,要求处理人员对种种处理功能的原理和优缺点要非常清楚,只有这样,才能结合具体要处理的图像合理地选择和排序。图像处理功能组合方法实际例子见彩色图像6,原图像系秦岭及其山前地区 MSS7.5.4 波段,采取空间域处理的合成假彩色图像。先对全图进行卷积和中值滤波的预处理,再进行单波段处理,7波段用东西向模板增强东西向断裂,5波段用南北向模板增强南北向断裂,4波段作为背景,复合处理后对断裂格架和相互关系的判释有独到之处。

2. 信息的叠加

信息叠加技术使用,已屡见不鲜,并证明是一种十分有效的方法。但是哪些信息互相叠加,解决什么问题?是依情况不同而变化的。例如,有些地方的岩性差异较小,依据光谱特征形成的色调差异是很小的,同时各波段能量值具有较大的相关性。在这种情况下,简单地使用卷积等增强边缘的功能,效果不十分理想。三个波段特征的高相关性所形成的色彩来表现这些信息,就需要使三原色光谱结构产生变化。

解决上述问题的方法之一是分别对合成彩色图像的三个波段施以不同特点的处理。如彩色图像7是西安秦岭山前 MSS7.5.4 波段的合成假彩色图像,其中5波段用南北向模板进行边缘增强,然后对全图用 WALLIS 算法处理,断裂体系和水系细节都得到了清晰的表现。

五、结 论

1. 影响遥感技术应用效果的因素很多,以往对某一影响因素也曾进行了研究,但从系统工程出发,同时对各种因素进行研究,并组合成最优的工作模式,在国内外尚未见过有关报道。本研究课题以提高遥感目视判释为重点,建立判释标志和工程地质遥感图像典型图谱,制定铁路工程地遥感技术应用模式,同时还开展了计算机辅助判释应用和图像处理的研究,从而在遥感技术应用的整个环节上,组成最优工作模式,保证其应用效果。应该说,本成果具有现实意义。

2. 本课题对遥感图像判释标志进行了较深入的研究、分析和归纳,并得出规律性认识,还建立了以区域工程地质分区为框架的工程地质遥感图像典型图谱以及多年冻土地区和沙漠地区的典型图谱。这些成果便于生产中推广应用,可以充实判释者的经验和提高判释效果,特别是对缺乏工作地区地质判释经验的判释者,是一种十分珍贵的参考资料。

3. 本课题总结出一套"铁路工程地质遥感技术应用模式",可供铁路部门或类似部门开展遥感地质工作时参考,并为制定《铁路工程地质遥感技术规程》提供了素材。

4. 计算机辅助判释应用的研究实际上是地理信息系统内容的一部分,其研究内容符合遥感技术的最新发展态势。它的成果有利于遥感信息多数据的综合分析,也有利于遥感信息的定量分析和动态分析。其中,地貌、地质体判释标志遥感图像数据库系统中所存储的典型地貌、地质图谱以及微机图像处理功能,便于在基层单位推广应用。

断裂影像判释专家系统,目前尚不能推广应用,但作为探索性迈出了可喜的一步,在国内处于先进水平。

5. 现有图像处理增强能力的研究,系结合铁路遥感地质判释的需要,从理论和实践方面提出了增强现有图像处理能力的思路和具体方法。其成果有助于提高遥感图像处理的效果,从而提高了遥感图像判释的效果。

6. 本课题研究的内容包括实用性和探索性两部分。其中,实用性部分的成果,如判释标志的分类、影响判释效果的因素、工程地质航空遥感图像典型图谱、铁路工程地质遥感技术应用模式、现有图像处理增强能力的研究等,便于生产中推广应用,具有一定的经济效益;探索性部分的成果包括断层影像判释专家系统初探、遥感图像拟合处理等,为今后进行同类研究积累了经验。

7. 本成果对于当前出现的一些只追求遥感图像色彩鲜艳,不重视实用效果的现象而言,是很有说服力的成果。只要根据本研究成果提出的方法开展遥感技术应用,必将提高遥感图像判释能力和应用效果。

参 考 文 献

1 卓宝熙,马荣斌等. 遥感原理和工程地质判释. 北京:中国铁道出版社,1982.
2 卓宝熙. 铁路勘测中遥感技术的应用. 遥感信息,1986(3)
3 卓宝熙. 遥感技术在秦岭越岭隧道综合勘探应用中达到新水平. 铁道工程学报,1990(1)
4 昊景坤等. 数字图像处理方法及实用效果研究. 铁路航测,1986(2)

高原多年冻土地区遥感图像
工程地质分区的探讨

一、引　言

我国多年冻土分布具有明显的纬度地带性和高度地带性。主要分布在青藏高原、帕米尔高山、东北大兴安岭以及东部地区的一些高山顶部,其中青藏高原多年冻土分布最为广泛。

青藏高原号称"世界屋脊",是一个大面积强烈的年轻隆起区,平均海拔在 4 500 m 以上,是我国现代冰川和高原多年冻土最发育的地区,在海拔 4 500 m 以上,为大片连续的多年冻土地区,大都是微受切剖的开阔平坦地形,地表呈现单调,实地观察到的冻土工程地质分区界线,难以反映到地形图上,既使反映到地形图上,其质量也难以保证,如用测量仪实测,则工作量较大。

该区气候恶劣、人烟稀少、交通不便、供给困难、地质资料缺乏,进行常规的地面冻土工程地质分区测绘填图,不仅劳动强度大,效率低,且需投入大量人力、物力和财力,得不偿失。

利用遥感图像进行冻土工程地质分区判释填图,对改善劳动条件、提高调查质量、加快勘测效率、减少勘测费用、选出线路好方案,都是十分有效的。

利用航片进行高原多年冻土工程地质分区判释,效果较好。其原因是高原自然景观单调,无乔、灌木覆盖,在均一的浅色调背景上,不同冻土工程地质分区所反映的影像特征,显得醒目易判,为遥感图像判释提供了有利条件。

二、多年冻土工程地质分区判释特征

结合青藏铁路线勘测,选择风火山至唐古拉山之间约 900 km² 的多年冻土地区,进行深入的遥感图像判释,从工程地质条件评价出发,以遥感图像判释为主,进行冻土工程地质分区。工作中,系在 1∶1.2 万~1∶1.8 万全色黑白航片上进行分区判释,将冻土地区划分为 3 大区,即严重冻害区(Ⅰ区)、一般冻害区(Ⅱ区)和无冻害区(Ⅲ区),并在 3 大区的基础上,又划分为 10 个亚区。航片分区判释是在通过现场重点地段和相应航片之间建立了各区判释标志的基础上进行的。3 大区的判释,主要是根据地貌形态特征和色调特征,10 个亚区的判释主要是根据地貌类型、冻土不良地质、水文地质、植被生长情况以及色调等综合分析。10 个亚区的分区、名称及主要判释特征如下:

Ⅰ₁ 区——冻土沼泽化湿地及热融滑坍区。位于沟谷底部、洼地、冲洪积扇前缘、河漫滩及沟岸岸坡等处,地表较潮湿或积水,植被生长较密,色调呈较深或深浅不一的斑状,主要冻土不良地质现象为冻土沼泽化湿地、热融滑坍等(图 1)。

Ⅰ₂ 区——冻胀丘、冰锥及地下水发育区。位于山间洼地、坡脚、沟口、冲洪积扇前缘、河漫滩等处,地表潮湿或积水,往往由于土壤盐化渍而植被较少。多见花斑图案,点缀些点状或

本文发表于《工程地质学报》2003 年第 3 期,2003.9

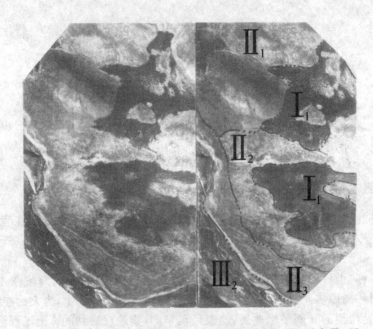

图 1 多年冻土工程地质分区：I_1 区、II_1 区、II_2 区、II_3 区和 III_2 区
I_1.冻土沼泽化湿地及热融滑坍区；II_1.坡积残积的山岳
丘陵斜坡区；II_2.洪积冰碛的山前平原区；II_3.冲积的
河流阶地区；III_3.大河大湖泉水融区。

环状影像，主要冻土不良地质现象为冻胀丘及冰锥等（图 2）。

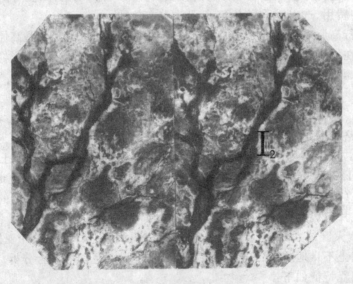

图 2 多年冻土工程地质分区：I_2 区
I_2.冻胀土、冰锥及地下水发育区

　　I_3 区——热融湖（塘）区。位于横坡小于 3°的平坦地区或低洼处，地表湖（塘）较多，一般无植被，色调与湖（塘）是否充水有关，充水者呈黑色湖盆，潮湿者呈灰色，干燥者呈白色，热融沉陷呈灰～白色。主要冻土不良地质现象为热融湖（塘）、热融沉陷（图 3）。

　　II_1 区——坡积、残积的山岳丘陵斜坡区。位于山岳或丘陵的缓坡、坡脚及浑圆的山顶处，地表水排泄条件良好，植被稀少，色调多呈灰白色至深灰色，分布少量草皮鳞阶、冰锥等冻

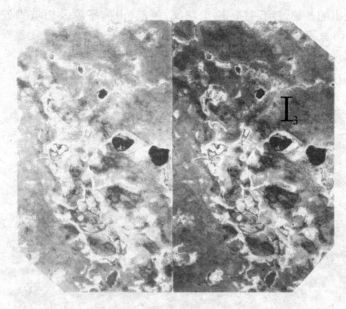

图 3　多年冻土工程地质分区：Ⅰ₃区

Ⅰ₃.热融湖(塘)区

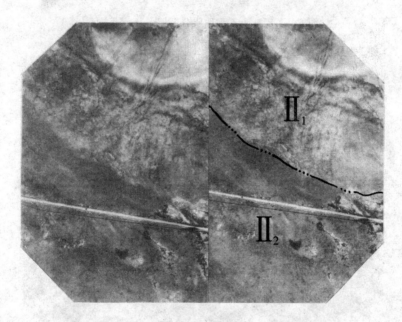

图 4　多年冻土工程地质分区：Ⅱ₁区和Ⅱ₂区

Ⅱ₁.坡积残积的山岳丘陵斜坡区；Ⅱ₂.洪积冰碛的山前平原区

土不良地质(图4)。

　　Ⅱ₂区——洪积、冰水沉积的山前平原区。位于山前洪积、冰水沉积平原或盆地上，影像呈浅灰至深灰色，地表水排泄条件良好，植被一般。分布少量冻胀斑土、冰锥、热融湖(塘)等冻土不良地质(图4)。

　　Ⅱ₃区——冲积的河流阶地区。位于河流两侧，呈条带状延伸，地形一般较平坦，地表水排泄条件良好，色调呈浅灰色至暗灰色，分布少量冻胀斑土、冻胀丘及热融湖(塘)等不良地质(图1)。

Ⅱ₄区——风积的沙堆、沙丘区。位于湖滨、河流、山前平原及山坡脚处,地表呈波纹状,植被一般较少,色调呈淡色至暗灰色,低洼处地表潮湿或积水,色调成浅黑至黑色。主要不良地质为半固定沙丘,并有少量冻胀斑土、热融湖塘等冻土不良地质(图5)。

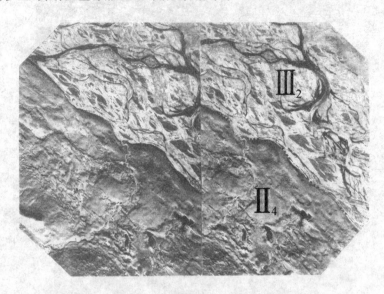

图5　多年冻土工程地质分区:Ⅱ₄区和Ⅲ₂区
Ⅱ₄.风积的沙堆沙丘区;Ⅲ₂.大河大湖泉水融区

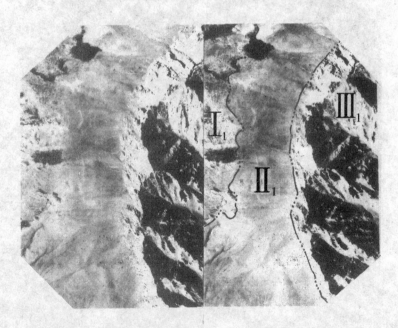

图6　多年冻土工程地质分区:Ⅰ₁区、Ⅱ₁区和Ⅲ₁区
Ⅰ₁.冻土沼泽化湿地及热融滑坍区;Ⅱ₁.坡积残积的山岳
丘陵斜坡区;Ⅲ₁.基岩裸露区

Ⅲ₁区——基岩裸露区。为基岩裸露的地区或有薄层的堆积层覆盖,地表排泄条件良好,植被一般或较少,由于阴影造成影像反差明显。在高山顶部见有寒冻作用形成的石海、石河等不良地质现象(图6)。

Ⅲ₂区——大河、大湖、泉水融区。凡较大的湖泊、泉水（包括温泉），以及常年流水的河流出露地区均属此区，一般无植被生长，色调呈浅黑或黑色，有时呈浅灰色、灰白色，多见瓣状图案。主要不良地质现象为河岸冲刷、坍塌及湖岸坍塌（图5）。

Ⅲ₃区——干燥的大颗粒土层区。位于高阶地冲洪积扇顶端或中间部位，地表干燥，地表排泄条件良好，色调呈淡灰至灰色，无冻土不良地质现象（图7）。

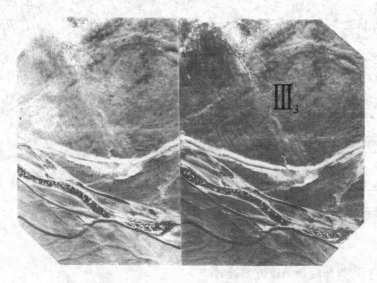

图像7　多年冻土工程地质分区：Ⅲ₃区
Ⅲ₃. 干燥的大颗粒土层区

三、冻土工程地质分区航片判释的应用效果

实践证明，利用航片判释划分的3大区能满足方案比选要求，在3大区的基础上进一步划分的10个亚区，既反映了小区的差异性，也为初测工作进一步搜集详细地质资料提供了方便条件。在该地区铁路勘测过程中，曾利用1∶1.2万～1∶1.8万航片进行了约900 km²范围的分区判释，编制了比例尺1∶2 000和1∶5 000的多年冻土工程地质分区图，见图8。

该图经现场调查验证和钻探验证，证实分区名称及界线绝大部分是正确的，如某垭口前后约15 km地段，共钻探了22孔，孔深共227 m，钻探资料表明分区完全正确。图中Ⅰ区（严重冻害区）经钻探得知，地表下3～6 m均系黏土，土层中含冰层厚度4～6 m，且大部分属饱冰土和含冰土层，证实了该地区确系Ⅰ区。其他地段的钻探资料同样证实了Ⅱ、Ⅲ区的分区是正确的。

为了说明冻土工程地质分区航片判释的应用效果，举两个实例如下：

（一）遥感图像在年烯湖东西方案比选中的作用

青藏铁路可行性研究纸上定线时，其中通过年稀湖地区的一段线路有东西岸2个方案。通过航片判释，认为东岸方案的前半部通过Ⅰ₁区和Ⅰ₂区，冻胀丘、冰锥、冻土沼泽化湿地等不良地质现象较发育；西岸方案后半部地质条件及桥位的确不好，因而推荐了东、西岸组合方案。经现场核对，组合方案不但改善了工程地质条件，而且减少了35 km²的外业控制测量工作。年烯湖东西岸方案见图9。

（二）遥感图像在乌丽河桥位方案比选中的作用

该桥位在纸上定线时，最初选定A₄K、A₁K两个方案。由于两个方案的桥均较长，且桥位地貌条件及地质条件较差，其中A₄K方案桥又是斜交桥，显然桥位均较差。以后又选定了

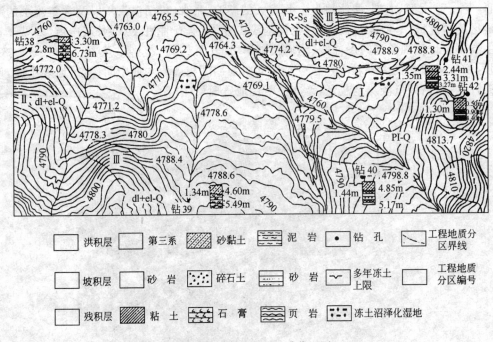

图 8　多年冻土工程地质分区图

AK 方案,但经航片判释发现 AK 方案通过约 1 km 左右的 I_2 区,胀冻丘发育,最后确定了 $C_{II}K$ 方案为主要方案。该方案虽然较 AK 方案稍长,但避开了冻土地段,改善了工程地质条件。方案比选情况见图 10。

图 9　年稀湖东西岸遥感判释及线路方案示意图

四、结　论

1. 高原多年冻土地区气候恶劣、交通不便、供给困难,地质参考资料缺乏,开展地面调查将面临一系列难题。利用航空遥感图像进行冻土工程地质调查,以替代繁重的地面调查工作,较一般地区更显得必要。高原上利用遥感图像判释冻土工程地质较一般地区效果更好些,其原因是高原自然景观单调,冻土不良地质现象所形成的各种花纹图案,显得醒目易判,为遥感图像判释提供了有利条件。

2. 利用航空遥感图像进行冻土不良地质判释,配合线路方案比选,可选出工程地质条件较好的线路方案,并可起到事半功倍之效。

3. 根据航空遥感判释所编制的冻土工程地质分区图,不但分区无误,界线准确,

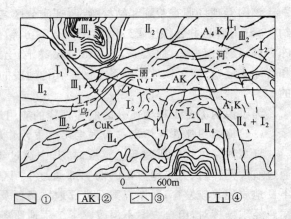

图 10　乌丽河桥遥感判释桥位方案示意图
①纸上方案位置;②方案代号;
③工程地质分区界线;④工程地质分区编号。

图的范围较宽,而且也为线路方案比选提供了很有价值的实用图件。

　　综上所述可见高原多年冻土地区开展遥感地质调查,具有比其它地区更明显的技术经济效益。

参 考 文 献

1　周虎利.多年冻土地区铁路工程地质选线.铁道工程学报,2001,(4)
2　卓宝熙编著.工程地质遥感判释与应用.北京:中国铁道出版社,2002
3　卓宝熙,王宇明,马荣斌等.遥感原理和工程地质判释.下册.北京:中国铁道出版社,1982
4　卓宝熙,梅祥基,潘仲仁.卫片与航片在多年冻土工程地质条件划分中的应用.国家遥感中心.遥感文选.北京:科学出版社,1981
5　卓宝熙主编.工程地质遥感图像典型图谱.北京:科学出版社,1999

风沙地区遥感图像分析及其对选线的意义

一、概　　述

目前，世界上荒漠面积约占陆地面积的 25％左右，我国荒漠的分布面积约 110 万 m²，占全国土地面积的 11.5％左右，主要分布在西北和内蒙古地区。风沙地貌主要分布在干旱气候区的沙漠和戈壁地区。沙丘属于风沙地貌中的风积地貌。

风沙的移动，极大地影响了人类的活动和安全，它往往掩埋农田、村庄、道路和工程设施。

沙丘分类方法有多种，按活动程度分类可分为固定沙丘、半固定沙丘和流动沙丘三种，这种分类从工程地质观点来看，是具有其实际意义的。

根据沙丘的成因形态可分为横向沙丘、纵向沙丘和多风向作用的沙丘。横向沙丘包括新月形沙丘、新月形沙丘链、梁窝状沙丘、复合新月形沙丘、复合沙丘链和抛物线沙丘；纵向沙丘包括新月形沙垄、沙垄（纵向沙垄）、树枝状沙垄、复合形沙垄、鱼鳞状沙丘；多风向作用的沙丘包括金字塔沙丘、蜂窝状沙丘、格状沙丘等。

在沙漠地区开展地面沙丘调查工作，由于交通闭塞、气候恶劣、人烟稀少、工作条件差，人们难以进行深入仔细的调查研究，往往付出了较大的代价，还难以获得理想效果。利用遥感图像对沙丘范围、类别、规模、成因、分布规律、发展趋势、活动程度和危害程度、当地气流的运动特点和风向、风力的变化情况等进行研究，具有明显的优越性，起到事半功倍之效。

遥感图像判释的成果可为铁路、公路等工程选线，以及农田、村庄、道路、各种工程的防护措施，提供可靠的资料。

二、各种沙丘类型的判释

各类沙丘在航空像片上均有明显的影像判释特征，以下根据 1∶6 万～1∶5 万的全色黑白航片上反映的各类沙丘影像进行分析研究。

（一）按沙丘活动程度的判释

1. 固定沙丘的判释

固定沙丘一般成冢状，沙丘高度约为 0.5～2 m，沙中含黏土成分，植被生长茂密，覆盖度在40％以上，表面结有一层硬壳，流沙已不多，相对稳定，对各种工程、道路以及农田没有多大危害。图 1 所示为固定沙丘，植被覆盖较好，地形平坦，有许多小沙丘，其背风坡上长有灌木。

2. 半固定沙丘的判释

这种沙丘形态较为复杂，多呈浑圆状或长岗状，沙丘高度一般为 2～5 m，沙中含黏土很少，植被覆盖率约 15％～40％，有一定的固沙作用，无结皮现象，固沙造林条件好，稳定性较差，对铁路线危害较轻。图 2 中，河间地形稍高处呈较浅色调者为半固定沙丘，沙堆大小不等，起伏不明显，高度一般不超过 5 m。

3. 流动沙丘的判释

该种沙丘是由疏松的沙层组成，沙中不含黏土，沙丘高从数米至几十米，完全裸露无植被

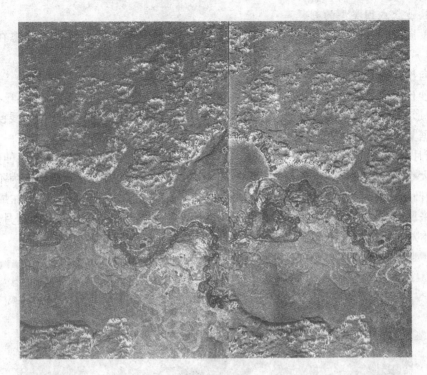

图 1　固定沙丘

图 2　半固定沙丘

生长,偶或有一年生植物生长。这种沙丘移动速度快,形态很复杂,多呈新月形或新月形复合体,随风移动,固沙造林条件差,对工程危害程度大,但不同类型的流动沙丘对工程的危害程度不同。

上述固定沙丘、半固定沙丘和流动沙丘在航空遥感图像上极易辨认。利用不同时期的大比尺遥感图像对比分析,可以准确判断出流动沙丘的移动速度。

(二)按沙丘成因类型的判释

包括横向沙丘、纵向沙丘和多方向风作用的沙丘。各种类型沙丘根据其形态在航片上极易辨认。

1.横向沙丘的判释

是指沙丘走向与主导风向垂直成不小于 60°交角的沙丘。属于此类型的沙丘有:新月形沙丘、新月形沙丘链、梁窝状沙丘、复合型新月形沙丘、复合新月形沙丘链及抛物线沙丘等。此类沙丘根据其各自形态,在航片极易辨认。

(1)新月形沙丘的判释。这种沙丘的形态呈新月形状,沙丘两侧有顺着风向伸出的翼角,翼的交角大小取决于主导风向的强弱,主导风力愈强其交角愈小,沙丘的横剖面为不对称的斜坡,迎风坡凸出而平缓(5°～20°),背风坡凹而陡(28°～35°)。该种沙丘一般形成在原始地形平坦且沙子来源多的地方。图 3 为新月形沙丘,可以清楚地见到沙丘平面形态似新月形,顺风向的翼角基本对称,迎风坡 10°～20°,背风坡呈凹面状,约 35°,沙丘高度 5 m 左右。

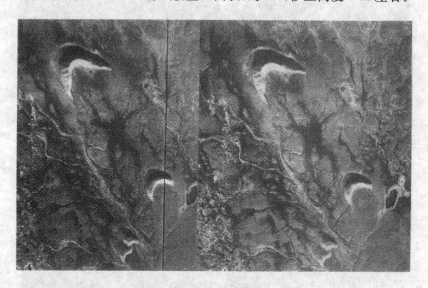

图 3　新月形沙丘

(2)新月形沙丘链的判释。新月形沙丘链是在沙源非常丰富的情况下,由于新月形沙丘非常密集,从而相互连接而成,这种沙丘比新月形沙丘稳定。从航片上可以看出在单风向作用地区,沙丘链在形态上仍然反映出新月形的特征;在两个相反方向的风力交替作用下,沙丘两侧翼角随之消失,沙丘链的整个平面形态比较平直,横剖面顶部有一摆动带,迎风坡与背风坡比较对称。图 4 为新月形沙丘链,像对上可见到新月形沙丘链呈折线链条状延伸,迎风坡 5°～10°,背风坡 25°～30°,高度 1～3 m。

(3)梁窝状沙丘的判释。梁窝状沙丘是在两个相反风向(有一个为主风向)以及有草丛或灌木生长的条件下形成的,表现为隆起的弧状沙梁和半月形沙窝相间组成的沙丘,属固定或半固定沙丘。

在航片上可清楚地看到弧状沙梁和半月形沙窝,弧形沙梁两侧山坡比较对称,但迎风坡短而陡。在我国准葛尔古尔班通古特沙漠、毛乌素沙地和科尔沁沙地均能见到。图 5 为梁窝状沙丘,像片上呈白色色调的弧状沙梁和浅灰至暗灰色调的半月形沙窝相间组成,深浅色调交替出现,弧形沙梁两侧坡度比较对称,低洼处见植被分布。

(4)复合新月形沙丘及沙丘链的判释。当新月形沙丘或新月形沙丘链的高度达到 20～30 m 以上时,多演变成复合新月沙丘或复合新月形沙丘链。其特点是在巨大的沙丘体的迎风坡

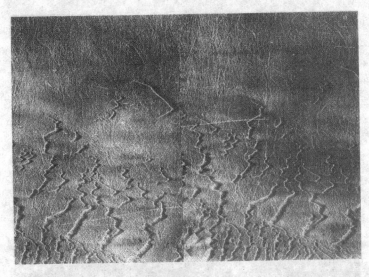

图 4　新月形沙丘链

图 5　梁窝状沙丘

上,又发育次一级的新月形沙丘或沙丘链。图 6 所示为复合新月形沙丘链,可见到众多新月形沙丘链连成一体,高度达 10～20 m 左右,平面上呈链状曲弧体,迎风坡较背风坡缓。在迎风坡上发育众多小型的新月形沙丘及沙丘链,沙丘间低地中生长植被,呈黑色调。

　　(5)抛物线沙丘的判释。抛物线沙丘的平面图形如一条抛物线而得称,这种沙丘规模不大,一般高度仅数米,它是一种特殊的固定、半固定沙丘类型。沙丘的迎风坡平缓而凹进,背风坡陡而呈弧形凸出。抛物线沙丘的形成有两种说法:一种认为是新月形沙丘由于反向风的作用,破坏了两翼角,形成两飘带;另一种说法认为沙丘形成过程中,沙丘下部两侧边缘水分条件有利,植被生长良好,阻碍了风的吹扬作用,而沙丘中上部因植被稀少,风的吹扬作用强,仍然不断向前移动,结果形成了抛物线沙丘。

　　从遥感图像上所显示的抛物线沙丘来看,前后均有飘带,如果仅仅是反风向的作用,只能形成前(后)飘带。因此,我们认为以后者解释较为合理,其形成过程应该是前进过程中两翼遇到草丛、灌木的阻碍,由于风力较大,沙丘继续前进,两翼留下两条飘荡,而到后期,可能风力变弱,沙丘停止前进,两翼仍向前延伸形成飘带,见图 7。从图像上也可见到与原新月形沙丘形

图 6　复合新月形沙丘链

图 7　抛物线沙丘

成时的风向相反的风向形成的飘带,因此,反向风作用形成抛物线沙丘的说法也仍然可能。也可能是两种说法的综合,即既有反向风的作用,又有植被阻碍的作用。

2.纵向沙丘的判释

纵向沙丘的走向与主导风向相平行,或是小于 30°的交角,它包括新月形垄、沙垄、复合形沙垄等。

(1)新月形沙垄的判释。在两种风向呈锐角斜交的情况下,新月形沙丘的一翼延伸很长,而另一翼相对退缩,因而形成钓鱼钩状的新月形沙垄。新月形沙垄在我国主要分布在新疆喀什三角洲的北部的托克库姆、阿尔金山北麓、且末东部和青海柴达木盆地等地区。图 8 中,像对下方似鱼钩状者为新月形沙垄。

(2)沙垄的判释。沙垄是沿主导风向呈直线状,断断续续延伸的沙丘,又称纵向沙垄,横剖面形态呈三角形,中脊呈浑圆状,沙垄一般高度不大,多在 10 m 以下,对线路威胁不大。图 8

中,像对上呈三角形横断面的平行条带为纵向沙垄,沙垄的延伸方向即为风向。

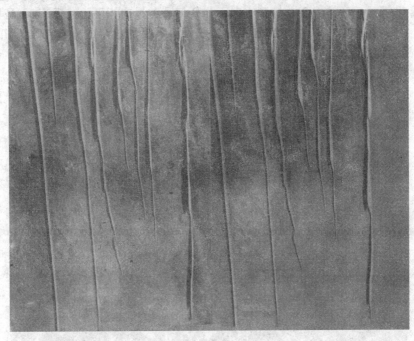

图 8　新月形沙垄、纵向沙垄

(3)树枝状沙垄。呈树枝状分布,有时呈不连续延伸,横断面形态呈三角形,两侧坡度略有不同,沙垄高度一般在 100 m 以下。多形成在地形平坦灌木丛生地区,在两组或两组以上呈锐角相交的风向作用下形成的。在遥感图像上可见呈树枝状分布,色调较浅,沙垄一侧可见到阴影。

(4)复合形沙垄的判释。巨大的垄体表面叠置着众多新月形沙丘链,沙垄延伸很长,有时可见到由高大而密集的蜂窝状沙组成复合形沙垄。图 9 所显示为巨大的沙垄体表面叠置着众多的新月形沙丘链,高近 40～50 m,沙垄长度约 10～20 km,垄体上的新月型沙丘链影像呈水波纹状。

图 9　复合形沙垄

3.多方向风作用的沙丘的判释

多方向风作用下形成的沙丘形态无明显的定向性,如金字塔沙丘、蜂窝状沙丘等。

　　(1)金字塔沙丘的判释。金字塔沙丘形态呈角锥状,外观似金字塔而得名。从遥感图像上可以看出,金字塔沙丘形体本身总排列方向不与任何一种风向相平行或垂直,而是具有不同方向的脊线和三角斜面,见图10。金字塔沙丘一般只呈零星的单个的分布在临近山岭地带,特别是山岭的迎风向。

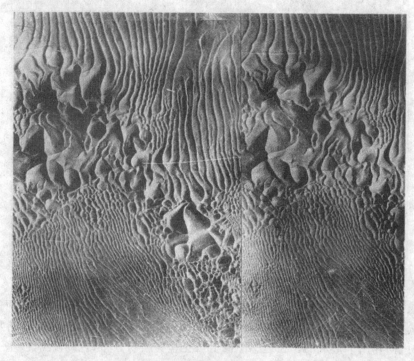

图10　金字塔沙丘

　　(2)蜂窝状沙丘(蜂巢形沙丘)的判释。这种沙丘是发生在风向均匀、风力相等,对流作用很强的地区,又叫对流形沙丘。它是一种中间低而周围无一定方向的沙埂所组成的圆形或椭圆形的沙窝地形,低的只有几米,而高的可达 500 m 左右。这种沙丘在走向上不移动,是固定的,只是个别形态在规模上扩大。在准噶尔盆地的古尔班通古特沙漠的西南部发育有比较典型的蜂窝状沙丘。图11中,从图像上可见到许多形似为蜂窝状的沙丘,显示为由低沙埂组成的似圆形的沙窝地。四周由蜂窝状沙丘组成的巨大沙丘体,高度达 30~40 m。

　　(3)格状沙丘。格状沙丘是在两个近于相互垂直方向的风作用下形成的,主风向形成沙丘链,与主风向垂直的次风向则在沙丘链间产生很矮的埂,因此构成格状形态。格状沙丘在遥感图像极易辨认,格状结构明显,见图12。

　　(4)鱼鳞状沙丘。其特点是沙丘个体极为密集成群分布,丘间地很明显,一个沙丘的迎风坡坡脚即为后一个沙丘的背风坡坡麓。若从群体中的单个沙丘的形态来看,丘体垂直于主风向,两翼顺风向延伸并与其前方的迎风坡连接,成为沙丘间的与风向平行的沙埂。图13中,下方斜坡上为鱼鳞状沙丘,沙丘密集成群,形似鱼鳞,沙丘高度仅 2~3 m。

　　除以上各种沙丘外,还有一些过渡型沙丘,如穹状沙丘、半固定树枝状沙垄等。各种沙丘工程地质分类及其航空像片判释标志一览表,见表1。

三、遥感图像判释对沙漠地区选线的意义

(一)风沙对铁路、公路的危害
风沙对铁路、公路的危害大致表现在如下:

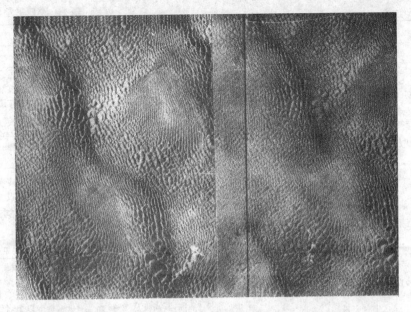

图 11　蜂窝状沙丘

图 12　格状沙丘

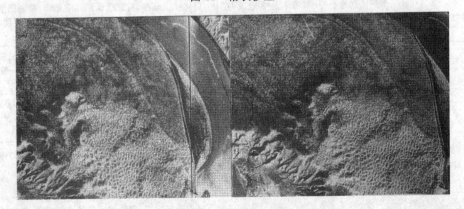

图 13　鱼鳞状沙丘

　　1. 在铁路、公路的低路堤和浅路堑处,最易遭受沙埋,造成运缓、停车甚至脱轨、道床积沙等,增加养护维修的困难。在风沙大的地区,车站房屋也可能被沙掩埋,妨碍车站作业,影响员工生活。

表 1 沙丘工程地质分类及其

沙丘分类		航空像片判释志	
		地貌部位及形成条件	沙丘形态与规模
按沙丘活动程度分类	固定沙丘	多分布在河流两侧附近地势较低洼处,或地下水位较高的地形平缓地区	一般成冢状,单个沙丘规模较小,高度也不大,通常只有 10~20 m 左右。整体景观高低不平,具粗糙感
	半固定沙丘	分布在河流两侧附近地势较低洼处,或地下水位较高的地形平缓地区	地表起伏不平,形态比较复杂,单个沙丘呈浑圆或长条形状,沙丘规模较小,高度一般在 5~10 m 左右。流沙呈斑点分布
	流动沙丘	位于平坦地区	沙丘形态复杂,随风移动,由疏松的沙层组成,完全裸露,规模大小不一,初期规模小,后期规模大
按沙丘外形分类	横向沙丘 新月沙丘	形成在原始地形平坦,沙子来源多的地方	最显著的特征是平面具有新月形的形态,沙丘两侧有顺风向的翼角。迎风坡凸出而平坦(5°~20°),背风坡凹而陡(28°~35°)。沙丘高度很少超过 15 m
	新月形沙丘链	形成在原始地形平坦,沙源非常丰富的地方	新月形沙丘链是由单个新月形沙丘相互连接而成。在两个相反方向的风交替作用地区,沙丘链的整个平面形态比较平直,顶部有一摆动带,迎风坡与背风坡比较对称,其高度从 1~2 m 至 10~20 m 以上者皆有
	梁窝状沙丘	在有两个相反风向,并有一个主风向,地势平坦,且有草丛或灌木生长的地区形成的	为隆起的弧状沙梁和半月形沙窝相间组成的沙丘。航空像片可清楚地看到隆起的弧状沙梁和半月形沙窝,弧形沙梁的两侧坡度比较对称
	复合新月形沙丘和复合沙丘链	在地势平坦、有局部地形起伏,或附近有山地,且沙源丰富的地区形成的	在巨大的沙丘体的迎风坡上又形成了小的新月形沙丘或沙丘链,平面呈明显的链状曲弧体。这种沙丘规模较大,丘体一般高 50~100 m,最高可达 500 m,沙丘剖面形态不对称,迎风坡缓而长,背风坡陡而短
	抛物线形沙丘	分布在地形平坦、有植被生长条件的地区	新月形沙丘的两个翼角被破坏,形成两条飘带指向逆风方向,迎风坡平缓而凹进,背风坡陡并呈弧形凸出,沙丘规模不大,高度一般为 2~8 m
	纵向沙垄 新月形沙垄	分布在地形平坦、两种风向呈锐角斜交、沙子来源多的地方	新月形沙丘的一翼延伸很长,而另一翼相对退缩,平面形态似鱼钩状,沙丘规模较小
	沙垄(纵向沙垄)	形成在地势平坦、水分条件较好,有植被生长条件的地区	呈直线状断断续续延伸的沙垄。横断面形态呈三角形、中脊突出,两侧坡度大致相等,有时中脊呈浑圆状。沙垄高度通常在 10 m 以下,长度可达 5 km 以上
	树枝状沙垄	多形成在地表平坦,灌木丛生地带,在两组或两组以上呈锐角相交的风向作用下形成的	呈树枝状分布,有时呈断断续续延伸,横断面形态呈三角形,中脊突出但呈浑圆状,两侧坡度略有不同,沙垄高度通常在 100 m 以下
	复合形沙垄	分布在原始地面平坦地区。它的走向与主导风向相平行,或呈小于 30°的交角	巨大的垄体表面叠置着许多新月形沙丘链或复合新月形沙丘链,高 50~80 m,沙垄延伸很长,长度一般为 10~20 km,最长可达 40 余 km
	多风向沙丘 金字塔沙丘	分布在临近山岭的地带,特别是山岭的迎风面部位。是在多风向,而且风力相差不大的情况下发育起来的	沙丘形态呈角锥状,具有不同方向的脊线和三角斜面,平面投影近长方形,外观似金字塔。其高度多在 30 m 以上,有的近百米
	蜂窝状沙丘	发生在多风向,且风向均匀、风力相等,对流作用很强的地区	是一种由中间低的沙埂且周围无一定方向的蜂窝状沙丘排列组成的圆形或椭圆形的沙窝地,规模大小不一,低的只有几米到十余米,高的可达 500 m 左右
	格状沙丘及沙丘链	发生在两个近于垂直方向的风力作用的地区	平面形态呈格子状,主风向形成沙丘链,与主风向垂直的风向则在沙丘链间产生很矮的沙埂,故构成格状形态。沙丘规模大小不一
	鱼鳞状沙丘	分布在地形平坦地区,在一个主要风向为主的多风向作用下形成的	沙丘密集成群,沙丘间洼地并不明显,沙丘相互似鱼鳞状层层迭置。沙丘高度在 5~30 m 之间

航空像片判释标志一览表

植被生长情况	影 像 特 征	主 要 分 布 地 区	对工程建筑的危害程度
植被生长茂密，覆盖度在40%以上，植被在全色黑白航空像片上呈现小黑点影像	宏观色调呈淡色调，背景上点缀着深色斑点影像，单个沙丘色调与植被有关，但裸露部分色调较浅	分布广泛，海岸、湖岸、河岸边缘均有分布，按地区则以鄂尔多斯地台、库布齐沙漠两侧、乌梁素海东部沙漠边缘等地区较发育	表层结有一层硬壳，流沙已不多，对铁路、公路等工程影响不大
有植被生长，植被覆盖率15%～40%之间	在色调稍淡的背景上呈现出小黑点	分布广泛，海岸、湖岸、河岸边缘均有分布，内蒙古高平上及乌梁素海东岸	表层无结皮现象，固沙造林条件好，对铁路、公路等工程危害轻微
一般无植物覆盖，或见有少量一年生植物	背景景观呈较浅色调，但单个流沙背阴面呈深色调	广泛分布于各大沙漠地区以及海岸、湖岸、河岸边缘	流沙流动快，固沙造林条件差，对铁路、公路等工程危害程度大
无植物覆盖	呈浅色调，但背风坡往往显示深色调	广泛分布于各大沙漠地区及海岸、湖岸、河岸边缘	活动性大，对铁路、公路等工程危害程度较大
有时在沙丘之间低洼处生长有少量植被	迎风坡呈浅色调，背风坡及沙丘之间的低洼地色调较深	库尔齐沙漠两侧、青海湖东岸、巴丹吉林沙漠西南边缘、塔克拉玛干沙漠	移动速度不如新月形沙丘快，对铁路、公路等工程危害程度仍较大
有时在沙丘间低洼地中生长少量植被	深浅色调交替出现，背阴部位色调较深	青海湖东北岸、德令哈东南、都兰西北、毛乌素沙地、腾格里沙漠东北部、乌兰布和沙漠北部、内蒙高平原上	沙丘移动速度不如新月形沙丘快，常形成固定或半固定沙丘，对铁路、公路等工程的危害程度较大
在沙丘间低洼处有少量植被	迎风坡上产生的次一级新月形沙丘显示鱼鳞纹形，色调呈波纹状深浅交替，背风坡呈均一的浅色调	塔克拉玛干沙漠西部、乌兰布和沙漠南部、腾格里沙漠北部	目前对此种沙丘的活动能力看法还不一致，但对铁路、公路等工程的危害不可轻视
可见少量植被	色调较浅	塔克拉玛干沙漠	对铁路、公路等工程的危害较轻微
偶见少量植被	色调较浅，欠均匀，阳坡色调浅，阴坡色调深	阿尔金山北麓以及各大沙漠均见零星分布	活动性大，对铁路、公路等工程的危害程度较大
可见灌丛分布	色调较浅，呈条带状，沙垄一侧可见到阴影	阿尔金山北麓、塔克拉玛干、乌兰布和沙漠的西南部、腾格里沙漠西北部、毛乌素沙漠西部	对铁路、公路等工程的威胁不大
可见灌丛分布	呈树枝状分布，色调较浅，沙垄一侧可见到阴影	古尔班通古特沙漠	对铁路、公路等工程的威胁不大
一般无植被生长	垄体上的新月形沙丘链影像呈水波纹状，色调深浅交替	塔克拉玛干沙漠西南、乌兰布和沙漠南部、腾格里沙漠北部	铁路线和公路线容易绕避，故对它们危害不大
一般无植被生长	色调较浅，由脊线和三角斜面组成图案	塔克拉玛干沙漠、青海湖东岸、巴丹吉林沙漠西南边缘	铁路线和公路线一般不会经过这种地区，即使经过也可避免
一般无植被生长	色调较浅，影像呈蜂巢形	古尔班通古特沙漠、毛乌素沙漠	这种沙丘在走向上不移动，系固定的，只是个别形态在规模上的扩大。铁路线和公路线应绕避通过
一般无植被生长	色调较浅，影像显示较规则的格子状图案	分布在库尔齐沙漠中部、乌梁素海东岸、巴丹吉林沙漠边缘、都兰县城西部、腾格里沙漠、毛乌素沙地	对铁路线和公路线有一定威胁
有时沙丘之间低洼处生长少量植被	影像似鱼鳞排列，色调较浅，但背阴面色调较深	塔克拉玛干沙漠、腾格里沙漠	沙丘活动性不大，对铁路、公路工程的危害不大

2.由于沙填路堤,路堤夯实较差,外层填土较薄,路肩易被风沙掏空,造成路堤崩坍,危及行车安全,增大维修工作和防护工程。

3.铁路桥涵容易被泥流堵塞,一旦遇到暴雨,排水受阻,以致冲毁路基。

4.用沙质材料筑成的路基,在风沙作用下,短时间内被沙漠掩埋或被吹散。铁路机车和车箱移动的机件容易受到损坏。由于飞沙混浊不清,影响司机对铁路信号的瞭望,影响行车安全。

(二)航片判释和沙漠地区选线的关系

在沙漠地区选线,首先要了解沙丘的成因、性质、活动情况,以及风力、风向、沙源、地形、地貌等主要特征。当流沙严重时,应尽量设法绕避,如线路必须通过沙漠地区,应根据上述的主要特征,在最有利部位通过,且应采取有效的防沙措施,才能保证运行的安全。而上述沙丘的主要特征均可通过遥感图像判释获得,现就风沙与铁路、公路选线的关系分述如下:

1.风沙移动形式与选线的关系

风沙移动方式不同,选线时考虑线路位置就有所不同。当沙丘不顺主风向作定向的前进式移动,速度又较快者,则应把线路位置设置在流沙迎风的一侧,若设流沙背风一侧,将很快遭受到流沙堆积的危害;当沙丘随不同风向往返移动,线路位置设置远离流沙时,沙丘对线路的威胁不大,若设置于流沙中,则将遭到飞沙的危害,两侧均需采取防沙措施;当沙丘随风向有不同程度的往返移动,则线路设置位置应慎重考虑。

上述风沙移动的情况利用遥感图像判释是最理想不过了。

2.风沙地段工程地质选线应遵循的原则

(1)线路应绕避严重风沙地段,不宜深入大沙漠内部,宜选择在轻微风沙地段及风蚀洼地、沿古河床、山前平原潜水溢出带或凸型地带、防风林带内侧等处通过;

(2)线路应避开山地陡坡积沙地段,宜选在山地背风倒风影部分以外的地段通过;

(3)线路走向宜顺直,与主导风向平行,采用填方,避免采用零断面、半堤半堑及路堑;

(4)线路应与当地防风沙规划相结合,宜选择在地下水埋藏较浅、接近水源和防护材料产地之处通过;

(5)车站位置应选择在无风沙或风沙轻微地段,避开有风沙活动的隘口,站房和住宅朝向背风一侧;

(6)涵洞宜采用大孔径。

3.平坦沙漠地区选线

平坦沙漠地区选线应注意以下一些问题:

(1)当铁路、公路通过有沙丘的平坦沙漠地区,应先了解沙漠的宽度,沙丘的类型、分布密度和移动的可能性,各种新月沙丘、小沙丘、沙堆、沙岗的高度,植被覆盖率和类型,以及上部碎石、砾石的覆盖情况;

(2)平坦沙漠地区,线路位置应选在无风沙或风沙较少的地段,还应注意哪些地段是迎风地,哪些地段是背风地。流沙是定向移动还是非定向流动。在非定向流动地区,要找出一个主导风向,作为选择线路方向的依据;

(3)线路尽可能选在沙丘的边缘少受风沙影响的地区,减少风沙掩埋的危险。线路走向最好沿主导风沙前进,这样既可减少对路基的威胁,又可在运营中减少麻烦;

(4)在移动很快的新月形沙丘和沙埂地段,线路应尽量绕行,并与通过流动沙丘的方案作比较。选择通过沙丘的方案时,应选在通过新月形沙丘带最窄的地段顺主导风向而行。

上述风沙地段的工程地质选线应遵循的原则及平坦沙漠地区选线应注意的一些问题均与沙丘的分布范围、类型、形态、规模、移动速度、风向、植被的类型和分布密度等有关,而这些情况在遥感图像上均可不同程度地予以确定,并提出可靠的资料。

四、结　论

沙漠地区气候恶劣,交通不便,供给困难,开展地面调查存在一系列困难。利用航空像片进行判释调查,可以快速而有效地确定沙丘的分布范围、类型、规模、成因、分布规律、移动速度、危害程度,风向、风力变化特点、植被的生长情况等,从而为工农业生产、城市发展,工程选线、选址等提供有关珍贵资料。

综上所述,在沙漠地区选线时开展航片判释可取得较好的效果,起到事半功倍之效,其技术经济效益也较一般地区更显得突出。

参 考 文 献

1　卓宝熙编著.工程地质遥感判释与应用.北京:中国铁道出版社,2002

2　卓宝熙、马荣斌、王宇明等.遥感原理和工程地质判释,下册 北京,中国铁道山版社,1982

3　周俊逸编.铁路选线.北京:中国铁道出版社,1981

4　张增淮、刘薇、龚重远等.铁路工程地质勘察规范.北京:中国铁道出版社,2001

5　潭鸿增、刘薇、卞国忠等.铁路工程不良地质勘察规程.北京:中国铁道出版社,2001

关于推进今后铁路航测遥感工作的建议

蒋局长、尹副局长：

你们好！今年 9 月拟召开铁路航测遥感工作会议，说明部领导对航测遥感工作很重视，不久前还专门组织了调查组，到各有关单位广泛听取意见，并为开好这次会进行积极准备。

关于铁路建设中如何充分发挥航测遥感技术，是领导和每个从事航测遥感技术工作的人员所共同关心的问题，大家都盼望把航测遥感工作促上去。我们经常对如何发展航测遥感技术进行讨论，甚至争论，有相同的观点，也有不同的看法，但总的看法是一致的，即航测遥感技术的现状是无法适应铁路建设的需要，我们航测遥感技术搞了 30 年了，但实际情况并不十分令人满意，甚感遗憾！

铁路建设中航测遥感技术的应用取得了不少成绩，这方面的例子有一些，这里就不详细介绍了。我主要谈存在的问题，阻碍航测遥感技术发展的原因很多，主要可归纳为"体制、管理、计划、费用、立法"10 个字，如果把这 10 个字解决好，航测遥感技术就有可能得到充分发展。这次会应解决一些大的问题，其中最主要的是体制和管理问题。下面就体制和管理问题，谈谈我个人的意见。

一、关于体制问题

航测与遥感之所以未能得到广泛的推广，与体制机构有较大关系。航测遥感技术包括两大内容，即制图和选线勘测应用（或称综合利用）两大部分。目前我们只侧重于制图，而各专业的判释，配合方案比选以及利用航片搜集各专业勘测资料被忽视了，事实上后者的作用更大，潜力还很大，经济效益也更大。为何新线勘测航测遥感技术没有得到广泛应用呢？关键是各设计院的组织机构不适应航测遥感技术的发展，这是航遥技术发展缓慢的症结所在。各设计院总共约有 2 万人左右的勘测设计队伍，广大勘测人员习惯于地面勘测方法，未能掌握航片判释技术。设计院的组织机构、勘测队的装备、勘测程序和工作方法、提交的成果资料、计划安排等等，都是按地面勘测方法考虑的，不利于航测遥感技术的发展。如何解决这些问题呢？必须从勘测设计体制改革着手。我们要真正实现铁路勘测设计现代化，非采用航测遥感技术不可，虽然物探、CAD、光电测距仪等技术的推广应用，都是实现铁路勘测设计现代化内容之一，但最主要的应该说是航测遥感技术的应用。

由于传统的地面勘测设计队伍庞大，新技术应用受到影响，只有大量削减勘测设计人员，才能发展航测遥感技术的作用。但一下子要减少大量人员，也是不现实。我个人认为各设计院首先应设置航测遥感机构，例如设航测处（或航测遥感处），该处定员开始可以少些，包括线、地、桥、路、站、施工等专业人员，约 30～40 人即可。航测处的任务是负责利用航测、遥感方法的推广工作，一般凡用航测遥感方法开展可行性研究者，均由该处负责；如要开展航测初测工作，则可派勘测队配合该处完成。这样各设计院自己有专门的应用航测遥感技术的机构，航测遥感技术的应用和推广就从组织机构上有了保证。

本人认为各设计院成立航测处（或航测遥感处），是全路推广航测遥感技术的一个重大的

本建议系呈送给原铁道部基建总局蒋正兴局长和尹熙祖副局长的建议，写于 1986 年 8 月 4 日，以前未发表过。

措施,也是铁路勘测设计现代化的一个关键措施,这是本人考虑好几年的想法。

二、管理问题

航测遥感技术本身是先进的,之所以未能充分发挥作用,虽然与体制机构有较大关系,但与全路未设置航测遥感管理机构也有一定关系,管理出效益远未被人们所认识,我们往往轻视管理工作。建议部应加强航测遥感的管理工作,制定切实可行的管理办法、设立专门的管理机构,此机构人员不必多,应能正确贯彻执行党的方针政策。

三、其他一些具体问题的看法

下面还就一些具体问题,谈谈个人的一些看法:

1. 航测遥感技术深受广大勘测人员欢迎,在铁路勘测中推广应用航测遥感技术是切实可行的,在铁路建设前期工作中应用航测遥感技术,可以避免线路方案比选中的一些失误。

2. 应从全路航测遥感发展的战略眼光认识航测遥感技术,各单位不应从本单位利益或局部利益考虑,要把握住客观规律,遵重客观规律,积极采用航测遥感技术。

3. 新技术的应用和人才的培养有密切关系,先进的技术,人们不会掌握,还是发挥不了作用。建议由专业设计院负责主持举办全路航测遥感技术应用培训班,为各设计院成立航测机构作准备。

4. 应把航测遥感技术部分内容纳入勘测规范中去,使其应用合法化,并制定一套以航测遥感方法为主,辅以必要的地面勘测和勘探工作的作业程序和细则。

5. 航测遥感技术有明显的技术经济效益,但目前费用还较贵,应采取一些优惠政策来扶植航测遥感技术的发展,航测图收费偏低,也不利于航测技术的发展。

6. 关于专业设计院与各设计院的关系与分工问题。专业设计院应以提高为主,各级设计院应偏重于应用。从测图任务看,根据今后经济改革趋势和各单位的特点,专业设计院应以既有线测图为主。新线测图以及各专业的勘测应用,应由各设计院自己承担,这样更有利于密切结合生产。既有线任务量很大,专业设计院一旦承担既有线测图任务后,也无力再承担新线测图任务。但当遇到长大干线新线测图任务时,专业设计院仍可承担部分航测测图任务。

7. 从勘测应用来看,先由某设计院选定一条线,从可行研究开始到初测、定测全过程应用航测方法,专业设计院可派人配合,主要发挥航测遥感新技术的作用。通过一条线的试点工作,总结出一套航测遥感勘测程序和方法。然后推广到各设计院应用。

从长远看,专业设计院和各地区设计院将会形成如下格局:

1. 专业设计航测仪器和技术力量相对而言较集中,其任务主要是承担部分线路可行性研究和既有线测图,以及科研,技术开发,人才培养、管理、情报交流、推广等工作。

2. 新线测图主要由各地区设计院承担,这样,有利于与勘测的密切配合。专业设计院可配合开展。

3. 遥感的勘测应用(即各专业的判释应用),主要由各地区设计院专业人员自己开展,专业设计院可承担部分工作,并协助进行人员培训。

以上意见乃一孔之见,可能有偏面性。总的意见是表达出来了,但文字方面欠斟酌。仅供领导参考,不妥之处,望批评指正。

既有铁路勘测管理采用航测遥感技术
具有较好的经济效益

航测遥感技术为人们认识自然、改造自然提供了一种崭新的手段。随着铁路建设重点的转移，"七五"期间新线勘测任务不多，主要是围绕着扩能为中心，加强东北和沿海 1.6 万 km 干线技术改造为重点开展工作。因此，铁路航测遥感技术也应积极为既有铁路技术改造、运营管理和工程病害防治服务。

一、我国既有铁路线的现状

我国五万多千米既有铁路，管理还比较落后，绝大部份铁路沿线缺乏地形、地质、水文等基础资料。这是不符合铁路技规规定的。它严重影响了铁路技术改造和现代化管理的正常进行，对病害的治理更造成诸多不便。1981 年宝成线、陇海线天宝段水害，由于缺少准确完整的沿线图纸资料，基层单位向领导汇报实情都感到困难，灾后修复也感不便。因此，及时、准确地掌握这些地区的地形地质资料是十分必要的。

二、既有铁路应用航测遥感技术具有较好的效益

既有铁路测图，特别是在行车繁忙的干线和枢纽、车站等地区，由于运输繁忙，建筑设施多，地面测绘尤为困难。而利用航测遥感技术，大部分工作在室内进行，且较安全。

航测所编制的地形图，地物、地貌较逼真，铁路设施标志详尽、平面位置准确、图面质量好，图纸范围宽、精度高等优点，适用于铁路车、机、工、电各部门以及运营管理、病害防治、养护等。

利用航测方法测图较地面方法测图可提高效率约 1 倍。如石太线 307 km（包括支线），仅 1 年时间就完成了 1∶2 000 比例尺航测图 196 幅，共用 8 000 工天。如果采用平板测图，1 年达不到 100 km。

利用遥感技术，对泥石流、滑坡等病害进行普查和动态分析，也有较好的效果。成昆线沙湾至泸沽段，通过航片判释，确定了有 73 条泥石流沟，还进一步划分为严重、中等和轻微的三种，最后确定有 6 条对铁路威胁较大，而 1982 年，该段用地面方法进行泥石流普查时，仅发现 36 条泥石流沟。航测遥感技术的经济效益和社会效益是十分明显的。

三、既有铁路应用航测遥感技术大有可为

我国铁路航测遥感事业具有一定实力，有专门从事航测遥感的技术人员，有精密测图仪器，年生产能力可达 2 500～3 000 km（按 1∶2 000 比例尺，宽 500 m 的地形图计）。这些能力如能充分发挥，经若干年努力，就有可能改变上述既有铁路的被动局面。为此提出如下建议：

1. 目前铁路航测测图收费偏低，如按国家计委规定的《工程勘察收费标准》收费，由于款源问题，铁路局不想进行航测测图，而用地面方法测图又无能为力。建议铁道部统一解决航测测图费用问题。能否从旧线更新改造费用中拨出部分作为航测测图费用。

本文是与郎彝祥共同投稿中国铁道学会编的《科技工作者建议》1986 年第 20 期上，1986.11.20。

2. 应成立专门的遥感预测病害小组。国外先进国家在既有铁路病害防治中。十分重视应用遥感技术。如日本,成立了专门的"利用航空像片方法预测病害研究委员会"。还成立了若干个由铁路局有关人员组成的"病害预测判释小组"等等。

我国幅员辽阔,雨季时间长,每年均有洪水和工程病害产生,造成铁路行车中断。为了使遥感技术尽快在既有铁路病害防治和水灾抢险中发挥作用,可考虑在铁道部防洪指挥部或工程病害严重的铁路局成立"利用遥感预测病害的专门小组"。

3. 在既有铁路工程病害严重地段,应定期进行航空摄影和监测,通过不同时期航空像片的判释分析,结合少量地面工作。提出病害发展趋势及防治措施,达到以预防为主的目的。

关于成立"福建省遥感中心"的倡议

　　20 世纪 80 年代后期,我国遥感技术发展迅猛,国内许多省、市、自治区相继成立了遥感管理机构和学术团体,鉴于当时福建省的遥感技术的应用、研究方面相对滞后,与该省从事遥感的专业人员谈到福建的遥感技术力量分散,由于种种原因,难以形成核心力量,并希望遥感专家能做一些促进福建遥感技术发展的工作。受该省遥感专业人员的启发,萌芽给福建省科委写关于福建省如何发展遥感技术的建议,该想法经与陈述彭院士等人征求意见后,一致同意给福建省科委写一个关于加速发展福建遥感技术的建议,并由本人执笔草拟了倡议书,这就是"关于成立福建省遥感中心(或遥感应用研究室)的倡议"的由来。

　　福建省科委很重视该倡议,随后不久相继成立了福建省遥感技术中心等机构,这些机构对福建省的遥感技术发展起到了重要作用,福建省的遥感技术已今非昔比,有了很大的发展。

福建省科学技术委员会:

　　遥感技术从 20 世纪 60 年代发展以来,引起世界各国的重视和极大的兴趣,广泛地应用于各个领域,取得了明显的技术经济效益。如美国的陆地卫星发射,每年可收得技术经济效益约14 亿美元,利用气象卫星资料作出的天气预报,每年可避免损失约 20 亿美元;又如加拿大,他们每年由遥感获得的益处在 2 亿~4 亿美元之间;苏联使用气象卫星后,估计每年获利 5 亿~7 亿卢布。遥感技术不但在发达国家得到充分利用,在第三世界国家也积极应用。如泰国利用陆地卫星遥感的一项考察表明,泰国在最近 10 年内约失去了 20％的森林面积,随之就颁布了严格的法令,并制定了保护措施;斯里兰卡利用遥感图像发现,近年农民为种水稻而广开土地,使全国森林面积损失了一半,因此,相应采取了一系列措施来保护本国的环境和生态平衡。

　　目前,应用美国陆地卫星遥感数据的国家多达 130 多个,许多国家都相继建立了遥感专门机构。在美国,遥感技术已应用到 40 多个部门。在欧洲,应用范围也达 30 多个领域,就是第三世界的一些国家,也涉及到 20 多个方面。

　　我国现代遥感技术虽然起步较晚,但国家对发展遥感技术十分重视,"六五"和"七五"期间遥感技术均被列为国家重点科技项目。从 70 年代中后期开始,开展了 10 多次综合应用试验,同时开展了遥感技术的基础研究、遥感传感器的研制、遥感图像处理设备及软件开发;引进的陆地卫星和气象卫星地面接收站开始运转;我国成功地发射和回收 10 次科学技术卫星,并相继于京津唐,黄河三角洲等地区开展了应用卫星资料在资源与环境等方面调查与系列制图的应用研究;国土基本数据库和其他专业数据库已逐步建立起来;国际合作与交流日益加强。在我国,过去许多用常规方法难以解决的问题,随着遥感技术的应用而有所突破并取得了明显的经济效益。

　　为了加强我国遥感技术工作,1981 年国家科委设立了国家遥感中心,下设研究开发、培训、资料服务、航空、地面站等七个部,还相继成立了部级和省区遥感中心 17 个。目前,全国从事遥感的专业人员超过 3 000 人,遥感研究的应用机构超过 180 个,引进的数字图像处理设备100 套左右。上述发展,为今后遥感技术的进一步发展提供了良好的基础。

　　本倡议书系由本人提出,与陈述彭院士等九人共同倡议,并由本人执笔写就,呈送给福建科委的,1988.7。

近十年来,遥感技术取得了迅速的发展,航空遥感图像分辨率从 1972 年 MSS 图像的 80 米提高到目前 HRV 图像的 10 米;遥感平台的发展,更为可喜,从 1972 年美国第一颗陆地卫星发射后,80 年代出现了航天飞机,1986 年法国 SPOT 卫星发射成功。近年来,美国、英国、联邦德国和日本先后提出了研制航天飞机的计划,它是一种兼备航空、航天性能、既能在大气层中飞行,又能在太空中驰骋的飞行器。随着宇航技术、遥感技术、计算机技术和信息科学的发展,遥感在国民经济各个领域的应用将会越来越广泛、深入。

我国地域广阔,地形、地质复杂,自然条件多样,资源丰富,待查资源量大,遥感技术在这些领域必将发挥积极的作用。就福建省而言,依山面海,自然条件复杂,又是沿海经济开发区,为了加速福建的四化建设和沿海经济发展战略的实施,改善投资环境,亟需加强各种资源调查及其动态变化监测,农作物产量的预测、区域开发,各种工程的选线、选址工作,环境污染监测,旅游业开发以及为制定切实可行的工农业发展规划提供可靠的图件和数据,都可应用遥感技术获得较满意的成果。目前,全国已有不少省(市、区)建立了遥感中心。我们认为福建省建立遥感中心已具备条件,如近几年来,在福建省农委和有关部门领导的重视和支持下,农业遥感技术应用取得了可喜的成果。如福建省农业区划研究所和省农业气象研究所共同主持的闽北地区应用遥感技术综合调查自然资源与系列制图的研究成果,达到了国内的先进水平,为使遥感技术应用成果尽快转化成生产力,我们建议:

一、成立福建省遥感中心。为了充分发挥仪器设备的作用,可挂靠在较高层次的综合管理部门如福建省农业委员会,业务上归口隶属于省科委,以利于统一协调,促进全省遥感技术工作的发展。

二、制定遥感技术发展规划。规划内容包括遥感科研、应用、人员培训、装备、学术活动等方面。

三、积极推广应用遥感技术。结合福建省的实际情况,农业、林业、浅海滩涂、海洋、矿产资源、水土流失、灾害、环境治理、工程(铁道、港口、电站)选线、选址等的调查以及气象预报、森林火灾、病虫害等的监测工作,均可有计划的利用遥感技术。

四、加强横向联合和遥感学术活动、科技交流等。除省内加强联合外,还应进一步加强与其他省的联合,同时争取国家科委和有关部委的支持,以便广泛地开展遥感科研、生产应用项目。积极参加全国性以至国际性的遥感学术活动,学术交流包括组织出国考察等、宣传和推广遥感技术成果,使科技成果尽快转化为生产力,为"四化"建设和实施沿海经济发展战略服务。

倡议者:

陈述彭,中国科学院学部委员,中国科学院地理研究所信息室主任,教授;郭方,中国科学院环境科学委员会办公室副主任,教授;林景亮,福建农学院,教授;何昌垂,国家科委国家遥感中心副局长;卓宝熙,铁道部专业设计院遥感应用所所长,高级工程师;黄绚,中国科学院地理所信息室副主任,副研究员;付肃性,中国科学院地理所信息室,副研究员;陈仕,福建省农业区划研究所所长,高级农艺师;郭德冰,福建省农业区划研究所室主任,高级工程师。

1988 年 7 月

关于成立"铁路灾害防御中心"等的建议

孙永福副部长：

　　我国既有铁路 5 万多千米，其中，有不少线、段受到自然灾害（主要指地质灾害和水害）的威胁。全国铁路沿线泥石流达 1 300 条以上，山区常见的崩塌、滑坡等地质灾害，则难以数计。宝成铁路已发现崩塌、滑坡 907 处，泥石流沟 155 条。1981 年 7 月 9 日，成昆铁路利子依达沟泥石流暴发，造成死亡约 300 人，抢修工程 2 000 万元的损失。1981 年山东泰安地面塌陷和 1987 年大连瓦房店地面塌陷，都影响了铁路运输安全。我国 4 000 多座铁路隧道中，1/3 存在地下水害。据不完全统计。"六五"期间，全国铁路平均每年发生水害断道 450 次，中断行车约 5 000 h，经济损失达 2 亿元以上。每年雨季约有 1 500 处病害工点需要看守，巡回看守人员达 7 000 余人。

　　用于铁路工程病害整治的费用是十分可观的。宝成铁路宝鸡至上西坝段和陇海铁路宝鸡至天水段，从通车至今用于病害整治的费用已达 8 亿元左右；鹰厦和外福两线，从 1963 年至 1984 年，用于路基病害整治的投资达 1.6 亿元以上，才勉强控制住了病害的发展。

　　为了确保铁路运输安全，部领导、部有关业务局和各铁路局对铁路工程病害的防治都十分重视，并取得了较好效果。特别是在勘察方面，开始利用遥感技术，如成昆线北段沙湾至泸沽段、宝成线宝鸡至略阳段、陇海线宝鸡至天水段的泥石流、崩塌、滑坡的普查和动态变化的评价中，都成功地利用了遥感技术，取得了令人满意的效果。在监测方面，我部的滑坡遥测监视与险情警报系统，崩塌、落石自动警报系统，NBI 系列泥石流预警系统，分别在一些地质灾害工点应用，并取得一些预报成功的例子。在地质灾害整治方面，针对不同的地质灾害类别、规模、危害程度等，采取各种各样的防护工程，更具有丰富的经验。

　　铁路灾害的勘察、监测、整治工作，虽然有了良好的开端，取得了一定成绩，但总的说来，远未能满足铁路运输的需求。在铁路地质灾害的防治方面，还存在不少问题，例如，在灾害的调查、动态变化研究、环境监测等方面，还未能充分利用遥感技术，同时缺乏一个多方面领导参加的灾害防治协调管理机构和下属的组织实施机构，等等。致使灾害防治工作仍处于防治费用分配不合理、治标不治本、忙于处理险情工程的被动局面。

　　为了加强铁路系统防御灾害的能力，使有限的资金更有效地发挥作用，以及更好的组织、协调各方面力量，特提出以下建议：

一、成立铁路灾害防御中心

　　灾害已成为现代社会关注的一个重要问题。1984 年，美国科学院院长、前总统科学顾问、著名地震学家普勒斯（Frank Press），在第八届世界地震工程会议上发起在世界范围内开展"国际减轻自然灾害十年"的活动计划。这一倡议已得到了一些国际学术团体的积极响应，有些国家成立了特别委员会，并已开展了实质性工作。1987 年，第 42 届联合国大会通过的第 169 号决议中，把从 1990 年开始的 20 世纪的最后 10 年，定为"国际减轻自然灾害十年"。

　　在我国，政府对灾害的防御工作一直非常重视，特别是从大兴安岭特大森林火灾发生后，

　　本文是于 1989.5.24 呈送给原铁道部孙永福副部长的，内容未公开发表过，但类似的观点在多篇文章中发表过。

更引起了高度重视。1987年11月在北京成立了"中国灾害防御协会"。1989年1月在北京召开了全国地质灾害防治工作会议,同时成立了"中国地质灾害研究会"。此外,中国科学院还成立了山地灾害环境所、地矿部成立了地质环境管理司、水电部成立了防汛指挥中心,等等。与此同时,国内外还召开了多次地质灾害学术会议。

铁道部也早已成立了防汛指挥部,为了更有效地组织铁路系统的灾害防治力量,有必要成立"铁路灾害防御中心"。该"中心"可在部防汛指挥部的基础上成立,"中心"领导可由部领导、工务局、基建局、科技局、安监委以及有关铁路局领导组成。"中心"可挂靠在部工务局,下设办事机构。该办事机构可挂靠在专业设计院,每年可拨部分活动费用。"铁路灾害防御中心"的任务包括:制定铁路灾害防御规划、铁路沿线环境保护立法和管理、为部领导提供有关灾害的咨询资料、组织、协调路内外重大的灾害防治和研究项目,对发生灾害的线、段及时提供灾害情况(利用遥感图像判释提供),等等。

建议把"铁路灾害防御中心"的办事机构挂靠在专业设计院的理由是:

(1)铁路的一些主要自然灾害,例如,水害、泥石流、滑坡、沙害、水土流失、地下水等的防治以及铁路沿线的环境保护,等等,采用先进的航测遥感技术是最理想的,而专业设计院具有较雄厚的航测遥感技术力量和先进的计算机图像处理系统等设备,有利于该"中心"任务的完成;(2)与路内外有关地质灾害以及航测遥感的单位和部门有广泛的联系,具有组织经验,且单位在北京,与路内外单位联系方便;(3)可在不增加人员情况下,以现有的技术力量即可担负日常工作。

只要社会需要,机构就将应运而生。我们认为铁路系统成立"铁路灾害防御中心"的时机已成熟,不能一误再误,甚至议而不决。成立"铁路灾害防御中心",把全路地质灾害防御前期工作和组织协调工作抓起来,是很有必要的。

二、灾害防治的前期工作应有专门经费

铁路灾害防治包括勘察、监测、整治,这三者是不可分割的,必须用系统工程观点对待这三者关系。以往对工程病害整治的投资较多,但对地质灾害的勘察重视不够,建议拨出专款作为灾害勘察费用,特别要加强航测遥感技术的应用。只有加强勘察,才能有针对性的进行地质灾害防治,并合理确定轻重缓急和投资重点。

三、铁路受灾严重地段,应进行航空遥感摄影

利用遥感技术开展灾害防御工作的优越性愈来愈明显,世界先进国家都把遥感作为灾害防御的先行官和不可缺少的手段,遥感技术可及时提供灾害情况,并及时提出抢险方案和整治措施。

日本铁路系统成立了"铁路病害航片判释研究组",苏联等国的铁路部门也有专门的组织从事遥感地质灾害研究。1981年,"两宝"发生严重水害,运输中断多时,造成严重损失。当时我们专业设计院从事遥感灾害地质工作的同志,心急如焚,都认为应该进行航空遥感摄影,但由于职责不明确,也无专门的航空遥感摄影费用,结果无人问津,实感遗憾。遭受灾害的线、段,航空摄影的时间性很强,不能稍有延误,否则,将起不到应有作用。如果有"铁路灾害防御中心"这样专门机构,则可操办此事,在铁路线遭受灾害后,及时进行航空遥感摄影和判释,尽快向领导提供灾害情况和抢修方案。我国铁路的水害、泥石流、滑坡、沙害以及铁路沿线环境破坏等,应用航测遥感技术进行普查和监测,可取得较好效果。特别是地质灾害的动态变化,用地面调查方法是难以办到的,而用遥感技术则是轻而易举的事。

上述意见,望领导给予关心和支持,有不当之处,希于匡正。

建议用遥感技术为北京北部山区水害
地质灾害调查作贡献

　　1991 年 6 月，北京市北部山区遭受几十年罕见的洪水、泥石流等灾害，本人闻讯后，向北京市防汛抗旱指挥部及市领导写了"用遥感技术为北京北部山区水害、地质灾害调查作贡献"的信，并以铁道部专业设计院的名义报送北京市。该建议被北京市采纳，决定对北部山区开展遥感灾害调查，并指定本人为门头沟区遥感灾害调查专家组组长，专家组由中国科学院地质研究所、地矿部物探遥感中心、铁道部专业设计院等单位的 15 名专家组成，在短短的半个月时间内，利用彩色航空像片，将该区 238 个村庄，按受灾程度分为四类（最危险的村庄、危险的村庄、较危险的村庄、较安全的村庄），并对四类村庄提出相应防护措施意见。该成果成为门头沟区历年防汛部署的主要依据，先后搬迁 1、2 类村庄 1 495 户。该成果的应用避免了门头沟区历年洪水、地质灾害所造成的经济损失约 3.7 亿元，由于村庄的搬迁加固，环境得到改善，人民安居乐业，发展了生产，估计可创收近亿元。

　　该成果多次得到北京市科协的表扬，门头沟区政府也派员到专业设计院致谢。成果还获 2002 年北京市科技进步奖三等奖。

　　本建议获"北京市 1991～1992 年合理化建议技术革新活动最佳成果奖"。

市防汛抗旱指挥部并呈陈希同市长：

　　我们从 6 月 12 日北京日报和电视报导中得知本市密云、怀柔、昌平、延庆等北部山区，连日暴雨，山区山洪暴发，灾情严重，很多地方出现泥石流，造成桥梁冲毁，道路堵塞、房屋倒塌，人员伤亡和失踪，给人民生命财产造成重大损失。国务院副总理田纪云、北京市委李锡铭书记和市长您本人亲临现场视察、指挥抢险救灾，慰问灾区人民。市领导同志在视察灾区时谈到希望航空遥感专家参加防汛及灾害防治工作。

　　我院遥感所的全体同志长期以来应用遥感技术从事铁路灾害调查防治工作。目前如能为首都和北部灾区人民作些实际的工作，实感义不容辞。

　　近十年来，我们在成昆铁路线、陇海铁路线西安至天水段、宝成铁路线等，利用航空遥感和卫星图像进行了泥石流、滑坡、水害的调查和防治，取得了很好效果。我们认为对京郊山区水害、泥石流、滑坡常发区利用既有航摄像片和卫片进行遥感图像判释、调查、对比分析，可对水害、泥石流、滑坡的分布状况，危害程度作出评价，并提出全面的防治措施，以尽可能减少类似灾害带来的损失，达到治本而不是治标的目的。

　　以上是我们专业技术人员的心声，我们愿尽最大的努力，为京郊灾区人民服务。

　　希望市政府及防汛抗旱指挥部安排具体的任务，以满足心愿。

　　本建议是由本人提出的，后经院和遥感所全体同志同意，于 1991 年 6 月 13 日，以书面形式呈送给北京市防汛抗旱指挥部和陈希同市长的。

对既有铁路地质灾害防治的建议

——从宝成铁路 190 km 处山体崩塌想起

1992 年宝成铁路 190 km 处的桑树梁隧道附近,仅在 22 m 的线段内就连续发生了 3 次坍塌断道,中断行车 35 天。为此,写了本建议。实际上本建议的内容与观点在本人 1989 年 5 月给孙永福副部长的建议中已经表述过。据说孙副部长在本人建议上作了批示(本人未见过批文)。部领导一直很重视宝成铁路病害治理问题,孙副部长在 1993 年部工务局上报的《关于宝成铁路重点病害调查的汇报》材料上作过批示:"宝鸡—阳平关段重点病害加强监测,定期进行遥感调查是必要的",根据批示精神,铁道部专业设计院于 1993 年 11 月 27 日以专设遥(1993)201 号文"关于《开展宝成铁路宝鸡—阳平关段病害遥感调查和监测》立项的报告",上报部计划司,部计划司也很重视该项工作,进行了协调,但因具体单位的认识问题,建议立项未能实现。望今后条件成熟时,仍应开展该段病害遥感调查和监测工作。

孙永福、石希玉二位副部长:

宝成铁路 190 km 处的桑树梁隧道附近连续发生山体崩塌,给国民经济建设造成巨大损失。在这期间,兰新、湘桂、浙赣、外福等线也相继发生山体坍塌。建国几十年来,我国 5 万多公里既有铁路,由于水害和地质灾害造成的铁路运输中断,十分普遍,每年行车中断均达数千小时。

宝成铁路宝鸡至上西坝段和陇海线宝鸡至天水段,从通车至今用于工程病害整治的费用,已达 8 亿多元;鹰厦和外福两条线,从 1963 年至 1984 年,用于路基病害整治的投资达 1.6 亿元以上。仅此二例,则可看出历年来用于铁路工程病害整治的费用是相当可观的。有的线路病害整治投资甚至还可用于再修同样的一条线。

既有铁路地质灾害较为普遍,其原因是多种的,在此就不详细分析。无论是何种原因造成,都与地形地质因素有关。

我部对既有铁路工程病害整治十分重视,也取得明显的效果。但还是处于被动状态,忙于应付,往往治标不治本,缺乏科学的规划。铁路地质灾害防治,必须用系统工程观点对待,即把勘测、监测、整治三者有机地结合起来,三者是不可分割的,缺一不可。首先应该认真地搞好勘测工作,在全面地摸清沿线灾害的性质、规模、危害程度、发展趋势等情况后,再提出需要监测和整治的段落(工点)。

以往,地质灾害的勘测工作是一个薄弱环节,往往在未完全查明灾害性质、规模及危害程度的情况下,急于开展整治,甚至造成该整治的不及时进行整治,不该整治的进行了整治;或且只看到表面的小规模不良地质现象,而忽略了大型的、隐伏的不良地质现象,等等,教训是深刻的。

当前,拟加强地质灾害勘测工作,存在着两个问题:一是经费问题;二是工作量大,勘测手段落后。关于费用问题应该说是容易解决的,因为用于勘测的费用与工程病害整治的费用相

本建议于 1992 年 7 月 14 日以书面形式呈送给原铁道部孙永福副部长和石希玉副部长的。内容未公开发表过,但类似的观点在多篇文章中有所表达。

比，是很少的，不过百分之几而已，关键在于是否重视，以及投资导向问题。至于工作量大，勘测手段落后问题，采用遥感技术是可以解决的。遥感技术是一种理想的、最先进的探测手段，在国内外各个领域得到广泛的应用，取得明显的技术经济效益。在铁路新线勘测和既有铁路地质灾害调查中应用，不但可加快勘测效率，改善劳动条件（以室内研究为主），提高勘测质量，同时有利于地质灾害的动态研究。

我部在成昆铁路沙湾至泸沽段、宝成铁路宝鸡至略阳段、陇海铁路宝鸡至天水段的泥石流、崩塌、滑坡的普查和动态变化评价中，都成功地利用了遥感技术，并取得令人满意的效果。如成昆铁路沙泸段，通过遥感泥石流调查，在全段207条沟谷中，确认出73条泥石流沟，并按其对铁路的危害程度分为4个等级，而同期地面调查只发现36条泥石流沟。有的泥石流沟整治，是遥感调查后提出的，避免了泥石流灾害造成的损失。又如宝天段铁路，通过遥感图像判释发现沿线共有滑坡61处、崩塌94处，但以往建档的滑坡只有15处，崩塌也仅有54处。宝成铁路宝略段，也曾进行过遥感图像判释，当时是以科研为主，对于沿线小型的滑坡、崩塌未作为重点提出。

最近，我院遥感所利用该段航空遥感图像对宝成铁路190km处桑树梁隧道附近的山体进行判释，发现附近山体斜坡上有明显的崩塌影像，因为该航片是1986年摄的，这几年可能崩塌范围有所发展，导致了这次较大规模崩塌发生。如果这次崩塌前能再进行一次航空摄影，前后两种航片进行对比分析，有可能使该处崩塌防患于未然。我们还组织全所力量，突击进行宝鸡至略阳段航空遥感图像判释，对可能产生崩塌、滑坡的不稳定斜坡地段编成图件（图件略），并列表提出，该表以我院院文提交给西安铁路分局，供该局部署工程病害整治时参考。桑树梁隧道附近的航片除进行判释外，还进行了调绘。

关于如何加强既有铁路地质灾害的防治工作，本人于1989年5月曾给孙永福副部长写过建议。孙副部长在本人建议上作了批示，但到具体办事单位，由于种种原因，建议内容未能实现。为了节省时间，建议内容不拟赘述，现把1989年的建议复印一份，随本建议一起呈送，供参考。

本人对既有铁路地质灾害防治总的构思和建议是：从系统工程观点出发，开展地质灾害的勘测、监测、整治三位一体的工作模式，以遥感技术为先导，多种探测手段相结合，在查明地质灾害情况的前提下，结合气象资料，确定设置自动警报系统的地段（工点），形成从天上到地面，从面上到点上，以新技术为主体的既有铁路地质灾害立体预测警报系统。地质灾害严重的线（段），应每3～5年进行一次航空摄影。

以往各个专业都强调本专业的作用，可能单一专业的力量都很强，但各干各的，互相脱节，缺乏接口和一个统一的组织，形成不了完善的实用系统。因此，必须建立一个专门的组织，专心致志地从事灾害防治的前期工作和管理工作，为领导决策提出科学依据。

对宝成铁路宝略段地质灾害防治的建议：

1. 应尽快进行沿线航空摄影，比例尺1：1万左右。今后每3～5年进行一次航空摄影。

2. 以遥感技术为主，开展大面积地质灾害调查，摸清地质灾害的性质、规模、危害程度和发展趋势。

3. 在调查的基础上，进行斜坡稳定性评价，提出需设置警报系统的地段（工点），确定工程病害整治方案，以及整治的先后顺序。

4. 应采取勘测、监测（设警报系统）、整治三位一体的工作模式、加强统一领导。

5. 组织全路力量联合攻关。

上述勘察费用（包括航空摄影费用）共约200万元。

最后，恳请部领导以这次宝成铁路190km处的山体崩塌为转机，采取有效措施，以尽可能减少地质灾害所造成的损失。具体想法在此建议中难以一一阐明，部领导如认为必要，我们愿作详细汇报。上述意见有不妥之处，望批评指正。

关于铁道部专业设计院的任务
等问题给部领导的一封信

屠由瑞、孙永福两位副部长：

你们好！现将本人对专业设计院的任务问题的想法，向两位部长反映一下，望两位部长在百忙中予以支持。

一、关于专业设计院的任务问题

我院从 1979 年恢复以来，全院职工克服了各种困难，在各方面条件尚差的情况下，特别是办公条件较差的情况下，生产任务和产值年年递增，科技成果累累，为我国铁路建设做出了应有的贡献。

自从去年邓小平同志南巡重要讲话以来，我国国民经济发展突飞猛进，铁路建设形势也呈现出好的势头。铁路建设中，勘测设计是先行，形势更为逼人，各地区设计院任务骤增，经常加班加点，突击完成任务。相比之下，专业设计院的任务显得不足，不管是投标或议标，基本上是哪个设计院管辖范围的任务就由哪个设计院承担。专业设计院与其他地区设计有所不同，它既无管辖范围，又非综合性勘测设计院，故难以承担长大干线的综合勘测任务。但我院独立采用航测、遥感进行新线工程建设前期工作，进行（预）可行性研究还是很有经验的，从 20 世纪 60 年代，焦枝、阳安线方案研究报告，到 80 年代的大秦线（桑干河方案）、集通线、天保大线等十几条线的可行性研究工作，已取得了丰富经验和可喜成果。配合地区设计院完成数十条线路的勘测设计任务数千公里。问题是当前基建管理，投标或指令任务都是不分建设前、后期阶段性，综合性的一揽子计划，使专业设计院难以插足，1993 年部下达的基建项目中，仍无专业设计院的任务，因此不能快步进入铁路大干快上的主战场，无法充分发挥航测、遥感等技术力量优势。

上述一些现实问题，非专业设计院自己所能解决的，对于如何适应市场经济，转变经营和管理机制，难度较大，须部领导的支持。例如，在新线勘测中航测遥感技术的应用，既有铁路航测制图及灾害遥感调查，以及施工过程中遥感技术的应用等等，都牵涉到任务安排和经费问题。

只要上下结合，采取一些有力措施，制定一些政策，我院就能在铁路建设洪流中与地区设计院共同前进。特别是航测遥感技术是铁路勘测设计现代化的重要组成内容，遥感技术又是综合勘测不可缺少的手段，两者均可为铁路建设作出积极贡献。

二、关于遥感的作用问题

在新建铁路工程前期工作（预）可行性研究、和初测中，航测、遥感的作用，就不多谈了。现就一些铁路工程建设中遥感的应用，概略汇报如下：

去年年底，我院受南昆铁路建设指挥部的委托，利用遥感技术进行南昆铁路地质复杂地段

本文于 1993 年 2 月 10 日以书面形式呈送给原铁道部屠由瑞和孙永福两个副部长的，未公开发表过。此信是针对当时铁路建设形势大好，各地区设计院任务骤增。而专业设计院仪器设备和技术力量雄厚却无用武之地而给部领导写的。

的工程地质条件评价。我们的工作受到现场施工单位领导和技术人员的欢迎，并取得较好效果。作为一个技术人员，最高兴的莫过于能把自己的技术为国家建设作出贡献，特别是我们所做的工作，得到施工部门的承认和肯定，受到了莫大鼓舞。在现场工作期间，广大基层干部和工人的干劲和动人事迹，使我们受到一次生动的教育，更坚定了我们用遥感技术为施工服务的决心。

铁路制约了国民经济的发展，加强铁路建设，是客观形势的需要，是摆脱铁路运输被动局面的有力措施。但加快铁路建设往往会造成忽视质量的倾向。在铁路建设工期较紧的情况下，勘测设计难免受到影响，尤其是在地质条件未完全查明的情况下施工，将会给施工带来许多麻烦。怎样才能做到既可加快铁路建设速度，又可保证建设质量呢？我个人认为遥感技术的应用可弥补上述不足，它是一种较为可行和理想的探测手段。

目前，全国范围均有遥感图像覆盖，遥感图像搜集也比较容易，通过遥感图像判释和少量野外验证，可较快地对某些地质问题作出定性评价。例如对斜坡稳定性的分析，长隧道工程地质、水文地质条件的评价等等，具有明显的效果和经济效益，应大力推广应用。

根据前一阶段南昆铁路施工过程中，遥感技术的应用认为：遥感技术提供的地质资料，速度快，质量高；以遥感资料为主的综合分析，可对一些工点的工程地质条件作出较科学的、可靠的评价，至少不会因地质问题而造成大的施工事故。

本人认为南昆铁路建设指挥部的领导有远见、有见解，他们重视采用新技术，重视施工质量，主动提出利用遥感技术进行复杂工点的地质条件评价，真正体现了科学技术是生产力这个真理。因此，建议京九铁路建设中一些地质复杂地段，也充分发挥以遥感技术应用为主的综合勘察的作用，以免施工中或运营过程中出现地质病害，造成被动局面。既浪费了人力、物力和财力，又耽误了施工工期，甚至造成施工事故。

上述意见有不妥之处，望部领导指正。

关于建立"铁路地理信息系统"的建议

部科技司领导:

一、地理信息系统的概况

地理信息系统(GIS)是本世纪60年代中后期兴起的,它是一种在计算机硬软件支持下,实现地理空间数据输入、存贮、管理、检索、处理和综合分析的十分复杂的技术系统。世界上第一个地理信息系统(CGIS)通常认为是1971年由加拿大著名地理学家R. F. Tomlison开发成功的,初期地理信息系统的特点是机助制图能力较强,地学分析功能较简单,经过20余年的发展,目前已从信息存贮、数据库建立、查询检索、统计分析和自动制图等基本功能的实现,转向建立多功能的分析评价模型,仿真设计,实现智能化的专家系统,周期性的自动更新和实时评估,并注意全球变化的系统研究与建立。它已经广泛深入服务于经济建设和社会生活,成为实现区域和工程的科学管理、规划和辅助决策的一种现代化工具。

国际上GIS发展的过程一般认为经历了3个时期,即60年代的摇篮期、70年代的发展期和80年代的成熟期。进入90年代可以说是应用发展期,这一时期的GIS有如下特点:(1)政府越来越重视GIS的发展,据《GIS战略统计》杂志统计,在各类应用中,政府部门占GIS应用的36%以上;(2)GIS市场由过去的技术驱动变为应用驱动,应用已成为GIS市场发展的动力;(3)大型系统的建立和大规模应用,但有些专家认为,大型系统时代看来已经正在过去,各种桌面系统逐渐占领市场;(4)GIS的应用已进入商业领域,它具有广泛的应用前景;(5)地理信息系统(GIS)、遥感(RS)、全球定位系统(GPS)、数字摄影测量系统(DPS)以及专家系统(ES)相互之间的关系越来越密切,即RS、GPS和DPS成为GIS的重要信息来源,加上ES的分析功能,这些技术集成体所形成的GIS,增加了智能化分析,周期性的自动更新和实时评估,促进了地理信息系统向产业化发展。

从整个信息产业看,GIS所占的比例虽然还很小,但已经成为一支重要的力量,并在政府决策和产业方面发挥了作用,而且保持着良好的势头。根据国际信息产业权威咨询机构Dataquest公司的调查,GIS年产值约为30亿美元,近年来GIS的年增长速度都保持在16~40%之间。GIS之所以增长速度这样快,其主要原因可概括为三个方面:一是政府的重视和支持,二是用户的需求量增加,应用已成为市场发展的动力,三是计算机硬件技术的持续迅猛发展。10年前,计算机需要严格的空间环境并且要求专门人员进行操作,现在,人们可以将一台个人计算机或工作站置于办公桌上,且其运算速度较旧式主机快得多。

GIS虽然发展很快,也的确具有广阔前景,但发展中也有不少困惑之处,大致可归纳为以下几点:(1)GIS应用范围广、数据量大,空间数据输入的高费用是应用中的大障碍,数据录入的代价经常占GIS运行费的80%以上,这一难题目前尚无满意的解决办法;(2)GIS中数据质量的评价也是GIS中的一个技术难题;(3)随着GIS的广泛应用,众多数据类型被引入,数据获取的费用越来越高,而且有的数据很难及时获得;(4)输入到GIS中的各类数据要有效地结

本文是以书面形式(计算机打印稿)于1996年1月9日是送给铁道部科技司的,未公开发表过,其中部分内容曾在一些文章中发表过。

合在一起,必须制定出格式的转换标准,否则,花在数据转换的时间太多了;(5)大型 GIS 系统与分散的小型 GIS 系统的关系和分工问题,哪一层次集中,哪一层次分散,集中到什么程度,分散到什么程度等等,(6)经销商多倾向于包罗万象的应用系统与用户越来越需要适用于专业领域的 GIS 系统之间的矛盾;(7)GIS 应用的法规、规范,信息的标准化、网络化及共享等问题。

二、我国 GIS 发展的概况

我国 GIS 起步于 80 年代初期,1978 年 10 月陈述彭院士在第一届中国环境遥感学术讨论会上发出开展 GIS 研究的倡议,从此开始了可行性试验。

通过 10 几年的努力,我国 GIS 的研究与应用初具规模,用户市场不断扩大,并逐步向产业化目标过渡,从示范实验阶段逐步转为向政府的决策提供宏观调控的现代工具,其应用前景与价值得到有关部门的认识与重视。10 余年来,在技术引进、理论探讨、规范研究、区域试验、软件开发、系统建成、专业应用、人才培训及国际合作等方面都取得较大成效。1983 年,在国家计委的直接领导下,制订了若干个全国统一的技术规范和标准,包括“地理坐标系统”、“信息分类体系”、“政区编码顺序”、“数据记录格式”、“地理网格系统”等 30 余种规范与标准;先后建立了资源与环境信息系统等三个国家重点开放试验室;国家科委在国家遥感中心设置了地理信息系统部,1994 年 4 月成立了中国 GIS 协会,1995 年国家测会局成立了国土基础信息中心;我国已有 50 多个部、委、局相继成立了专业性信息中心,开展 GIS 工作的部门已超过 20 个;建立了全国国土基础信息系统、全国自然环境信息系统、全国自然资源综合开发决策信息系统、全国水土保持信息系统、国家基础地理信息系统、国务院综合国情地理信息系统、重大自然灾害的监测与评价信息系统等 10 多个较大规模的信息系统;还建立了京津唐区域环境信息系统、太湖流域信息系统、三北防护林典型地区生态效益与动态监测信息系统,三江平原地区区域信息系统等多个区域性信息系统。此外,还建立了许多省、市、县为单位的信息系统以及城市、气象、农业、林业、海洋、交通、防洪、地震预报、地籍管理、军事指挥、城市公安、铁路运输、投资环境、旅游资源等专业信息系统。

近几年我国引进了不少 GIS 软件,如美国 ESRI 的 ARC/INFO、ARCVIEW,澳大利亚 GENASYS 公司的 GENAMAP,INTERGRAPH 公司的 MGE、MICRO STATION,SIEMENS 公司的 SICAD,美国空间遥感中心的 GRASS,瑞士 PRIME 公司的 SYSTEM$_9$,徕卡公司的 IMFOCAM,克拉克大学的 IDRISI 等软件。我国除引进一些国外著名的 GIS 软件外,自己也开发了一此软件,如北京天维资源环境新技术研究所推出的 SPACEMAN 高档微机信息系统、武汉测绘科技大学的 GEOSTAR GIS 系统、北京大学的 CITYSTAR,中国地质大学的 MAPGIS 地理信息系统等等。

据国家科委向联合国亚太经社会的报告材料,我国目前从事 GIS 的专业单位已超过 100 个,从事 GIS 的专业公司已超过 30 个,GIS 应用已进入许多行业和部门,逐步形成一个多层次和不同规模的应用格局;经常举办 GIS 培训班,培养了大量 GIS 专业人才;近几年 GIS 的学术活动相当活跃,学术会议频繁,有关刊物、论文集上发表了大量 GIS 文章,例如 1994 年召开的 GIS 学术讨论会、1995 年召开的中国 GIS 协会首届年会等学术会议均出版了 GIS 论文集;国际交流也较频繁,有关 GIS 的学术交流、考察几乎每年都有,1987 年、1990 年以及 1995 年分别在北京召开了 GIS 国际学术讨论会,促进了我国与国际同行的学术交流。

我国 GIS 虽然取得令人满意的效果,但也仍存在不少问题,根据 1995 年 11 月在北京召开的“地理信息系统发展战略国际研讨会”上讨论认为中国 GIS 在许多方面与我国经济发展技术进步的要求仍不适应,主要表现在 GIS 的研究及其应用在很大程度上仍停留在实验室或局部试验阶段,重开发轻应用,商品化程度低;系统建设的宏观协调与组织不够,开发力量分散,低水平重复开发,产品功能雷同;信息的共享率低,主要是标准化与网络化程度差;国家 GIS 政策法规,规范还不完善等等。

三、铁路系统建立 GIS 的初步意见

铁道部门是我国的一个规模较大的行业,铁路又是国民经济建设的大动脉,对 GIS 的需求其潜力是巨大的,从勘测设计、施工、工务管理到运输管理等,都需要以 GIS 为依托进行多目标分析。铁路新线勘测设计、铁路工务管理、铁路运输管理等的现代化与 GIS 有着密切的关系。GIS 与一般信息系统不同之点在于它是空间数据为主的信息系统。就铁路系统而言,我个人认为可以包括三个大的地理信息系统,即铁路勘测设计信息系统(SDIS)、铁路工务管理信息系统(PWIS)、铁路运输管理信息系统(TMIS),见下面框图。

铁路部门主要地理信息系统概略分类图

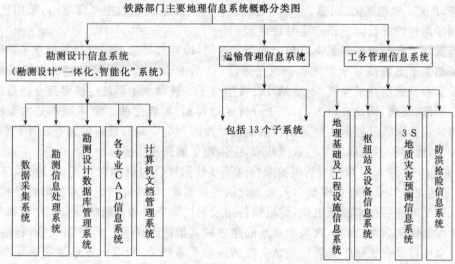

这三个 GIS 中,TMIS 开展得比较早,也有了一定基础,PWIS 也已开始建立,唯独 SDIS 尚未真正开展,只是处于酝酿或零星试验阶段。铁路部门 GIS 首先建立 TMIS 是完全正确的,但从系统工程观点出发,只建立 TMIS 还是不够的,还应建立 SDIS 和 PWIS 系统,这样才能形成完整的铁路 GIS。

1. TMIS

TMIS 已列入"八五"国家重点科技攻关项目,目前从铁道部至 12 个铁路局和 57 个铁路分局的全路三级计算机网络已经建成,包括基层站段的整个系统计划到 1997 年基本建成。铁路 TMIS 包括 13 个子系统,纵观系统内容,其中有些子系统,如货运管理信息系统、客票预售系统、日常运输统计信息系统等属一般信息系统,而货车实时追踪管理系统、机车实时追踪管理系统等则属于 GIS,故 TMIS 实际上是属于 GIS。TMIS 与 SDIS、PWIS 不同之处在于前者系统的数据大部分来自信息报告点,其实时性更强些,但从长远看 RS 和 GPS 数据将成为 TMIS 数据库数据的重要来源之一。

2. SDIS

SDIS 实际上是实现铁路勘测设计"一体化、智能化"的实体,部"九五"规划中已把勘测设计"一体化、智能化"作为研究开发的重点。1995 年 12 月由部科技司主持在天津三院召开的勘测设计"一体化、智能化"论证会,对建立勘测设计"一体化、智能化"的必要性、可行性、具备的条件以及对建立系统的总构思、框图,还存在哪些问题,尚应进行哪些软件的研究开发等,进行了较广泛深入的讨论,在此就不多说了。

3. 工务管理信息系统(PWIS)

建立工务管理信息系统是实现工务管理现代化的必然趋势,随着信息社会的到来以及铁路运输的要求,目前既有铁路基础资料的获取手段、工务档案管理方法以及线路维护的状况等均难以适应需求,尤其是大量的图纸、表格、文字的保管和使用,很不方便,信息更新更是困难。建立信息系统后,把各种数据输入系统中建立数据库,可以开展查询、检索、统计分析、综合分析以及周期性的自动更新和实时评估等。

据了解,工务部门正在着手建立工务管理信息系统,以录像形式为主线,对沿线进行录像,然后通过鼠标在荧光屏上进行漫游,想了解某线、某里程的地形、地貌、线路、工程设施、工程灾害等情况,就把鼠标停在该处,则可逐一显示出来。该系统虽然刚刚开始建立,但必竟迈开了可喜的一步,唯目前系统信息来源还有限,地貌依靠录像,线路和工程设施的数据系根据各站段提供,未考虑不良地质信息,也未考虑航测、遥感、全球定位系统提供的信息。由于新技术在不断发展,PWIS应把航测、遥感、全球定位系统作为信息系统的数据来源之一,采用这些技术后更有利于周期性的自动更新和实时评估。

既有铁路工务管理信息系统可包括四个子系统:即地理基础及工程设施信息子系统;枢纽站及设备信息子系统;3S地质灾害信息子系统;防洪抢险信息子系统。这四个子系统中,地理基础及工程设施信息子系统、枢纽站及设备信息子系统两个子系统主要是建立数据库问题,其功能以查询、检索、统计分析为主,至于分析评价模型、智能化的专家系统不是主要的内容,其数据库的数据来源及更新主要是依赖沿线各站段的档案资料和最新的调查统计资料。但从发展趋势看,地形和不良地质等的数据获取,应依赖于航测和遥感。

3S地质灾害信息子系统与防洪抢险信息子系统除建立数据库以及查询、检索、统计分析外,更重视建立各种分析评价模型以及智能化的专家系统、周期性的更新和实时评估等。这两个子系统数据库的数据来源及更新,除沿线各站段的档案资料和最新的调查统计资料外,更重视遥感图像提供的数据,因此,这两个系统的建立较其他两个子系统难度更大些,智能化程度更高些。也可以说在铁路工务管理信息系统的四个子系统中,只有3S地质灾害预测信息子系统和防洪抢险信息子系统可以真正的称得上是地理信息系统,其余两个子系统只能算是数据库或准地理信息系统。下面重点谈一下建立"3S地质灾害预测信息子系统"的一些想法。

关于铁路既有线建立"3S地质灾害预测信息子系统"(或称"遥感地质灾害信息系统"),在以前已经提过,本人早在1985年就提出建立既有铁路地质灾害地理信息系统,1986年铁道部首届航测与遥感动态报告会"上发表的《国内外航测遥感现状和对铁路航测遥感的设想》一文中也提出建立"铁路遥感地质灾害预测信息系统"。近几年我国有关灾害方面的地理信息系统建立了不少,全国建立了重大自然灾害的监测与评估信息系统,一些专业性的如地震预报数据库,防洪数据库等也已建立,而我国既有铁路的地质灾害、水害十分严重,造成运输中断、车毁人亡,损失是巨大的。利用遥感图像可有效地查明沿线地质灾害性质、规模、危害程度;利用不同时期的遥感图像进行对比分析更可进一步了解沿线环境变化情况和地质灾害的动态变化情况。但遥感图像的提供的成果仍然以图纸、表格、文字形式提供,这些资料数量多,保管和使用均不方便,建立"3S地质灾害预测信息子系统后,可随时获取铁路沿线地形,地貌、地层(岩性)、构造、地质灾害、植被、人类活动及环境变化情况等,还可提供DTM,各种比例尺地形图、透视图、各种地质专题图等。系统中,具有各种分析模块和智能化专家系统,包括灾害识别模型、灾害工程评价模型、灾害发生预测模型、救灾模型等。该系统可对铁路沿线有关地质灾害的危害程度进行预测,为地面开展监测提供依据,使防治工作更有目的性。"

虽然"3S地质灾害预测信息子系统"尚未建立,但近几年在某些线段建立了滑坡、崩塌、泥石流数据库;在铁道部建设司下达的"提高遥感图像判释能力的综合研究"项目中,开展了不同时相遥感图像的拟合处理判断滑坡的动态变化以及断裂影像判释专家系统的初探;西南交通大学对成昆铁路典型泥石流沟遥感动态监测模型的研究;铁道部专业设计院结合陇海宝鸡—天水段部分地段开展了既有铁路地质灾害、水害遥感信息数据库的研究等等,都为铁路地质灾害预测信息系统"的建立创造了条件。应该说铁路遥感地质灾害预测信息系统的建立已经具备了条件。1995 年 12 月在北京召开的铁路航测遥感技术进步"九五"规划论证会上,专家一致同意把"3 S 地质灾害预测信息子系统"列为部"九五"规划项目。

"3 S 地质灾害预测信息子系统"的建立为实时监测预报地质灾害提供了基本条件和手段,要使该系统正常运转,并真正起到实时监测预报,关键是经常性的航空摄影以及 GPS 的布设。但目前由于飞行费用昂贵,GPS 也较昂贵,从而使动态监测工作比较粗糙,尚未能做到工程灾害的实时监测预报。卫星资料由于相对灾害规模而言分辨率较低,目前还难以满足工程灾害监测的要求。尽管如此,根据最新的遥感图像判释成果及 GPS 成果作为主要数据源建立起来的"3 S 地质灾害预测信息系统",结合该地区随机的雨量情况,仍可预测出地质灾害发生的时间。当然,随着科学技术的发展,当卫星图像分辨率达到 1 m 时以及获取数据的费用较低时,则通过该系统预测地质灾害发生时间的可靠性和准确度将会提高。科学技术是在不断的发展,我们不能等待到一切技术发展到完善后才来建立"3 S 地质灾害预测信息系统"。只能从建立和使用中,逐步达到完善的境界。这个完善境界也是无止境的。

四、结　语

20 世纪 90 年代以来,GIS 逐步走向产业化,铁路部门的 GIS 也应运而生,但铁路部门的 GIS 发展不平衡,其中 TMIS 的开展较早;PWIS 中的部分子系统正在进行,其中"3 S 地质灾害预测信息子系统"和"防洪抢险子系统"尚未进行;VDIS 也正在准备建立。

铁道部门 GIS 缺乏统一的协调和组织,部应成立专门的机构,负责组织协调基建,运输、工务等部门的 GIS 工作,基建、运输、工务等部门也应成立相应的 GIS 管理机构。

铁道部门 GIS 的专业规范和标准化也应及早制订,否则铁路 GIS 无法和其他产业部门乃至全国性的 GIS 的信息进行共享。制订的内容包括法规、规范、标准化、分类、编码等。此外,对部分专业建立系统的目的、系统的层次及规模、系统数据的来源及更新,系统的网络化及信息共享等均应进行充分的论证。

系统的建立还应注意以下一些问题:应选好项目负责人,该负责人既要懂专业还应具备计算机的知识;在项目实施过程中,应注意各专业的配合和渗透,特别要注意计算机专业人员和其他专业人员的配合,一般年青人计算机较熟悉,年长者专业知识丰富,二者应密切配合,否则建立起来的 GIS 只能是一般的数据库,而未纳入专家的经验,形成不了分析的能力。

关于"利用遥感技术进行进藏铁路可行性方案论证"的建议

国家科委社会发展科技司:

进藏铁路的修建已经提到议事日程上来,历届人大开会,西藏代表都提出修建进藏铁路问题,作为国家科委社会发展科技司,应重视前期的方案论证问题,促使进藏铁路早日建成。

一、修建进藏铁路的必要性

西藏地域辽阔,有着丰富的自然资源,但却属我国欠发达地区,是全国人均国民生产总值最低的省区。相对而言,西藏经济发展缓慢,一方面是由于历史、自然、地理位置等原因所造成的,但另一方面更重要的原因是交通闭塞所致。

以往国家对欠发达地区的扶贫是救济式的,目前已转变为开发式扶贫,即实行交通扶贫,这样才能增强贫困地区"造血"功能和自我发展能力。因此,只有大力改善交通落后状况,才能从根本上使西藏摆脱贫困,缩小与内地的差距。目前,西藏是全国唯一没有铁路的省区,西藏各族人民热烈盼望将铁路修到拉萨。修建进藏铁路是毛泽东主席、周恩来总理的遗愿,也是党中央国务院和全国人民十分关切的问题。

修建进藏铁路可以加强西藏和内地的联系,对振兴西藏经济具有重大的推动作用,也是适应国家和西藏经济建设发展以及国土开发、巩固国防、维护国家统一和加强民族团结的需要,其政治、国防意义更重于经济意义。

二、抓紧开展建设前期方案的论证

进藏铁路线路长、工程艰巨、技术复杂、投资浩大、施工运营困难,涉及的问题很多。如何修建进藏铁路,是一个十分重大的问题,它将是21世纪我国乃至世界的巨大工程之一,需要积极慎重和认真地进行探讨。而要修建进藏铁路,首先遇到的问题就是进藏铁路到底走哪个方向。早在20世纪50年代,铁道部就对青藏铁路做了大量考察和勘测设计工作,随后修建了西宁至格尔木路段。70年代又陆续对青藏线格尔木至拉萨段,滇藏线和川藏线进行了勘测选线工作。但由于进藏铁路选线范围大,线路方案多,地形地质复杂,交通不便,一时难以摸清情况。虽然对上述进藏铁路线进行了方案比选和勘测设计,但至今提不出可靠的一些数据说明方案的优劣,例如各方案的工程量,投资费用等等,各单位提的数据都不一样,勘测设计的精度和标准也不一样,致使进藏铁路方案意见纷纭,存在着不同看法和分歧。更重要的是未经过大范围的方案论证即开始具体铁路线的勘测设计,容易造成选线的失误。

进藏铁路方案的选择决定于众多因素,但工程地质条件、工程量及投资费用将是影响铁路方案的重要因素,因此,只有提前进行大范围的线路方案比选和地质调查,才能选出经济、技术问题的最优方案。

修建进藏铁路将是中国和世界铁路建设史上的伟大壮举,这样规模宠大的工程,不亚于长

本文系以书面形式呈送给国家科委社会发展科技司的建议,1996.3.4

江三峡水利工程,其工程艰巨程度和投资费用都将超过三峡工程。三峡水利工程的论证前后经历了几十年时间,进藏铁路更应提前充分论证。建议进藏铁路建设前期方案的论证应列入国家"九五"计划,使项目决策建立在科学可靠的基础上,避免因论证工作不够,造成选线失误而带来无法挽救的损失。

三、进藏铁路线方案论证的构思

以往铁路勘测选线中,由于时间紧迫,往往在较窄的带状范围内进行,有时仍采用传统的地面调查方法,因此很难查明地质情况和保证选线质量,造成线路方案选择不当,以致施工时不断出现地质问题,有的甚至到运营阶段还不断出现工程病害,影响正常运输。

进藏铁路要在约 100 万 km² 范围内进行大面积线路方案比选,只靠地面勘测方法,是难以选出最佳方案的。为此,在进行铁路线路方案论证时应充分利用先进的遥感技术,以保证在大面积范围内有效地查明区域地质构造和不良地质条件,为选线提供可靠的基础地质资料。三峡水利工程论证中利用了遥感技术,取得较好效果,大面积铁路勘测选线利用遥感技术则更能显示其优越性。利用遥感技术不仅可提高铁路勘测选线质量和效率,还可大大改善劳动条件。铁路部门在许多长大干线勘测选线中采用过遥感技术,如兰新线、成昆线、大秦线、京九线、南昆线等勘测选线中都应用了遥感技术,取得较好效果。实践证明:遥感技术是铁路勘测选线中一种先进有效的手段,尤其在方案比选中应用是必不可少的,这已成为领导和广大勘测人员的一种共识。

对进藏铁路方案论证总的构思是:以遥感图像判释为主,结合已有资料(包括地形图、地质图、气象、水文、地震以及经济资料等),开展室内方案研究,外业重点调查验证。在此基础上,进行全面综合分析比选,提出最优的线路方案。

四、具体实施方案

(一)起迄时间:1996 年 7 月~1999 年 6 月底

(二)负责单位:铁道部专业设计院

(三)工作方法

1.资料搜集:各大方案通过地区的陆地卫星 TM 图像,部分地区的 SPOT 卫星图像;重点地区的小比例尺航空像片;1:5 万(或 1:10 万)比例尺地形图;1:20 万比例尺地质图;气象、水文、地震、交通等资料;各种经济资料(包括沿线地区的工农业产品、矿产资源、林业资源、水力资源括沿线地区的工农业产品、矿产资源、林业资源、水力资源等)。

2.编制各方案陆地卫星 TM 图像略图:把搜集来的卫星图像数据磁带进行计算机图像处理和匹配,然后编制卫星彩色合成图像略图,图中标示线路方案及名称、主要居民点名称、河流名称等。

3.进行 1:5 万或 1:10 万比例尺地形图纸上定线,同时根据纸上概略定线位置开展各方案陆地卫星图像宏观判释和重点地段小比例尺航片地质判释。卫星图像判释以大型断裂和概略地层划分为主;小比例尺航片判释以中、小型断裂和不良地质为主。

4.根据纸上定线和遥感图像判释成果,到现场进行重点验证,并到各有关省区征求地方意见。

5.最终室内分析,资料整理,提出成果报告初稿。

6.文整,提交成果。

(四)提交的成果

1.进藏铁路线方案可行性论证报告。内容包括:概述、沿线自然情况、线路各方案基本情况、方案比选结论（最优的线路方案、修建的可能性、何时修合适等）、存在哪些问题，附表（各方案主要工程数量表、各方案投资估算表、方案比较表等）、各种报告附图。

2. 进藏铁路线方案示意图 （1∶100 万或 1∶200 万）。

3. 各方案陆地卫星 TM 彩色合成图像略图 （1∶50 万）。

4. 各方案陆地卫星 TM 图像地层、构造判释图 （1∶50 万）。

5. 部分地段 SPOT 图像判释图 （1∶20 万）。

6. 全线航片不良地质判释图 （1∶5 万）。

7. 图像处理成果图册、航空像片典型地质样片册、地面照片册等。

8. 有关原始资料。

对进藏铁路方案论证的想法和分析

李鹏总理在《关于国民经济和社会发展"九五"计划和 2010 年远景目标纲要》的报告中,提到要进行进藏铁路的论证工作。这一问题的提出,对发展西藏地区的经济,维护祖国的团结统一有着极其深远的意义。

进藏铁路由于线路长,在技术、投资、施工等方面涉及的问题很多,又由于涉及的地形地质复杂,交通不便,选线范围大,线路方案多,因此此论证过程更应该慎重。

我认为目前进藏铁路线路方案比选论证工作的安排、工作程序以及工作方法还存在一些问题。

如:方案论证缺乏统一的领导和全面的考虑;方案比选缺乏统一标准,难以进行同等精度的比较;未进行大面积的方案比选论证,就急着进行带状的线路方案研究,工作程序上不合理;重视地形选线,忽视工程地质资料搜集;未充分利用先进的航测遥感技术等等。

对进藏铁路的论证工作,本人提出以下几点建议:

1. 修建进藏铁路是中国和世界铁路史上的壮举,其工程艰巨程度和投资费用不亚于三峡工程,铁道部应成立进藏铁路论证领导小组,同时应成立一个工作小组,即进藏铁路方案论证总体组,统一考虑进藏铁路方案论证工作;

2. 论证工作应按正常程序进行,即首选应在大约 100 万 km^2 范围内进行方案比选研究,确定进藏的可行方向,然后再进行带状的比选工作;

3. 进藏铁路大面积方案比选,采用地面勘测方法需投入大量的人力、物力和财力,且由于受地形、交通的限制以及地面观察的局限性,往往会出现选线的失误。建议利用遥感图像进行大面积区域工程地质判释,为大面积线路方案比选提供可靠的基础地质资料;

4. 进藏铁路论证领导小组由部有关司、局领导组成;总体组由规划院(负责经济资料),专业院(负责航测,遥感图像大面积地质、水文判释和纸上定线),第一、二勘测设计院(主要负责具体纸上定线、踏勘,提出工程量和造价估算)共同组成,整个工作由计划司牵头。

本文刊登在中国铁道学会主编的内部刊物《科技工作者建议》1997 年第 1 期上,1997.3.19

关于进藏铁路通路方案论证的想法

　　1996 年 3 月,李鹏总理在《关于国民经济和社会发展"九五"计划和 2010 年远景目标纲要》的报告中。提出在下个世纪前 10 年进行进藏铁路的论证工作的要求。本人认为进藏铁路地形地质复杂,气候恶劣,交通不便,必须及早采用航测遥感技术进行进藏铁路大面积方案比选,才能选出工程地质条件较好的线路方案。遂于 1997 年 8 月 5 日向部计划司领导汇报了"关于进藏铁路运行方案论证的想法",此文系当时汇报的提纲,一起汇报的还有甄春相同志。

　　西藏是我国唯一没有铁路的省区,西藏各族人民热烈盼望将铁路修到拉萨。修建进藏铁路是毛泽东主席、周恩来总理的遗愿,也是党中央、国务院和全国人民十分关切的问题。李鹏总理在《关于国民经济和社会发展"九五"计划和 2010 年远景目标纲要》的报告中,提出要进行进藏铁路的论证工作。这一问题的提出,对西藏和全国,均有极其深远的意义。

　　西藏自治区地域辽阔、自然资源丰富,水力、森林、矿产都有巨大的开发价值,雅鲁藏布江水力资源仅次于长江,按河段长度比例储量居全国第一位。解放前,西藏没有任何现代化交通设施,长期靠人背、畜驮、溜索、羊皮筏等原始交通方式运输,是西藏经济文化停滞不前的一个重要原因。目前,虽然各方面有很大发展,也有公路、航线与内地相连,但由于没有铁路,难以进行大规模的经济建设,与其他省区比较,还存在不少差距,属我国欠发达地区之一,也是全国人均国民生产总值最低的省区,其财政支出绝大部分要依赖中央补贴。西藏经济欠发达,发展缓慢,虽然受历史、自然条件等因素的制约,但交通闭塞则是重要原因之一。

　　以往国家对欠发达地区的扶贫是救济式的,目前已转变为开发式扶贫,即实行交通扶贫,以便增强贫困地区"造血功能"和自我发展能力。因此,只有大力改善交通落后状况,才能从根本上使西藏摆脱贫困,缩小与内地的差距。铁路是国民经济大动脉,又是交通运输中的主要骨干,修建进藏铁路是改善西藏交通落后状况的最重要措施之一。修建进藏铁路可以加强西藏和内地的联系,对振兴西藏经济具有重大的推动作用,也是适应国家和西藏经济建设发展和国土开发的需要,同时对巩固国防、维护国家统一和加强民族团结是极为重要的。

　　进藏铁路要通过号称"世界屋脊"的青藏高原,该区海拔高、气候恶劣、自然条件差,地形、地质条件复杂,交通闭塞;进藏铁路线路长、工程艰巨、技术复杂、投资浩大、运营困难,涉及的问题众多。如何修建进藏铁路是一个十分重大的问题,它将是中国和世界铁路建设史上的伟大壮举,也是 21 世纪我国乃至世界的巨大工程之一,其规模不亚于长江三峡水利工程。

　　修建进藏铁路首先遇到的问题是进藏铁路到底走哪个通路? 在约 100 万 km² 范围内要选出理想的线路方案是一项很复杂而又细致的工作。从新疆、青海、甘肃、四川、云南 5 个省区均可进藏,进藏铁路的通路是很多的,但从历史上西藏与内地的联系以及修建进藏公路看,根据铁路工程的特点,从目前已开展的初略工作认为有 4 个通路可以考虑,即青藏铁路、甘藏铁路、川藏铁路和滇藏铁路。

　　上述四条通路到底走哪条通路为优,存在不同看法,尽管有关设计院进行了多次勘测选线,工作也做得较细,但由于未利用遥感图像判释,进一步深入开展工作有一定困难,在此基础上对进藏铁路方案优劣进行评价依据不够充分,或且说有些欠缺。尤其是未进行大面积的卫星图像地质判释,即进行带状的线路方案研究,难免出现选线遗漏和失误。如果利用遥感图像进行大面积地质判释,则可弥补地质图上未标示不良地质的不足,这样既可形象地看到地形又可了解不良地质情况,为大面积线路方案比选提供可靠的基础地质资料。

遥感图像影像逼真,视野广阔,信息丰富,是铁路勘测选线中一种先进的手段。铁路勘测选线中应用遥感技术可以指导外业地质调查,提高地质调查质量,改善劳动条件,加快勘测效率,从宏观上把握住地质构造格局和工程地质条件评价,为铁路勘测选线提供可靠的工程地质评价依据。可以说遥感技术用于铁路线路可行性方案比选的优越性,已是公认的事实。

铁路部门遥感技术应用具有丰富的经验,不但设备先进,而且技术力量雄厚,在许多长大干线如:兰新线、成昆线、大秦线、京九线、神港线、西康线、南昆线、内昆线等几十条线的勘测选线中都应用了遥感技术,并取得了明显的效果,显示了遥感技术的巨大优越性。

进藏铁路地形地质复杂,气候条件差,交通闭塞,线路方案比选范围大,采用传统的地面调查方法,不但需投入大量的人力、物力和财力,而且很难保证选出最优的线路方案。像这样复杂的地区利用遥感技术是最能发挥它的作用,因此,建议在进藏铁路线路方案比选时,应充分利用遥感技术,以保证在大面积范围内有效地查明区域地质构造和工程地质条件,为选线提供可靠的地质资料。

充分利用遥感技术进行进藏铁路方案论证

西藏是我国唯一没有铁路的省区,西藏各族人民热切盼望将铁路修到拉萨。修建进藏铁路是毛泽东主席、周恩来总理的遗愿,也是党中央、国务院和全国人民十分关注的问题。李鹏总理在《关于国民经济和社会发展"九五"计划和 2010 年远景目标纲要》的报告中提出,要进行进藏铁路的论证工作。这一问题的提出,具有极其深远的意义。

进藏铁路要通过号称"世界屋脊"的青藏高原,该区海拔高,气候恶劣,自然条件差,地形、地质条件复杂,交通闭塞;进藏铁路线路长,工程艰巨,技术复杂,投资浩大,运营困难,涉及诸多问题。如何修建进藏铁路,是一个十分重大的问题。它将是中国和世界铁路建设史上的伟大壮举。

修建进藏铁路首先遇到的问题是进藏铁路到底走哪个通路? 在约 100 万 km^2 范围内要选出理想的线路方案是一项很复杂而又细致的工作。从新疆、青海、甘肃、四川、云南 5 个省区均可进藏,进藏铁路的通路是很多的,但从历史上西藏与内地的联系以及修建进藏公路看,根据铁路工程的特点,从目前已开展的初略工作看,有四个通路可以考虑,即青藏铁路、甘藏铁路、川藏铁路和滇藏铁路。

上述四条通路到底走哪条通路为优,存在不同看法。尽管有关设计院进行了多次勘测选线,工作也做得较细,但由于未利用遥感图像判释,进一步深入开展工作有一定困难。在此基础上对进藏铁路方案优劣进行评价的依据不够充分,且有些欠缺。尤其是未进行大面积的卫星图像地质判释,即进行带状的线路方案研究,难免出现选线遗漏和失误。如果利用遥感图像进行大面积地质判释,则可弥补地质图上未标示不良地质的不足。这样,既可形象地看到地形又可了解不良地质情况,为大面积线路方案比选提供可靠的基础地质资料。

遥感图像影像逼真,视野广阔,信息丰富。是铁路勘测选线中一种先进的手段。铁路勘测选线中应用遥感技术可以指导外业地质调查,提高地质调查质量,改善劳动条件,加快勘测效率,从宏观上把握住地质构造格局和工程地质条件评价,为铁路勘测选线提供可靠的工程地质评价依据。可以说,遥感技术用于铁路线路可行性方案比选的优越性,已是公认的事实。

进藏铁路地形地质复杂,气候条件差,交通闭塞,线路方案比选范围大。采用传统的地面调查方法,不但需投入大量的人力、物力和财力,而且很难保证选出最优的线路方案。像这样复杂的地区,利用遥感技术最能发挥它的作用,因此,建议在进藏铁路线路方案比选时,应充分利用遥感技术,以保证在大面积范围内有效地查明区域地质构造和工程地质条件,为选线提供可靠的地质资料。

此文刊登在《人民铁道报》编辑部编的"内部情况反映"1997 年第 15 期上,内容与 1997 年 12 月刊登在《人民铁道报》编辑部编的"内部情况反映"上的相似,1997.12.26

对三峡工程库区移民科研课题(工程地质及山地灾害类—G)立题申请项目的一些看法

　　国务院三峡工程建设委员会移民开发局关于"三峡工程库区移民科研课题(工程地质及山地灾害类—G)"的文发送到我院后,院领导请本人过目,并要求提出意见,本人看了该科研课题"申请情况登记表"后,认为不少内容值得进一步商榷,遂写了"对三峡工程库区移民科研课题(工程地质及山地灾害类—G)立题申请项目的一些看法",于 1998 年 3 月 23 日呈送给国务院三峡工程建设委员会移民开发局。后来三峡工程建设委员会移民开发局请本人参加立题的评审会议,项目也作了大量调整。

国务院三峡工程建设委员会移民开发局:
　　本人看了"三峡工程库区移民科研课题(工程地质及山区灾害类—G)"申请情况登记表后,有些想法,向贵局反映如下:
　　1.各单位报来的立题项目多达 56 项,从申请的课题内容看,不少是重复的,或内容大同小异(如 G—002、G—004、G—007、G—010、G—011、G—023、G—024、G—033、G—036、G—053、G—055 等,内容大致相同),有必要作科学的归纳合并,否则资金分散,力量分散,研究的不深不透,造成在低水平上重复和技术力量的浪费。
　　2.严格说起来,三峡工程库区移民科研课题大部分属于应用研究,而且基本上都在不同场合进行过研究,并不存在太多新的研究内容,况且很多技术已经是成熟的,关键在于如何利用成熟的技术解决具体工程问题。当然,在解决具体问题中仍包括一些研究内容。最好从勘测、预测与监测、治理一条龙承担下去(即三者结合),这样便于操作,如果勘测和监测、治理分开,不但投资大,工作中还会带来许多麻烦。
　　3.国家十分重视三峡工程,对科研费用的投资也较多,但不能一轰而上,要有序地进行,一定要进行认真的审查,宁愿审查细些,时间长些,不要轻易审批。
　　4.铁道部门对工程地质与山地灾害的勘测和防治有着丰富的经验,但铁道部门却没有介入该科研课题的申请。应该让更多些部门参加竞争,才能真正从中选出实力较强的单位。
　　5.许多项目从题目看显得很抽象,如新建城镇多目标决策的环境地质灾害研究(G—42),不知是什么意思? 研究后不知能起什么作用。
　　6.许多项目本身就是成熟的技术,或已积累了很多经验,再立项研究意义不大。如滑坡整治研究(G—014),铁道部门总结了很多经验,但由于互不通气以及部门垄断,致使由不熟悉的单位重新立题研究,实属不合理。
　　7.G 类申请课题共 56 项,申请费用约 8 000 万元。本人认为可以归纳为 12 项,研究费用按申请费用的 2/3 即够。
　　紧纳后的 12 项课题的内容如下:
　　1.三峡库区范围地质灾害的评价,监测和防治措施(包括申请栏中的 G—002、G—004、

本文系本人于 1998 年 3 月 23 日写给国务院三峡工程建设委员会移民开发局的个人意见,未正式公开发表过。

G—007、G—010、G—011、G—023、G—029、G—033、G—036、G—053、G—055、G—056 等项)。本项目的具体思路是：利用遥感技术进行全面地质调查，把全流域地质灾害的类别、分布、规模、成因、危害程度、发展趋势等查明，然后确定需地面监测的灾害工点，设置警报系统进行监测，提出急需整治的工点，并提出切实可行，行之有效的防治措施。这一个项目是从系统工程观点提出的一个项目，是较大的一个项目，而且很有实用意见。

2. 长江三峡某些地段库岸再造及稳定性预测与研究(包括申请栏中的 G—008、G—038、G—046、G—055)。

3. 重庆、涪陵河段重点港区航道整治研究(包括申请栏中的 G—015)。

4. 水库运行中库岸水文地质变化规律分析及环境效益研究(包括申请栏中的 G—025、G—027)。

5. 三峡库区高边坡安全监测技术研究(包括申请栏中的 G—034、G—039)。

6. 三峡工程库区古滑坡体的控制与利用研究(包括申请栏中的 G—021、G—031)。

7. 三峡库区地壳倾形变监测预报系统研究(G—028)。

8. 遥感技术在长江三峡库区土壤侵蚀调查中的应用研究(包括申请栏中的 G—035)。

9. 三峡库区部分地段生态地质环境开发与保护规划调查研究(G—045)。

10. 三峡库区山地滑坡地质灾害防治工程新技术、新方法、新材料研究(申请栏中的 G—049)。

11. 对所有新移民城镇环境地质问题进行普查，然后对有环境地质问题的新城镇(居民点)再分别立题进行研究，提出具体防治对策(包括申请栏中的 G—001、G—005、G—009、G—017、G—018、G—019、G—020、G—022、G—036、G—037、G—043、G—047、G—050、G—054)。

12. 对新移民城镇的环境地质问题以及山地灾害危及城镇安全、交通安全或三峡工程建设安全的工点，可单独立项开展防治工作(按工程费用列支，不应计入科研费用)。

以上系个人一些见解，可能有不妥之处，供参考。

关于进藏铁路建设方案及勘测设计
若干问题的思考与建议

"关于进藏铁路建设方案及勘测设计若干问题的思考与建议"（简称建议）是本人于 2000 年 3 月 9 日以书面形式呈送给铁道部孙永福副部长并其他部领导的。写此建议之前，于 1996 年 1 月至 1997 年 12 月间，本人已先后向国家科委社会发展司、《科技工作者建议》、部计划司、人民铁道报编辑的《内部情况反映》等部门和内部刊物上写过多篇有关进藏铁路方案论证采用遥感技术的建议。部有关部门采纳了本人的建议在进藏铁路方案论证中采用了遥感技术，并取得较好的效果。在写本建议的前夕，2000 年 2 月由部计划司主持召开了"进藏铁路方案论证会"，会上专家倾向于先修青藏线，然后才考虑修滇藏线问题。青藏铁路和滇藏铁路方案论证过程中均应用了遥感技术，但由于滇藏铁路沿线地形地质复杂，既有地形地质资料缺乏，方案比选难度更大，更有必要应用遥感技术，其遥感地质调查应用的潜力还很大。因此，本建议主要是针对滇藏线方案比选和勘测而提的。

孙永福副部长并其他部领导：

进藏铁路建设是党中央、国务院和全国人民十分关切的问题，特别是西藏各族人民殷切盼望早日将铁路修到拉萨。西藏自治区面积 123 万 km^2，占全国面积的 1/8，是我国惟一无铁路的省区。修建进藏铁路不但具有重要的政治意义、国防意义和经济意义，也是党中央提出的西部大开发战略的重要举措。

进藏铁路通过海拔平均高度 4 500 m 以上的号称"世界屋脊"的青藏高原、云贵高原西部的横断山脉（三江流域）以及藏东南高山峡谷区等区域。该区地形地质极为复杂，气候极端恶劣，交通十分闭塞，物资供给困难，工程艰巨浩大，这些都是任何地区所无法比拟的。进藏铁路的修建对我国乃至世界都是惊人的创举，也是 21 世纪我国和世界的最艰巨的工程之一。

上述铁路经过地区的客观现实，给进藏铁路勘测设计带来许多意想不到的困难。在该区修建铁路毕竟是以前所未遇到过，带有很大的探索性、科研性和风险性。

青藏铁路早在 1956 年就开始勘测设计工作和高原多年冻土的研究，积累了大量的勘测设计和研究成果；滇藏铁路 1978 年开始勘测设计工作。两条线都经过多次勘测设计工作，最后在 1998 年 12 月均完成了预可行性研究报告，由于种种原因，两条线的预可行性研究报告深度不尽相同。

根据 1998 年 12 月提供的两条线预可行性研究报告的资料，两条线的建筑长度、造价和工期简况如下：青藏线格尔木—拉萨建筑长度 1 085 km，静态投资估算总额 190 亿元，勘测设计工期尚须 4 年左右，施工工期约 6 年，估计 2010 年可通车至拉萨；滇藏线从大理—拉萨建筑长度约 1 594 km，静态投资估算总额约 543 亿元，下一阶段的勘测设计工期约 8 年左右，施工工期 10～12 年，估计 2020 年可通车至拉萨。必须说明的是上述引用的资料是根据 1998 年 12 月两条线提供的预可行性研究报告的资料，并非最终的预可行性研究报告，有些数据可能有所

本建议系于 2000 年 3 月 9 日以书面形式呈送给铁道部孙永福副部长并其他部领导的。

变化。

关于进藏铁路通道问题,部计划司曾组织了多次论证会和讨论会。去年 12 月至今年 2 月针对两条线的预可行性研究报告,部计划司委托部工程总公司组织路内外专家进行了多次论证和专题讨论会,论证结果向部计划司作了汇报。今年 2 月 28 日~29 日,由部计划司主持召开了"进藏铁路方案论证会",部有关司局、设计院、铁路局派员参加了会议。本人有幸多次参加进藏铁路论证会议,各次论证会上许多路内外专家从不同角度发表了许多真知灼见,提出了宝贵建议,这些意见和建议对今后进一步开展进藏铁路线的勘测设计工作将有所裨益。

根据目前进藏铁路勘测设计工作进展情况以及历次路内外专家论证的意见,本人也谈谈对进藏铁路通道和勘测设计工作的一些看法。

一、关于进藏铁路的通道问题

进藏铁路通道最初有四大方案,即青藏、甘藏、川藏、滇藏四条线,1996 年部计划司主持对进藏铁路四条通道进行论证,认为甘藏、川藏两条线工程量大,投资大,无比较价值,最后确定青藏、滇藏两条线进一步开展工作,进行比较。

青藏、滇藏两条线,究竟先修哪一条,专家们有不同的看法。目前两条线勘测工作的深度不一样,但尽管如此,并不影响对通道总的评价意见。对修建进藏铁路的意义,专家们的认识比较一致,主要是加强西藏与内地的联系、维护祖国统一、保持西藏稳定、增强民族团结、巩固西南边防和国土完整、发展沿线经济,等等。对西部经济开发也具有重要意见。

根据进藏铁路修建的意义,结合青藏和滇藏两条线工程艰巨程度,投资数额、修建难易程度、工期长短等,目前,专家们对进藏铁路大致有以下两种看法:

(1)两条线都要修建,先修青藏线,后修滇藏线,待青藏线修至拉萨后,滇藏线从两头同时修建,东端从大理修至德钦(约 450 km),西端从拉萨修至林芝(约 450 km),德钦—林芝段(约 100 km)最后修建。

(2)两条线都要修建,先修滇藏线,后修青藏线。

两条线都要修的原因是因为两条线都具有政治、国防、经济和路网的意义,且两条线的作用不可替代。青藏线修通后,拉萨到北京、上海等主要城市的距离较滇藏线近的多,但滇藏线对沿线经济的发展是青藏线无法替代的。

至于先修青藏线还是先修滇藏线,本人同意先修青藏线后修滇藏线,其原因如下:

(1)青藏线工程简单、造价低、工期短,先修比较现实;

(2)进藏铁路早一天通车,都具有重大意义,修建青藏线较滇藏线约提前 10 年左右通到拉萨,能早日满足巩固国防、增强民族团结,维护祖国统一,保持西藏稳定等的要求;

(3)青藏线勘测设计工作做的较细,高原的多年冻土已经研究了几十年,在修建技术上不存在大的问题,近期内可以开工。滇藏线勘测设计目前还达不到预可行性研究要求,还有大量工作要做,许多工程地质问题还未查明,需研究的课题也较多,要安排足够的时间进行勘测设计与研究,不能操之过急,近期内开工仍有困难;

(4)青藏线修通到拉萨后,滇藏线从两头同时修建,为滇藏线的修建创造了良好的条件,加速了滇藏线的修建速度;

(5)所谓修进藏铁路对发展沿线经济有利,应该说最迫切的是指拉萨地区,这是首先要考虑的。青藏线的修建可尽快发展拉萨地区的经济,其次才是滇西北和雅鲁藏布江干流沿岸。滇西北有三江流域的丰富水力资源,森林(蓄积量约 4.1 亿 m³)和矿产资源(玉龙铜矿、兰坪铅锌矿,都是我国最大的铜矿和铅锌矿),还有大理,中甸、丽江等地的旅游资源;雅鲁藏布江干流沿岸水力资源丰富,林芝,墨脱的森林蓄积量都在 1 亿 m³ 以上,还有松曲沙罗布的铬矿、旅游资源等。从上述滇藏线沿线的森林、水力、矿产、旅游等资源的分布情况可以看出,修完青藏线后,滇藏线东西两头同时开工,西头从拉萨修至林芝,东头从大理修至德钦,这样的安排是合理的,至于中间的德钦—林芝一段,地质复杂、造价高,除有一些森林、水力资源外,其他资源不多,晚修一些无大影响。

当然也可以在青藏线开工时,滇藏线东头的大理至德钦也同时开始动工。这主要取决于国家的财力和云南省的态度。我个人认为,拉萨至林芝段和大理至德钦段的修建对开发沿线的森林、水力、矿产、旅游等资源有促进作用,特别是滇西北旅游资源丰富,大理至德钦段能尽快修通,必将大大促进沿线旅游业的发展,具有明显的经济效益;

(6)滇藏线本身走向不是很明确,例如,究竟走滇藏线还是川藏线还是值得研究,川藏线虽然造价高,工程艰巨,但沿线矿产、水力森林、旅游资源也很丰富。另外,曾经有人提出在雅鲁藏布江上修建高坝,将雅鲁藏布江、怒江、澜沧江、金沙江的水引入黄河,所谓大西线南水北调方案,论证报告已交国务院,如一旦立项,将对滇藏线走向产生影响,有可能迫使滇藏线走向变为成都至大理的川滇线,也不是不可能的。因此,晚修滇藏线是合理的。

二、滇藏线勘测设计工作中存在的主要问题

滇藏线虽然进行过多次勘测设计工作,搜集了不少资料,也查明了许多地质问题、但由于地形地质复杂,气候恶劣,交通不便,供给困难,工作难度较大。勘测设计深度仍达不到预可行性研究的深度,存在的主要问题是:

1. 缺少1∶5万和1∶1万地形图;按新的勘测设计程序和文件组成与内容的要求,即按铁建设[1999]99号文的要求,预可行性研究在地形、地质复杂地区应进行1∶1万地形图的选线。而滇藏线不但几乎无1∶1万地形图,就是1∶5万地形图还不全,这是该线预可行性研究无法深入的一个重要原因。

2. 许多工程地质问题未查明:滇藏线位于印度板块和欧亚板块的挤压缝地带,地质构造极为复杂,岩层极为破碎,地形切割强烈,沿线活动断裂,高地震烈度、冰川、雪崩、泥石流、滑坡、崩塌、地热、高地应力及岩爆等不良地质种类繁多。

有的不良地质是以往铁路修建中所未遇过,有的虽然在以往铁路修建中遇到过,但在滇藏线的特殊自然条件下,其规模和危害性更大些。以上一些工程地质问题并未完全查明,由于受各种条件的限制,难以顺利深入研究。如活动断裂的评价问题、地震与活动断裂的关系、地震频率、高地应力与岩爆,等等,这些内力作用造成的工程地质问题研究的程度还较低,有的是研究的空白区。可以说工程地质问题是否查明,是滇藏铁路修建成败的关键。

三、加强进藏铁路线勘测设计工作的几点建议

建议内容以滇藏线为主,有的也适用于青藏线。

1. 加大前期工作资金的投入,加强前期工作

通过总结铁路建设经验,据我所知,应该说目前关于加强铁路勘测设计前期工作的认识,可以说上下认识基本一致,都认为应加强前期工作,而且这几年在前期工作加大资金投入方面也有所体现。

滇藏铁路的修建是举世闻名的艰巨工程,地形地质又极为复杂,更应加强前期工作资金的投入。事实上,由于加强了前期工作,将使以后的勘测设计工作、施工以及运营阶段带来许多方便和节约大量费用,具有明显的社会经济效益。其实前期加大投入所需的资金只不过是从大量的该线建设费用中抽出很少的一部分,提前使用而已,确能产生明显的社会经济效益,何乐而不为。

2. 加强工程地质调查和专题研究工作

滇藏线由于特殊的地形、地质和气候条件，内外力作用均很剧烈，孕育了各种不良地质现象，并以类型齐全、数量众多、规模巨大、危害严重而著称。在众多的工程地质问题中，以活动断裂、高地震裂度、冰川、雪崩、泥石流和崩塌、滑坡最为严重，是控制线路方案的主要工程地质问题。上述这些工程地质问题以八宿—林芝的约400余公里地段最为集中，最为严重，其中八宿—鲁郎300余公里有泥石流150余条、然乌—东久段线路通过上游有冰川的支沟约40余条，大型滑坡发育。为何这一段地质这么复杂，不良地质又最多呢？这是因为这一段处于世界最大的大峡谷雅鲁藏布江大拐弯的外围，是印度板块顶撞欧亚板块应力最集中的地段，也就是通常被地质学家称为"阿萨姆三角地带"或"南迦巴瓦三角地带"，或者通称为"牛角尖"地段。路内外地质专家一致认为此段地质最为复杂，也是世界上地质最复杂的地区。但只要重视地质调查工作，认真查明工程地质问题，选线合理，工程措施恰当，就可保证铁路的安全。因此建议此段要开展超前"加强地质工作"，安排与勘测相结合的探索性的科研项目。关于详细的地质研究专题，在该线预可行性研究报告和部工程总公司的专家论证报告中均已列出，这里就不多提了。

3. 全线进行航空摄影，开展航测制图和遥感地质调查

(1) 目前滇藏线1∶5万地形图纸上定线，满足不了预可行性研究的需要（况且1∶5万地形图还不全），应测制1∶1万航测图，使选线勘测工作得以深入顺利进行。我部第四勘测设计院已购买机载 GPS 航空摄影系统，可在航空摄影的同时，实时获取像主点的高程和平面位置，从而大大减少了外业控制测量工作。

(2) 开展全线陆地卫星图像和航空像片相结合的地质调查工作，并编制各种专题图。

4. 采用各种先进技术

(1) 勘测中采用直升飞机：滇藏线地形地质复杂，交通困难，勘测工作难度较大，勘测效率低，劳动强度大，应考虑采用直升飞机运送物资，包括大型钻探机具，勘测、生活必须品等等。以提高勘测效率，改善劳动条件。作为我国21世纪一项巨大工程，勘测设计现代化应充分体现出来，采用直升飞机是顺理成章的事，应该说并不过分。在国外勘测工作中，早已采用直升飞机。

(2) 充分利用三维图像和三维数字透视图：三维图像和三维数字透视图是一项新技术，在公路选线中已经应用，铁路部门在滇藏铁路部分地段和青藏线全线已制作了三维图像，但质量还不高，问题还不少，应继续完善。三维数字透视图还未开始用。三维动态图像有两种主要作用，一种作用是在汇报线路情况时，作为一种景观图，让人们在室内条件下能很快浏览全线的景观，不到现场就能像深入其境一样的看到真实的景观，使汇报效果更好些；还有一种作用，可以说更为重要，就是各专业人员可在室内观看三维图像进行方案比选。当然三维动态图像如果做成正射影像图，图中标示出地质资料和等高线，那就更好了，还可随时绘出横断面进行横断面选线。总之，三维动态正射影像图选线是选线工作的一个重要变革，目前方兴未艾，具有广阔的应用前景。

(3) 其他一些新技术的应用，等等。

5. 开展大协作攻关

中国科学院系统、国土资源部、国家地震局等，在西藏和滇西北地区均开展了大量地质、地震调查工作，所获取的资料对进藏铁路勘测设计工作非常有用，他们力量雄厚，长期在西藏和滇西北地区开展研究工作，对区域性地质构造、活动断裂、地震、地应力等等，开展了不少研究工作。但毕竟受各种条件的限制，该区研究程度还较低，有的可以说是空白区。我部可以和路外单位共同向国家申请立项，联合攻关，把主要地质问题查明，以利进藏铁路勘测设计工作进

一步开展。

6. 部领导应加强对进藏铁路工作的领导,成立进藏铁路建设领导小组。

进藏铁路建设是造福子孙后代的千秋大业,是党中央国务院和全国人员都很关心的一件大事,望部领导亲自挂帅,成立有关领导参加的"进藏铁路建设小组"。

上述的看法和建议,实际上是许多专家的意见,当然也包括我本人的意见。本人在1975年、1976年分别参加过青藏遥感地质调查工作。此后一直关注着进藏铁路的方案比选问题,多次向部领导建议进藏铁路开展大面积的航测遥感选线和地质调查工作。从1996年初开始,先后向《科技工作者建议》、《人民铁道报》的"内部反映情况"投稿,并以写信、汇报等形式向国家科委社会发展司、部领导、部计划司等提过建议。计划司领导采纳了本人的建议(当然也包括其他人的建议),于1998年安排了进藏铁路的遥感地质调查工作,使长期未能实现的滇藏线1∶5万地质图填图工作,通过遥感图像判释调查编制出来,为该线进一步开展勘测设计工作创造了有利条件。进藏铁路遥感地质工作,在1999年2月8日《科技日报》头版有报导。

本人的看法和建议可能有片面性,或挂一漏万。有不当之处,请部领导审阅并批评批正。

关于美籍华人叶伯陶教授到
我部讲课的情况汇报

　　根据教育部(80)教外局字 2366 号文"关于接待美籍教授叶伯陶的通知",由北京大学邀请,铁道学会与铁道部专业设计院资助,共同举办了一期"遥感培训班"。培训班内容为"航空像片在道路工程中的应用",主讲者是美国印第安纳州普渡大学土木工程系叶伯陶教授。培训时间从 1980 年 9 月 22 日～10 月 18 日,共 4 周,正式学员 30 名,旁听学员 5 名。为了培训班和有关学术活动的顺利进展,铁道部专业设计院与北京大学遥感应用研究室签订了"关于培训班的议定书"。根据议定书的规定,铁道部专业设计院支付培训班教学经费人民币 1 000 元;负责培训班野外实习期间的费用,提供实习资料和交通工具;为专家组织一次业务旅行;派员协助专家讲课材料的整理等等。北京大学负责整个教学的组织安排工作,为铁道部提供免费学习学员 15 名,请专家为铁道学会作一次学术报告。

　　根据协议书的规定,执行情况如下:

　　1. 组织人员参加培训班学习

　　培训班地点:北京大学遥感应用研究所;培训时间:1980 年 9 月 22 日～10 月 18 日。铁道部参加培训班的人数共 17 人,其中铁一院 3 人、铁二院 1 人、铁三院 3 人、铁四院 1 人、铁专院 3 人、西南交大 3 人、北方交大 2 人,兰州铁道学院 1 人。

　　2. 组织野外实习工作

　　实习地点经与北京军区进行多次联系,最后选定在兴蓟铁路的靠山集至将军关段,长约 10 km。实习时间为 1980 年 10 月 8 日～11 日。我院为野外实习提供了几套全色黑白航空像片(每套 44 张),数套彩色红外片及数套 1∶1 万地形图。

　　3. 组织举办学术报告会

　　由铁道学会和我院共同组织了一次学术报告会,由叶伯陶教授作报告,学术报告题目为"太空时代的道路选线",时间:1980 年 9 月 26 日,地点:铁道部三楼会议室。参加学术报告会者共 148 人,涉及单位 32 个。其中路内单位 14 个,100 人;路外单位 18 个,48 人。

　　4. 经织咨询座谈会

　　1980 年 10 月 7 日在铁道部专业设计院组织了一次咨询座谈会,参加咨询座谈的人员包括铁道部基建总局、铁道部专业设计院以及铁路系统参加培训班等的部分人员共 30 人。

　　咨询的内容包括 5 个方面:

　　(1)遥感技术在工程地质及水文地质方面应用的广度、深度、效果及发展前景。

　　(2)遥感各片种能解决哪些问题? 如何评价各片种的作用,各片种的特点及缺点。

　　(3)美国主要用哪些判释仪器? 以哪种判释仪器为佳。

　　(4)美国道路勘测的程序如何? 采用遥感技术后的程序有何不同。

　　(5)数学地形模型在道路选线中的应用情况。

　　(6)旧线改造用过航片否,有否实际应用例子。

　　本情况汇报是由本人准备的汇报稿整理而成,该汇报稿向部基建总局领导作了汇报,1980.10

（7）国外有哪几种地质判释理论？

（8）遥感在工程地质应用方面，国外正在进行科研的有哪些主要课题？

5．技术资料交流方面

（1）双方介绍了各自的技术成果，叶教授介绍了他本人利用航片编制的印第安纳州的土壤图和水系图；我院遥感专业人员介绍了航空地质样片集，航片在铁路选线中应用的效果和实际例子以及遥感技术应用研究成果，得到叶教授的好评。

（2）提供给叶教授的资料

经部基建总局同意和国家测绘局的审批（主要是像片部分），送给叶教授以下资料：

①工程地质样片集第一集的部分岩溶样片。

②《青藏铁路沿线多年冻航片的判释》文章。

③青藏线多年冻土分区样片。

④点苍山航空彩色红外片像片略图。

⑤卫星像片在铁路勘测选线中应用的初步探讨（滦河大桥）。

⑥腾冲洱源地区航空遥感试验报告。

通过本次培训班和学术活动，有以下收获和体会：

1．本次讲课内容不如预想的那么好，遥感只介绍一般概念和基本知识，对于工作多年的遥感专业人员，收获不是太大。另外，讲课内容的专业知识面也太窄，主要只讲第四系地层和水系的判释，而第四系地层中又侧重于冰水沉积层为主，冰水沉积层在野外工作中很难遇到，没有普遍意义。

2．对美国遥感技术在工程地质和水文地质调查中应用的广度、深度及效果，有所了解。他们在道路选线中遥感技术的应用主要是应用传统的黑白航空像片，卫星图像及其地片种为辅，与我国当前遥感片种应用情况很相似。他们认为黑白航片能较其他片种更全面地获取工程地质内容，但确比其他片种要经济得多。以彩色红外航片为例，在美国，它比传统的黑白航片要贵 1 倍左右，在我国则要贵 1.5 倍左右；再以天然彩色航片为例，它对找矿及农林调查方面效果较好，也因成本高，而很少采用。

3．在美国，遥感图像的判释，也仍然以目视判释为主，自动分类和判释仍处于研究阶级；数字地形类型主要用于线路纵断面优化及土石计算等方面。在地质图像的编制方面主要是利用航片判释和搜集既有的地质测绘及勘探资料，外业只选择典型地段作重点核对。在美国各种测绘资料的索取比较方便，各种比例尺的航片都是公开出售的，各种资料的搜集，可通过电话、信函、电子计算机终端等搜集到。

4．美国在道路勘测中应用遥感技术后的作业程序大致如下：首先进行卫星图像宏判释了解区内的地貌、地质背景，确定线路必经点；其次利用 1：2 万～1：4 万航片（美国全国范围内均有）进行判释，确定线路具体位置；接着进行单路线的 1：6 千的航空摄影，编制 1：2.4 千的地形图，并进行纸上定线和地面放线（利用 1：6 千的航片）；最后，施工完毕交付运营时，全线再进行一次大比例尺航空摄影，摄影资料交运营单位使用。

5．总的看来，美国在遥感装备及判释仪器方面，较先进。但也不是所有单位均装备新的仪器设备，而是集中在几个单位，如 101 自动分类系统，美国也只有几台，集中在遥感研究中心等部门，新的仪器设备，只要花钱，各单位均可使用，比较方便。一般遥感应用研究机构都备有常规的遥感仪器及判释仪器。普渡大学的航空地质样片较多，学生可以博览了解各种类型的地质样片。

6．遥感技术应用效果与遥感图像的清晰度有关，美国对遥感图像处理较重视，他们利用激光处理技术，将 1：3.369 百万卫星图像放大成 1：25 万的假彩色片，影像十分清晰，应用部门可直接买到它进行专业判释应用。我部也应重视这项工作，应购买必要的遥感图像处理仪器，增强影像信息内容，提高判释效果。另外，航片判释仪器也应进行必要的更新，如高倍率放大的判释仪器、双人判释仪器等可增添些。

7. 今后邀请国外专家讲课或作专题报告，事先应对专家的专长及其讲授的详细内容进行详细的了解，然后安排专业对口的人员参加听讲，才能取得较好的效果。这次叶伯陶教授为铁道学会所作的"太空时代的道路选线"，题目很吸引人，但内容和题目不相适应，显得空洞，效果较差。另外，专家讲课的条理性、表达能力等，也是讲课效果的重要因素之一。

8. 从目前国内科技人员的外语水平看，还是尽可能邀请外籍华人讲课效果更好些，华人直接讲中国话，较外国人讲外语，请翻译所了解的内容，效果要好些。

9. 应加强技术人员的外语培训，提高外语水平，才能更好地和国外专家进行学术交流。

英国运输与道路研究所 P. J. 比文
先生学术交流情况简介

本情况简介系当时本人所写,本人参加了比文先生访华学术交流的全过程,学术交流结束后写了本情况简介。由于比文先生是应中国铁道学会邀请来我国进行学术交流和讲课,学术交流结束后,中国铁道学会铁道工程委员会勘测技术学组曾向中国铁道学会铁道工程委员会上报了"英国运输与道路研究所 P. J. 比文先生访华情况汇报"的报告。本情况简介与勘测技术学组上报给铁道工程委员会的报告略有不同,但基本内容相同。

一、概　　况

应中国铁道学会邀请,英国运输与道路研究所地质遥感专家 P. J. 比文先生于 1983 年 4 月 11 日~30 日,偕夫人来我国进行学术交流和讲课。比文先生是英国运输与道路研究所工程地质与遥感处负责人,在工程地质、道路选线、遥感技术等应用方面,有较丰富的经验。他这次讲学主要是介绍该所在铁道和道路勘测中应用遥感技术的方法,效果和发展。

在华期间,比文先生先后在铁道专业设计院作了遥感学术报告(参加听报告的有在京路内外 18 个单位,约 100 名代表),到中国科学院遥感应用研究所座谈和参观,还进行了一次遥感技术座谈(参加座谈的有路内外 25 单位,59 名代表)。4 月 27 日~28 日,铁道部专业设计院和隧道工程局有关人员陪同比文先生到大瑶山隧道班古坳附近进行实地观察,并对大瑶山隧道遥感工作谈了看法。

技术座谈是采取比文先生讲课为主,提问题为辅的方式。座谈其间,我方向比文先生介绍了我国铁路勘测中遥感技术应用的概况和大瑶山隧道遥感技术应用情况,比文先生也针对大瑶山隧道地区陆地卫星 MSS 数据计算机图像处理成果阐述了个人见解。

学术交流期间,双方互相赠送了学术资料。比文先生赠送给我方英国运输与道路研究所(Transport and Rood Research Laboratory—TRRL)有关遥感学术报告 9 篇,复制手册一份和报告二份,大瑶山隧道地区陆地卫星图像处理成果 29 张以及幻灯片 152 张;我方向比文先生赠送了"工程地质航片集"一册及"卫星与航空像片在多年冻土工程地质条件划分中的应用"(英文)一份。

二、讲课内容

本次讲课的内容包括图像获取,图像处理和地质判释三部分。

1. 图像获取部分:主要介绍了遥感各片种的特点及适用性,其中较详细介绍了 Landsat—4 与前三颗 Landsat 的区别,并对计划于 1984 年发射的法国 SPOT 卫星,作了简要介绍。

2. 图像处理部分:对光学图像处理和电子计算机图像处理均进行了介绍。具体内容包括图像恢复、图像增强和分类技术,但重点是介绍卫星图像数据的计算机图像处理,其中图像增强部分介绍的较细。

3. 地质判释部分:主要结合印度尼西亚、马来西亚、苏丹、埃塞俄比亚、尼泊尔等地区使用

本情况简介系本人记录整理,未公开发表过,另有正式文报中国铁道学会铁道工程委员会,1983.5

航空像片和卫星图像进行判释的实例进行介绍。重点介绍土地分类、岩性识别、不良地质现象、古河道、建筑材料产地（寻找采石场及砾石产地）、洪水淹没区及桥址选择等等的判释经验。

除上述三大部分内容外，还介绍了英国运输与道路研究所的概况、遥感技术在隧道勘测中的应用以及遥感技术在道路规划与设计中的应用深度等。最后，还就我国铁路部门遥感图像处理系统的规模问题谈了看法。

三、学术交流的收获

我们认为这次遥感技术座谈内容和我们所要了解的内容是对口的，特别是结合大量幻灯片进行讲解，效果较好。与会者普遍认为这次学术交流收获较大，归纳如下：

1. 对英国在铁道和道路工程勘测中遥感技术的应用情况有了较详细的了解，如对英国道路勘测中遥感各片种应用的实际效果、各勘测阶段应用深度、图像处理应用的效果以及英国在铁路和道路勘测中遥感技术应用水平，有了进一步的了解。其中有些经验与认识和我国相同。例如：地质判释主要是应用传统的黑白航空像片，在道路选线前期，一般也都使用既有航空像片，卫星图像主要用于区域宏观背景的分析、选线的规划与可行性研究；在遥感图像判释中，强调与地质图、地面调查相结合的综合分析方法。而另一些的经验和体会对我们也有所启发，例如，使用轻型飞机拍摄各种所需比例尺的高质量专门供判释用的像片；在飞机侧面安装轻便航空摄影装置；电子计算机图像处理比较方便等等，都值得我们考虑。

2. 英国在道路工程勘测中，遥感技术应用的深度与我国有所不同，如在地层岩性判释方面，一般只勾绘出岩石露头，且不强调系统的地质填图，有其一定优点。目前我国铁路航片应用趋向于较系统的完整的填图，强调整饰，以致航片的整饰工作量较大。今后，在航片应用深度方面，还应进一步摸索，不应把大量时间花在判释整饰上，而要以能快速配合新线勘测方案选择为原则，既要满足方案比选的需要，又要简便易行，避免一些无效的劳动。因此，英国的有些经验，可供参考。

3. 通过这次遥感技术座谈，学习到一些国外的先进技术，看到了我们的不足，但也不必妄自菲薄，其实在某些方面，如目视判释经验方面，我国水平还是不低的，由于我国幅员辽阔，地形地质复杂，所积累的判释经验还是比较丰富的。我们要增强信心，使工程地质判释水平达到国际领先地位，并不是不可能。

四、建　议

1. 我们认为英国运输与道路研究所和我国铁路遥感工程地质工作性质相同，他们在遥感工程地质应用方面有一定基础和经验。我们应重视这次和比文先生建立起来的友好关系渠道，进一步加强联系和学术交流，应积极争取派员到该所考察或参加工作，也可对共同感兴趣的课题进行协作。

2. 通过这次学术交流，深感我部工程技术人员外语水平较差，以致很难深入地共同探讨有关技术问题。建议领导从长远考虑，采取具体措施上，使具有较丰富实践经验的工程技术人员的外语水平在短期内有所提高，达到能共同探讨有关技术问题的能力。

遥感技术在铁路勘测中的应用

遥感图像视野宽阔，影像逼真，实践证明，它是铁路勘测的一种非常有效的手段。大家知道，以往用传统的地面方法进行铁路线勘测，在测绘地形图时，要用地形尺跑点，工作量很大，地质、水文等专业在填图时也很费时间。在地形复杂的地区，既不安全，质量也很难保证。而利用遥感技术进行线路方案研究、测地形图和地质、水文等专业勘测，可以提高方案研究和勘测资料的质量和效率，增强外业勘测的预见性，避免盲目性，还可减免部分外业勘测工作量，改善劳动条件。

我国铁路勘测，从 20 世纪 50 年代中期起，就开始应用航空像片，到了 70 年代，随着遥感技术的蓬勃发展，卫星像片也才始得到应用。

遥感技术在铁路勘测中，以地质、水文两个专业用得较多，效果也较好。在工程地质勘测中，应用遥感图像的分析判断，可以查明各类地质现象，从而进行工程地质分区，作出工程地质条件评价；在水文勘测中，应用遥感图像可以选择桥渡位置和水文断面，确定洪水泛滥线，分析河道变迁等。

铁路勘测的各个阶段均可利用遥感技术，但目前应用得较多的是可行性研究和初测阶段。目前许多地形地质复杂的长大干线的新线勘测，多已利用遥感图像进行工程地质及水文的分析，取得了很好的效果。如青藏铁路通过号称"世界屋脊"的青藏高原，由于该区气候恶劣、交通闭塞、人烟稀少，在勘测中应用了遥感技术配合地面勘测，从而克服了上述不利因素，在不到半年时间内，就完成了航片地质测绘 2 000 km。

目前，在旧线改造中，也开始应用遥感技术。如大瑶山隧道全长 14.3 km，是目前我国修建的最长的隧道，系京广线改建的重点工程。该隧道位于南岭山脉的瑶山地区，山高谷深，丛林密布，地形地质条件十分复杂。当时该隧道的勘测工作是沿袭传统的地面测绘方法进行的。先后有两个综合队、一个地质队、一个物探队参加了勘测工作，历时两年，队员们风餐露宿，钻丛林，登群峰，足迹遍山野，历尽了千辛万苦，付出了巨大的代价，才取得了珍贵的勘测资料。1982 年，采用遥感技术对该地区进行了多种遥感图像的分析对比工作，辅以重点现场调查，一个综合组在不到一年的时间内就完成了大瑶山隧道遥感工程地质分析工作，对该地区的工程地质条件及水文地质特征，作出了评价，为施工提供了预报性信息。

又如宝鸡—成都铁路线是我国 50 年代建成通车的，该线穿越秦岭山区，地形、地质条件均甚复杂。由于当时勘测技术落后，在地质复杂的山区修建铁路还缺乏经验，所以铁路建成通车后，滑坡、崩塌、泥石流等不良地质病害甚为严重。尤其是宝成线北段沿嘉陵江的某段一百余公里线路，滑坡、崩塌达 100 余处之多。

为了查明该线病害产生与地质构造的关系，以往用传统的地面方法进行了大量的勘测和勘探工作，也查明了某些病害产生的原因。为了进一步查明病害产生与地质构造的关系，我们曾利用陆地卫星像片，结合已有地质资料，进行区域地质构造分析。从该区卫星像片上可以看到，断层构造和岩块构造显示得极为醒目。

通过卫星像片的判释发现，凡是大量产生滑坡、崩塌病害的地区都是位于断裂带和岩块边

本文系应《人民铁道》报之约而写的，刊登在该报 1985 年 4 月 12 日"铁道科技"版（第 9 版）第 119 期上。

缘部位，因为这些部位都是挤压破碎带。而在压性断裂河谷两侧的一些与它直交的张性断裂交汇处，常常是产生泥石流的地方。由此可见，卫星像片是研究病害产生原因与地质构造的关系的十分理想的手段。

此外，目前还应用遥感技术对既有铁路上的泥石流、滑坡、塌方等工程病害进行普查和动态分析，并已初见成效。

随着电子计算机的广泛应用和遥感仪器设备的更新配套，遥感技术在铁路勘测中的应用将具有广阔的前景。当然，遥感技术只是铁路勘测的一种手段，它必须与地面勘测、勘探、化验等其它手段结合起来，才能真正发挥它的作用。

铁路遥感技术大有可为

遥感技术是本世纪 60 年代蓬勃发展起来的一门综合性科学技术的探测手段。

遥感的含义是：在一定距离外感测目标物的信息，简单的说，就是遥远的感知。现代遥感技术实际上是在航空摄影基础上发展起来的，它比传统的航空摄影更加完善和优越，主要表现在：摄像距离扩大了，成像方式多样了，记录波段增宽了，图像信息丰富了，记录方法改进了。

遥感技术的出现，大大延伸了人类的感觉器官，为我们观察，认识自然界提供了新的极有效的手段。对地学而言，遥感技术更具有无可比拟的优越性，已引起世界各国广泛的注意和极大的兴趣，不少国家成立了遥感技术方面的专门机构，把遥感技术的引用作为国家发展规划中的重要项目。

在我国，近几年来遥感技术也有较大发展，在研究和应用上取得了初步成效。

铁路勘测于 20 世纪 50 年代中期就已开始利用航空像片进行地质调查，到了 70 年代中后期，随着遥感技术的迅猛发展，开始引用陆地卫星像片，并对其它遥感片种进行试验性应用。由于遥感图像视野宽阔、影像逼真，可在室内条件下进行反复判释，利用不同时期的遥感图像还可进行铁路某些不良地质现象，如沙丘、泥石流等的动态分析，且具有较好的经济效益。它深受广大勘测人员所欢迎。

遥感技术在铁路勘测中的基本作用是：有利于大面积方案比选，提高方案比选和勘测质量；增强外业调查的预见性，有利于勘探点的合理布置；改善劳动条件，加速勘测进度，等等。据估计，在长隧道地区利用遥感图像判释提供工程地质资料，可减少 1/2～1/3 的外业工作量；在青藏高原利用航片进行冻土工程地质分区判释，野外只进行少量验证，不但分区准确，而且可以提高效率十几倍。

铁路勘测的各个阶段均可应用遥感技术，但以可行性研究和初测阶段应用效果最好，定测阶段和施工阶段在特殊情况下应用，也可取得一定效果；就应用面而言，在新线和既有线勘测、长隧道、特大桥、枢纽和大型水源工点勘测，以及工程病害普查和动态分析等方面均可应用；就专业应用而言，利用遥感资料可以编制各种比例尺地形图，还可进行线路、地质、水文、路基、隧道、施工调查、站场等各专业的判释应用。

最近几年，许多长大干线的新线勘测，均利用了航空像片和卫星像片进行工程地质和水文判释，发挥了较好的作用。此外，既有线的改造和运营管理、病害普查和动态研究，长隧道勘测和大型水源工点勘测等，也开始应用遥感图像判释，并取得一定成效。例如，最近在石太线进行 1∶2 000 航测测图时，首次将地质成果反映到航测图上，使用单位感到满意。

为了深入探讨铁路勘测中遥感技术应用的效果，于 1980 年开始，有多项遥感科研项目列入铁道部和国家科委控制的科研项目内，其中包括：多种遥感手段在铁路勘测中应用范围和效果的研究、大瑶山隧道遥感各片种的应用研究、应用遥感技术进行泥石流、滑坡普查和动态变化的研究等等。这些科研项目均密切结合生产进行，并取得不同程度的效果。

此外，根据我部多年来铁路勘测中积累的判释经验和搜集的航空地质样片，编制了《工程地质航片集》，提供给有关生产、科研、教学单位使用，受到有关单位好评。西南交大和铁道部

本文系应《人民铁道》报"我为铁路建设献计策"约稿而写的，发表于 1985 年 12 月 13 日《人民铁道》报上。

专业设计院共同编写了《遥感原理和工程地质判释》一书，该书总结了多年来铁路遥感技术的判释经验，得到国内外专家的好评，被评为 1982 年度全国优秀科技图书二等奖。

铁道部所属各勘测设计院均已开展了遥感工作，许多勘测设计院、部属高等院校设置了遥感机构。路内系统举办了多期不同等级的各种类型遥感培训班。目前，铁路基建系统从事遥感工作的专业人员达 50 余人。遥感技术逐步得到推广。

遥感技术在铁路勘测中应用的优越性是勿庸置疑的，然而由于某些人为的原因和目前客观条件的限制，使遥感技术的推广应用遇到困难，例如勘测设计机构体制不利于遥感技术的发展，遥感技术的应用方法尚无章可循，某些地区由于天气等原因，难于及时获得所需的遥感图像，等等。有待今后逐项予以解决。

为了促进今后遥感技术的推广应用，并不断取得新的进展，提出以下一些意见，供有关领导作技术决策时参考。

1. 有组织地推广与使用遥感技术，促进遥感技术的不断发展，推广遥感技术在铁路勘测中的应用。

2. 应对目前各设计院的机构体制和庞大的勘测设计队伍进行必要的调整和改革，使其有利航测、遥感技术的开展。要对广大勘测设计人员进行遥感技术培训，把传统的地面勘测方法改变为以航测，遥感方法为主，结合地面工作的新的铁路勘测方法和作业程序，逐步摆脱目前庞大的勘测队伍和落后的勘测方法，实现铁路勘测现代化。

3. 为了使铁路勘测中航测、遥感技术的应用有章可循，应在以往实践的基础上，制订出航测遥感技术在铁路勘测中应用的作业程序和作业细则，并选择一条新线，按新的作业程序进行勘测、设计，然后总结并推广应用。

4. 航测遥感技术的应用要适应社会的需求。"七五"期间铁路新线勘测任务较少，而营业线改造和运营管理的测图任务相应增加，遥感技术也应从以往以新线勘测为主转移到为营业线改造、运营管理、病害普查方面来。当然，如有新线勘测任务，仍然要在新线勘测中充分发挥遥感技术作用。

5. 遥感技术是新兴的技术，但铁路系统至今无专门的遥感研究和管理的机构，这种状况很不利于铁路遥感技术的发展。目前许多部门（如地矿部、石油部、水电部、林业部、农业部、煤炭部、冶金部、核工业等）均成立了遥感中心，并促进了遥感技术的发展。铁道部也应尽快成立铁路遥感技术专门机构，统管全路遥感技术的科研、技术开发、人员培训、技术推广、情报开发交流等工作，以不断促进铁路遥感技术的发展。

现代"千里眼"遥感技术

"遥感"一词,是 1962 年在美国密执安大学等单位发起的《环境科学遥感讨论会》上提出的。顾名思义,遥感的"遥"字,是遥远的意思,"感"是感觉的意思,因此遥感的含义就是在一定距离外感觉目标物的信息。任何物体都会反射或辐射电磁波,并可记录成信息,不同的物体其反射或辐射的能量是不同的,人们通过物体辐射的能量大小所反映的信息强弱来识别物体属性,这就是遥感技术的基本原理。自然界有许多动物具有遥感本领。蝙蝠有一个奇特的喉咙,能发射 2.5 万～7 万赫兹的超声波,遇到障碍物后反射回来,根据反射的超声波判断障碍物的方向和距离,使它能在黑夜中自由快速飞翔,即使是透明的玻璃窗也不会碰撞。

获取遥远的信息

遥感技术是用光学、电子学和电子光学的传感器,在高空或遥远距离处,接收物体反射或辐射的电磁波信息,应用电子计算机或其它信息处理技术,经加工处理,成为能识别的图像,然后经人们分析判释,揭示出被测物体的性质、形态和动态变化。遥感技术按运载工具的不同,分为航天遥感、航空遥感和地面遥感;根据传感器工作波长的不同,可分为微波遥感、红外遥感和可见光遥感等;根据传感器工作的特点,可分为主动式遥感和被动式遥感。

遥感的应用领域非常广泛,包括地质、地貌、地理、农业、林业、生物、资源、海洋、大气、测绘、考古、陆地水文、工程勘测、军事等等。

遥感技术的出现,大大延伸了人类的感觉器官,为观察认识自然界提供了新的有效手段,古代神话中的"千里眼"变成现实。今天,不单在地球表面再也没有神秘莫测的角落,即使是茫茫天宇和遥袤星体的奥秘,也将越来越多地被揭示。

遥感技术的发展

"遥感"一词虽然是 20 世纪 60 年代出现的,但早在 1858 年,人们第一次从气球上拍摄巴黎鸟瞰像片开始,就已萌芽。20 世纪初,开始用飞机进行航空摄影,在此基础上,逐步发展成现代遥感技术。它的应用范围迅速扩大,目前,在美国已应用到 40 多个部门,在欧洲已推广到 30 多个领域,就是在第三世界的菲律宾、泰国等国家,也涉及到 30 多个方面。在我国,遥感技术已应用到区域地质、土壤、农业、海洋、水利资源调查,土地利用、环境监测、城市规划、石油普查,以及铁路、水利和电力的勘测等方面。

我国铁路勘测从 50 年代中期开始,就利用航空像片编制地形图,进行地质、水文判释。到 20 世纪 70 年代,随着遥感技术的蓬勃发展,陆地卫星图像和其他航空遥感图像,也相继应用和研究。

用于工程地质勘测

用传统的地面方法勘测铁路线,劳动条件差,效率低,工作被动,尤其在地形地质复杂地区,既不安全,又难保证质量。应用遥感技术,可以提高方案研究和勘测资料的质量,增强外业

本文系应《铁道知识》编辑部之约而写的,属于科普性质的文章,发表于《铁道知识》1986 年第 5 期,1986 年 10 月。

勘测的预见性,加快勘测进度,改善劳动条件,并有利于勘探点的合理布置。

在工程地质勘测中,应用遥感图像判释,可查明地貌、地层、岩性、地质构造、不良地质现象等,然后进行工程地质分区,作出工程地质条件评价,特别是对铁路工程中常见的不良地质现象,如滑波、崩坍、泥石流、沙丘、沼泽等,利用遥感图像判释,可确定其范围和类别,还可对其分布规律和产生原因进行分析。据西南地区某条铁路长约 650 km 一段线路的统计,在现场踏勘编制的 1:5 万~1:10 万工程地质略图上,标出的各种不良地质现象仅有 280 处;但在这段线路用小比例尺航片判释编制的工程地质预判图上,标出的不良地质现象则达 600 余处。据不完全统计,这段线路不良地质现象判释的准确率可达 75%~90%,有的不良地质现象,如滑坡、泥石流的准确率可高达 90% 以上。

向部工程总公司领导汇报遥感工作的提纲

本汇报提纲于 1990 年 4 月 10 日向铁道部工程总公司领导汇报过,在向工程总公司汇报前于 4 月 7 日向铁道部专业设计院领导进行了汇报。当时正是我部遥感技术蓬勃发展之际,成绩显著,但如何进一步满足铁路勘测设计的需求也面临着一些急待解决的问题。工程总公司领导十分关心铁路遥感技术的发展问题,为了了解铁路遥感工作情况、存在的问题及今后的发展设想,要求铁道部专业设计院汇报一下遥感工作情况,院指定本人向工程总公司领导进行汇报。虽然当时汇报的是以我院的遥感工作为主,但实际上牵涉到全路遥感工作的内容,该汇报提纲的内容包括:铁路遥感工作概况、存在的问题、改革的目标和设想,以及分阶段实现目标等四大部分,约 1 万余字。鉴于原汇报内容过多,故略作删改后,发表于下文。主要是第一部分遥感工作概况作了部分删减,其他三部分仍保持原汇报时的内容。

应该说这次汇报中提出的问题和设想,为后来部和工程总公司领导决策航测遥感技术发展和采取措施方面起到一些催化作用。

一、铁路遥感工作概况

遥感技术为人们认识自然、改造自然提供了一种理想的手段,从地学范畴看,遥感技术是地学调查研究的一场变革。

我国铁路勘测于 20 世纪 50 年代中期就开始应用航空像片进行地质调查,70 年代中后期又陆续应用了陆地卫星图像和图像处理等近代遥感技术。目前,铁路系统遥感技术应用的范围包括新线勘测,重点工程的勘测(长隧道、特大桥、枢纽、大型水源工点等)、既有线地质制图、地质灾害和水害调查;从勘测阶段看,可行性研究、初测阶段、定测阶段均可应用,但以可行性研究效果最好;初测阶段次之;从专业应用看,线路、地质、水文、施工调查、隧道、站场、路基等专业的调查均可应用,但以地质、水文、施工调查效果最好。

全路从事遥感的专业人员约 50 余人,其中第一、二、三、四勘测设计院约 3～5 人不等,专业设计院 19 人,西南交大约 7～8 人,北方交大 2 人。50 余人中,高级职称约占 25%,从年龄上看,40 岁以下的占 60% 左右。从专业看,除专业设计院包括遥感地质、遥感水文两个专业外,其余各设计院均系遥感地质人员。

总的看来,队伍素质还是可以的,完全有能力承担路内的遥感任务。

从机构看,各设计院有的设遥感组,有的配有遥感专业人员,专业设计院成立了遥感应用研究所。西南交大和北方交大分别设置了遥感教研室和遥感试验室。

铁路系统的遥感仪器装备在国内处于中等水平,主要设备集中在专业设计院,各设计院的装备包括常规的立体镜和立体转绘仪(每个院各一台)。另外,西南交大也配备了一些遥感仪器设备,包括彩色合成仪(长春产的)、地物光谱分析设备、IMCO 1000 型图像处理系统。

我院遥感所的情况简介如下:我院遥感技术力量和仪器装备在全路相对而言,比较集中。人员方面:全所 19 人中,遥感地质专业人员 15 人,遥感水文专业人员 3 人,图像处理专业人员 1 人;高工 5 人,工程师 10 人;40 岁以下的青年人约占 6%,许多青年人已成为项目负责人。

本汇报提纲系由本人执笔,于 1990 年 4 月 10 日向铁道部工程总公司领导作了汇报。此前未公开发表过。

机构方面:遥感所下设三个组:遥感地质组(12 人)遥感水文组(3 人)、图像处理组(4 人)。设备方面;我院除常规的判释仪器和立体转绘仪外,主要设备还有美国 I²S 公司生产的计算机图像处理系统、日本产的多彩色数据系统 4 200F 和加色合成仪 AC-90B 等光学图像处理设备。

上述遥感仪器设备具有 80 年代水平,完全可以满足一般的遥感技术应用和研究的需要。

从 80 年代以来,遥感技术先后在南宁—昆明线,青海—新疆线,阳平关—西宁线、阳泉—涉县线、侯马—月山线、神池—朔县线、迁西—沈阳线、集宁—通辽线、独山—沈阳线、朔县—石家庄线、天津—保定—大同线、大同—秦皇岛线、兴隆—蓟县线、北京—九江线衡水—商丘段、向圹—干州—龙岩线、金华—温州线、龙岩—赣州线、南川支线等 20 余条新线勘测中采用了航列遥感技术。即所有的长大干线新线勘测都不同程度地应用了航测遥感技术。一些重点工程,如衡广复线大瑶山隧道、朔石线的雁门关隧道,大秦线的军都山隧道,西安—安康线的秦岭隧道等等,都采用了遥感技术。

除完成了上述生产任务外,还完成了较多的遥感科研和技术开发项目。包括"多种遥感手段在铁路勘测中应用范围和效果的研究"、"遥感技术在大瑶山隧道工程地区、水文地质中的应用"、"采用遥感技术进行铁路泥石流普查和动态变化的研究"、"利用遥感技术研究崩塌与滑坡的分布和动态"、"遥感在桥渡水文勘测中的应用"等约 10 项。这些项目都是由专业设计院主持,各有关单位参加完成的。不少项目获铁道部科技进步奖。

从遥感技术应用情况看,效果还是比较好的,尽管在具体问题上还有不同看法,应用中也存在一些问题。但并不能否定遥感技术的优越性。通过 30 余年的应用实践,我们认为:航测遥感技术是铁路勘测的一种先进有效手段,铁路工程中采用航测遥感技术是非常必要的,也是切实可行的,具有较好的技术经济效益和社会效益。

铁路勘测中遥感技术的应用,其作用主要表现在以下方面:

1. 有利于在大面积范围内线路方案的比选。提高选线和勘测质量;

2. 加速勘测效率(可行性研究约可提高效率 2 倍,初测可提高效率 1~2 倍),改善劳动条件,把某些外观工作转移到室内进行;

3. 指导外观测绘,克服常规勘测方法的局限性,有利于查明地质情况。使勘探工作布置的更合理。

为了说明遥感技术应用的效果、效益和水平,举例子如下:

1. 青藏铁路线格尔木—拉萨段勘测中遥感技术的应用(详细介绍略)

2. 航空遥感图像在集通线风沙地区铁路选线中的应用(详细介绍略)

3. 南昆线兴义~红果段利用航片进行地质判释,编制了 1∶5 万工程地质图,经现场核对后,发现只有一个滑坡与判释有出入,其余滑坡和断层都属实,保证了方案比选的顺利进行,该成果获得铁道部第二勘测设计院优秀勘测设计二等奖。

4. 秦岭隧道遥感地质应用情况(详细介绍略)

5. 大秦线西段桑干河方案遥感技术的应用

大秦线西段桑干河方案,原来认为地质条件差,线路不能通过。后来采用航测遥感技术进行方案比选,经遥感图像的详细判释研究,认为该峡谷工程地质条件较复杂,但还是可以通过。目前大秦线走的方案,就是航测遥感选线推荐的。缩短了 25 km,按每公里 1 000 元造价计可节约 2.5 亿元。

6. 成昆铁路线沙湾—泸沽段泥石流普查和动态研究中遥感技术应用的效果(详细介绍略)

7. 陇海线宝天段崩塌滑坡调查和动态分析中遥感技术应用效果。为了查明该段崩塌与滑坡的分争情况和动态变化情况,曾对线路两侧各 1 km 范围内的斜坡变形进行了遥感图像判释。通过遥感图像判释，共发现滑坡398处，崩塌206处，其中涉及线路的滑坡61过，崩塌计94处，而过去工务部门已经登记在册的滑坡与崩塌分别为15处和54处，相差较为悬殊。对滑坡和崩塌的产生是以工程原因产生为主，还是自然原因产生为主，长期争论不休，经遥感图像判释认为以自然产生为主。

此外，通过不同时期航空像片的判释研究，把病害按活动程度的不同，划分为稳定的、不稳定的和新发生的3种。

又如毛家庄古滑坡是通过遥感图像判释发现后，向部科技司和郑州局反映的，目前郑州正拟进一步开展论证工作。

8. 遥感在水害调查中的应用实例（详细介绍略）

从以上简单的回顾可以看出，遥感技术在铁路工程建设中可以发挥很大的作用，应用范围将会不断扩大，其经济效益也会越来越明显。特别这几年遥感技术发展较快，从平台、传感器、图像处理、图像分辨率以及遥感技术和计算机的结合等等，给遥感技术的发展开拓了新的前景。比如卫星图像的分辨率从 MSS 的 $80 \text{ m} \times 80 \text{ m}$ 到 SPOT 图像的 $10 \text{ m} \times 10 \text{ m}$。

二、存在的问题

1. 全路缺乏统一的管理机构

目前，各设计院遥感技术处于各管各的状况。除部控遥感科研项目由专业设计院主持，有关单位参加外，生产工作各搞各的。各设计院虽然设置了遥感组或专职遥感技术人员，但有时当遥感任务不多时则改派从事一般地质工作。遥感人员没有正真起到管理、推广作用。遥感组的隶属关系也不一样，有的设在地质处，有的在科研所，有的只在勘测总队配有遥感地质人员。各院的遥感组只有地质专业人员，无其他专业人员。

看来，部不下达指令性任务，很难把遥感技术管起来。有了指令性任务，也就有了管理工作，遥感仪器设备也能充分发挥作用。

2. 任务不饱满

这几年由于指令性任务不多，特别是新线任务较少，使遥感技术无用武之地。近几年专业设计院的遥感任务主要是靠横向联系找外委任务。为了寻找任务，消耗了许多精力，使本来可以在技术上发挥作用的技术人员不得不为了承揽任务而奔波，使生产、科研力量更为削弱。各地区设计院的遥感任务也不多，一旦有新线勘测任务首先考虑地面队伍的安排，往往排不上遥感任务。

3. 遥感机构不完善，无法适应遥感技术的大力推广应用

目前各设计院虽然有遥感组或从事遥感专业的人员，但由于遥感组人员少、专业单一、任务不明确、处境困难。各勘测设计院的机构是按地面勘测方法需要而设置的，并未考虑到航测遥感技术发展的需要，从事遥感专业的人员又较少，与力量雄厚的地面勘测队伍相比，很难起到主导作用。

4. 遥感技术力量青黄不接

总的看来，目前遥感技术的开展仍以中老年技术人员为主，青年人除个别拔尖外一般在技术上还不过硬，还不能满足遥感技术发展的需要。特别是在新技术推广过程中，推广者本身技术和作风不过硬，推广应用中容易出问题，甚至影响了遥感技术的声誉。遥感技术力量青黄不接，队伍素质直接影响到遥感技术的推广应用。

5. 计算机图像处理系统维护困难，影响该系统充分发挥作用

我院的 I^2S 公司生产 S575 计算机图像处理系统是1984年从美国进口的，安装使用以来，虽然在生产、科研中发挥了不少作用，但存在以下问题：

(1)任务不饱满:由于这几年国内遥感任务不多,我院遥感图像处理任务也随着各部门和单位陆续进口了图像处理设备,而逐年减少。

(2)我院计算机图像处理系统是面向铁路的,但近两年到我院利用该系统的并不多,因为工作量不大,往往在当地委托有图像处理设备的单位进行处理;

(3)由于该系统已运转5～6年,故经常出现故障,有些另配件坏了,需更换,由于费用和外汇无法解决,设备处于时转时停状态。有的故障维修站也查不出原因,专门从国外请专家来,费用成问题;

(4)该系统进口时,由于当时资金有限,一些外围设备,如输入、输出设备,终阵列机等均未配备。随着技术开发的发展,功能需要扩充,某些软件也要引进等等,但这些费用一直未能解决。事实上这几年我院在资金困难的情况下,还是进行一定的投资,如添置了终端,打字机,增强器,不间断电源等等设备和软件,但仍未能满足需要。

6. 铁路遥感技术应用效果虽然较好,水平也较高,但技术开发和开拓新的领域方面与国内先进单位比有较大差距

我部遥感技术是结合铁路勘测应用的,其作用较明显,特别是目前判释经验较丰富,在国内有较大影响。经常有单位请我们讲课,派员到我院学习。我院与西南交大合编的《遥感原理和工程地质判释》一书,在国内遥感界影响很大,得到许多专家和遥感工作者的好评。但我部在新技术开发和开拓新的领域方面有较大差距,如当前最热门的专家系统和地理信息系统,许多部门结合本部门的特点开展了应用研究。而我部在这方面还未引起足够重视。林业部,水电部的研究开发搞的较好。我部在既有线灾害分析与预测方面,也应该建立专家系统,但由于费用问题,特别是计算机图像处理系统的功能有限,软件也不够,使这方面的技术开发受到影响

7. 对遥感技术缺乏全面的认识

主要指中层技术干部,往往习惯于传统的经验,用地面工作方法的观点对待遥感。

三、改革的总目标和设想

遥感技术应用总的目标:

扩大遥感应用范围、满足铁路勘测要求;不断加强技术力量,提高遥感应用水平;遥感机构逐步充实,应用比重逐步提高;积极进行技术开发,接近世界先进水平。

遥感技术应用设想:

1. 正确认识遥感技术特点和作用

(1)提高遥感服务质量,主要是提高遥感目视判释水平,根据勘测阶段和地质特点,选用合适的遥感片种和工作方法。尽可能利用成熟的遥感技术,防止片面强调高精尖技术的应用。迫切需要的是雪中送炭,而不是锦上添花。

(2)我个人理解,完整的遥感技术应用本身应包括地面工作在内,不应把遥感判释和地面工作对立起来,要充分认识遥感判释和地面调查的密切关系。

(3)综合地质勘探是地质调查的最优模式,任何单一手段都不可能是十全十美的,也不可能一统天下。遥感技术作为综合地质勘察内容之一,将会充分发挥作用,综合地质勘察中必须考虑遥感技术的应用。

2. 生产任务方面的设想

(1)铁路遥感技术的应用应以路内任务为主,但也应积极承担路外和国外的任务。

(2)在遥感技术尚未形成商品市场的情况下,部领导应考虑下达适当的指令性任务,在此基础上,各单位加强横向联系,逐步寻找市场,增加外委任务。

（3）一般在正常情况下，应用遥感技术应以航空黑白航片和陆地卫星图像相结合的形式进行，而以航空黑白航片为主，并充分利用既有的遥感片种。一些重点工程和地质复杂地段，根据需要，可选用其他遥感片种，切忌片种越多越好的倾向。

（4）除新线勘测应用遥感技术外，应积极开拓既有线灾害调查和动态预测中遥感技术的应用。

（5）遥感技术在许多专业均可应用，但目前只在地质、水文等专业中应用，其他专业几乎未用。应重视有关专业的遥感应用。

3.组织机构的设想

长期以来，各勘测设计院的机构均按地面勘测方法需要而设置的，且由于地面勘测队伍庞大，相形之下，遥感机构显得薄弱。因此建议各勘测设计院应加强遥感机构，除地质处成立遥感组外，也可考虑在航测科（航测队）中配备遥感地质专业人员。甚至可考虑在地质处成立遥感地质科，或在勘测处中成立遥感应用科，包括线、地、桥（水文）、隧、施预、路基、站场等专业人员。

总之，遥感机构应扩大、权限也要扩大，人员要增加，非如此很难普遍推广遥感技术；另一方案是各勘测设计院应适当加强遥感机构，固定遥感专职人员，以管理推广工作为主，专业设计院遥感力量应适当加强，全路遥感勘测任务均由专业设计院统管。

4.充分发挥遥感仪器设备的作用

（1）各勘测设计院的图像处理工作量不大。各设计院除配备常规的判释仪器外，其他图像处理设备可不必装备。如有条件可考虑建立简单的彩色暗室。

（2）为了解决计算机图像处理任务不足问题，望部能统一下达遥感任务，或主要遥感项目专业院都应参加，这样专业院的计算机图像处理系统才能充分应用起来。

（3）铁专院的计算机图像处理系统已进口 5～6 年，经常发生故障，因此，加强仪器维护，保持正常运转是关键问题。

（4）需增加一些外围设备和软件。辟如我们想搞《既有线灾害分析和预测模型》、《洪水灾害数据库》等等，可以说是很有应用前景的新技术，但由于缺乏外围设备和软件，无法开展。我们估了一下，扩充外围设备和更换零件等，约需 15 万美元。据我们调查了解，中科院地理所的 yax785 计算机，每年固定交维修站维修费 10 万元。

（5）遥感仪器设备的维修费用，应由工程总公司统一考虑，每年拨部分维修专款。也可考虑通过工程项目或科研项目中的费用，拨出部分作为维修费用。

5.加强技术力量和提高队伍素质的设想

全路遥感专职人员仅 50 余人，很难推动遥感技术的发展。在扩大遥感组织机构的同时，应相应增加遥感有关各专业应用人员，这个问题是完全可以解决的，可由有生产实践经验的中青年技术人员中培养。工程总公司组织举办遥感判释培训班，可以委托我院来组织。原基建总局在 1984 年已经组织举办了一次遥感地质培训班。我们建议有计划地举办遥感培训班，为推广遥感技术蓄备技术力量。

对现有的年青的遥感技术人员，主要是通过工作提高技术水平，但也应有机会派他们参加有关培训班，遥感学术会议以及出国考察等。

6.技术开发的设想

技术开发应考虑遥感技术发展的总趋势，当前市场的需求和潜在的需求，部的技术发展规划以及部现有的遥感设备和技术力量状况等，作出安排。

根据上述原则我们认为技术开发可包括以下几个内容：

1.有关勘测程序，方法、内容的研究；

2.长隧道工程勘测中应用遥感技术进行水文地质条件的研究,可结合秦岭隧道进行;

3.提高各有关专业遥感判释效果的研究;

4.遥感与物探结合在隧道施工中的超前预报,可与工程地质物探中心配合;

5.利用不同时期的遥感图像,进行地质灾害的预测,可与铁路局配合;

6.选择北方地区,利用高分辨率的卫星遥感图像进行新线可行性研究的研究;

7.高分辨率卫星图像(SPOT卫星图像、航天飞机图像、苏联卫星图像等)的研究;

8.I^2S计算机图像处理系统的软件开发;

9.洪水泛滥区数据库的建立(铁路局和城市防洪均可应用);

10.专家系统和既有线灾害预测模型,可报国家自然科学基金项目立项;

11.既有线水害实时传输的研究,这方面水利部已有成功经验。

四、分阶段实现目标

可分两阶段实现目标

第一阶段(1991年~1995年)

1.每年下达的遥感任务应达70%~80%(2~3项),其余部分由各单位自己承揽外委任务;

2.遥感技术在铁路新线各大干线可行性研究、初测、重点工程,灾害调查中的应用比例达到50%;

3.制定铁路新线勘测航测遥感工作程序、方法和内容,制定《铁路遥感工程地质规则》;

4.除地质、水文专业外,在线路,施工调查,隧道,特大桥,枢纽,路基等专业的调查中,应积极推广遥感技术应用;

5.健全各设计院的遥感机构,充实部分遥感专业人员,明确遥感机构的任务;

6.计算机图像处理系统必要的零配件更换,急需的外围设备及软件的补充,必要的维修费用应逐年解决;

7.举办2~3次遥感专业判释培训班,以遥感地质和遥感水文为主,人数20~30人,由专业设计院主持;

8.技术开发研究,围绕着以下几个问题:

(1)航测遥感勘测程序、方法和内容的研究;

(2)提高判释效果的研究;

(3)与物探专业配合在各隧道施工中开展超前预报;

(4)洪水泛滥区数据库的建立;

(5)既有线灾害分析和预测模型的研究;

(6)高分辨率卫星图像的研究;

(7)计算机图像处理系统软件开发。

9.制定有利于航测遥感技术应用的技术政策;

10.争取成立铁路灾害防治(御)中心和遥感预测病害防治小治;

11.编写一本工程实用的《工程地质遥感判释》的书,系统总结铁路遥感技术应用的经验。

第二阶段(1996年~2000年)

1.减少指令性任务,主要靠各单位自己寻找任务;

2.遥感技术在铁路新线干线的可行性研究,重点工程,灾害调查和预测中的应用比例达到80%以上;

3.各设计院成立航测遥感应用处,或在勘测处中成立遥感技术应用科,包括线路、地质、水文、施预、隧道、路基、枢纽等专业人员;

4.计算机图像处理外围设备配全,并配置后台机;

5.继续举办遥感专业培训班;

6.提高勘测效率,改善劳动条件,考虑利用直升飞机进行勘测;

7.技术开发研究方面

(1)从目视判释逐步过渡过到定量判释;

(2)建成现有铁路线水害实时传输系统,把铁路受灾路段情况实时传输到部防汛指挥部或遥感灾害防治中心。

专业设计院用遥感技术服务主战场

铁道部专业设计院是铁路部门遥感技术力量最集中的生产、科研机构，历年来完成了大量的遥感生产、科研项目。仅 20 世纪 80 年代以来，就先后开展了大秦线、京九线、集通线、西安—安康线、南昆线等十几条线、段的遥感地质、水文判释调查以及大瑶山隧道、秦岭隧道、雅砻江锦屏水电站、米花岭隧道、芜湖长江大桥等五项重点工程的遥感地质判释调查。由他们主持的遥感科研项目达 11 项，其中获国家科技进步一等奖、二等奖的各一项，获铁道部科技进步特等奖的一项、二等奖的一项、三等奖的二项。

近年来，他们本着积极为铁路建设主战场服务的宗旨，主动在铁路建设六大通道之一的南昆线施工阶段采用遥感技术。从 1991 年 12 月开始，在时间紧、人员少的情况下，有关人员从搜集资料、室内遥感图像判释，现场验证调查，直至室内编制成果和文整，经常加班加点。仅仅用了 800 工天的时间，就完成了南昆线 1∶20 万陆地卫星 TM 影像图及其断裂构造判释图（面积约 5 万 km²）、南昆线段家庄沟小流域泥石流动态航空像片判释图、小德江古滑坡航空遥感图像判释图等 7 种专题图和相应说明书。其中南昆线陆地卫星 TM 影像图及其断裂构造判释图，系我国首次在铁路长大干线上全线应用编制的。该图共判释出断裂约 2 500 条，图中还标出岩组类别和界线、活动断裂以及震中的位置，从而有利于线路通过地区宏观地质构造背景的研究和工程地质条件的评价。目前该成果已经完成，正准备提交给南昆铁路建设指挥部，供施工单位参考使用。

本文系本人所写，发表于 1993 年 9 月 30 日《人民铁道》报上。

铁路遥感和地理信息系统的发展规划设想

国家遥感中心：

由于时间较紧，本发展规划设想只是初步的想法，下面我对铁路遥感的地理信息系统的发展规划设想简略汇报如下：

一、铁路遥感与地理信息系统的发展现状、存在问题、需求分析及规划设想

（一）铁路遥感与地理信息系统的发展现状与问题

铁路遥感技术于1955年在兰新线勘测中首次应用，并于1956年7月成立铁道部航空勘察事务所。40年来，铁路遥感应用紧密结合铁路建设的实际，开展了多层次、多形式的科技攻关。经历了两个技术发展阶段，形成了一支具有基本仪器设备、专业齐全的专业技术队伍，有效地促进了铁路遥感与地理信息系统的技术进步与发展。

铁路重点工程建设的遥感应用："七五"、"八五"期间，遥感技术在长隧道综合勘测（京广复线大瑶山隧道、大秦线军都山隧道、南昆线米花岭隧道、西康线秦岭隧道等）和特大桥桥位选择（浙赣复线钱塘江特大桥、京九线黄河特大桥和芜湖长江特大桥、铜九线湖口特大桥等）中发挥了其它技术手段所不能替代的宏观指导作用。在长隧道综合勘测和桥渡水文勘测的遥感应用技术上达到了较高的水平。但同时，由于遥感资料获取困难与体制方面的原因，遥感工作往往无法提前开展，影响了遥感技术优势的发挥。像SPOT卫星、微波遥感等数据的应用也明显不够。在新型遥感数据的应用技术上还有一定的差距。

铁路遥感选线：铁路遥感选线是各专业技术人员对遥感信息进行综合应用分析的过程。其应用的深度和广度，直接对铁路勘测设计内容的改革产生重要的影响。迄今为止，铁路遥感选线已达4万多公里。经过多年的技术实践，在技术水平上已突破了传统的航空勘测的模式，进入了航空、航天遥感综合应用的新的发展阶段。如大秦线桑干河峡谷段可行性研究、集通线可行性研究、天津—保定—大同线可行性研究、迁沈线可行性研究、京九线衡水商丘段补充可行性研究等都是成功的实例。但由于历史的原因，铁路选线的遥感应用侧重于工程地质，各专业的遥感应用水平还存在着不平衡的问题。随着地理信息系统和计算机辅助设计的快速发展，在地理信息系统与铁路选线计算机辅助设计的综合研究方面也明显不足。

既有铁路病害遥感普查：利用遥感和地理信息系统进行既有铁路病害普查，是保证铁路运输畅通，对病害进行科学管理和防治的基础。也是铁路防灾、减灾科学体系中的重要环节。为了满足铁路运输的要求，"七五"、"八五"期间我部先后利用遥感技术完成了宝鸡—成都、成都—昆明及宝鸡—天水等铁路线、段的病害普查和东北等地区水害工点的遥感综合调查。铁路滑坡、泥石流、洪水等常见灾害的遥感综合调查技术达到了较高水平。

地理信息系统：铁路地理信息系统的研究"七五"期间为起步阶段，"八五"期间属于技术准备和发展阶段。近五年来，铁路系统除做了大量地理信息系统调研与情报工作外，还利用既有铁路病害普查、既有线复测及铁路工务台账等资料为数据源，以宝鸡天水铁路为试验区，以

"铁路遥感和地理信息系统的发展规划设想"系本人代部于1994年10月28日向国家遥感中心作的汇报的提纲。

ARC/INFO 为工具软件，进行了病害信息系统的试验研究。这些成果为"九五"期间遥感和地理信息系统的快速发展奠定了基础。但与其它部委相比，无论是仪器设备，还是整体技术水平，都还存在着一定的差距。

（二）快速发展遥感和地理信息系统是铁路新线建设和提高铁路运输能力的需要

在铁路勘测设计中积极采用航测遥感、地理信息系统、全球定位系统及计算机辅助设计等新技术是铁路主要技术政策之一。根据铁路建设分三步走的发展战略，"九五"期间为适应"三西"煤碳外运、东部与中部经济发展、华东沿海与内地横向联系以及东北、西北和西南经济发展的需要，以基本缓解、扭转严重滞后为目标，国家铁路通车里程将达到 7 万 km。铁路网建设的步伐将要加快，重载、高速将有较大的发展。在大规模的铁路建设中，将遇到多种类型的地形、地质、线路、环境、灾害等问题。对铁路遥感和地理信息系统的技术发展提出了新的要求。为加速实现铁路勘测设计现代化，不断提高勘测设计质量，降低工程造价，缩短勘测设计周期，对微波遥感、高分辨率卫星数据、地理信息系统及计算机辅助设计技术的需求更为迫切。

大力发展信息技术和广泛应用电子计算机是铁路现代化的主要标志。目前全国铁路沿线泥石流达千条以上，山区常见的滑坡、崩塌等灾害则更难统计。近 20 年来，平均每年因洪水灾害造成的断道约 12 次，中断行车约 1 850 h，用于预防抢险、工程复旧的费用平均每年约 2 亿元左右。既有铁路病害问题已严重影响了铁路运输的安全。随着国民经济的发展，病害的调查、预测预报与整治技术亦日益重要。遥感和地理信息系统作为不可缺少的技术手段，在建立既有铁路病害信息系统、预测咨询专家系统以及突发灾害抢险系统方面有着较大的应用潜力。建立铁路病害信息系统不仅使铁路病害防治与管理工作步入系统、科学的轨道，同时也是铁路现代化和铁路工务工程管理现代化的重要组成部分。

（三）铁路遥感和地理信息系统的技术发展方向与设想

为了缩短铁路遥感与地理信息系统和国内先进水平之间的差距，满足铁路运输的需求，本着到 20 世纪 90 年代的铁路建设应充分体现 90 年代新技术水平的原则，铁路遥感和地理信息系统的技术发展方向与设想是：

1. 逐步完成既有铁路病害的遥感普查与预测，建立全路病害信息系统，为全路病害的管理、防治、规划及预测预报提供决策支持。

2. 不失时机地应用 90 年代新的遥感技术，特别是微波遥感和高分辨率卫星数据在铁路重点工程和铁路建设前期工作中的应用，不断提高铁路勘测水平。

3. 深入研究滑坡、泥石流、洪水等几种常见铁路灾害的遥感定量分析理论与方法，在遥感与工程地质勘察相结合方面达到一个新的技术水平。

4. 加强遥感、地理信息系统及计算机辅助设计的综合研究，努力克服铁路各专业遥感应用和地理信息系统方面存在的不协调现象，以较大地提高工程地质制图、选线及工程设计的技术水平。

5. 有计划地完成铁路遥感与地理信息系统的设备更新，开发和改造，满足铁路遥感与地理信息系统研究与应用的需要。

二、我部建议纳入"九五"国家发展计划的项目及其理由

铁路是国民经济大动脉，是交通运输体系的骨干。铁路技术发展的基本原则之一是以提高运输能力为中心，保证运输安全为前提。目前，我国铁路运输滞后于国民经济的发展，为了改变铁路运输的被动局面，"九五"期间，铁道部将以加速新线建设和加强地质灾害防治作为重点工作之一，以适应和促进国民经济发展和社会进步。为此，提出以下建议项目：

（一）建立全路地质灾害信息系统

提出本项目的理由如下：

1.全路地质灾害信息系统是铁道部、铁路局进行科学管理、决策及规划的重要基础。该系统的建立可及时为铁路有关部门提供全路地质灾害的动态信息，还可为灾害的管理、防治、规划提供科学的决策支持。以便指导铁路工务部门制定灾害整治规划，使整治投资更趋合理。

2.我国有 5 万 km 既有铁路线，绝大部分缺乏地形、地质、水文等基础资料，难以满足既有铁路技术改造和现代化运营管理的需求，更无法及时准确地为有关部门和领导提供管理、决策和规划所需的工务数据，使管理工作处于被动局面。

3.利用遥感技术对既有铁路沿线地质灾害、水害等进行综合调查，可快速准确地确定灾害的类型、规模、分布规律和危害程度。以此为数据源，建立全路地质灾害信息系统是经济可行的。

（二）建立重点铁路遥感地质灾害监测和灾害信息预测预报系统

提出本项目的理由如下：

1.我国地形、地质、气候条件十分复杂，许多铁路线经常发生水害和地质灾害，严重威胁行车安全，给人民生命财产和国民经济建设造成巨大损失。如陇海铁路宝鸡至天水段和宝成铁路宝鸡至上西坝段，通车至今，用于工程病害整治的费用将近 10 亿元。

2.尽管在既有铁路病害整治方面投入了较多的力量，也取得了一定成效，但地质灾害调查和工程病害预测长期以来一直是薄弱环节。往往是头痛医头，脚病医脚，治标而不能治本，更不能做到防患于未然，使工程病害防治总是处于被动状态。

3.铁路沿线环境（地物、地形、地质灾害、水文、植被、人类活动等）在不断变化，而及时掌握沿线环境动态变化情况是进行灾害预测预报的必要前提。做到这一点，用常规的地面调查方法是不可能的，遥感技术作为数据源建立既有铁路地质灾害信息预测预报系统，是最科学的手段。

（三）铁路新线勘测前期工作遥感应用技术研究

提出本项目的理由如下：

1.随着我国国民经济建设的不断发展，对铁路运量的要求提出更高的要求。根据我部的新线建设规划，今后将有大量的铁路要建设，而且主要将在自然条件复杂的山区修建。然而，目前铁路的勘测技术比较落后，难以适应艰巨的勘测任务的要求。

2.要选出一条技术经济合理的铁路，除考虑政治、经济、国防等因素外，还必须掌握线路经过地区的地形、地质、水文等自然地理状况。以往，由于单纯的地面调查方法的局限性，查明这些情况是很困难的，尤其在地质、地形复杂地区、造成选线经常返工，甚至到了定测阶段还在补前期的工作，有的则给施工和运营造成后患，这样的例子，不胜枚举。为了改变铁路新线勘测的落后状况，避免由于地质原因给施工和运营造成损失，应在铁路新线勘测前期工作中积极采用遥感技术。

3.多年的遥感技术应用实践表明，遥感技术在新线前期工作中可以起到：指导外业测绘，提高勘测质量；加快勘测效率，改善劳动条件；避免选线失误，合理布置勘探。据初步估测，铁路新线勘测前期工作中应用遥感技术较常规地面工作可提高效率 2～4 倍左右。遥感技术在铁路新线勘测前期工作中应用是切实可行的先进手段，且有明显的经济效益，是改革铁路勘测的一项重要措施。

关于开展西安—安康线施工阶段
遥感勘测工作的建议

中国铁路工程总公司上报铁道部的《关于对西康线进行技术设计后鉴定前优化质量试点工作的报告》中指出："西安至安康铁路地形地质条件十分复杂，特别是秦岭隧道以南为河曲极其发育和深切河谷地段，软质千枚岩沿河几乎连续形成滑坡和错落群，就其地段之长、规模之大、选线之难而言，实属国内罕见"。包括秦岭隧道在内的整个线路通过区域，地质构造极为复杂，地下水丰富，斜坡不稳，仅这次技术设计后的优化，就对线路、桥梁、隧道、地质、站场、施预专业共提出优化方案104条。由于地质因素复杂，隐蔽性强，象西康线这样复杂的工程，在施工过程中遇到这样那样的问题是在所难免的。我们认为，在施工阶段全面开展遥感勘测工作是非常必要的，尤其是对于举世瞩目的秦岭长隧道及其以南的沿河线段，它可以有效地弥补地面工作之不足，充分发挥遥感技术灵活、快速、全面、客观和统揽全局的特点，为工程施工提供预报性信息，对于发现的问题提供咨询意见，以利工程施工的顺利进行。我们在南昆线勘测后期及施工阶段开展了遥感地质工作并取得了很好的效果。对于西康线，初步建议就以下几个方面开展遥感工作：

一、秦岭隧道工程地质水文地质详查及富水区确定

由于勘测手段等的限制，在设计阶段，只能大致定量（主要还是定性）地了解隧道的工程地质和水文地质情况，其精度不能令人满意。据统计，我国已建隧道的80％以上曾遇到突水灾害，并可引发坑道失稳、涌泥涌沙、洞顶坍塌等一系列问题。象秦岭隧道这样复杂的工程地质条件，施工过程中出现预想不到的情况是不足为奇的，应用遥感技术进行工程地质详查，可以弥补传统勘测手段的缺陷，为隧道施工提供预报信息，以便于有针对性地提出预防措施，防止施工过程中灾害事故的发生。本隧道初测子阶段开展了遥感地质工作，但囿于阶段的限制，工作还不够细，施工阶段我们将进行详细的遥感图像判释，并配合现场施工，随时提出预报信息，确保隧道施工过程中不会因地质问题而出现大的施工事故。

提交成果：

（1）秦岭隧道洞身断裂构造位置及围岩分类遥感判释图；（2）秦岭隧道洞身富水程度遥感判释图；（3）遥感判释说明。

经费概算：单价为 1 000 元/km²，调查范围 185 km²，共计 18.5 万元。

二、编制全线陆地卫星 TM 影像图，全线 TM 影像工程地质判释图

通过计算机图像处理、镶嵌制作 TM 影像图并标注线路、地名及主要工程信息，为铁路施工规划、调度、指挥服务。利用上述图像处理成果进行铁路工程地质判释，掌握区域工程地质特征，实现宏观控制。提交成果：

本建议系1995年4月7日秦岭隧道投标前写的，于4月7日送给中国铁路工程发包公司和西康线指挥部的，由于当时有人认为施工阶段应用遥感晚了些，致使该建议在投标时未被采纳，实属遗憾！

(1)西康线陆地卫星 TM 影像图;(2)西康线陆地卫星 TM 影像工程地质遥感判释图

经费概算:共计 10 万元。

三、营盘至安康不良地质调查及边坡稳定性评价

(1)调查沿线滑坡、泥石流、崩塌、岩堆等不良地质工点,特别是在施工过程中有可能新形成的工点,以及对施工有影响的工点;

(2)对沿线自然边坡稳定性进行评价,供工程施工参考;

(3)对有可能影响施工的不良地质工点及不稳定边坡地段进行遥感详查,提出工程处理意见;

(4)对重点车站开展站场工程地质条件及边坡稳定性遥感调查,初步考虑对青岔车站等八个地形地质条件复杂的车站开展工作。

提交成果:

(1)西康线营盘至安康段不良地质分布图;(2)西康线营盘至安康段边坡稳定性分区图;(3)西康线营盘至安康段重点工点遥感判释图(系列);(4)西康线营盘至安康段不良地质及边坡稳定性调查报告。

经费概算:单价为 250 元/km^2,调查范围约 1 800 km^2,总计 45 万元。

四、隧道遥感勘测及施工预报

(1)隧道所在地段工程地质背景调查;

(2)通过隧道洞身的断裂构造位置和围岩分类的确定;

(3)洞身富水程度的预测和分段。

初步考虑对天池隧道等 7 座长度超过 2 000 m、地质条件复杂的隧道开展工作。

提交成果:

(1)隧道洞身断裂构造位置及围岩分类遥感判释图;(2)隧道洞身富水程度预测图;(3)遥感判释说明。

经费概算:单价为 500 元/km^2,天池等 7 座隧道累计长度 22.4 km,调查范围 224 km^2,共计 11.2 万元。

五、应用遥感技术进行施工组织规划

利用遥感技术宏观性特点开展施工组织规划,使施工的组织更合理,施工过程更安全、便捷、经济。

(1)施工场地选择;(2)施工便道选择;(3)隧道弃渣、高填取土场地选择;(4)砂、石料基地选择。

提交成果:根据施工需要提供相关图件和数据。

经费概算:在沿线路两侧 10 km 范围内进行上述工作,约需经费 10 万~15 万元。

以上 5 方面的工作费用合计 94.7 万~99.7 万元。

遥感地质判释用于南昆铁路施工阶段首获成功

本报讯　最近，铁道部专业设计院派员到国家"八五"重点建设项目之一、已进入大决战阶段的南昆铁路回访，证实专业设计院进行的遥感地质判释成果与施工设计基本一致，经施工验证绝大部分正确。如家竹箐隧道的水文地质条件，通过遥感图像判释，认为隧道在其中的两段通过时将会遇到涌水。因为该段为可溶岩与非可溶岩互层的地段，地表有较多岩溶呈带状分布。施工结果证明，上述两段均有较大涌水。又如兴义至威舍段的高寨隧道、干桥隧道、松林1号隧道和云南寨隧道，根据航空遥感图像判释认为均可遇到岩溶或岩溶水，施工验证结果，除云南寨隧道未见岩溶现象外，其余3个隧道均发现有溶洞。其他如对八渡南盘江大桥桥位是否有深大断裂、威舍车站岩溶危害的评价、小德江古滑坡等的遥感判释，经施工验证，也都取得较好效果。

以往我国铁路遥感技术主要用于勘测设计前期工作中，如大同至秦皇岛线西段桑干河方案的选线、神木至港口线河间至港口段线路方案的选择，均取得较好效果。但长期以来遥感技术未能在勘测设计后期工作中及施工阶段中应用。随着遥感技术应用水平的提高及多年的遥感工作实践经验，专业设计院提出在南昆铁路施工中开展遥感地质工作，并得到铁道部有关部门和领导的支持。

这项工作的开展及取得的成果无疑拓宽了传统遥感技术应用范围，深化了应用深度，形成遥感技术从线路可行性研究、初测阶段、定测阶段、施工阶段、运营阶段等全过程均可应用遥感技术的新概念。诚然，线路勘测设计前期工作中应用遥感技术效果最佳，问题是遥感图判释只用于勘测设计前期阶段，忽视在后期阶段和施工阶段的应用，致使遥感图像信息得不到充分发掘应用，造成极大浪费。事实上，遥感图像在每个阶段的应用都有新的内容，只是能解决的问题不同，效果不同而已。而这次南昆铁路遥感地质判释与应用是遥感技术首次用于施工阶段，是遥感技术应用的一次突破。

本文刊登在 1996 年 6 月 6 日《科技日报》头版上，该报道是由本人署名报导。

巡天遥看一千河

——谈谈遥感技术

遥感技术是 20 世纪 60 年代发展起来的集物理、化学、电子、空间技术、信息技术、计算机技术于一体的新兴尖端技术，同时也是应用领域很广的应用技术和探测手段。

"遥感"一词的"遥"就是遥远的意思，"感"就是感觉的意思。遥感的含义就是在一定距离之外感测目标物的属性。人们通过对该遥感信息的分析研究，来确定目标物的属性以及目标物之间的相互关系。简单地说，遥感的含义就是不与目标物接触，只凭目标物反馈的信息来识别目标。

实际上，在自然界中，人和动物都具有遥感本领，人的眼睛识别物体的过程，就是一种遥感过程。在自然界中，有些动物具有某些特殊的遥感本领，比如蝙蝠能发射 2.5 万次到 7 万次的超声波，并用接收到的回波来判断障碍物的距离、方位和障碍物的属性，所以蝙蝠在夜间也能自由快速地飞翔。再如响尾蛇，对红外线的灵敏性极强，能感觉到 300 mm 以内零点几度的微小温差变化。故而，从某种意义上讲，遥感技术就是模仿自然界中这些动物的遥感现象和过程而产生的仿生科学。

遥感的原理是建立在物理学的电磁波基础上，自然界中不同的物体所辐射和反射的电磁波波长和波谱强度都不一样，人们根据传感器所记录的不同物体的电磁波谱信息的差异，可以判断物体的属性。遥感技术的出现，大大延伸了人类的感觉器官，为人们观察认识自然现象提供了新的有效手段，从而引起世界各国广泛的关注和重视。

遥感技术应用于地学研究，作为地学的一种探测手段，其优越性主要表现在遥感信息丰富、影像逼真、视野广阔，获取信息迅速、不受交通和空间的限制、可全天候在室内对遥感图像进行反复研究和分析。古代神话中的"顺风耳、千里眼"，在今天已成为现实。

回顾一下人类祖先揭示自然景象的历史，就会感到今日遥感技术的神奇力量。在航空摄影技术出现以前，人类对地球表面面貌的认识经历了漫长的岁月，追溯我国史书有关山川地貌的最早记载，首推公元前四至三世纪的《禹贡》一书。随后，又有宋朝沈括的《梦溪笔谈》，明朝宋应星的《天工开物》等论著。这些论著都记述了自然界的一些地学现象。上述论著的记载前后经历了约 2000 年，但在对自然界的认识深度上并无突破性的变化，不少记载还是错误的。例如，自《禹贡》以来的"江出于岷"的记载，直至举世闻名的地理学家徐霞客（1586～1641 年）才指出金沙江是长江的上游，纠正了"江出于岷"的错误见解。尽管古代地理学家对山川地貌进行了大量的实地考察、记述，但所获得的成果与今日遥感图像所提供的丰富逼真的自然景观信息是无法相比的。

人们利用遥感技术获取各种各样遥感信息和图像，提供各个领域应用，取得了明显的社会效益和经济效益。人们每天从中央电视台所看到的根据气象卫星云图进行的天气预报，就是遥感技术应用效果明显的一个例子。遥感技术发展日新月异，潜力巨大。从航空摄影到航天遥感；从常规摄影到非摄影式传感器；从黑白影像到鲜艳夺目的彩色影像；从回返地面回收到在成像时实时回收；卫星图像分辨率从 80 m 提高到 1 m 左右，等等。使遥感技术观察的距离、范围、方式、信息量以及图像分辨率等都有了长足的进展。目前，地球表面任何角落都逃不

本文系受《铁道知识》编辑部之约而撰写的，属于科普性质的文章，登刊在 1997 年第 6 期《铁道知识》上，1997.12

脱遥感的眼睛，世界上再没有任何地方是"神秘莫测"的了。

　　我国铁路新线勘测于20世纪50年代中期就已开始应用航空像片进行地质调查，70年代后期开始引进陆地卫星图像、彩色红外片等遥感技术。

　　铁路勘测中应用遥感技术可以提高线路选线和勘测资料的质量和效率，增强外业调查的预见性，改善劳动条件，等等。多年实践证明，铁路新线勘测可行性研究阶段应用遥感技术后可提高效率2～3倍，初测阶段可提高效率1～2倍。

　　从应用范围来看，遥感技术已经在我国铁路新线建设中的长隧道、特大桥、大型枢纽等重点工程勘测设计和施工阶段以及既有铁路改扩建、灾害调查等方面得到广泛应用，并取得较好效果。如兰新、青藏、大秦、京九、南昆、西康等铁路长大干线勘测；大瑶山、雁门关、军都山、米花岭、秦岭等铁路隧道的勘测；在素有"铁路盲肠"之称的宝天线、宝成线、成昆线等既有铁路的改扩建和地质灾害调查中，均应用了遥感技术。

　　随着宇航技术、传感技术、微电子技术、计算机技术和信息技术的发展，遥感技术还会有新的进展。特别是进入90年代，地理信息系统（GIS）、全球定位系统（GPS）、数字摄影测量系统（DPS）以及遥感（RS）技术本身的新进展，必将不断促进遥感工程地质应用向着更深、更广的层次发展。我国铁路遥感科技工作者，已经充分认识到这种前景，并在不断的努力加快铁路遥感技术的科学研究和开发应用。

关于进藏铁路等六条线遥感地质判释进展情况汇报提纲

本文系 1998 年 4 月 29 日,本人代表铁道部专业设计院向部计划司汇报"关于进藏铁路等六条线遥感地质判释进展情况汇报"的提纲。在部计划司的关心下,1998 年铁路勘测设计计划调整中,下达了我院完成进藏铁路,赣龙线,川渝东通道等 6 条线的遥感地质判释工作,在短短的几个月时间内完成了 6 条线的遥感地质判释工作,满足了勘测设计的需要,创造了我院遥感地质工作从未有的奇迹。

根据部计划司计长〔1998〕66 号文关于调整 1998 年铁路勘测设计计划的通知,下达我院完成进藏铁路(青藏线、滇藏线)、赣龙线、川渝东通道(万枝线、渝怀线、渝石线)等 6 条线的遥感地质判释工作。

接受任务后,院立即开会研究如何按期,保质、保量完成好部下达的任务,由院领导主持召开了多次会议,进行工作部署并解决一些具体问题。把该项工作列为我院工作重中之重,全力以赴。我院航遥处承担了这项重任。与项目开展有关的问题,如设备(软件、微机等)的购置,经济承包责任制等均已落实。目前,航遥处已组成渝怀线、渝石线、万枝线、赣龙线四个项目小组,任务落实到人,卫星图像编制由专人负责,同时还成立了图形数字化组,等等。现工作正在顺利进行,航片等资料已经搜集齐全,并已正式开展判释工作。技术任务书也已下达。我们计划 6 月底完成上述四条线任务后,集中力量完成滇藏线和青藏线遥感地质判释工作。

(一)该项工作中,我们采取了以下一些措施

1. 为了加强院对该项工作的领导,由一名副院长任组长,两名院副总、经营计划处处长、航遥处处长等 6 人组成领导小组,以便协调、解决工作中出现的问题。其中一名院副总侧重抓协调工作,另一名院副总侧重抓技术工作。

2. 该项工作由我院航遥处承担,该处接受任务后,立即进行研究和工作部署,成立了项目组,由于判释工作量较大(约 21 000 km²),按以往工作进度,4 条线至少要一年半才能完成,这次要求在 2 个多月时间内完成,压力很大。项目组同志日以继夜加班,有的住在办公室,星期六、星期天均未休息。处内也加强了对该项目工作的管理和协调工作。

3. 4 月 13 日由李布英副院长负责和两名院副总一起,前往铁二院和铁四院,分别就渝怀线、渝石线、赣龙线、万枝线、滇藏线等线的遥感地质工作范围、内容、提交资料日期等征求了意见,并就工作配合,加强联系,共同完成好工作,交换了意见。同时搜集了渝石线、滇藏线等线的部分资料。

4. 为确保按期,保质、保量完成任务,使工作有章可循,有序进行,院按 ISO9000 的要求下达了各条线的技术任务书。该任务书是经与项目组多次反复磋商,并征得铁二院、铁四院同意后制定的。

本汇报提纲系本人于 1998 年 4 月 29 日,代表院向部计划司汇报"关于进藏铁路等六条线遥感地质判释进展情况"的汇报提纲。

5. 为了争取时间,在技术任务书下达之前,由主管技术的院副总和项目组共同初步确定航片地质判释地段,并通过电话征求铁二院、铁四院的意见,在取得他们原则同意后,立即派人乘飞机到有关测绘局和军区搜集航片资料,争取了时间。

6. 在集中力量完成川渝东通道和赣龙线等四条线的同时,提前开始进藏铁路线的资料搜集和技术任务书的制定。以便6月底四条线任务完成后,可立即开展进藏铁路的航片遥感地质判释。

（二）其他一些问题

1. 川渝东通道和赣龙线工作量情况

根据铁二院、铁四院提出的要求,经我们共同商定,把航片工程地质判释工作量压到最少的情况下,仍然达到正线里程 1 343 km(其中渝怀线 340 km、渝石线 400 km、赣龙线 350 km、万枝线 253 km);按判释面积计约 2.1 万 km²(其中渝怀线 5 000 km²、渝石线 5 000 km²、赣龙线 6 000 km²、万枝线 5 300 km²)。

由于遥感工程地质判释范围宽,搜集的航片、地形图较多,搜集的航片达 4 000 多张,每张价格约 25～65 元不等。

2. 滇藏线工作的安排

铁二院提出田妥—拉萨段进行小比例尺航片判释,全线编制陆地卫星影像略图。并要求 8 月底提出田妥—拉萨段小比例尺航片成果。经我们初步研究,认为 8 月底提出工程地质判释成果时间比较紧。我们将争取在 8 月底前交出田妥—拉萨段航片判释成果,但可能部分地段缺乏航片。判释地段可能作适当调整。全线陆地卫星影像图将按铁二院要求提供,但可能有的地段缺图。

3. 青藏线工作的安排

青藏线经与铁一院熊总交换意见后,认为目前开展小比例尺航片判释意义不大,1975～1976 年已进行过大比例航片判释,冻土分区界线在 1：2 千和 1：5 千图中有所反映。如能重新进行一次大比例尺摄影,在初测阶段利用相隔 20 余年的航片进行冻土不良地质的动态变化分析,从而时冻土工程地质条件进行评价,将是十分有意义的。

我院与一院共同认为,本次青藏线的遥感工作较有实际意义的是编制全线陆地卫星影像略图。

4. 关于韶关—赣州段开展遥感地质判释问题

征求铁四院对赣龙线遥感地质工作情况时,四院一处刘容积副总提出遥感工作应包括韶赣段,时间晚些问题不大,但希望要搞遥感工作。

5. 铁四院提出重庆至枝城(石门)的五个通道,目前渝石线和万枝线的遥感地质判释工作相当于五个通道中的一个半通道,是否要五个通道均做工作,由计划司酌定。

遥感技术在铁路建设中的应用和体会

——应中国地质灾害研究会及遥感地质专业
委员会联合邀请在会上作的专题报告

有机会到这里向在座的领导、专家、同仁们介绍遥感技术在铁路建设中的应用以及我个人的一些体会，感到很高兴，下面分五个方面向大家汇报。

一、铁路部门遥感技术应用概况介绍

遥感技术是在航空方法的基础上发展起来的，也可以说遥感技术的前身是航空方法。铁路航空地质调查始于 20 世纪 50 年代中期（当时只有几个部门用航空方法），70 年代后期开始引用美国陆地卫星图像和彩色红外片等遥感图像。

遥感技术在铁路勘测设计中主要用于测制地形图以代替落后的人工跑点的测图方法，同时利用遥感图像进行地质、水文和砂、石建筑材料调查，还可利用遥感图像选择长隧道、桥渡位置、水源工点等重点工程勘测以及既有铁路沿线地质灾害调查和水害调查。特别是利用不同时期的航空像片进行某些地质现象动态的对比分析，具有明显的效果。

从勘测的阶段看，初期主要用于可行性研究和初测阶段，后来也用于既有铁路的地质灾害和水害调查。最近还开始用于施工阶段。但以用于可行性研究阶段效果最好。

一般可行性研究应用遥感技术后较常规方法可提高工作效率 2～3 倍，初测阶段可提高 1～2 倍，西北地区进行地质测绘可提高工作效率 3～5 倍。

目前，铁路长大干线的勘测设计几乎都采用了航测方法测图和利用遥感图像进行地质、水文、砂、石建筑材料的调查。

通过将近半个世纪航测遥感技术实践证明：航测遥感技术是铁路勘测的一种先进有效手段，在铁路勘测中应用航测遥感技术是实现铁路勘测现代化的一项重要技术政策。在铁道部制定的《铁路主要技术政策》中规定："铁路勘测设计要积极采用航测、物探、遥感、卫星定位测量、计算机辅助设计、人工智能等新技术。"

二、遥感技术在铁路工程地质调查中应用的特点

1. 由于铁路选线是从面到线到点顺序进行，因此地质调查也是从面到线到点进行，既要从宏观上了解区域地质背景，又要对具体工点进行详细的工程地质条件评价，因此，强调卫星图像和航空遥感图像相结合，而更重视航空遥感图像的应用。

2. 既要搜集利用已有的卫星图像和小比例尺航空像片，又要专门沿线路方案进行大比例尺航空摄影。

3. 对航空遥感判释成果的可靠性要求严格，因遥感成果很快得到验证，因此要求遥感判释成果精度高些，不能太宏观、太笼统，不能仅仅提供决策管理用，因为要求解决工程的实际问题，所以还强调要进行现场验证。如果提供的遥感成果太粗糙或有误，就会很快受到勘测人员

本讲稿系应中国地质灾害研究会及中国地质学会遥感地质专业委员会的联合邀请，在两会工作会议上的专题报告，1998.5.19，未公开发表过。

的指责或批评。

因此我们选择遥感片种和比例尺是很慎重的，例如，侧视雷达图像就不适用于铁路工程地质调查的应用。

三、遥感技术在铁路工程地质调查中应用情况

（一）铁路新线勘测和既有铁路管理现状

我国幅员辽阔，而铁路只有 5 万多公里，对我们这样的大国而言，是很不相称的。随着我国国民经济建设的不断发展，今后必将有大量的铁路要建设，而且主要的将在自然条件复杂的山区修建。然而铁路的勘测技术还较落后，难以适应艰巨的勘测任务的要求。

众所周知，要选好一条铁路线，除考虑政治、经济、国防等因素外，还必须掌握足够的地形、地质、水文等资料，进行反复研究，才能选出最佳方案。以往在任务紧、勘测方法落后的情况下，勘测选线经常返工，甚至到了定测阶段还在补可行性研究工作。由于地面勘测的局限性，造成选线的失误或未查明地质情况，给施工和运营带来困难以致后患无穷的实例，是不胜枚举的。

我国地域辽阔，雨季时间长，经常发生水灾和工程病害，造成铁路行车中断。目前，全国铁路沿线泥石流达千条以上；山区常见的不良地质现象，如滑坡、崩坍等，则难以数计。

近 16 年来的记录表明，全国铁路干线，平均每年因水害中断铁路运输在 100 次以上，最严重的 1981 年超过 200 次。据“六五”期间统计，由于水害造成的经济损失总共达 3 亿元以上[1]。1981 年 7 月成昆铁路利子依达沟泥石流爆发，冲毁铁路桥梁，死伤旅客 300 余人，仅设备损失、抢险和善后处理费用就达近 400 万元。陇海线宝鸡至天水段，宝成线宝鸡至上西坝段，通车后病害连年不断，仅用于整治病害的费用，据 1982 年的初步统计已达 3.8 亿元，而 1981 年水害后，“两宝”抢修和工程复旧费用还要 3.8 亿元。鹰厦、外福两线，从 1963 年至 1984 年，经过 20 余年的路基病害整治，总投资在 1.6 亿元以上，才勉强控制了病害的发展。从上述几个例子可以看出，水害和工程病害所造成的损失是巨大的。

（二）遥感技术在铁路地质灾害评价和防治中的作用

利用常规方法查明地质灾害，需耗费大量的人力、物力和财力，而且还不一定能查明地质灾害的成因和其危害程度，更难判断其环境变化情况和发展趋势。

遥感技术由于遥感图像视野广阔、影像逼真，不受地形、交通的限制，获取资料快，可在室内条件下全天候开展图像判释，特别对不良地质的动态变化进行分析效果最好。可以说采用遥感技术进行地质灾害调查是最理想的一种方法。

遥感技术在地质灾害评价和防治中的作用如下：

1.克服地面观测的局限性提高地质灾害调查的质量

以成昆线沙湾—泸沽段遥感泥石流调查为例，地面方法泥石流调查一般很难对全流域进行调查，该段线沿大渡河谷行走，沿泥石流携带的大量固体物质出沟口后即被大渡河水冲走，勘测时只在沟口观察，并未充分认识到泥石流的威胁问题，也未采取有效措施。1981 年暴雨期间，发生了大量泥石流灾害，有名的利子依达泥石流沟就发生在这一段，断道将近一个月，事后，利用不同时期航片对比发现该沟小土流失严重。

该段通过航片判释，从 203 条沟中确定 73 条沟为泥石流沟，而同期用地面方法调查只确定 36 条沟为泥石流沟。

还举陇海线宝鸡—天水段铁路遥感调查例子，越是大的滑坡地面调查越容易遗漏，站在滑坡上不知是否滑坡。该段通过航片判释共发现涉及铁路的滑坡为 61 处，崩塌 94 处，而以往铁路工务部门登记在册的滑坡与崩塌分别仅为 15 处和 54 处。

2.加快调查效率，改善劳动条件

遥感技术的应用极大提高了地质灾害调查的速度。以沙湾—泸沽段为例,泥石流调查面积约 3 300 km²,据地面方法调查至少需 3～4 年才能完成,而利用遥感图像判释调查只需一年左右的时间便可完成。利用遥感图像判释,把部分外业工作移到室内进行,外业只需重点验证,从而改善了劳动条件。泥石流三个区用常规方法调查,劳动强度是很大的,用遥感图像判释,事半功倍。

3.有利于地质灾害产生原因和分布规律的认识

遥感技术为从宏观背景研究地质灾害的形成与地形、岩性、地质构造、水文地质等的制约关系提供了方便,从而有利于揭示其产生原因和分布规律。例为宝鸡—天水段利用遥感图像进行滑坡、崩塌调查中,发现滑坡、崩塌区域分布规律与岩性有关密切的关系。根据判释成果统计,滑坡以发生在黄土中者居多,约占滑坡总数的 71.7%,其次为破碎的变质岩和风化的花岗岩,两者分别占滑坡总数的 13.5% 和 14.3%,砂砾岩中最少,仅占滑坡总数的 0.5%。崩塌则以发生在花岗岩中者居多,约占崩塌总数的 49%;其次为变质岩和黄土,两者分别占崩塌总数的 36% 和 14%,发生在砂砾岩中的崩塌只占总数的 1%。

通过陆地卫星图像和航片分析,可以明显地看出宝天段铁路走向与区域应力场主应力方向大致垂直,线路穿行于区域性渭河大断裂两侧,对边坡稳定性显然是不利的,像凤阁岭滑坡群、葡萄园滑坡群。以及拓石、元龙、伯阳等不良工点,均位于渭河主干断裂上或主干断裂与次一级断裂交汇处。

4.对灾害动态变化的分析具有独特的效果

人类活动造成环境破坏,诱发加速了地质灾害的发生,是令人头痛的事,有了遥感技术,可有效地查明环境破坏与灾害发展的关系,以便及时提出防止环境继续破坏、恶化的措施。

泥石流、滑坡、岩堆、沙丘、水土流失、冲沟、水库、坍岸等的动态变化,用不同时相航片分析具有明显的优越性,地面方法无法替代

成昆线沙泸段,利用多时相航片对该段的 16 条泥石流沟进行了动态分析,取得较好的效果。以盐井沟为例,在 1965 年航片上的显示,基本属清小沟。当时,铁矿虽已开采,但开采的面积不大,弃碴较少而未发生泥石流,而在 1987 年的航片上已发现铁矿开采规模大大扩展,弃碴堆积如山,形成泥石流。据现场调查,1970 年以来,已发生四次泥石流,其松散固体物质主要是铁矿弃碴。还有一条泥石流沟叫活脚沟,原地面调查认为属清小沟,但通过 1965 年和 1987 年两个时期航片对比分析,发现耕地增长 11.52%,认为该处有暴发泥石流的可能。速议尽快采取工程整治措施,建议被采纳后,作了扩大桥下净空,加大沟床纵坡。次年,该沟果然暴发了泥石流,由于事前的工程措施,使泥石流物质顺利从桥下通过,幸免了一次灾难性事故。

再如,该段大渡河左岸的利子依达沟,环境破坏严重,根据 3 个不同时期航片进行判释对比,发现该沟流域内的自然景观发生了较大变化,滥砍滥伐森森,荒坡、耕地面积扩大,滑坡、崩塌等不良地质急剧增加。

5.有利于编制各种专题图和灾害工点技术档案卡片

编各种专题图包括地貌、岩性、地质构造、水文地质、不良地质、山坡坡度、水系、植被等多种专题图。

铁路工务部门对病害工点都要建立灾害工点技术档案片,以往灾害工点技术档案卡片中的资料和数据是用地面方法搜集的,工作量大,数据的更新也较困难。而利用遥感图像可以获得卡片中所需的大部分资料和数据,且有利于数据的更新,如能建立地理信息系统则更便于工务管理应用。最后提一下,灾害调查中应用遥感技术最好要"建立实用的工程地质灾害立体防治系统",我在"第二届全国地质灾害与防治学术讨论会"上发表了这方面的文章。

四、"九五"期间铁路建设形势带来遥感的机遇和挑战

去年 7 月以来,东南亚出现了金融危机已经波及整个亚州和世界其他各地,为了应对东南亚金融危机带来的严峻挑战,党中央、国务院冷静分析形势,采取一系列重大举措,要求确保今年中国经济发展速度达到 8％,通货膨胀率小于 3％和人民币不贬值。为了实现这个目标,中共中央不久前专门下发了文件,对保持国民经济持续快速、健康发展作了具体部署,其中重要的一条是加快包括铁路在内的基础设施建设。朱镕基总理一再要求铁路采取有力措施,加快铁路建设。

铁道部根据中央和国务院的要求进行了具体落实,于 3 月底在北京召开了加快铁路建设动员大会。3 月 31 日人民铁道报在头版以通栏标题"紧急动员,组织会战,迅速掀起铁路建设新高潮"报导了这次会议情况,会议以后各勘测设计院都开始行动起来,加班加点。晚上灯火通明,星期六、星期天都加班。

铁路营业里程到 2000 年要达到 6.8 万公里,到 2002 年突破 7 万公里,力争 2000 年开工建设京沪高速铁路,今后五年安排铁路建设投资计划 2 450 亿元。今年铁路建设投资原来下达的是 349 亿元,现在增加到 450 亿元。今年开工的项目就有梅坎线、内昆线、神延线、新长线、粤海通道、水城至株洲复线、黎南线和阳安线的扩大能力等 9 条线。

今后五年铁路建设总的部署是"决战西南、强攻煤运、建设高速、扩展路网"。要加快铁路建设,勘测设计要先行,要求尽快拿出勘测设计资料,要求采用先进的勘测设计技术,而航测遥感是一种先进的勘测手段,所以铁道部决定尽可能采用航测遥感技术进行铁路可行性研究,经过计划调整后,于 4 月 1 日下达我院完成 6 条线的遥感地质判释任务,包括川渝东通道 3 条线（渝怀线、渝石线、万枝线）、赣龙线以及进藏铁路线（滇藏线、青藏线）,其中 4 条线要求 6 月底完成,滇藏线和青藏线要求 10 月底完成。所以忙的很,加班加点,睡在办公室,忙的不亦乐乎。总共判释工作量约 3 万 km²,按以往的工作安排要两年才能完成。面对铁路建设新高潮、遥感面临新挑战,任务多了、又感到技术力量不足。

五、几点体会

我从事遥感地质工作将近半个世纪,各个时期有各个时期的体会,现阶段的体会有以下几点:

1.遥感技术的应用应有稳定的技术队伍

铁道部专业设计院是铁路遥感的最集中的单位,具有代部管理的职能,技术力量雄厚,仪器设备齐全。原来老中青搭配较好,有 50 年代就从事航空地质工作的老同志,也有年青的同志,目前 95％以上是青年人。目前队伍还比较稳定,事业心较强。我院遥感专业的老同志几乎都从事遥感工程地质判释调查和地质灾害判释调查工作,具有较丰富的判释经验,是信得过的技术群体。话说回来,老同志都退了,年青人是否能像老同志那么认真,严谨,就很难说了,是否能保持信得过的技术群体,还要由时间来回答。

2.应善于把科技成果尽快转化为生产力

如何把新技术应用到我们实际工作中去,是我们应该重视的问题,要求我们对新技术要有敏感性,不能墨守成规,应根据新技术的发展来不断充实和改革我们的工作方法。

例如 1986 年法国 SPOT 卫星上天后,其 HRV 图像分辨率达到 10 m,我们就考虑到有否可能利用其分辨率高的卫星图像替代小比例尺航片提供可行性研究地质资料,以前都要用小比例尺航片。1992 年部立项进行"高分辨率卫星图像在铁路勘测中的应用的研究"。研究结果得出的结论是:在某些情况下可以替代小比例尺航片,有时甚至还优于小比例尺航片。如内蒙古西拉木伦河桥位的选择及其两岸线路位置的选择就是很好的例子。

3. 要敢于创新,敢于开拓新的应用领域

举南昆铁路线施工阶段应用遥感判释技术为例说明。传统的见解认为遥感主要用于勘测的前期工作中,施工中应用遥感毫无意义,也发挥不了作用。问题是现实工作中,施工中地质问题较多,到施工阶段暴露了不少地质问题。我们提出在施工阶段应用遥感技术的想法后,得到领导支持,通过施工验证、回访,说明这些判释成果与施工图基本一致,经施工验证大部分遥感地质判释成果是正确的、正确率达 85％以上。昆南铁路施工中应用遥感技术其意义不仅仅在于南昆铁路建设中发挥了作用,更主要的是打破了传统观念的束缚,为今后铁路施工中应用遥感技术开了先河,可以说是遥感技术应用上的一次突破。根据南昆铁路施工中遥感技术应用的实践,我们提出了遥感技术从线路可行性研究、初测阶段、定测阶段,施工阶段直至运营阶段全过程均可应用遥感技术的新概念,新应用模式。后来在南京—西安线、西安—安康线等线都是按照这个新概念开展工作。不仅开拓了新的应用领域而且有利于遥感技术应用的深化,使遥感图像得到充分应用,也有利于遥感地质专业人员判释水平的提高。

4. 应重视黑白航片的应用,不应一味追求高精度

遥感技术在南昆铁路施工阶段的应用,在 1996 年 6 月 6 日《科技日报》头版报导过。不过施工阶段的遥感技术应用,也应视具体情况而定,不是所有情况下都可应用。

自从新的遥感技术引进我国以后,出现了遥感热,过于热衷新的遥感图像和图像处理,向领导宣传遥感技术的作用也都是利用彩色鲜艳的图像和特殊的例子作为依据,这在遥感技术应用初期也是允许的,也是免不了的。由于过于热衷鲜艳夺目的彩色遥感图像和图像处理,忽视了踏踏实实的对本专业图像判释特征的研究,满足于出科研成果,满足于写论文,满足于在学术会议上交流,而许多成果并未能解决生产问题,败坏了遥感技术。

遥感图像处理热后又迎来了地理信息系统热,遥感技术应用的文章越来越少,被大量的地理信息系统的文章所淹没,似乎只有搞地理信息系统才是吃香的,进一步削弱了遥感技术的实际应用效果的实践,关于地理信息系统存在的问题这里不想多说了。

我个人认为我国黑白航片基本上覆盖全国,这是我国的国情,应充分利用它,利用黑白航片基本上可以获得我们所需要的地质内容,一般情况下没必要用其它航空遥感图像,因为这些遥感图像解决的问题并不比黑白航片多多少,而需花不少钱,从技术经济效益比较看是不合算的,如果是科研另当别论。

现在,很少人在黑白航片判释上下功夫,认为没什么学问,甚至有的人认为黑白航片不是遥感,似乎强调应用黑白航片就是保守思想,宁愿舍近求远,一味追求其他航空遥感图像和不切合实际的新技术,这种倾向是有害的。

我个人一直是重视黑白航片的应用,充分利用黑白航片是符合国情况,也是生产单位位容易做到的。就是欧美发达国家,生产中也仍然是以黑白航片为主。几十年来,从航空像片发展到遥感技术,在遥感技术中,我除了对卫星图像感到兴趣外,一直钟情于黑白航空像片。图像处理和地理信息系统只是作为一种新技术加以了解,但并未追求它,说白了,没把精力放在这些技术上,何况人的精力有限。

5. 谈谈判释经验和我的著作

如果说我近半个世纪以从事遥感地质工作有什么成绩的话,我认为是参加了几十条铁路遥感地质工作中,始终认真总结航片判释经验和积累一些珍贵的航空典型样片,1982 年由我和西南交大马荣斌教授共同主编出版的《遥感原理和工程地质判释》一书,获得 1982 年全国科技优秀图书二等奖,其中最核心的也就是总结了 20 多年的判释经验,对判释标志的类别,判释标志的运用方法,判释标志的可变性,影响判释效果的影响因素等等,进行了较系统的论述,同时书中附有大量典型样片。该书引起遥感界的广泛兴趣,供不应求,最近准备再版。我除在书

中较系统地总结了工程地质遥感判释标志和经验外,我所写的60余篇论文中,大部分也都是遥感判释的文章。另外,由我主编的《工程地质遥感图像典型图谱集》,科学出版社即将出版,书中约400余像时典型图谱,这是我们近半个世纪积累的典型图谱,其中包括青藏高原多年冻土地质工程地质分区样片,这些样片极为珍贵,国内外未见公开发表过,填补了国内的空白,陈述彭先生为本书作了序。

另外,在联系出版图册过程中,科学出版社的姚岁寒主编特别嘱咐我,在写该图册前言时应强调黑白航片的作用,可见我们的看法是一致的。

6.遥感技术应与其他手段相结合,才能更好地发挥作用

应强调多种手段的综合应用和分析,遥感技术应和地面调查,物探、钻探互相配合,取长补短,互相启发,使总体上达到提高勘测质量的目的。在综合应用多种手段时应注意勘测的不同阶段、不同目的,多种手段发挥的作用有所不同,当某种手段为主时,不应排斥其他手段和方法。不要解决问题后,只强调自己手段的作用,否定或贬低其他手段和方法的作用。但有一点是肯定的,在任何形式的配合中,遥感技术始终要用在前面,只有先开展遥感地质判释,然后再进行地面调查、物探和钻探工作,才能取得好效果。秦岭隧综合勘探中,遥感技术的应用,就是一个很成功的例子。

7.重视遥感技术应用的效果

要提高遥感技术应用效果,必须结合专业特点进行应用,这是提高遥感技术应用效果的关键所在。影响遥感技术应用效果的因素很多,如果能使影响因素都有利于遥感技术的应用,就能充分发挥遥感技术的作用,如果影响因素都不利于遥感技术应用,遥感技术应用效果就要差些。所以为什么同样遥感技术的应用,在有些情况下或有些人用的效果就好;在另外情况下或另外一些人应用,效果就差些。原因何在? 为了搞清影响遥感技术应用效果的因素,我部于1990年开始,对这一问题进行了研究,题目名称叫"提高遥感图像判能力的综合研究",通过研究,我们认为影响遥感技术应用效果取决于以下几个因素:

(1)与对遥感图像信息发掘的程度有关。如果遥感图像信息中什么都判释不出来,根本就发谈不上遥感技术的作用,发现的内容越多作用就越大。遥感图像中地质信息发掘的程度又取决于图像种类,像片洗印质量、工作地质的环境特点、区域地质构造特点,地层岩性特征和组合接触关系、工作地区既有资料情况、判释的手段、照明条件、判释人员的经验等。

(2)与遥感技术应用的程序和方法有关。按合理的工作程序和工作方法进行,则可获得好效果,打乱程序或工作方法不合理,必然会影响应用效果。

(3)与遥感图像处理方法有关,处理方法合理,可以增强图像信息内容。

以上三种因素中,对遥感图像信息发掘程度和应用程序的方法更为重要。所以几十年来,我们一直抓判释经验的总结和典型图谱的建立,以及规范的制定。正如前面所说的,至少我个人一直重视图像判释和规范的制定。包括前面提到的《遥感原理和工程地质判释》著作以及将要出版的图集,还有部标《铁路工程地质遥感技术规程》(已于1995年4月1日发布实施)等都是这方面的体现。尽管我在这方面做了些工作,但自己觉得还差得很远,学问是无止境的,"书山无路勤作径,学海无边苦作舟",这一辈子如果能在遥感图像判释研究方面添一砖一瓦,就算没白活了。

8.遥感技术的推广应用往往受体制方面的制约,而难以推广,而非技术本身问题

有时由于从本单位的利益考虑,而难以推广,在计划经济下往往与领导的决策有关。我认为遥感技术只有在市场竞争中求得生存,才能真正体现遥感技术的优越性和生命力,靠计划经济就像寄人篱下的生存者,日子不好过。

就说这些吧! 有不对的请批评指正。

和青年人谈谈学习专业知识与科技进步问题

同学们好！很高兴和你们相见，我想和你们谈学习专业知识与科技进步问题

一、铁路航测遥感技术应用情况简介

铁道部于 1956 年 7 月 1 日正式成立航空勘察事务所，第二年铁路专业设计院成立，航空勘察事务所改为院属的一个业务处（航空勘察处）。1956 年至 1960 年间各地区设计院也先后成立了航测机构。

铁路航测机构成立 42 年来，共完成铁路航空摄影约 30 万 km²，铁路航测选线约 6 万 km，各种比例尺图约 12 万 km²，完成既有线航测复测约 2 万 km²，承担了新线和既有线航测遥感任务 200 多项，为铁路建设事业作出了重要贡献。航测遥感技术力量、仪器装备、生产能力、应用范围、产品种类等，均有较大的发展。

目前，5 个设计院均成立了处一级的航测遥感机构，专业设计院设航测遥感处，铁一院设航空摄影测量大队，铁二院设航察遥感测绘所，铁三院设航测分院，铁四院设航空勘察处。此外，西南交通大学设遥感中心和航测教研室，北方交通大学设遥感研究室。

全路航测遥感现有专业人员约 500 人（包括航测人员约 450 人，遥感 30 人），其中高级职称约 50 人。从年龄结构上看，青年人占 90% 以上，他们是生产、科研和管理的骨干力量。

全路现有模拟仪器 17 台，解析测图仪 17 台，全球定位系统接收机 21 台，工作站 3 台。

目前，全路测图能力每年可达 5 000 km（折合 1∶2 000 比例尺地形图）以上。

航测遥感技术应用范围从当初只用于勘测设计的前期阶段，发展到现在可用于勘测设计各个阶段、施工阶段及运营阶段；遥感图像判释应用的专业已涵盖了线路、地质、路基、隧道、站场、施预、水文等专业；航测遥感提供的产品包括线路可行性研究报告、各种比例尺地形图，纵、横断面图、立面图、透视图、正射影像图、航片综合图集、数字地形模型、全要素数字地形图、各专业遥感判释图（包括地质、水文、施预等专业有关图件）、计算机遥感图像处理成果以及地理信息系统产品等。

除上述技术力量、仪器装备、生产能力、应用范围、产品种类有较大发展外，在航测遥感技术应用、科科研究、信息交流、规范执行等方面也取得可喜成绩。

以"八五"期间为例，在铁路新线初测中有 20 余条线段应用了航测技术，各勘测设计院航测制图的线路里程（含比较线）达 4 000 km 以上，在新线初测中普遍应用航测图的局面初步形成。有 17 条线段的既有线采用了航测方法测图，测图里程达 5 000 km（正线里程）。

各勘测设计院还开展了航测数字化测图研究和试生产，约有 10 条线、段采用数字化测图技术测图，各勘测设计院、高等院校先后引进了全球定位系统接收机，并开始在控制测量中试验和应用，取得了较好效果。

"八五"期间，遥感技术的应用也取得较好的效果，据不完全统计，约有 17 项工程勘测应用了遥感技术。

本人应西南交通大学之约，于 1998 年 3 月 1 日向该校测量工程系的部分同学所作的报告。后《铁路航测》编辑部又约我投稿。原报告稿较长，本文系将原报告稿经部分删改后，发表于《铁路航测》1988 年第 2 期上，1998.6.28。

在科研方面,"八五"期间也有很大进展,共开展了12项航测遥感研究工作,获省、部级以上奖共10项。

航测遥感技术的有关规范也已开始制定或实施,如《铁路工程地质遥感技术规程》(TB 10041—95)、《新建铁路摄影测量规范》(TB 10050—97),分别于1995年4月1日和1997年7月1日开始实施。

为了加强铁路航测遥感信息交流、服务以及加强航测遥感管理工作,部建设司和部工程总公司分别于1985年12月和1991年1月成立了"铁路航测和遥感科技情报中心"(1994年5月改为铁路航测遥感科技信息中心)和"铁路航测遥感管理中心"。两个"中心"(以下统称航遥中心)均挂靠在铁道部专业设计院。

目前,航遥中心主要采取动态报告会、刊物、专题调研报告、信息库等形式开展信息交流和服务工作。动态报告会从1986年至1997年共举行了八届;全路出版的铁路航测遥感刊物包括《铁路航测》、《铁路航测遥感动态》、《西北铁路航测》等;专题调研报告是由铁道部航测与遥感科技情报网组织完成的,先后组织了20余项调研题目,调研成果对航遥科研立项很有帮助;航遥中心还建立了"铁路航测遥感科技情报数据库",目前已入库8 000余条,可对外提供使用。

从以上简略的回顾可以看出,铁路航测遥感工作取得较好成绩,航测遥感技术也有了长足进展,42年的航测遥感实践证明:航测遥感技术是铁路勘测的一种先进有效手段,在铁路勘测中应用航测遥感技术是实现铁路勘测现代化的一项重要技术政策,这已成为领导和广大勘测设计人员的共识。在部制定的《铁路主要技术政策》中规定:"铁路勘测设计要积极采用航测、物探、遥感、卫星定位测量、计算机辅助设计、人工智能等新技术"。说明部对航测遥感技术是很重视的。

但同时也应看到,制约航测遥感技术应用和发展的因素还很多,问题也不少,如体制问题、缺乏竞争机制、生产任务不足、航空摄影周期长、技术立法不健全、管理薄弱、队伍素质的提高等等,都应逐步加以解决。

二、对科学技术是生产力的一些体会

1. 从人类经济和社会的发展看科技进步的作用

"科学技术是生产力"是马克思主义的一个基本原理。进入80年代,邓小平高瞻远瞩,审时度势,进一步作出"科学技术是第一生产力"的论断,为我国经济和社会发展提供了强大驱动力。

我国要在20世纪90年代使国民生产总值再翻一番,达到小康水平的奋斗目标,到2050年达到中等发达国家水平,最重要的是充分发挥"科学技术是第一生产力"的作用。

我们不妨回顾一下人类社会发展历史,就可以看出科学技术进步对经济和社会的发展起着多么重大的作用。大家知道,到目前为止,世界上已经经历了五次生产力高潮,第一次生产力高潮是发生在中国,大概在公元7~12世纪,那时我国正是唐宋盛世,我国的四大发明(造纸术、火药、指南针、印刷术)已相继成熟和推广应用起来,而西方还处于落后的中世纪"黑暗时代"。正是由于四大发明的出现,形成我国历史上科学文化与经济繁荣前所未有的壮观景象,出现了世界第一次生产力高潮,它吸引着许多国家学者来华,唐代仅留学长安的日本留学生就多达五、六百人。这期间出现了很多高科技人才,中国数学有早西方几百年的优异成果;中国天文历法应用规模与延续时间之久为世界罕见;中国的蚕丝织品带来了"丝调之路"的繁荣;中国陶瓷名扬天下,在中世纪比黄金还贵;中国农学著作发表之早,数量之多,为世界之最;有两千年历史的中国医药学自成一家,为世界称道。正是这些科技成就使中国出现持续千年的繁荣,使中国 300 年雄居世界之首。

　　大概在 13～16 世纪,由于中国四大发明传入欧洲,世界科学技术中心开始从东方转移到以意大利为中心的欧洲,在意大利兴起了文艺复兴运动。至 19 世纪 30 年代,英国发明了蒸汽机并用于生产,世界科学技术中心从意大利转移到英国,英国从此成为世界第二次生产力高潮的代表。

　　19 世纪中叶至 20 世纪初,科学技术中心从英国转移到德国,使德国成为世界科技与经济的中心。在此期间德国的煤碳、化学工业有了很大的发展。德国仅用 40 多年时间(1860～1900 年),就完成了英国 100 多年的事业,实现了工业化,德国一跃成了以化工技术革命为代表的世界第三次生产力高潮。

　　世界第四次生产力高潮发生在美国,时间在 19 世纪末到 20 世纪 30 年代,这个时期世界科学技术中心从欧洲转移到美国,这次生产力高潮是以电力技术革命为代表。电力技术革命使美国后来者居上。爱迪生的发明,在美国兴起一场电力技术革命,爱迪生的奉献使美国人骄傲,美国人称他为"发明大王"、"一代英雄"。

　　回顾美国历史,1860 年以前,美国还处于殖民地的经济落后状态,1860～1880 年通过工业技术革命,使产值上升 9 倍,1880 年,它已经是西方第二经济大国,1890 年,成为世界第一经济强国。

　　世界第五次生产力发展高潮发生在日本,时间是在第二次世界大战以后的 40 多年间,他们提出"技术立国"、"技术称霸时代"、"高技术时代"的口号,利用各国技术之长,走出一条不断创新、不断综合的发展生产技术的道路。

　　日本整个技术体系是三分欧洲,七分美国新技术的"综合"。松下幸之助是日本"经营之神"。他的新产品之道,就是执行了完全的、彻底的综合化政策。他引进了各工业发达国家 300 多项新技术,他的电视机不仅每个零件是引进的,连线路图也是买来的。1952 年,索尼会社创始人盛田昭夫到美国考察,他看到了美国贝尔电话公司的半导体技术的发展前景。1953 年引进了该项技术,并组成千人的研究所,攻关研究,终于获得成功,制成低价半导体收音机投入市场。它们还用半导体技术制成电子表,挤占了瑞士手表市场;用半导体技术制成"傻瓜"照相机,挤占了原联邦德国照相机市场;用半导体技术于机器工业,生产出机器人,挤占了发明机器人的美国市场。又如荷兰人发明的激光唱盘,美国人的传真机、磁带录音机、录像机,美国施乐公司发明的复印机等,经日本引进之后,进入并占领世界市场。这方面的例子还很多,就不一一例举了。

　　从以上世界五次生产发展高潮产生背景的简略回顾,可以看出都是由于科技进步的结果。

　　2. 从人类认识地表面貌的过程看科技进步的作用

　　在航空摄影出现之前,人类对地表面貌的真实情况一直处于井底观天的状况,对地表面貌认识有很大局限性,而且经历很长的时间,也就是说对地球表面的认识进展缓慢。

　　我国最古老的《禹贡》是公元前 4～3 世纪的著述,在书中将中国划分为九州,描述了山地、河流,以及土壤沉积物的类型;以后又有宋朝沈括的《梦溪笔谈》、明代宋应星的《天工开物》等论著,都记载了自然界的一些地学现象。这些记述虽然是粗略的,却耗费了他们毕生的精力,由于当时条件的限制,有些记述是错误。例如:《禹贡》中记述的"江出于岷"的见解是错误的,直至举世闻名的旅行家徐霞客(1586～1641 年)指出金沙江是长江的上游,才纠正了"江出于岷"的错误见解。他还指出了石鼓附近金沙江的袭夺现象。从《禹贡》的记载到徐霞客纠正了错误见解,整整经历了两千年左右的时间。尽管徐霞客等记述了大量地学现象,但与今日遥感图像所提供的丰富、逼真的地表景观信息,是无与伦比的。可以说现在世界上再没有任何角落是"神秘莫测"的地方了。这难道不是科技进步的结果吗?

3. 从铁路航测遥感技术的发展看科技进步的作用

航测遥感技术用于铁路勘测设计本身就是科技进步的体现,40余年来,随着科技进步,航遥技术本身也有了很大发展,从而使航遥技术在铁路勘测设计中的应用效果逐步提高。下面我谈谈铁路航测遥感技术的发展和科技进步的关系。

(1)外业控制测量的进展。铁路航测外业控制点测定,最初是用经纬仪导线方法。随着国家大地点的普遍建立,交会法测定控制点得到广泛应用。由于光电测距仪的应用,又使交会法测定转向光电测距导线法测定,该法不但较交会法提高了精度,同时也加快了测定速度和改善了劳动条件。进入90年代,迅猛发展的全球定位系统(GPS)越来越普遍用于工程测量,GPS定位技术代替了光电测距导线法测定技术,GPS技术的应用也在不断进步,从80年代中后期的静态测量,发展到90年代初期的快速静态、准动态和真动态等测量。

(2)测图技术的提高和产品内容的多样化。铁路航测机构从1956年成立至70年代。主要是模拟法测图,到80年代开始,采用解析测图方法测图。目前,随着计算机技术的普遍应用,航测制图正从解析测图向数字测图发展。

航测制图的内业控制点加密方法也有较大进展。由于计算机技术的利用,解析空中三角测量替代了辐射三角测量、无扭曲模型法和模拟空中三角测量。而解析空中三角测量也由多项式平差的航带法发展为独立模型法空中三角测量和自检校光束法区域网空中三角测量。随着GPS技术的发展和应用,特别是机载GPS空中三角测量的应用,将使传统的加密方法产生重大的变化,并产生明显的经济效益。

由于航测仪器的不断更新以及测图技术的不断提高,航测测图比例尺从初始的只能够测制1:10 000的地形图发展到能测制1:5 000～1:500的各种比例尺地形图。

(3)遥感技术的进步。遥感图像判释从单纯的全色黑白航空像片发展到航天遥感图像和多种航空遥感图像的综合分析;从静态和定性分析,发展到静态与动态相结合以及定性与定量相结合分析方法发展;遥感判释仪器也从放大倍率较低的立体镜、高放大倍率的立体镜发展为多种光学和计算机图像处理系统。

陆地卫星图像的分辨率不断提高,使原先线路可行性研究以应用小比例尺航片为主逐渐转变为以卫星图像为主成为可能。而在某些情况下,还可利用高分辨率陆地卫星图像替代小比例尺航片提供线路可行性研究所需的地质、水文资料。

遥感技术与地理信息系统的结合是遥感技术的发展方向,以遥感信息为数据源建立的地理信息系统更有利于遥感静态判释与动态判释相结合、定性判释与定量判释相结合的开展。

以上例子说明航遥技术的发展离不开科技进步,但科技进步是无止境的,随着今后科技的进一步发展,还将促进航遥技术走上一个新的台阶。例如,目前数字化测图已用于生产,但全数字化测图尚未用于生产。

GPS技术已用于生产,但GPS定位技术仍在发展、近两、三年内,国内已有部分单位引进了更为先进的实时GPS测量系统,显然,实时GPS测量系统将给铁路测量技术带来一次重大的变化。

又如卫星图像分辨率虽然越来越高,从MSS图像80 m分辨率提高到SPOT卫星HRV图像10 m的分辨率,但目前陆地卫星图像分辨率可达到1 m或更高些,而我们铁路还未应用这种高分辨率的卫星图像。另外,成像光谱仪和成像雷达被认为是遥感的前缘技术和21世纪遥感主导技术,应该说成像光谱仪和成像雷达将为遥感技术的应用开拓了新的前景,但目前我们知之甚少。

地理信息系统(GIS)是近年来发展迅猛的一项新技术,铁路部门只开展了零星的研究,尚未能真正用于生产。勘测设计"一体化、智能化"实际上也是GIS在铁路勘测设计中的具体应用,铁路"九五"科研计划中已立项进行研究。

长期困扰铁路航测遥感技术发展的航空摄影周期长,虽然采用了轻型飞机摄影,避免了一些被动局面,但轻型飞机并非在任何地区均可使用,在使用中也还存在一些问题。不过,目前已经出现激光(地形扫描)系统,如瑞典 Saab 公司的 TopEye 机载激光地形扫描系统。该系统是应用激光测距扫描仪及实时动态 GPS 对地面进行高精度、准实时测量的机载地形测量系统。系统操作简便,能在飞行完毕后短时间内(2 h 左右)直接获取高精度的(厘米级)数字地面模型,很适合铁路、公路等的地貌、地形测量应用。另外,机载激光水深测量系统亦已问世!

总之,科技是在不断发展,我们应紧密追踪,随时了解其发展动态,结合铁路勘测特点进行研究,一旦条件成熟,即可用于生产。

三、国家"四化"建设需要你们

我国的"四化"建设任务十分艰巨,21 世纪将是你们大展鸿图的时代。李鹏总理在《国民经济和社会发展"九五"计划和 2010 年远景目标》报告中为我国的"四化"建设勾勒出了兰图。

他在预测到 2000 年主要产品的产量中谈到,铁路货运量 18 亿 t,比 1995 年增加 1.5 亿 t。

关于铁路建设方面,李鹏总理在报告中提到在"八五"干网建设的基础上,做好完善配套,集中力量打通主要限制口和扩大西南通道,继续建设运煤通道,完善南北通道,强化东北通道,延长西北通道,重点建设若干条大能力干线和地区性新线。发展货运重载运输,增开旅客列车,提高行车速度。继续建设神木—黄骅第二运煤通道,建设南疆铁路。在报告中还提到到下世纪前 10 年,着手建设京沪高速铁路,进行进藏铁路的论证工作。

最近,中共中央对保持我国国民经济持续、快速、健康发展作出了具体部署,其中重要的一条是加快包括铁路在内的基础设施建设。朱镕基总理一再要求铁路采取有力措施,加快铁路建设。

根据中央精神,铁道部安排今年基建投资约为 450 亿元,今后 5 年铁路建设投资初步安排 2 450 亿元,铁路运营里程到 2000 年要达到 6.8 万 km,到 2002 年突破 7 万 km,铁路建设面临新的挑战,将会很快掀起建设新高潮。

由此可见,"九五"期间以及 2010 年以前,铁路建设的任务是非常艰巨的,要完成这些任务,也包括你们在内的全路职工的共同努力才能实现,21 世纪是你们的世纪,你们这一代人将肩负重任,任重道远,将大有用武之地。

四、把自己培养成国家需要的合格人才

当今社会高新科学技术发展很快。经济和社会的发展也很快。作为大学生和科技人员应该认识到掌握科技知识的重要意义。下面我提供一些科技信息增长速度和产品更新速度的一些资料,供大家参考。

现在全世界每天发表论文 6 000～8 000 篇,发表论文的数量每隔一年半就增加一倍。据粗略统计,人类科技知识,19 世纪是每 50 年增加 1 倍,20 世纪中叶则是每 10 年增加 1 倍,当前则是每 3 至 5 年增加 1 倍。现在世界每年批准的专利数量达 120 万件。自 1945 年研制出第一台计算机以来,经历了电子管、半导体、集成电路、大规模和超大规模集成电路几代的发展,其性能提高了 100 万倍。当前超级计算机最快运算速度已达到 320 亿次/秒,人们现在又开始研制光学计算机,它的信息处理速度将比电子信息处理速度快 1 000 倍或更多些。

此外,科技应用于生产的周期也大量缩短,例如:在上个世纪,电动机从发明到应用共用了 65 年,电话用了 56 年,无线电通讯用了 35 年,真空管用了 31 年。而本世纪以来,这个周期大大缩短,如雷达发明到应用用了 15 年,喷气发动机用了 14 年,电讯用了 12 年,尼龙用了 11

年，从发现核裂变反应到制成第一个反应堆仅用 4 年，集成电路从无到有仅 2 年，激光器仅用 1 年的时间。从 1973 年研制成功第一台微处理机到 80 年代初期已更新了 4 代。当然，也可能有些例外的例子。

我上面介绍的例子都是一些数字，似乎很枯燥，但从中可以得知现代科学技术的发展日新月异，新发明、新理论层出不穷，知识更新异常迅速，科技进步转化为生产力的速度越来越快。

现代国际间的竞争是综合国力的竞争，其中，关键是科学技术的竞争，说到底是人才的竞争，所以，你们青年人今后肩上担负的任务是很艰巨的，关系到国家的兴亡盛衰问题。古人云："国家兴亡、匹夫有责"，范仲淹在岳阳楼记中说到"先天下之忧而忧，后天下之乐而乐"。我相信同学们会非常关心国家的"四化"建设，并为它贡献出自己的力量。为了能胜任今后的工作，你们应该抓紧时间学好本领，要锲而不舍地努力学习，你们今天的学习条件应该说是不错的，我国 12 亿人，能有机会上大学的是很少的。大学生可以说是上帝的骄子，要珍惜你们来之不易的学习机会。

古今中外有很多刻苦学习的例子，在我国就有映雪、囊萤、锥股、洞壁等学习佳话。我国宋代伟大的文学家欧阳修，小时候家里很穷，他母亲在沙地上教他写字，后来中了进士，成为大文学家。

古今中外关于刻苦学习和爱惜光阴的名言也很多，我摘抄一些例子，供同学们参考。孔丘说："玉不琢，不成器，人不学不知道"；鲁迅说："那里有天才，我是把别人喝咖啡的工夫都用在工作上的"；爱迪生说："天才是百分之一的灵感，百分之九十九的血汗"；高尔基说："世界上最快而又最慢，最长而又最短，最平凡而又最珍贵，最容易被忽视而又最令人后悔的就是时间"。这些名言对我们是很有启迪的。

应该说刻苦学习不是很容易的事，一个人无论做何事，不付出代价是很难得到满意结果的，靠侥幸是不牢靠的。

上面所说的是学习问题，然而作为一个祖国建设所需要的合格人才，仅仅是学习好还不够，还要"德、智、体"全面发展。没有起码的道德，不热爱自己的祖国，没有敬业精神，就很难为祖国的"四化"作贡献。此外，还要有健康的身体，才能完成好自己所承担的任务，没有健康的身体不但不能为社会作贡献，还增加了社会和家庭的负担，自己也很痛苦，这是很浅显的道理。

严格地说，"德、智、体"合格只能说是搞好工作的最基本条件，工作中会遇到各种各样困难，如果缺乏克服困难的勇气，没有吃苦耐劳精神，遇到一点困难就失去信心，或退避三舍，仍然是搞不好工作的。就以勘测队工作为例，虽然今天的外业工作条件比以往好多了，一般不要自己带行军床，不要带铺盖，大部分情况下住旅馆，但也还是会遇到住帐蓬，带行军床、带铺盖的时候。有的人说，现在交通工具先进，仪器设备轻便化，加上采用先进的航测遥感技术等，可以改善外业劳动条件，减轻劳动强度，这是事实，但爬山涉水仍然少不了，总之，工作中永远会遇到各种各样的困难。

最后，我想用大家都很熟悉的两个名人的名言，作为我报告的结束语。

奥斯特洛夫斯基的名言："人的一生应当这样度过，当回忆往事的时候，他不致于因为虚度年华而痛悔，也不致于因为过去的碌碌无为而羞愧"；在临死的时候，他能够说："我的整个生命和全部精力，都已经献给世界上最壮丽的事业——为人类的解放而斗争"。

还有一个名句是毛泽东所说的："世界是你们的，也是我们的，但是归根结底是你们的，你们青年人朝气蓬勃，正在兴旺时期，好像早晨八、九点钟的太阳，希望寄托在你们身上"。

我的报告完了，谢谢大家！

南昆铁路施工阶段遥感地质判释应用工作汇报

　　南昆铁路建设指挥部拟对该线建设中开展的科技研究项目及推广应用的新技术进行评奖，本工作汇报实际是为评奖而写的工作汇报，由本人拟文，于 1998 年 5 月 6 日以院文报送南昆铁路建设指挥部。

南昆铁路建设指挥部：

　　根据你指挥部徐清和处长来电话要求我院提供有关南昆铁路施工中遥感地质判释应用情况，现简介如下：

　　1991 年我院根据多年来遥感地质判释实践经验，认为在铁路施工中应用遥感地质判释技术可以发挥应有作用，并提出在南昆铁路施工中推广应用遥感地质工作的尝试。我院的想法得到部建设司、工程总公司以及南昆铁路建设指挥部（以下简称南昆指）的支持，并与南昆指签订了合同（南昆铁指 38 号），开展有针对性的遥感工程地质判释。1992 年 4 月向南昆指提交了"南昆铁路陆地卫星 TM 影像图"，1994 年 3 月 16 日以专设勘（1994）050 号文提交了《南昆线部分地段地质遥感图像判释评价意见》。

　　我院一直重视遥感技术在南昆线施工中的应用，在我院内部刊物《铁专院信息》总第 99 期（1993.9.1）、总第 223 期（1996.5.23）中分别进行了报导。1996 年 3 月～4 月间，我院派员到南昆指及南昆线现场施工单位进行回访，回访结果表明，我院提供的遥感地质判释成果与施工图设计基本一致，经施工验证，大部分遥感地质判释成果正确。南昆指及各有关施工单位均写了使用证明（见南昆铁路工程遥感地质判释成果证明，1996.8）。回访情况于 1996 年 6 月 3 日以专设航（1996）061 号文《关于南昆铁路遥感地质工作情况的报告》报送给部工程总公司，抄送南昆铁路建设指挥部等单位和部门。

　　南昆铁路施工过程中应用遥感技术是我国首次正式将遥感技术用于施工阶段，它是遥感地质判释应用的一次突破性进展。以往传统的认识认为遥感技术用于铁路勘测设计前期工作中效果最佳，但忽视了在勘测设计后期的应用，至于施工阶段应用遥感技术则被认为是毫无意义的。而南昆铁路施工阶段应用遥感技术的意义不仅仅在于南昆铁路施工阶段发挥作用，更重要的是证实了遥感技术在施工阶段是仍然可以发挥作用的，打破了以往认为施工阶段应用遥感地质判释技术毫无意义的思想禁锢。南昆铁路施工阶段应用遥感技术，拓宽了遥感地质判释工作的应用范围，使遥感技术应用向广度和深度方面发展，应该说具有创新意义。

　　专业院副总、工程勘察大师卓宝熙不但大胆提出在南昆铁路施工阶段应用遥感地质判释技术的建议，而且经过反复宣传和多方努力，终于立项开展工作，并亲自带头和年青的技术人员（李光伟、李海明、胡清波等人）一起工作，且数次到现场调查、验证、回访。他根据南昆铁路施工阶段遥感地质判释应用的成功经验，提出了"遥感地质工作从线路可行性研究、初测阶段、定测阶段，施工阶段以及运营阶段等全过程均可应用遥感技术的新概念和新的应用模式"。这个新概念和新的应用模式在随后的西安—安康线、内昆线等线中得到进一步实践和证实。

　　总之，南昆铁路施工阶段应用遥感地质判释技术体现了新技术的推广应用，并取得可喜的

本工作汇报于 1998 年 5 月 6 日以铁道部专业设计院院文报南昆铁路建设指挥部，未公开发表过。

成绩,为今后在施工阶段应用遥感技术开创了先例,意义十分重大。

卓宝熙等同志在南昆铁路现场调查、验证时克服了许多困难,爬山、涉水、忍饥挨饿、摸黑走夜路、边工作边搬家,住过少数民族的阁楼,遇到过许多险情,所经历的困难是用语言所难言状的。

1994 年南昆铁路科技工作会议上,遥感地质判释技术未被列为南昆铁路科研项目,但会上同意列为推广新技术项目。不知后来是否被列上,如未列上,望能补列进去。

我们希望在总结南昆铁路建设新技术应用以及报奖时不要把遥感地质判释技术这个重要项目遗漏。应充分肯定该项技术应用取得的效果,也不要埋没参加这项工作人员的成绩和功劳,因为他们在南昆铁路建设中流了汗水! 付出了很大的代价。

"3S"地质灾害信息立体防治系统的建立及其实用意义

——以铁路地质灾害为例

我国既有铁路地质灾害防治工作取得了较大成绩,但从根本上看,地质灾害防治工作仍处于被动状态。造成被动状态的原因固然较多,但应该说较为重要的一点是缺乏一种以先进技术为依托而建立起来的实用有效的地质灾害防治系统。当前的地质灾害防治由于缺乏先进技术手段以及未从系统工程观点进行防治,因此在防治工作中具有某些盲目性和处于被动状态,存在的问题大概有以下几点:(1)调查手段落后,用传统的地面方法调查地质灾害,往往在未查明地质灾害的性质、规模、危害程度的情况下,急于整治;(2)病害工点整治的安排轻重缓急不完全合理,或者心中无数,缺乏科学的、完整的勘测、监测、整治规划和计划,造成发生一处治理一处,头痛医头,脚痛医脚的被动局面;(3)地质灾害发生时间的预测预报工作较薄弱,一般仅限于已经发现地质灾害产生的征兆后,进行监视、监测和预告,而对于事先未发现征兆的地质灾害的预测预报工作较为薄弱。

20世纪90年代以来,遥感(RS)、地理信息系统(GIS)、全球定位系统(GPS)等技术,即人们通称的"3S"技术有较大的发展,"3S"技术发展为铁路地质灾害的防治开辟了新的前景,使以GIS为载体,RS,GPS作为数据源建立"3S"地质灾害信息立体防治系统(以下简称"系统")成为可能。

一、建立"3S"地质灾害信息立体防治系统的主要思路

对建立"3S"地质灾害信息立体防治系统总的思路归纳如下:以"3S"技术为手段,从系统工程观点出发,把勘测评估、预测监测以及病害整治三者结合成一体的地质灾害信息立体防治系统,在勘测评估中,开展以遥感技术为先导的综合勘测,在查明地质灾害情况后,确定监测(用GPS技术)和设置警报系统地段(或工点),提出需整治的工点,并结合气象资料,预测可能发生的地质灾害。形成从天上到地面,从面到点,以"3S"技术为主体的铁路地质灾害信息立体防治系统。

二、"系统"建立的必要性和可能性

1. "系统"建立的必要性。我国铁路地质灾害调查中利用遥感技术,取得了令人满意的效果,早在80年代初期,在成昆铁路沙湾至沪沽段泥石流调查和陇海线宝鸡至天水段滑坡,崩塌调查中都成功地应用了遥感技术。如成昆铁路沙沪段通过航片判释,从205条沟中确定73条沟为泥石流沟,并按对铁路的危害程度,将泥石流分为严重、中等、轻微和无危害四个等级。73条泥石流沟均建立了包括工点名称、路基形式、边坡坡度,构造与岩性、流域情况、不良地质、松散固体物质、植被,灾害治理措施等内容的工点技术档案卡片。

陇海线宝鸡至天水段,利用卫星图像和航空像片相结合,判释发现涉及铁路滑坡为61处,

本文系受台湾中华地理资讯学会和台湾大学地理系的联合邀请,于1998年12月12日在台北举行的"海峡两岸空间资讯与防灾科技"研讨会上的发言,该文收入在"海峡两岸空间资讯与防灾科技研讨会"论文集中。

崩塌94处,而以往铁路工务部门登记在册的滑坡与崩塌分别仅为15处和54处。同时编制了多种专题图,建立了滑坡、崩塌工点技术档案卡片,对部分滑坡也进行了多时相航片的动态分析。

　　上述遥感图像判释提供的成果系以图纸形式提供,这些资料数量多,保管和使用均不方便,特别是地质灾害动态变化的对比分析,很难进行,更谈不上形成信息网络和资料共享问题。建立"3S"地质灾害信息立体防治系统后,可随时获取铁路沿线地形地貌、地层(岩性)、构造、地质灾害、植被、人类活动及环境变化等情况,还可提供DTM,各种比例尺地形图、透视图、各种地质专题图、各种统计数字等资料。

　　系统中具有各种分析模块和智能化专家系统,包括灾害危害程度评价模型、灾害发生预测模型、救灾模型、灾情评估模型等,见图1。

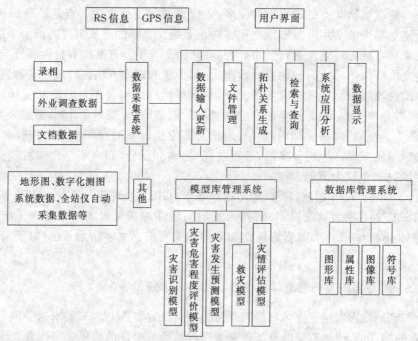

图1　"3S"地质灾害信息立体防治系统

　　建立了上述系统后,对铁路沿线地质灾害的类别、规模、分布情况,危害程度、灾害发生时间的预测、监测、整治、救灾抢修的部署等等,提供了依据。

　　2."系统"建立的可能性。目前,铁路部门虽然尚未正式建立"3S"地质灾害信息立体防治系统,但铁路部门从事灾害防治的技术队伍力量雄厚,对各种地质灾害的勘测评估、预测、监测、整治等方面,都积累了许多宝贵经验,并取得了较好成效,"六五"以来,铁路部门已完成和正在开展的有关地质灾害防治的科研项目达10余项,这些都为建立"系统"提供了技术保证。

　　铁路部门的3S应用也有了较大发展,遥感图像的判释应用早在20世纪50年代中期就已开始,只不过当时用的仅仅是航空黑白像片,70年代中后期开始引用陆地卫星图像和其他多种航空遥感图像,几十年的应用,积累了大量的遥感图像判释经验。铁路地质灾害防治管理方面虽然尚未建起真正实用的地理信息系统,但近几年在某些铁路线段建立了滑坡、崩塌、泥石流数据库;成昆铁路典型泥石流沟遥感动态监测模型的研究,陇海线宝天段地质灾害、水害遥感信息数据库的研究;遥感图像判断滑坡动态变化的拟合处理;断裂影像判释专家系统的初探等等,都为"系统"的建立创造了条件,铁路系统在80年代末,也已开始应用GPS,主要是用于铁路线路测量,控制测量和长隧道测量,但尚未用于地质灾害的监测。

从以上的简单回顾可以看出铁路部门在地质灾害勘测评估,预测监测,病害整治,以及遥感、地理信息系统,全球定位系统等技术应用方面积累了不少经验,如能把众多的专业、分散的生产实践经验和科研成果,有机地组织起来,形成实用的地质灾害信息立体防治系统,是完全可能的。

三、系统的关键技术问题

前面谈过,本"系统"包括灾害危害程度评估模型、灾害发生时间预测模型以及救灾模型等分析模块和智能化专家系统,其中难度最大的是地质灾害发生时间预测问题,有的地质灾害发生时间的预测是可能的,有的则很难预测,就以山区常见的滑坡、崩塌、岩堆、泥石流发生时间的预测来看,应该说滑坡发生时间的预测是有可能的,泥石流发生时间的预测难度较大,崩塌和岩堆发生时间的预测难度处于滑坡与泥石流之间。本文以滑坡发生时间的预测为例,加以叙述。

对铁路工务部门而言,最关心的是滑坡的规模、对铁路线的危害程度,何时发生等等。关于滑坡的规模、对铁路线的危害程度,都是很容易从"系统"中得到解答,至于滑坡何时发生,则与滑坡当时所处的状态有关,如果滑坡处于活动状态,也就是说滑坡在发生前已经发现各种征兆时,则较容易进行预测预报,因为我们可以有意识地采取监测或设置警报系统,密切注意灾害的动态变化。属于此类的滑坡,其灾害发生时间可进行较准确的时间预报,其准确程度可达到月日,甚至小时,即通常所说的灾害临发生前的预报,在滑坡的预报中不乏这方面的例子,其中最典型的为1985年6月湖北秭归县新滩滑坡,由于预报准确,滑坡发生前新滩镇上1317人安全迁离,无一死亡,问题在于现场人员所关心的是另一种情况,即在滑坡发生前,见不到各种征兆时,能否提出何时可能发生滑坡,这种情况难度就大多了,因为此时单凭地面调查(即地面因素)确定何时发生滑坡是不可靠的,也是难以做到的,只有考虑气象因素后才有可能作出判断,换句话说,滑坡的发生是受地面因素和气象因素两个因素控制的。

地面因素包括地形、地质、水文、人为活动等诸因素对滑坡发生的影响,同时还包括滑坡的规模、性质等,地面因素加上气象因素才能产生滑坡,问题是气象因素影响到何种程度才会发生滑坡。

气象因素如何考虑呢?主要应考虑两个问题,其一是该区降雨量多大的情况下可能产生何种类型、何种规模的滑坡。这就必须了解以往该区发生过的各种类型、各种规模的滑坡时的相应临界雨量,临界雨量确定后,也只能说明该区的各种类型、各种规模的滑坡在相应的临界雨量时有可能产生滑坡,仍然无法确定何时发生滑坡。要预测何时发生滑坡,则应结合气象预报,而气象预报准确是很困难的。气象台预报的一般是大范围地区的降雨量,而我们所需要的是小区域的降水量,在山区,特别是暴雨,往往受小气候和地形的控制而有较大的差别,山前、山腰、山顶以及分水岭两侧的雨量迥然相异。这些状况,都给灾害产生时间的预报带来困难。此外,滑坡体上生长树木时,一旦刮大风,即使未到临界雨量也可提前产生斜坡变形或产生滑坡,总之,对未发现滑坡滑动征兆的滑坡,预测其滑动时间是十分困难的。

四、"系统"实施中的几个具体问题

1. 关于滑坡发生的临界雨量问题。临界雨量实际上是一个非常复杂的概念,它不仅仅是指产生滑坡时降雨量多少问题,它既包括降雨量的函数,也包括时间的函数。所谓降雨量是有时间概念的,是指小时降雨量还是日降雨量或且是月降雨量,只了解总降雨量,还不够,还应了解降雨强度的大小。此外,还有降雨强度不大,降雨的总量也不大,但下雨时间较长,同样可产生滑坡。

2.应准确掌握滑坡地区的随机降雨量。从"系统"中我们已经知道每个滑坡产生时的临界雨量,一旦滑坡地区雨量超过临界雨量,则有可能产生滑坡,但关键是如何准确掌握滑坡地区的雨量情况,因为气象台预报的是大范围地区的雨量,代表不了局部地区的雨量。因此,想了解滑坡地区的降雨量情况,除从气象台了解区域降雨量情况外,还应在滑坡体上设置自动记录雨量计,记录的数据可随时在预测预报中心直接观察。

3.滑坡滑动时间预测预报的概念和具体方法。前面谈到滑坡滑动前已经发现有各种征兆,并设置了警报系统进行监测的滑坡,产生滑坡的时间可进行较准确的预报,其准确程度可达到月、日,甚至小时。问题是未发现滑坡滑动征兆的古滑坡或斜坡不稳定地段,如何预测其滑动的时间。本"系统"的思路认为这种类型滑坡产生时间的预测应分两阶段,第一阶段为预测阶段,此阶段不应有具体时间的规定,只提出产生滑坡的先后顺序;第二阶段为预报阶段,此阶段对滑坡进行监测,提出滑坡产生的具体时间。第一阶段确定滑坡产生的先后顺序原则是这样的:根据滑坡的地面因素和临界雨量两个因素综合考虑后,把滑坡产生的相对时间按顺序排列为第一批、第二批、第三批……。一般是地面因素最有利于产生滑坡,同时产生滑坡的临界雨量值又是最小的,可列为第一批,其余的按情况可列为第二批、第三批……。所谓第一批、第二批、第三批……,并未赋予具体时间的概念,即非绝对时间的规定,只是相对的时间概念。这种时间范围的长短是变化的,带随机性的,主要是受气象因素和人为活动的制约。如降雨量大,人为破坏活动严重,则可能提前发生滑坡,反之,则推延滑坡的发生时间。第一批和第二批滑坡发生的时间既可相隔很长,也可间隔很短,但不管时间间隔长短,其相对顺序仍然不会变。除非环境发生变化,其产生滑坡时间的顺序可能发生变化。

五、如何保证"系统"顺利实施取得实际效果

以往地质灾害预测预报多系单独一个工点的预报,而且一般都是在发现了地质灾害发生的征兆时跟踪监测,设置警报系统,从而提出灾害发生时间的预报。而本系统则是用系统工程观点,把勘测评估,预测监测,灾害整治结合在一起,克服以往各专业都强调本专业的作用,但相互渗透不够,互相脱节,缺乏统一组织,起不到预测预报作用的状况。因此,"系统"的实施必须有牵头单位,对铁路部门而言,也就是使用该"系统"的工务部门(各铁路局的工务处或工务段),工务部门牵头,把有关单位组织起来,把勘测评估、预测监测、病害整治三者贯穿起来,把各自优势发挥出来,克服以往只强调本专业作用的狭隘思想和分散的状态。

本"系统"的实施,除组织上得到保证外,必须严格按"系统"的要求操作,即先进行滑坡灾害的全面调查分析,在查明滑坡的类型、规模、发展趋势,危害程度等情况后,把滑坡分为三种情况,一种是立即进行整治;另一种是暂不整治,但应进行监测(设置警报系统或GPS);最后一种是未发现产生滑坡征兆的滑坡,这一类滑坡应结合降雨量来预测可能滑动的时间。

地质灾害预测预报是很复杂的问题,本"系统"的实施过程中将会遇到一些具体问题,有待于在具体实施中进行补充和完善。

遥感技术在铁路建设中应用取得丰硕成果

一、铁路遥感工作的回顾

铁道部门应用遥感技术始于 1955 年的兰州—新疆铁路线的方案比选（当时称航空地质方法），几十年来在兰新线、成昆线、大秦线、西康线、朔黄线、南昆线、京九线、内昆线等 50 余条铁路线的新线勘测中，大瑶山隧道、军都山隧道、秦岭隧道、芜湖长江大桥等重点工程的地质调查中，以及成都—昆明铁路线、陇海铁路宝鸡至天水段等既有线地质灾害调查中均采用了遥感技术，取得了明显的技术经济效益。据贵昆、京原、焦枝等 6 条线的不完全统计，航测遥感选线共节约工程投资 1 亿多元。其他如西安—安康线的秦岭越岭隧道，通过遥感地质判释为先导的综合地质勘测，选出了理想的方案，并推荐作为施工的方案，通过施工平导贯通初步验证证实，认为该隧道工程地质条件良好；又如朔县—黄骅线河间至港口段的线路方案比选，利用遥感技术判释调查，推荐的方案也被国家采纳，该方案不但避开了水害地段，而且节约投资约 3 亿元；再如成都—昆明铁路线沙湾至泸沽段，利用遥感技术进行泥石流调查，从 204 条河沟中判释出 73 条泥石流沟，并根据 73 条泥石流沟对线路危害的程度进行分类，还对 26 条泥石流沟利用不同时期航空遥感图像进行动态分析，同时对许多危害严重的泥石流提出工程处理措施。工务部门根据遥感判释提出的整治意见进行整治，取得了很好的经济和社会效益。根据多年的经验估测，铁路遥感地质调查较传统的地面调查可提高工作效率2～4倍。

我部"六五"以来共开展了 15 项遥感科研项目的研究（二项为国家级项目，九项为部级项目），其中获国家科技进步奖二等奖的一项，铁道部科技进步奖特等奖一项，二等奖二项，三等奖二项。其余项目为待鉴定或正在进行中。

我部根据多年来的生产实践，系统总结了遥感工程地质判释经验，编著了《遥感原理和工程地质判释》一书，制定了《铁路工程地质遥感技术规程》，编制了《工程地质遥感图像典型图谱集》等成果。其中《遥感原理和工程地质判释》一书，系统地总结了工程地质判释经验，首次在书中提出完整的判释理论。该书获 1982 年度全国优秀科技图书二等奖，得到遥感界专家的好评，在全国遥感界产生较大影响，对促进我国遥感工程地质判释起到重要作用；《铁路工程地质遥感技术规程》是我国第一个有关工程地质方面的遥感技术规程，中科院院士陈述彭先生说：你们首先写出了地质遥感的行业标准，说明铁路地质遥感技术应用已经成熟，走在其他行业的前面；《工程地质遥感图像典型图谱集》正在出版中，该图集的出版填补了我国这个领域的空白。铁道部门从总结工程地质判释经验，编写专著，制定技术规程到编制《工程地质遥感图像典型图谱集》，形成一套完整的经验和系统的工作方法，在国内产生了较大影响。

二、铁路遥感工作的进展和突破

铁道部门应用遥感技术的特点之一是密切结合生产，遥感判释成果直接为铁路勘测设计服务，

本文入选《腾冲航空遥感试验 20 周年纪念笔谈会文集》中，1999.3

成果质量的好坏很快得到验证和考验,通过生产实践,不断提出问题,不断解决问题,从而大大提高了遥感技术应用的效果。遥感技术应用不断有所进展,遥感图像判释从原来的单纯用黑白航空像片判释发展到利用卫星图像和各种航空遥感图像相结合的判释;应用范围从初期的仅仅应用于铁路线路前期方案研究,发展到用于勘测设计后期阶段以及施工阶段和运营阶段;判释方法从目视定性判释、静态判释发展到定性判释与定量判释,静态判释与动态判释相结合的判释。

此外,在遥感技术应用方面有所创新和突破:(1)在线路可行性研究阶段利用高分辨率陆地卫星图像替代航空遥感图像提供工程地质成果;(2)打破传统的认识,把遥感技术从勘测设计前期工作应用延伸扩展到施工阶段和运营阶段;(3)建立了青藏高原多年冻土地区遥感冻土工程地质分区图谱,该图谱在国内外未见公开发表过,是十分珍贵的资料。

三、铁路遥感工作新的机遇

1998 年,为了应付东南亚金融危机带来的严峻挑战,党中央作出部署,加快包括铁路在内的基础设施建设,铁路建设遇到前所未有的难得机遇,铁路建设出现了大好形势,也为遥感技术的应用提供了良好的环境。仅 1998 年,铁道部专业设计院就完成了赣州—龙岩线、重庆—怀化线、重庆—石门线、万县—枝城线、青藏线格尔木至拉萨段、滇藏线等 6 条线的遥感地质工作,共编制卫星图像约 31 万 km²,1:5 万航空遥感工程地质判释图约 45 000 km²,为上述各条线的方案比选提供了重要工程地质资料。其中举世瞩目的进藏铁路,通过号称“世界屋脊”的青藏高原和横断山脉,地形地质极为复杂,将通过约 600 km 左右的高原多年冻土区,还将遇到泥石流、滑坡、崩塌、冰川、地热、岩爆等多种地质问题。在这样地形地质复杂、区域地质又十分缺乏的地区,单纯采用传统的地面调查方法,拟选出理想的铁路线是难以想象的。本次遥感工作之前,由于交通困难,地形地质困难,地面调查一直未能填绘出全线贯通的 1:5 万工程地质图,致使多年来线路方案研究难以深入。遥感判释提供的地质成果弥补了上述的不足,使该线方案研究得以顺利进行,为滇藏线全线方案比选提供了十分珍贵的资料。

进藏铁路线方案可行性研究利用遥感进行地质调查后,大大缩短了勘测周期,提高了工作效率 4 倍以上,把大量外业工作移到室内进行,并提高了勘测质量。

在地形地质极为复杂的青藏高原和横断山脉地区开展大面积的铁路选线遥感地质判释工作,在我国尚属首次。应该说进藏铁路遥感地质工作的开展,标志着我国铁路遥感地质工作达到新的水平和国际先进水平。

四、遥感技术必将在铁路建设中发挥更大的作用

铁路遥感技术群体所完成的遥感工程地质和地质灾害判释成果,在国内具有较高的信誉。

正是由于铁路部门遥感技术应用取得较好效果,目前,铁路长大干线勘测选线中均采用了遥感技术,而且在铁道部制定的《铁路主要技术政策》中明确规定要推广应用遥感技术,同时还把遥感技术应用纳入有关技术规程中,使遥感工作走向正规轨道。实践证明:遥感技术是勘测的一种先进有效手段,是勘测现代化的重要内容之一,深受广大勘测人员的欢迎。

我们相信,今后铁路遥感技术必将在铁路建设高潮中发挥更大的作用。

陈述彭先生对铁路遥感工作的支持和关怀

　　陈述彭院士是我国倍受尊敬的老一辈科学家,在他长达 60 年的学术生涯中不断求新,勇于开拓,成就卓著,德高望重。在我国遥感界有口皆碑,我国遥感技术的发展是和陈先生的努力息息相关,他把心血倾注到几乎所有的遥感应用领域,具有惊人的充沛精力。

　　陈先生对铁路遥感技术的发展也十分关心,早在 1979 年"腾冲航空遥感试验"时,就肯定了遥感技术在铁路选线中的作用。铁道部于 1985 年成立了铁路航测和遥感科技情报中心(以下简称"中心"),在"中心"成立之初就建立一个顾问班子,聘请了路内外 19 个航测遥感专家为"中心"顾问。德高望重的王之卓先生和陈述彭先生被聘为"中心"的名誉顾问。两位先生对铁路航测和遥感工作的支持和关怀,使我们受益匪浅。王之卓先生还在《铁路航测》刊物上发表了论文。

　　1995 年,铁道部部控科研项目《铁路工程地质遥感图像判释技术》评审时,我们邀请陈述彭先生担任鉴定会主任委员,他在百忙之中参加并主持了评审会议。记得那次他还有两个会议要参加,一个是外事会议,另一个是北京大学的遥感硕士生毕业答辩会,陈先生参加了我部的遥感成果评审会后,立即赶到了北京大学参加另一个会议,我们实在感到内疚。年过古稀的老科学家的敬业精神和不辞辛苦的作风,给我们以启迪,钦佩之情油然而生。虽然没有惊天动地之举,但却体现了他对事业执着追求的可贵精神。在这次评审会议的鉴定意见中,认为本科研成果在"断层分析和高原冻土等方面有所创新,达到了国际同类工作的先进水平",给我们以极大的鼓舞。记得在会议结束时,我送给陈先生一本《铁路工程地质遥感技术规程》,这本"规程"是我国第一个有关工程地质方面的遥感技术规程,他看了"规程"的目录后说:你们首先提出了地质遥感的行业标准,说明铁路地质遥感技术应用已成熟,走在其他行业的前面。这是陈先生对我们的厚爱,我们应该虚心地向兄弟单位学习,把铁路遥感地质工作搞得更好些,不辜负陈先生对我们的期望。

　　记得,1956 年在北京的一次学术会议上,和陈先生聊天时,他谈到在 1995 年在成都参加了由西藏自治区区政府组织召开的"西藏国土规划评审会",会议上提到修建进藏铁路问题,我提出进藏铁路采用航测遥感技术的想法,他很支持,认为进藏铁路勘测选线应充分应用遥感技术,在陈先生的支持下,我积极向铁道部有关司、局领导宣传遥感技术,呼吁进藏铁路应尽早采用航测遥感技术。我一方面通过铁道学会主办的内刊(科技工作者建议)呼吁进藏铁路应用遥感技术的必要性和优越性;一方面向铁道部有关业务司、局介绍遥感技术的优越性,并例举了许多应用效果好的例子。在其他同志的共同努力下,上下统一了认识,终于在 1998 年下半年开展了进藏铁路的遥感地质判释调查工作。事实证明,进藏铁路应用遥感技术后,取得很好效果。以滇藏铁路为例,仅用半年时间编制了卫星图像地质判释图 7 万 km^2,1∶5 万航空遥感地质判释图的 2.3 万 km^2。而以往地面方法调查,未能提供贯通的全线 1∶5 万工程地质图,致使线路方案研究难以深入。遥感调查方法较地面调查可提高工作效率 4 倍以上,遥感判释调查编制的地质图范围宽、质量高,为滇藏全线方案比选,提供了十分珍贵的资料。进藏铁路遥感技术地质应用情况和效果,在 1999 年 2 月 2 日《科技日报》头版上进行了报导。

　　本文是为祝贺陈述彭院士 80 寿辰而写的,该文刊登在《陈述彭先生 80 寿辰纪念文集》中,文章写于 1999 年 4 月 30 日。

　　1998 年我部编制了《工程地质遥感图像典型图谱集》，拟由科学出版社出版，该图册的典型图谱是我部在将近半个世纪的生产实践中积累起来的，是很珍贵的资料。在付印前，我们请陈先生为图册出版写个序言，原稿约 400 个像对，我们按事先约定的时间将图册送到他家，他热情的接待了我们，并请我们吃水果。他说自己也是一次学习机会，我们谈了没多久，又来了两个部队系统的科技人员，由此可见陈先生不但参加各种学术活动很忙，即使在家里也有很多人找他求教。为了陈先生的身体健康，我们不敢再占用他的时间，随即辞别了他。没想到几天后，他就把序言写好了，从序言的内容可以看出陈先生对图册进行了认真的审阅，序言中充分肯定了我们的成果。在序言中，有这样一段话："有幸先睹为快，奉读了这部巨著的原稿。堪称琳琅满目，美不胜收，图文并茂，爱不释手！这部典型图谱，它是从长期生产实践中汇集、积累的，主要是以铁路工程建设作为服务目标的。它的特点，非常突出……"。从这一段序言中，可以看出陈先生不但对我们的劳动成果的充分肯定和赞誉，更难能可贵的是他谦虚谨慎，善于学习，在学术上永不满足的进取精神。也体现了他一贯对中青年科技人员的爱护。当我看到序言后，更加钦佩陈先生的高尚品德。

　　最后，在陈先生八十寿辰之际，我衷心祝愿他老人家健康长寿！

"海峡两岸空间资讯与防灾科技
研讨会"情况介绍

本文系作者受台湾大学地理系和中华地理资讯学会的邀请,由全国地方遥感应用协会组团赴台参加"海峡两岸空间资讯与防灾科技研讨会"后写的,该情况介绍曾引起有关书刊的关注,如《中国改革开放的理论与实践》、《中国科技发展精典文库》均来函拟编入文集中,并被评为"2001 年度交通科技成果奖"一等奖。

应台湾大学地理系和中华地理资讯学会的邀请,由全国地方遥感应用协会组团赴台参加"海峡两岸空间资讯与防灾科技研讨会"。团员由民政部、国家测绘局、航天工业总公司、中国气象局、国土资源部、铁道部、中国地震局和湖南、安徽、新疆、内蒙、四川、黑龙江、江苏、上海等省(区、市)地方遥感中心、山东省科委共 14 个单位的 24 位成员组成。

代表团一行 24 人,在庄逢甘团长和李本公、张丽辉、周良副团长领导下,于 1998 年 11 月 30 日到达台北,先后参加了由台湾中华地理资讯学会举办的"海峡两岸空间资讯与防灾科技研讨会"、"1998 年中华地理资讯学会年会暨学术讨论会"两个会议,对受灾地区进行考察,访问了台湾大学地理系、成功大学卫星资讯研究中心、逢甲大学地理资源系统研究中心、中央大学太空及遥测研究中心和工业技术研究院能源与资源研究所等。12 月 10 日返香港。

下面介绍一下本次研讨会的情况和体会。

一、"海峡两岸空间资讯与防灾科技研讨会"概况

研讨会的主题是运用地理信息系统、遥感、全球定位系统技术(即"3S"技术)在台风、地震、泥石流、滑坡、洪水、森林火灾、荒漠化及沙尘暴等自然灾害的防灾与救灾中的应用,并探讨应用理论和应用方法。

参加会议的代表 100 余人,有 31 位专家在大会上发言(其中大陆 20 人,台湾 11 人)。中华地理资讯学会朱子豪理事长致开幕词。台湾方面对本次研讨会十分重视,台湾大学校长及有关方面的负责人均在开幕式上致词,全国地方遥感应用协会庄逢甘理事长代表大陆贵宾致词。

研讨会分 6 场进行宣读论文和讨论,每场由双方各派一人共同主持。论文内容涉及"3S"技术的集成、"3S"灾害信息系统构建的思路、"3S"技术在林业火灾监测、灾情评估、都市防灾和避难、气象预报和救灾、地震短期预报、地质灾害调查、防洪减灾、水灾监测、草原生态环境评估、铁路地质灾害调查以及利用卫星进行荒漠化监测、沙尘暴的监测和灾情评估等内容。

研讨会上,庄逢甘理事长指出,台湾同仁工作认真、细致,建议双方组织起来,合作研究,把中国这块土地整治好,台湾的项目、大陆的"973"项目均可以挑选出其中都感兴趣的项目来进行合作研究。我们搞小卫星研制,台湾同仁有何要求,只要提出来,我们将尽可能满足。朱子豪理事长指出,交流形式应多样化,资料已公开的、商品化的先流通,公开的资讯可先上国际互

本文发表于《铁路航测》1999 年第 2 期上,1999.6

联网，国科会的项目，台湾愿意与大陆一起搞的，我们就一起搞。

二、"1998 年中华地理资讯学会年会暨学术研讨会"概况

年会只召开半天，主要是听取学会的会务报告、专题报告，选举理事，讨论有关提案。学术研讨会举行了一天半，会议收到论文 64 篇，出版了"中华地理资讯学会学术研讨会论文集"光盘，并印发了"论文摘要"，共有 68 篇文章。

上述论文分两组宣读，每个组由评审组主持，每篇论文宣读后，不仅要提问、答辩，评审组还要打分，评出论文的水平。

会议期间，中华地理资讯学会还邀请有关部门和有关厂商、用户将有关产品和一年来的应用情况在展厅展出。如环保署与台湾大学地理系研制的"环保署环境敏感区网站"；台中市与逢甲大学联合研制的"台中市地理资讯系统"等。有 10 余个厂家、公司参展，其中华田（Gena MAP 台湾总代理）、锐绨（与中央大学"太空及遥测研究中心"合作，成为 Radarsat 在台湾的销售代表）、仲琦（ESRI 在台湾的总代理）等公司，在台湾都各有特色。

三、受灾地区考察

1. 台北县汐止乡林肯大郡社区顺层滑坡灾害考察

该处是在砂页岩顺层山坡地上建设的居民楼区，1997 年 8 月 18 日"温妮"台风袭击，产生滑坡，滑体顺砂页岩倾斜方向下滑，插入楼房，造成 27 人死亡，许多楼房产生裂缝，虽然在下方设了挡墙，但仍无济于事，实际上是选址不当造成。1998 年的"瑞伯"及"芭比斯"台风，造成汐止乡及基隆河中上游洪水及五股泥石流发生，损失更加严重，引起了地方各级部门的重视。

2. 南投县信义乡和社一带（阿里山）台风降雨区洪水及泥石流灾害考察

1996 年 8 月 10 日"贺伯"台风，一天一夜连续降雨 1 094 mm，洪水排不出，造成严重的洪水及泥石流灾害，冲垮了公路、居民用房和隆华小学校舍，死亡 6 人。这次台风影响南投县山区、西南沿海、高屏地区、淡水河流域、桃竹苗山区等地区，造成 51 人死亡，400 多人受伤，经济损失达新台币 295 亿元（折人民币约 74 亿元），修建费达新台币 400 亿～500 亿元（折人民币约 100 亿～120 亿元）。

四、科技访问

1. 台北市台湾大学地理系

该系成立于 1955 年，当时包括气象专业，1972 年气象独立组系，1981 年成立地理研究所硕士班和博士班。"3S"技术研究成果大多出自该系。中华地理资讯学会秘书处设在台湾大学地理系，工作人员全部由该系老师兼任，出版《地理资讯学报》和《中华地理资讯学会通讯》，台湾大学是台湾规模最大的大学之一，有 80 年的校史，设备先进，我们的会议就在刚建成的第二学生活动中心召开，台湾大学图书馆是现代化图书馆，查询、借阅自动化、电脑、多媒体齐全，该馆藏有全国各省市、各历史时期的地图，包括 1910 年的北京及中南海大比例尺地图。

2. 台南市成功大学卫星资讯研究中心

该中心于 1996 年 8 月 1 日成立，任务是将 GPS、GIS、RS 技术系统整合为统一的自动监测系统，具有高重复的监测能力和高动态分析之决策能力，并对地壳变动、监测火山、地震和地质灾害等进行研究。该中心遥感应用成果多，曾在此召开过两次海峡两岸遥感技术交流会。

3. 台中市逢甲大学地理资讯系统研究中心

该中心于 1994 年 8 月 1 日成立，任务是利用 GPS、GIS、RS 为环境资源决策服务，并接受机关、企业、事业单位之委托，进行相关问题研究，如德兰水库监测系统研究、台北地区山坡地

保护利用管理模式研究、遥感在环境污染监测中的应用研究、头份工业区空气污染自动监测研究、台中市地理资讯系统研究等。

4.中坜市中央大学太空及遥测研究中心

该中心成立于 1984 年 7 月 1 日,任务是从事太空与遥测科学的研究,促进国际合作。该中心于 1994 年 12 月建成资源卫星接收站,可以接收法国 SPOT 卫星、美国陆地卫星和欧空局 ERS-1 卫星及印度的 IRS-1C 卫星数据。以色列的 FROS 卫星即将接收。接收的资料已广泛用于环境变迁、灾害、森林、土地调查和区域规划、工程规划以及国防等方面。为了普及卫星遥感知识,该中心研制了《从太空看我们的家园》录像带,通俗易懂。

5.新竹市工业技术研究院能源与资源研究所

工业研究院是 1973 年设立的财团法人机构,有员工 6 000 多人,能源与资源研究所为研究院中 7 个研究所之一,有员工 400 余人,工作重点是开发与推广台湾工业界所需的能源、资源与环境技术。能源技术在此不进行介绍,主要介绍资源技术和环境技术。

资源技术包括利用遥感进行土地资源、工程地质、公路选线、废料选址、工程选址、地质防灾、矿产调查、海洋资源、环境地质调查、海砂调查、水资源调查、水土保持、地下水探测、地滑监测、土地开发调查、集水区调查、地理信息系统、专家系统、影像处理、资源回收利用等。

所谓环境技术不是我们所理解的仅仅是环境保护监测,而是包括金属选分回收、废弃物焚化、工业废水处理、工业废气处理,猪场废水处理等,当然也包括环境影响评价和监测。

该所 1981~1987 年的产值(按人民币)如下:

1981~1984 年,产值为 2.5~2.9 亿元;1985 年约 3 亿元;1986 年约 3.2 亿元;1987 年约 3.6 亿元;

1987~1998 年历年专利成果统计:

1988~1989 年,0 件;1990 年,1 件;1991 年,5 件;1992 年,33 件;1993 年,36 件;1994 年,55 件;1995 年,69 件;1996 年,48 件;1997 年,71 件。

其中仅以执行能源委员会之研究专案为例,共获得 240 项国内外专利技术,提供 142 项的能源技术转让或授权台湾业界使用。

能源所对于能源科技的应用,采取"经济高科技研究发展专案计划成果移转处理要点"所规定之准则,在技术开发成功之后,先经由新闻媒体公告其技术研讨会或成果发表会消息,借此活动主动对业界介绍最新的研究成果,并开始接受各界提出技术转让或技术合作开发的要求。或者在相关专业在技术上无法自力突破的情况下,也能组成专案组提供具体帮助,使问题得以提早解决。

为了保证各项能源科技的知识产权,该所规定:凡属主要成果,在公开发表之前,都必须先申请或取得专利保护,以明确保护本所之服务与技术转让对象的权益。

五、台湾"3S"技术及其在防灾应用方面总的情况及评价

在"3S"技术及其防灾应用方面双方总的水平相差不大,各有长短,可互相补充,但就实力而言不如我们雄厚。

1.遥感技术开展的时间

台湾从 20 世纪 70 年代中后期开始应用遥感技术,80 年代开始引入 GIS 和 GPS 技术,与我们开展的时间大致相当。

2.组织机构

各个大学的遥感组织机构大同小异,举台大信息研究中心为例,该中心下设遥感与土地利用研究室、地理景观研究室、区域及空间研究室、多媒研究室、自然环境与灾害研究室、环境资源研究室。

　　我们武汉测绘科技大学信息工程学院设以下 5 个研究组：全数字摄影测量研究组；GIS 研究所；GPS 研究所；遥感研究组；近景摄影测量组。

　　3.技术力量及人员素质

　　从事遥感专业的人数不如我们多，但专业人员的学历都很高，素质也较高，举中央大学太空及遥测研究中心为例。该中心有 16 位教师，其中有 11 位是教授，3 位副教授，1 位讲师，1 位助理研究员。16 位教师中有 14 位是博士，且都是留过学。除 1 人留学德国外，其余 13 人均留学美国。

　　4.设备情况

　　各访问单位所使用遥感图像处理系统、GIS 的软件和硬件等的品牌和我们相似。他们使用的主要软件有：ARC/INFO、ARC/VIEW、MapGuide、INTERGRAPH、MGE、GRASS、PCI、IDIMS、ERDAS、IMAGINE、AutoCAD、NAVEFRONT、SURFER、S-PLUS、MAPVIEWER、GenaMap、Oracle 等。硬件包括：DEC、SUN、SGI、IBM、HP、INTERGRAPH 等工作站。GPS 接收机主要是 Leica 的 GPS-SYSTEM 300。

　　5.研究应用的内容

　　研究和应用的内容：①RS 和 GIS 主要用于环境调查、地质资源调查、林业调查、水土保持调查、工程地质调查、城市规划、水库库区调查及监测系统的建立，泥石流、滑坡调查、城市救灾消防系统的建立、山坡地的调查、海洋调查（近海为主）、居民地籍资料建档及管理系统的建立、风景区地理信息系统的建立，公路选线的应用、气象预报、工程选址等。②GPS 主要用于控制网点的建立、油汽管线定位测量、地壳垂直变形的测量、图根点的补测、汽车导航智慧型运输系统集成。

　　此外，还包括"3S"技术本身理论、方法、集成的研究。

　　6.研究的深度

　　台湾面积不大，仅 3.6 万 km^2，人口约 2.1 千万人，南北长约 380 km，东西宽平均 100 km 左右，应用的面及内容有限，但大学较多，相对而言遥感技术力量还是很强，研究的内容比较细。

　　以下举些例子加以说明：在城市规划方面较典型的是台中市与逢甲大学联合开发的"台中市地理信息系统"，该系统包括 23 个子系统，系统从 1986 年实施以来，有 400 多个单位申请购买资料；在城市救灾系统方面，桃园县的消防勤务指挥管制系统也是很实用的一个系统，在实际应用中取得较好效果。此外，还有山坡地监测系统、地质灾害监测系统、环保署与台湾大学地理系共同开发的"环保署环境敏感区网站"等；在数字正射影像图的应用方面比较普遍，台湾全岛 1∶5 万，1∶2.5 万，1∶5 千的数字正射影像图都已制作完毕；遥感技术用于铁路勘测未见介绍，但台北—高雄 300 多 km 高速铁路制作了比例尺 1∶2 500 的高速铁路沿线航摄彩色正射影像图，摄影比例尺 1∶5 000，该图宽为线路每侧 100 m。该铁路今年开工，计划 5 年完成；在泥岩裸露地区进行监测调查及建立资料库；许多大型水库均建立了 GIS 监测系统，还有山坡地监测系统等。

　　GPS 在台湾控制网点的建立方面，应用较为普遍，全岛一、二、三等控制网点均已建立成网；在地壳变形测量方面也做了大量工作，在嘉南地区从 1990～1997 年进行了重复监测，取得了大量资料。尤其在台湾东部地壳垂直变形测量方面做了大量工作，东部是台湾地壳垂直变形最大的地区，经 GPS 测量研究，台湾地区 20 多年的地壳垂直变形量以东部变形较为剧烈，在东海岸的 33 个水准点统计中表明每年平均以 4.18 cm 的速度上升；成功大学研制的卫星导航智慧型公车网络系统是比较成功的一个系统，据介绍已在生产中应用。

　　7.管理及效益方面

从总体上看,台湾在管理方面较先进,人员少,效益高。

逢甲大学是一所私立大学,学生约 18 000 人,教职员工仅 1 800 多人。

这个大学的研究所只有一个主任,一个秘书,其余都是从事研究的人员,如逢甲大学地理信息研究中心近 3 年研究的主要项目就有 36 项。

新竹的工业技术研究院能源与资源研究所共 498 人(其中博士 80 人,硕士 120 人,学士 116 人,专科 130 人,其他 71 人)。该所从 1994～1998 年平均每年获专利 50 项以上,最多达到 71 项。该所之所以产值这么高,主要是面向生产、解决工业生产中存在的问题。是半官方机构,享受补贴 50% 左右。他们和业界签订的合同一次时间为一年。

综合分析认为,台湾的优势和值得我们借鉴的是:人员素质高,敬业精神强;项目研究得很细,密切结合生产,工作时间较多,其他活动少;重视专利成果,重视知识产权;尊重别人的成果,合作风气好。

大陆的优势是拔尖人才不少,水平很高,研究应用的内容很广,有些是台湾无法具备的,研究项目规模很大,这也是台湾做不到的。

六、主要收获体会与建议

1. 通过这次交流访问,了解到台湾"3S"技术和防灾救灾研究应用情况,扩大了我们的思路。他们工作做得较细,且密切结合生产,重视产品的商品化,他们对专利和知识产权的重视远较对科技成果获奖更感兴趣,其原因是专利产品和知识产权可以进入市场,创造效益,而获奖成果往往未能进入市场。以上一些的做法和思路很值得我们借鉴。

2. 建立了初步技术交流关系,为今后进一步进行学术交流、资料交流、项目合作方面创造了条件。

3. 全国地方遥感应用协会与中华地理资讯学会初步建立了合作关系。双方签署了"海峡两岸空间资讯与防灾科学技术研讨会,全国地方遥感应用协会与中华地理资讯学会协议备忘录",并同意由大陆和台湾轮流每年举办一次学术交流会。同时根据备忘录,双方起草了"中华文化深度旅游之一——山东曲阜朝圣光碟及导览活动计划书"。

4. 建议铁道部应重视"3S"地质灾害信息系统的建立。我国现有铁路地质灾害频繁发生,严重威胁铁路运输。目前,铁路对防止地质灾害发生仍然处于被动状态,而利用先进的"3S"技术建立地质灾害信息系统后,则可使防灾、救灾,灾后重建等做到科学决策、有序进行。

5. 今年"海峡两岸空间资讯与防灾科技学术研讨会"将于 8 月在我国四川省成都市召开,望铁路系统有关单位领导能积极支持,派员参加这次会议。

这次会议获得圆满成功,双方都认为有收获,每位代表都感到收获颇大。我们的代表到处受到欢迎和尊敬,许多台湾专家赞扬大陆改革开放取得的成就,我们为此感到鼓舞和自豪。

"九五"航测遥感中心工作回顾及今后设想

(1996~2000)

一、完成的工作概况

1. 主持召开学术会议

"九五"期间共举办过 3 次学术会议。第一次学术会议是 1997 年 5 月在厦门举办的第八届航遥科技动态报告会,是由铁路航测遥感中心(简称航遥中心)和勘测技术学组会共同举办的,会议主题是"开拓铁路航测遥感技术应用领域和应用水平",参加会议人数 39 人,交流论文 44 篇,出版了论文集,共评出优秀论文 5 篇;第二次学术会议是 1998 年 6 月在广西桂林召开的,是由铁道工程分会勘测技术专业委员会主持,会议主题是铁路勘测设计"一体化、智能化"(简称"一体化、智能化"),参加会议人数 40 人,交流论文 23 篇;第三次学术会议是 2000 年 6 月在杭州举办的第九届航遥科技动态报告会,是由航遥中心和勘测技术专业委员会以及铁道部航测与遥感科技情报网共同召开的,会议主题是总结"九五"期间铁路航测遥感和工程测量工作经验,展望 21 世纪前 10 年航测遥感和工程测量工作,参加会议人数 50 余人,交流论文 41 篇,出版了文集,评出优秀论文 12 篇。

以上 3 次学术会议均写了纪要,并上报中国铁道学会铁道工程分会。

2. 编辑出版《铁路航测》刊物,召开第七届《铁路航测》编辑委员会会议

"九五"期间共出版刊物 20 期,刊登文章约 267 篇,文字约 150 万字,发行量约 28 万册。

第七届《铁路航测》编委会全体会议于 1996 年 10 月 16 日在福建省武夷山市召开,会议内容包括:(1)听取审议第六届编委会期间《铁路航测》编辑部工作总结;(2)组成《铁路航测》第七届编委会,编委会主任为施文山,副主任 7 人,分别由 5 个设计院及西南、北方交大等单位担任,编委会共 21 人;(3)讨论今后办刊的建议,设想和要求。

3. 继续完成"航测遥感专业文献数据库"工作

航测遥感数据库"九五"期间平均每年入库 1 000 千条,目前入库文献条目约 1.1 万条。

4. 召开第"九届航遥情报网网长工作会议"

,第九届航遥情报网网络工作会议于 2000 年 6 月在杭州市召开,会上对情报网的成员进行了调整,由 26 个单位的 47 名成员组成,组长单位仍由铁专院担任,副网长单位包括铁道部第一、二、三、四设计院,北方交大、北京局等 7 个单位担任。对网费也进行了调整,网员单位网费 800 元,副网长单位为 1 000 元。

5. 勘测技术学组改选工作

1997 年 5 月在福建省厦门市举行勘测技术学组第三届改选会议,并和"第八届铁路航测与遥感科技动态报告会"同时举行。改选之前由上届勘测技术学组组长杨成志作第三届勘测技术学组工作总结,然后选举产生了第四届勘测技术学组。新的学组成员由 40 人组成。

6. 代部组织汇编为《中国测绘工作》一书中提供的铁路系统测绘成果,该成果由部建设管

本文系 2003 年 3 月 28 日在"第十届铁路航测遥感科技动态报告会"上的发言,登刊在《第十届铁路航测遥感科技动态报告会论文集》上。文集名称为《铁路工程建设科技动态报告文集(2003)铁路航测与遥感工程分册》。

理司审批后,报送国家测绘局。此项工作每年组织一次,实际上是为测绘年鉴提供铁路系统的素材。

7.编辑出版《铁路航测遥感动态》

《铁路航测遥感动态》为双月刊,由航遥中心主持出版,1986年9月创刊,1992年经部科技司铁情〔1992〕019号文批准作为"铁道部航测与遥感科技情报网"网刊。每期120份,发送给铁道部有关部门领导及路内航测遥感单位。到1997年共出版了69期,每年约42万字。从1998年起《铁路航测遥感动态》停刊。

8.组织编写铁路航测科技调研报告,从1997年开始不定期出版,目前已向有关领导和单位提交7篇专题报告。

9.其他工作

除上述主要工作外,"九五"期间还完成下列一些工作:主持编写《铁路勘测史》(1996)、编写出版《工程地质遥感图像典型图谱》(1999)、编辑印发了"DPS、GIS、GPS"三部分技术的专题集(1998);参加编写由国家测绘局主持的《中国测绘史》(1999)以及《北京测绘志》编写工作,由建设管理司主持的《地铁和轻轨交通规范》工程测量部分的编辑工作,参加由国家科委主持的《地下铁路建设规范》的工程测量部分的编写工作,代部参加由国家科委国家遥感中心主持的《中国遥感机构》(1996)的编写工作;代部参加国家科委举办的"中法对地观测技术应用研讨会"(1996)、"全国地理信息系统技术与应用工作会议"(1997);负责组织各设计院提交每年的航测遥感年度总结,并负责汇总(正在进行中);参加三峡地质灾害科研专家评审会议(1998);完成了南昆铁路遥感应用的回访工作(1996);参加川渝东通道三条线的遥感地质工作(1998);参加"第三十届国际地质大会"(1999)、"海峡两岸空间资讯与防灾科技研讨会"(1998)等学术会议;参加国防科工委组织召开的"中国资源卫星应用与未来需求论证会"(1998);参加"全国地方遥感应用协会召开的国土资源遥感综合调查研讨会(1998)、部工程总公司组织召开的"中国铁路建设重大工程地质问题研讨会"(1998);参加部工程总公司组织的"辽东半岛至长江口大通道,蓝村至新沂铁路初测前加深地质工作成果专家评议会"(1998)、"渝怀线铁路现场的考察"(1999)、"内昆线技术设计专家复查会"(1998)等;完成了"高原多年冻土和沙漠地区航空遥感图像判释的研究"(1999)、完成了《铁路工程地质遥感技术规范》全面修订工作初稿(2000)等等。

二、谈谈对学术会议的评价问题

前面谈过,"九五"期间共开过三次学术会议,共交流论文108篇,出了两本论文集。共评出了四篇优秀论文,其中10篇报铁道工程分会,最后批下来一等奖1篇,二等奖5篇。每次会议都围绕着一个主题进行,而且都取得较好的效果,下面我简单归纳一下这几次学术会议的特点、收获和不足之处。

(一)会议的特点

1.参加会议的年青人比例越来越多,如1998年在桂林市举行的勘测技术专业委员会学术会议上,大会交流论文19篇;青年人就占11篇,2000年6月在杭州市召开的学术会议上,青年人发表的论文达60%以上。

2.论文内容丰富,新思想、新技术、新方法的文章明显增加。如GIS、GPS、DPS等方面的文章逐渐增多。

3.航测遥感和工程测量仪器设备著名公司、厂商到会展示的逐渐增多,1997年厦门会议上仅2家公司、厂商到会展示,而2000年杭州会上有五家公司、厂商到会上介绍产品。

4.每次会议讨论都很热烈,而且都提了许多宝贵建议。

5.铁路局和工程局单位参加会议的开始增加。

（二）会议收获

1.会议内容紧紧围绕着勘测设计技术的热点

每次学术会议都围绕着一个中心主题，面对勘测设计热点，做到密切为生产科研服务，为领导决策服务，因此会议效果较好。以1998年6月在桂林市召开的勘测技术专业委员会主持的学术会议为例，主题是铁路勘测设计"一体化、智能化"。这个内容是铁道部"九五"重点科研项目，又是当时铁路勘测设计的热点，备受领导与勘测设计人员的关注，因此效果很好。通过交流，大家对"一体化、智能化"的一些技术问题、标准问题、关键技术问题以及如何开展该项工作，都提出了许多宝贵意见，促进了铁路勘测设计"一体化、智能化"工作的顺利开展，增强了我部研究和开展"一体化、智能化"工作的信心。又如2000年6月在杭州市召开的"第九届铁路航测遥感和工程测量科技动态报告会"，会议主题是：总结"九五"期间铁路航测遥感和工程测量工作经验，展望21世纪前10年航测遥感和工程测量工作"。从会议文章内容看，大量是总结"九五"生产实践的文章，但新思想、新技术、新方法等带有创新意识的文章有所增加，特别是公司、厂商介绍了一些最新产品，从而使会议既做到总结"九五"的经验，又达到预测前瞻未来十年航遥工作的内容。

2.与会专家提出了许多宝贵的建议，对促进航遥工作的发展起到重要作用，下面把各次学术会议纪要中归纳的建议执行情况，介绍一下：

（1）建议成立"铁路航测技术研究中心"和"铁路GPS试验基地"，这些建议虽然在会议纪要中提到，但最后并没有落实。

（2）应大力推广航遥技术，遥感工作要立法，应用要规范化，对何种情况下必须应用遥感技术，应纳入技规，作硬性规定。本条意见已部分采纳，如在1999年铁道部发布的铁建设[1999]99号文《铁路基本建设项目预可行性研究，可行性研究和设计文件编制办法》以及《铁路工程地质勘察规范》中均提到应用遥感技术，但尚未作到硬性的规定。

（3）目前遥感技术主要用于地质调查，应大力推广，应用到其他专业，本建议未付之实施，到底如何推广应用到其他专业，可进一步讨沦。

（4）各单位应加强航遥人才的培养，特别是遥感专业人员后继乏人，各设计院应充实遥感专业人才。这个问题已经落实，专业院于2001年6月3日以专设〔2001〕113号文关于申请"举办铁路遥感地质培训班"的函，报送部建设管理司，司领导同意由铁专院主办。铁专院于2001年7月6日给各设计院发了便函，征求办班的意见，各设计院均及时回函，目前正在积极筹办中。

（5）建议召开一次航测遥感工作会议（1997年厦门会议提的），探讨市场条件下，航测遥感技术发展的前景和采取的措施。当时考虑各院航测领导定期碰头会就可以解决，由部有关部门组织一次工作会议很难解决市场条件下如何开展航遥工作，因此我们没有专门写报告。

（6）为了解决勘测技术专业委员会的经费问题，与会代表认为：经费由挂靠单位负责外，副主任单位也应负责一部分经费，今后勘测技术专业委员会学术会议应由主任委员单位和副主任委员单位轮流主持。这个建议还未启动，我们想下届学术会议时再听听大家意见。

（7）1997厦门会议，许多代表认为可适当增加情报网网费，当时每个成员单位只收200元，现已增加，成员单位800元，副网长单位1 000元。

（8）关于办好刊物的一些建议

①刊物文章内容可适当拓宽范围，加大文章内容覆盖面，特别要加强工程测量方面的文章，这个问题我们已经开始这样做，如1999年和2000年各期刊登的工程测量文章总和都达

10 余篇。

②1996 年在武夷山市召开的第七届《铁路航测》编委会上,许多代表提出加强刊物的广告工作,提出铁路各设计院轮流在《铁路航测》刊物上刊登广告,这方面工作已开展了一部分。

③加大航测遥感技术宣传力度,提出由《铁路航测》刊物编辑部负责组织,为各设计院出航测遥感专题集,费用由各设计院负担,这个工作在执行中遇到困难,仅铁专院出了一期专集,以后就搁浅了。

④与会代表提出许多科技刊物已经开始收版面费,《铁路航测》也可考虑收版面费。经编辑部反复考虑,已从 2001 年开始对部分投稿者收版面费。

(9)对情报网、勘测技术专业委员会工作的建议

①学术组织之间的沟通应加强,应充分发挥网的成员和专业委员会成员的积极性。我们加强了给各成员单位寄《铁路航测》刊物和情报资料,但如何加强沟通,充分发挥各成员单位的积极性做得还很不够。

②应扩大铁路局和工程局网的成员,这个问题进展迟缓,难度也较大。大家可提一些具体建议。

③拓宽视野,如搞些赞助,举办培训班或专题技术经验交流,例如可组织工程测量经验现场交流会等。这方面做得也很不够,目前正在准备举办铁路遥感地质培训班。

(三)存在的问题

1. 按部建设管理司提出的学术会议要"高层次、内容新、小规模"的要求,还存在一定差距,特别是高层次很难做到。

2. 航遥中心(包括情报网和专业委员会)在组织全路航遥技术人员及工程测量技术人员为勘测设计作贡献方面、充分利用航遥中心这个牌子开展一些技术服务工作方面、充分利用《铁路航测》刊物和学术会议的影响方面都做得不够。

3. 我们的学术会议水平还不高,内容还可以,主要是在会上交流时照本宣科,不生动,效果不好,今后应加强使用先进的技术设备,如幻灯机,投影器,电子计算机投射等先进传播设备。这实际上也是学术会议和国际接轨的重要措施。

三、关于如何办好《铁路航测》刊物的初步想法

《铁路航测》刊物创刊于 1975 年 3 月,由铁道部专业设计院主办。1978 年 12 月经国家科委批准为国家级期刊,1979 年 12 月"铁道部航测与遥感情报网"建立后,经全体网员单位讨论,明确《铁道航测》成为情报网的网刊,1980 年经北京市出版局批准向国内发行,1987 年经国家科委,国家新闻出版署批准向国外公开发行,它是目前铁路系统唯一传播航测遥感技术的核心刊物。为适应市场需求,1991 年 7 月经北京市工商行政管理局批准获得广告经营许可证,开拓了广告业务。自 1980 年 7 月至 1996 年 10 月已经组成了七届编委会。第七届编委会已经六年了,2001 年 10 月 16 日在北京召开第七届编委会的换届工作,成立了第八届编委会。

20 多年来,《铁路航测》刊物所起的作用我就不详细说了,该刊物内容丰富,信息量大,(每期约 15 篇文章,8 万字左右)理论与实践并全,是一本有发展预测、经验总结、技术讲座、科研成果介绍,动态报导,可读性强的刊物,其中不乏像王之卓、李德仁等院士的文章。该刊物的错误率在 0.2‰以内。对《铁路航测》刊物文章的被引用率未进行过全面统计,据所知我本人的文章就有几篇被收入文集,其中 1997 年第 3 期上发表的《加强市场经济观念,搞好航测遥感科技信息服务工作》先后被三个文集入选,一个是《中国当代兴国战略研究》,一个是中国文化

与改革系列丛书编委会编的大型理论文集《回顾与展望：面向新世纪——当代中国党政及企事业领导干部文选》，还有一个是山东作家编制中心编的《中国改革开放的理论与实践》，上述三个编选单位均来函通知我本人。

本刊 1987 年获铁道部"优秀科技情报"项目奖；1992 年获北京市"优秀科技刊物"四等奖；1993～1995 年度获铁路优秀科技期刊二等奖。《铁路航测》刊物在 1999 年 12 月由中国科技信息研究所出版的《中国科技期刊引证报告（扩刊版）》中，公布的全国科学学术类和技术类 2 648 种科技刊物中居 1 432 位以及铁路交通类 36 种科技刊物中的第 5 位；在 2001 年公布的全国 2 804 种刊物中居 1 650 位和交通类学科 125 种科技期刊的第 23 位以及铁路交通 40 种专业期刊的第 8 位。可以说《铁路航测》是宣传铁路航测的遥感技术的"窗口"，是广大读者的良师益友，是沟通信息，交流学术，促进航遥科技发展的桥梁，也是纪录、反映铁路航测遥感和促进航测遥感科技进步的科技文献宝库。

目前，每期约刊登 15 篇文章，每期出版量约 1 500 册，大部分是赠送交流，订阅者不多。编辑部现有人员 2 人，主编刘家沂。

上面简单地回顾了《铁路航测》刊物的办刊情况及所取得的成绩，不过也存在不少问题，特别是在市场经济形势下，如何办好刊物，还有许多问题值得我们探索，既要看到取得的成绩，又要认识我们不足之处，才可能做到继往开来，再创佳绩。

我们认为目前《铁路航测》刊物主要存在两个问题，一个是经费问题，另一个是稿源问题。

关于经费问题：可以用一句话概括，经费比较紧张，目前刊物版面尺寸为小 16 开版，出一期成本约 1.5 万元，四期约 6 万元。按国家规定，2000 年开始就应采用大 16 开版，改版面后四期费用增加约 12 000 元，这就使本来费用就紧张的局面雪上加霜，正是"屋漏偏逢连阴雨，船破又遭顶头风"。为此，我们曾向部建设管理司申请补助，未获批准。为了多争取些经费来源，我们尽可能多揽些广告，同时开始收些版面费（2001 年开始）每期只收 1 000 多元，杯水车薪，无济于事。另外，想出《航测遥感文集》，但只出了一期专业院的航遥文集后就搁浅了。我们想今后仍然在广告、版面费、出专集等方面争取些收入，望各单位支持，当然这些措施是无法根本上解决经费紧张问题，只是权宜之计。

关于稿源问题：由于铁路航测遥感专业面窄，读者群和作者群都有限，使来稿和组稿的质量和数量得不到充分保证，也影响了广告业务的开发，阻碍了刊物的生存和发展。由于路内开展航测遥感的单位主要限于 5 个设计院，稿量有限，而路外的稿量反而占了不少。

根据"九五"期间出版的 20 期稿件数量的统计（见下表），共发表文章 267 篇，其中论坛类（综合评述类）占 11 篇，摄影测量与制图类占 121 篇，遥感应用类占 20 篇，工程测量类占 67 篇，卫星定位测量类占 35 篇，其他（仪器介绍与维修、管理、地籍测量等）占 13 篇。分别占文章总数的 4.1%、45.3%、7.5%、25.1%、13.1% 和 4.9%。从统计的数字可以看出，摄影测量与制图的稿件将占一半，工程测量的约占 1/4，遥感应用的文章仅占 7.5%。从各类稿件数量的发展趋势看，卫星定位测量的文章有逐年增加的趋势，1998 年以前每年仅 5 篇左右，而 1999 年达到 12 篇，2000 年也达到 10 篇，而摄影测量与制图、遥感、工程测量等类的文章数量相对稳定。再从投稿的部门和单位看，路内投稿量约占总数的 68%，路外的约占总数的 32%。在路内的 206 篇文章中，5 个设计院占 119 篇，高校占 58 篇；铁路局和工程局占 29 篇，分别约占总数 58%、28% 和 14%。从 5 个设计院看，在 119 篇文章中，铁专院占 45 篇，铁一院 39 篇，铁三院 17 篇，铁二院和铁四院均为 9 篇，即铁专院和铁一院投稿最多，铁三院居中，铁二院和铁四院相对较少。铁专院稿件最多是因为出了一集航遥专集之故。

"九五"期间《铁路航测》投稿内容分类及投稿统计表

年份	论坛	摄影测量与制图	遥感应用	工程测量	卫星定位测量	其他	路外		路内							
							生产单位	高校	路局	工程局	铁一院	铁二院	铁三院	铁四院	专业院	高校
1996	3	20	2	13	6	5	5	13	4	1	6	1	4	3	14	7
1997	4	20	5	13	1	6	5	3	2	4	9	3	4	1	10	15
1998	3	22	5	16	4	2	6	6	3	3	10	2	3	0	9	8
1999	0	29	4	13	5	2	10	15	3	3	8	3	4	1	5	11
2000	0	30	4	12	10	10	10	17	2	7	6	2	2	4	7	17
总数	11	121	20	67	35	13	36	54	19	18	39	9	17	9	45	58

从粗略统计结果还可以得出以下规律:路外的稿件比例越来越多。总的看来,稿量不是太多,特别是路内稿件不是太多,其原因之一如上所述,应用面较窄,投稿群较小;另一原因可能是生产单位忙于生产,忽略了写文章和总结。无论路内或路外,高校刊登的文章均较多,且都有上升的趋势,说明高等院校较重视发表论文。还有一个现象是在遥感应用方面的文章较少,这和近几年遥感专业人员后继乏人,遥感项目开展不多有直接关系。

关于如何保证稿源问题,我们认为一方面《铁路航测》编辑部要积极组织稿源,另一方面希望在座的各位领导以及编委会成员,积极协助编辑部组织稿件,更要带头投稿并促成本单位形成浓厚的学术气氛,我想只要领导重视,事情总会办的更好些。我个人初步想法,今后我们对投稿积极的单位和个人,可以给予必要的精神和物质上的鼓励。事实上每次学术会议上评出的优秀论文都发给了得奖证书,已经体现了精神上的鼓励。

如何有效的改变《铁路航测》刊物的经费和稿源不足状况呢?我们曾经有过考虑,即考虑把《铁路航测》刊物名称改为《铁路勘测》或《铁路勘测设计》。我们于1999年10月,以专设办〔1999〕174号文关于要求更改《铁路航测》刊物的请示,向中国铁路工程总公司写了申请,编委会之所以提出更改刊物的请求报告是基于《铁路航测》更改刊名后,扩大了刊载范围,这是改变目前状况,促进刊物生存和发展的可行办法。把刊物更名为《铁路勘测》,将刊载范围扩大到整个铁路勘测领域,将会极大地扩展刊物的读者群和作者群,对提高刊物质量,扩大发行量和广告经营都有很大帮助。

目前铁路系统还没有专门的勘测设计类国家正式刊物,非正式刊物不少,如铁一院的"科技交流",铁二院的"科技技术通讯",铁三院的"科技通讯"、"铁路线路与站场信息",铁四院的"交通工程科技"、"铁道勘测与设计"、"铁路地质与路基"等等。《铁路航测》更名后将填补这个空白,对从事铁路勘测设计的广大科技工作者提供了一个交流学术思想,发表论文的理想舞台。但由于认识不一致,改刊问题未能取得进展。

四、关于情报网工作的一些想法

铁道部航测与遥感科技情报网成立于1979年12月。首届会议只有10个成员单位参加,至1994年底,成员单位已发展到26个,1994年国家科委信息司与科信司〔1994〕4号文通知"铁道部航测与遥感科技情报网"被收录为《中国科技信息机构名录》400家之一。成立以来至2000年,情报网共召开了八届换届年会,九届网的工作会议,共组织、主持开展了专题调研19项。"九五"期间,于1996年10月在福建省武夷山市召开了"第九届航测遥感情报网工作会议"。

2000年6月在杭州会议上,进行了情报网成员系统的调整,调整后的航遥情报网成员由设计院,铁路局和高等院校共26个单位的47名成员组成,同时加强了网费的收缴工作,网费也从 200 元增加到 800 元，副网长单位为 1 000 元。

五、关于勘测技术专业委员会的情况

勘测技术专业委员会前身称勘测技术学组，成立于 1979 年，第三届勘测技术学组组长是铁专院的杨成志，1997 年 5 月在福建省厦门市举行的"第八届铁路航测与遥感科技动态报告会"的同时，进行第三届勘测技术学组改选，组成了第四届勘测技术学组，新的学组成员由 40 人组成，组长卓宝熙，副组长朱立峰（铁一院），魏恕（铁二院），吴文昌（铁三院），李寿兵（铁四院），齐华（西南交大）。秘书：张忠良（铁专院）。勘测技术学组于 1998 年 5 月改名为"勘测技术专业委员会"。第四届勘测技术专业委员会已成立四年，2001 年 7 月铁道工程分会以中铁学工函[2001]7 号关于"铁道工程学会所属各专业委员会换届的通知"，要求铁道工程分会所属各专业委员会换届，我专业委员会计划在明年召开学术会议时同时进行换届会议。勘测技术专业委员会目前还没有向成员单位收会费。

六、关于"铁路航测遥感专业文献数据库"的情况

建立"铁路航测遥感专业文献数据库"是航遥中心的重要工作内容之一。铁路航测遥感科技信息中心成立伊始就曾派员参加基建系统微机检索研讨班和座谈会。1990 年开始购买了设备，逐步开展了航遥科技文献数据库工作；1991 年购买了康柏 386 微机，完成了航遥科技文献数据库的建库工作，到 1995 年已完成题录 6 千条；1999 年硬件设备更新为奔腾 586 微机。"九五"期间平均每年入库题录 1 000 条，目前入库文献数据条目约 11 000 余条。

原来采用的软件为 Micro CDS/ISIS，今年已经改为 Quick IMS（企业版）通用信息管理系统，这是一个面向最终用户的多媒体信息管理系统，大量的数据，本系统可在几小时内满足用户的需要。1997 年 1 月我中心和万方数据公司签订了联合开发《中国科技文献数据库》（CS1TDB）CDROM 光盘合作协议书，该文献库是在国家科委信息司主持下，由万方数据公司负责具体组织实施的国家科技攻关项目。

今后各单位想查航测遥感的文章题目，我们中心可在光盘中查找，及时告诉你们。

七、航遥中心（包括情报网、勘测技术专业委员会）今后工作的设想

1. 今后航遥中心的动态报告会和情报网以及勘测技术专业委员会的学术会议一起开，这样既可少花钱，又省事。

2. 以后情报网网费取消改为收勘测技术专业委员会会费，是否合适征求一下网员单位的意见。

3. 今后学术会议由各专业委员会主任、副主任单位，网长、副网长单位轮流承办，会议主持单位为铁专院航遥中心。会议费用由举办单位自负盈亏，经费主要来自会议费，公司、厂商发布会的收入等。

4. 凡是当年的网费未交，经催促仍不交者，将视为自动脱离网的组织，同时取消享受网的权利，如取消赠送《铁路航测》及其它情报资料等等。

5. 我"中心"及勘测技术专业委员会打算扩展一些业务范围，如组织有关专业和单位开展技术交流现场会议，举办培训班等等。

以上的工作回顾及设想有不当之处，请大家提出意见，我们将在明年学术会议上进一步讨论上述有关的一些问题，并写进会议纪要中。

铁路工程地质遥感培训班结业会上的讲话

"铁路工程地质遥感应用培训班"是由铁道部建设管理司委托铁路航测遥感管理中心举办的,讲课老师分别由北方交通大学吴景坤教授、杨松林副教授以及铁道部专业设计院卓宝熙勘察大师承担。选用的教材是由卓宝熙编著的《工程地质遥感判释与应用》(中国铁道出版社,2002.4)和《工程地质遥感图像典型图谱》(科学出版社,1999.8)两本书,讲课内容为工程地质判释、遥感基本知识和地理信息系统。下面发表的培训班结业会上的讲话是本人在 2002 年 4 月 25 日培训班结业会上的小结。

今天是结业会,部建设管理司领导因工作忙,临时来不了,委托我向大家问好! 并希望大家通过这次学习班后,学以致用,在今后工程地质遥感工作中起到骨干作用。下面我简单小结一下。

铁路工程地质遥感应用培训班从 2002 年 4 月 11 日～25 日在北京北方交通大学举办。参加本次培训班的学员共 25 人,分别来自路内各设计院以及路外的国土资源、水利、公路、油气管道、电力等部门。这次培训班学习的时间虽然较短,但学员们学习认真,求知热情很高,时间抓的紧,收获不小,通过学习,基本掌握了工程地质遥感判释的技巧和工作方法,为今后从事工程地质遥感工作创造了条件。

学员们普遍认为本次培训班办的很成功,内容丰富,实用性强,收获很大,是一次难得的学习机会。许多学员提出希望培训班能继续办下去,培训班学习的内容可以更专一些,野外实习时间还可以多些。

我们认为部建设司关于举办铁路工程地质遥感应用培训班的决定是正确的,它对缓解铁路部门工程地质遥感技术后继乏人具有重要意义,是加强铁路工程地质遥感工作所采取的具有远见的措施之一,必将在今后铁路勘测设计中发挥其应有的作用。下面再谈几点意见:

1.本次学习班由于时间短,不可能讲的太细,详细的内容同学们自己可以看书,这次学习班只是为大家了解遥感技术提供了一个机会,掌握的内容还是比较肤浅,课堂上所说的判释标志都是典型的,实际应用中要复杂得多,应用中还会遇到许多难题。特别是岩性的判释,难度更大些,只有充分了解工作地区的岩石判释标志后,才能取得好效果,只有不断实践,总结经验,才能提高。

2.请学员们回到单位后,向单位领导汇报一下本次学习班学习的情况和感想,也可向领导建议本单位如何开展遥感工作,最好有书面汇报,这也是领导了解你们这次学习收获的具体体现。更希望你们回到单位后,以自己的实际行动把遥感技术用好,在生产中发挥作用,促进本单位遥感技术工作的开展。我想只要你们有信心坚持下去,总会取得好成绩。

3.希望重视总结经验,凡是开展过遥感地质工作的项目,工作后一定要搜集工程地质遥感典型图谱,要认真写技术总结,积极撰写论文在有关杂志上发表,或参加学术会议交流。总之,要积极宣传遥感技术在工程应用中效果,提高遥感技术在工程建设中应用的地位。

4.这次培训班办班通知发出后,很多单位都想派员参加培训班学习,但由于工作忙,未能

本文系 2002 年 4 月 25 日在"铁路工程地质遥感培训班"结业会上的小结,未公开发表过。

派员参加，有的单位原计划派几个人来学习，最后只来一个人。大家回去后，可建议本单位图书管买几本这次培训班的教材，使他们有机会看到教材，以弥补未能参加培训班的遗憾。

5. 希望今后我们加强联系，有什么问题，只要我能做到的我都很愿意为大家服务。另外，我讲课所说的内容，包括书里所写的内容，肯定会有错误、矛盾或道理说的不够充分的地方，望大家向我提出，有错必改。这样我也可进一步得到提高，更广泛地了解遥感技术在工程地质调查中的应用情况。

最后，我用唐朝诗人韦应物的诗句结束我的谈话，"别离在今晨，见尔当何秋？"；"今朝此为别，何处还相遇？"

祝大家一路平安，工作顺利，身体健康！

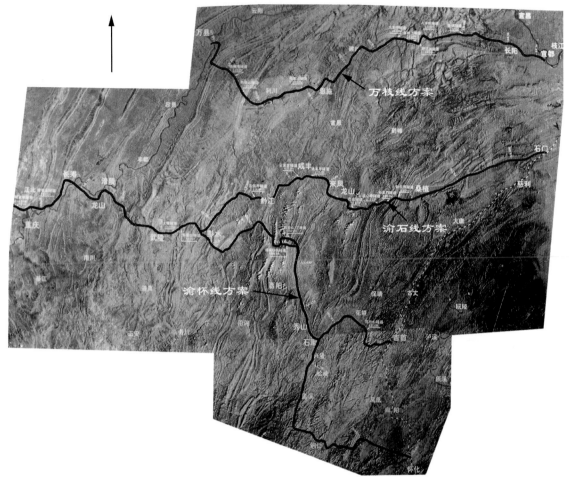

图像 1　川渝东通道 TM 影像图

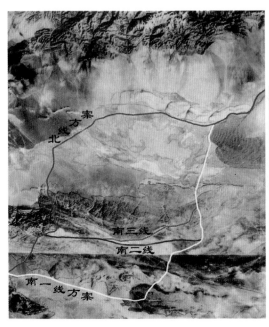

图像 2　库米什——鄯善段线路方案图

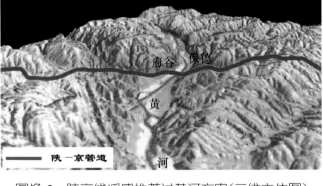

图像 3　陕京线遥感推荐过黄河方案(三维立体图)

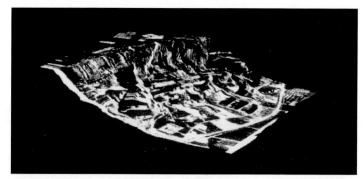

图像 4 三维图像

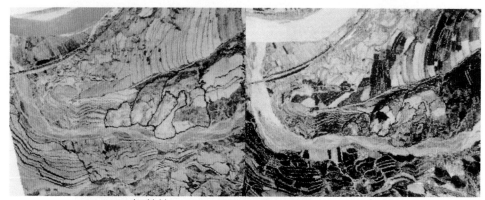

a 1968 年航片 b 1985 年航片

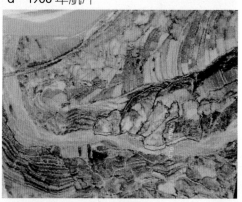

c 拟合处理后的图像

图像 5 小河子滑坡拟合处理(吴景坤教授提供)

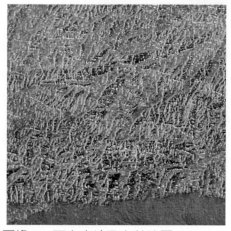

图像 6 西安秦岭及山前地区 MSS 7.5.4
波段空间域处理合成的假彩色图像

图像 7 西安秦岭及山前地区
MSS 7.5.4 波段合成的假彩色图像